高等学校教材

简明有机化学

Concise Organic Chemistry

马洪伟 彭进松 许苗军 主编

化学工业出版社
·北京·

内容简介

《简明有机化学》共 14 章，包括：绪论，饱和烃，不饱和烃，对映异构，芳香烃，有机化合物波谱解析，卤代烃，醇、酚、醚，醛、酮、醌，羧酸及其衍生物，含氮化合物，杂环化合物，糖和核酸，氨基酸和蛋白质。本书重点突出、简明易懂、实用性强，每章附有思维导图、课外拓展和习题，便于读者巩固基础知识，加深理论学习。

《简明有机化学》可用作材料科学、动物科学、生命科学、环境科学、食品科学、林学等近化学类专业的有机化学理论教材，也可供相关专业和实验技术人员参考使用。

图书在版编目（CIP）数据

简明有机化学/马洪伟，彭进松，许苗军主编．
北京：化学工业出版社，2024. 8. —（高等学校教材）．
ISBN 978-7-122-45893-3

Ⅰ. O62

中国国家版本馆 CIP 数据核字第 202462XY20 号

责任编辑：汪　靓　宋林青　　装帧设计：史利平
责任校对：王鹏飞

出版发行：化学工业出版社
（北京市东城区青年湖南街 13 号　邮政编码 100011）
印　　装：河北鑫兆源印刷有限公司
787mm×1092mm　1/16　印张 18¼　字数 446 千字
2025 年 5 月北京第 1 版第 1 次印刷

购书咨询：010-64518888　　售后服务：010-64518899
网　　址：http://www.cip.com.cn
凡购买本书，如有缺损质量问题，本社销售中心负责调换。

定　　价：48.00 元

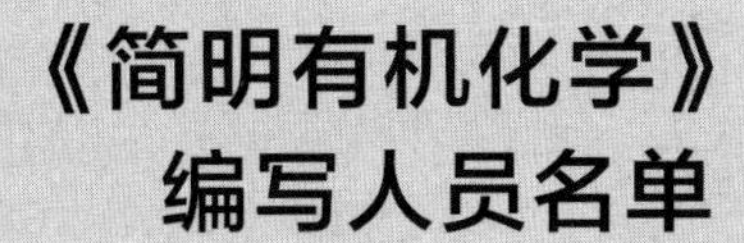

《简明有机化学》编写人员名单

主　编：马洪伟　　彭进松　　许苗军

副主编：李晓白

参　编：史瑞欣　　程智勇

前言

有机化学作为化学基础学科中极具挑战性和重要性的分支，一直备受学生和教师们的重视。《简明有机化学》编写的初衷是为了满足有机化学初学者的学习需求，克服授课学时少、教学内容多、学习强度大的难题，帮助学生们更好地理解和掌握这一领域的知识，建立起扎实的基础，为学生们将来的学习和研究打下坚实的基础。

本书内容涵盖了有机化学的基本理论、反应机理以及常见的有机化合物结构与性质，全面展示了这一学科的重要性和复杂性。特色之一是将抽象的有机化学概念通过清晰易懂的语言和丰富的示例呈现，引领读者深入探索有机化学的奥秘。另外，本教材还特别关注实际应用，进行了课外拓展，让学生了解有机化学在生活和工业中的广泛应用，激发学生的学习兴趣和创造力。

本教材是一项团队合作的成果，特在此感谢参与本书编写的各位专家和教师。本书由马洪伟、李晓白、史瑞欣、程智勇老师共同编写，彭进松老师和许苗军老师负责全书的修改和校正工作，各位老师的辛勤工作和专业知识为本书的完善贡献了重要力量。特别感谢国家自然科学基金项目（62205052， 22374017）、东北林业大学中央高校基本科研业务费专项资金（2572023CT12）、黑龙江省高等教育教学改革研究一般项目（SJGYB2024142）、化学化工与资源利用学院对本教材编写工作的支持与配合。

期盼读者给予宝贵建议，助力不断完善进步，携手促进有机化学教育的兴盛。殷切期冀，此教材将成为学子攀登有机化学高峰的重要工具，激励他们热爱学问、勇攀科学高峰。

编者

2024 年 6 月

目录

第1章 绪论

作为一门专注于探索和理解含有碳元素及其相关产物的科学，有机化学又被称为含碳化合物化学，是化学学科中一个非常重要的分支。含碳化合物之所以能够被广泛称为有机化合物，是因为最初科学家们普遍相信含碳物质必须通过有机体即我们常说的生物体才能够被创造出来。然而在1828年事情出现了转机，德国化学家维勒（Friedrich Wohler）在化学实验室中初次合成了尿素。自此之后，有机化学的概念便脱离传统的生物体范围，进而成为被人们广泛熟知的含碳物质的化学。

1.1 有机化学与有机化合物

1.1.1 有机化学

在1806年，瑞典化学家柏则里（Berzelius J.）首次提出“有机化学”这个名词，并把它与“无机化学”区分，然而他始终坚信人类无法人为地制造出任何有机化合物。

到了1828年，德国化学家维勒（Friedrich Wohler）只利用无机化合物，而不借助肝脏或动物首次成功地合成了人工尿素，这标志着“有机物无法被人工合成”这一观点被打破，同时也可以说人工尿素的合成跨越了传统意义上的有机化学与无机化学的绝对界限。其反应机理如下：

$$NH_2OC{\equiv}N \xrightleftharpoons{\text{分解}} NH_3 + HOC{\equiv}N$$

$$HOC{\equiv}N \xrightleftharpoons{\text{互变异构}} O{=}C{=}NH \xrightarrow{H_2N{-}N} \xrightleftharpoons{\text{互变异构}} H_2N{-}C({=}O){-}NH_2$$

继维勒的研究之后，瑞典科学家贝采利乌斯（Berzelius）把类似反应过程中化学分子式相同但是化学结构式不同的现象称为同分异构现象（isomerism），并将两个或两个以上的组成相同的物质，互称为同分异构体（isomer）。

19世纪初期，人们积累了丰富的有机合成知识，并开始探索新的反应和理论。这标志着有机化学正式被确认为科学的理论体系，其中复杂有机化合物的人工合成则被称为全合成。1845年，德国化学家柯尔柏（Kolbe H.）首次提出“合成”这个有机理论名词，并用于描述从一种物质制取另一种化合物的过程，认为有机化合物可以利用无机物通过有机合成的方式得到。

进入20世纪，人们已经可以通过有机理论知识来合成更为复杂的有机物，如麦角酸和维

生素 B_{12} 等物质。并且随着石油的发现及使用，石化产业蓬勃发展，人们能够从石油中提炼出各种各样的有机物质，通过复杂的有机合成过程，将其转变成不同的化合物。其中，对人类社会具有重要贡献的物质有人工橡胶、高分子黏合剂、汽油添加物以及塑胶等有机高分子材料。

在石化产业飞速发展的同时，生物化学（biochemistry）一词也逐渐进入人们的视线，生物体中的大部分化学物质都是有机含碳化合物，这就导致生物化学与有机化学紧密相连，并且二者具有主干与支干的关系。

总之，有机化学的研究主题就是不同种类的有机物的理化性质及有机物之间的电子转移和反应成键的方式，换言之，有机化学就是有关碳的化学，也即构建碳原子结构的科学。现如今，可以用于生产生活的有机分子通常是大而复杂的，但人们能够提纯并使用的原料通常是小且简单的。有机化学的研究方法通常是根据人们的科研需求，利用丰富理论常识和结构知识来设计并探究一个化学反应，通过实验进一步合成有机物质，随后通过分析与检测来表征合成结果，并对化学分子设计进行修正与反馈。

1.1.2 有机化合物

1. 有机化合物的概念及分类

有机化学的主要研究对象是有机化合物（organic compounds），有机化合物通常是指碳氢化合物及其衍生物。而由碳氢两种元素构成的化合物统称为碳氢化合物（hydrocarbon）。

我们把对于有机化合物的研究顺序归纳如下：首先利用现有经验与理论知识对化学物质进行有机合成，然后进行分离与提纯，其主要的方法有重结晶、升华、蒸馏、分馏、色谱分离等；其次利用物理性质进行纯度鉴定，检测的物理性质主要有熔点、沸点、相对密度、折射率等；通常可以利用元素分析确定实验式，其中对元素定性分析可以得到有机化合物的元素组成，同时，对于元素进行定量分析也十分重要，这可以确定各种元素的相对百分含量；并且可以通过测定分子量来确定分子式，在有机化学中用于确定分子式的主要方法有沸点升高法、熔点降低法、渗透压法、质谱法等；最后，利用现代物理方法进行结构式的确定，目前常用方法包括核磁共振谱、红外光谱、紫外光谱、X 射线衍射等。

自然界和人类社会有多种多样的有机化合物，为了更好地将其区分开来，人们对有机化合物进行了分类，有机化合物的分类方式有多种，常见的两种分类方式是按碳骨架分类以及按官能团分类。

（1）按碳骨架分类

有机化合物按照碳骨架可以分为两类，一类是链状化合物，另外一类是环状化合物。

链状化合物顾名思义就是分子中的碳原子相互连接成链状。环状化合物包括脂环化合物、芳香化合物以及杂环化合物。分子中有三个或者三个以上碳原子形成的碳环的化合物被称为脂环化合物，除此之外，我们把带有苯环的物质称为芳香化合物，除了脂环化合物和芳香化合物还有杂环化合物，即环中含有杂原子如 O、N、S 等的化合物。如图 1-1 所示，有机化合物按碳骨架分类各分支有如下关系。

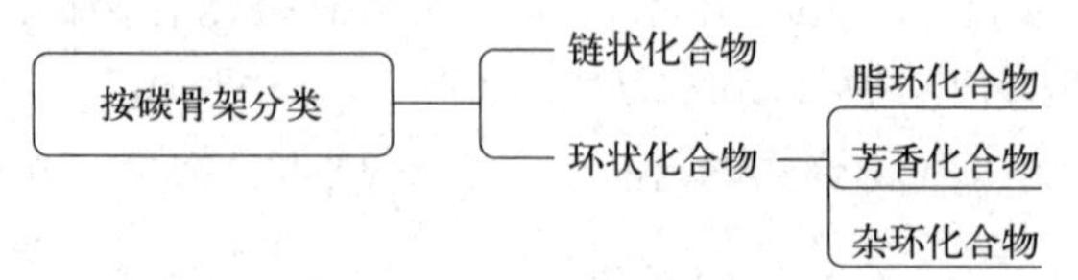

图 1-1 有机物按照碳骨架分类

(2) 按官能团分类

我们把有机化合物分子中可以体现有机化合物主要化学性质的原子或者原子团称为官能团 (functional group)，表 1-1 为常见的几种有机化合物官能团。

表 1-1 常见的有机化合物官能团的分类

类别(英文)	官能团
烷烃(alkane)	单键
烯烃(alkene)	双键
炔烃(alkyne)	三键
芳香烃(arene)	(苯环结构) 苯环
卤代烃(haloalkane)	—X 卤素
醇(alcohol)	—OH 醇羟基
酚(phenol)	—OH 酚羟基
醚(ether)	—O— 醚键
醛(aldehyde)	—CH(=O) 醛基
酮(ketone)	—C(=O)— 羰基
羧酸(carboxylic acid)	—C(=O)—OH 羧基
酯(ester)	—C(=O)—O 酯基
胺(amine)	$—NH_2$ 氨基
腈(nitrile)	—CN 氰基

2. 有机化合物的一般特性

有机化学之所以可以成为一门独立的学科，还有一个重要原因就是有机化合物的数目非常庞大，现如今，人类已知的天然及合成有机化合物多达几千万种，有机化合物的数量极大地超过了无机物。其中，有机化合物种类繁多的主要原因包括：有机化合物中碳原子与其他原子的结合能力非常强；有机化合物中的共价键具有多种形式；有机化合物能够出现同分异构现象等。

能够支撑有机化学成为独立学科的另一个重要原因就是碳原子具有独特的结构特征，这使有机物具有与无机物不同的性质。有机化合物多数易燃，即与空气中的氧气发生反应，可用作燃料；有机化合物易受热分解，即热稳定性相对较差；根据相似相溶原理，有机化合物绝大多数难溶于水，有机化合物多数易溶于有机溶剂。此外，有机化学反应速率比较缓慢，一般采用搅拌加热的方法且大多数有机反应需要催化剂的辅助；有机化学反应结果比较复杂，产品副产物较多；在有机化学反应结束后，通常采用柱色谱法、重结晶等操作来对产物进行提纯。

3. 有机化合物的书写方式

有机化合物种类繁多，同时也具有很多种书写方式，其中最为常用的有三种。如下所示，为缩写式、价键式以及 Lewis 电子式。其中，Lewis 电子式明确标出了原子间的电子，而价键式则把公用电子对以短线的形式呈现出来，缩写式则是更加常用的一种，本书编写中多采用缩写式以及价键式。

$$\mathrm{CH_4}\qquad\qquad \begin{array}{c} \mathrm{H} \\ | \\ \mathrm{H{-}C{-}H} \\ | \\ \mathrm{H} \end{array} \qquad\qquad \begin{array}{c} \mathrm{H} \\ \times\cdot \\ \mathrm{H}\times\mathrm{C}\times\mathrm{H} \\ \cdot\times \\ \mathrm{H} \end{array}$$

缩写式　　价键式　　Lewis 电子式

1.2 有机化学基本理论

1.2.1 有机酸碱理论

有机酸碱理论主要包括酸碱电离理论、酸碱溶剂理论、酸碱质子理论、酸碱电子理论和软硬酸碱理论等。图 1-2 是几种酸碱理论的关系。

1. 酸碱电离理论

酸碱电离理论（ionization theory of acid and base）是在 1887 年由瑞典化学家阿仑尼乌斯（S. A. Arrhenius）首次提出的，其主要观点是：在水溶液中能电离出氢离子（H^+）的物质被称为酸；能电离出氢氧根离子（OH^-）的物质被称为碱。酸碱电离理论在某种程度上提高了当时人们对于酸和碱本质的认识，但也存在一定的限制，主要体现在该理论把酸碱规定在溶剂为水的体系中，对于非水体系则不适用。

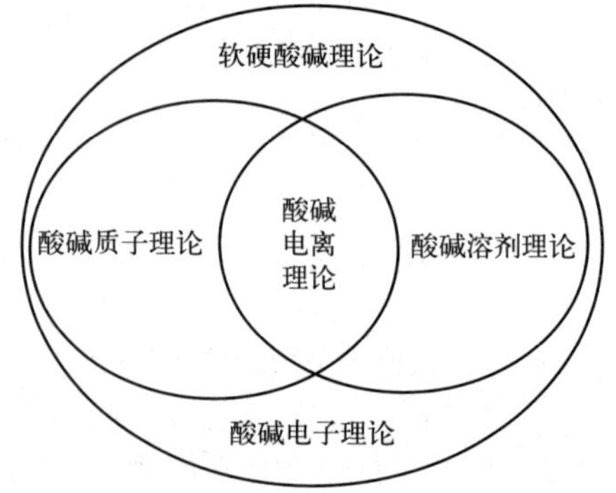

图 1-2　几种酸碱理论的关系

2. 酸碱溶剂理论

酸碱溶剂理论（solvent theory of acid and base）是在 1905 年由富兰克林（Franklin）首次提出的。他的主要观点是：凡是在溶剂中可以生成和溶剂相同特征阳离子的溶质叫作酸，而可以产生溶剂特征阴离子的溶质则叫作碱。酸碱溶剂理论将酸碱性的概念上升到另一个高度，使酸碱性的概念扩展到了完全不涉及质子的溶剂体系中。然而该理论也存在一定局限性，那就是酸碱溶剂理论只适用于能够发生电离的溶剂体系，但是许多有机溶剂是无法自电离的，故大多数有机溶剂不能使用该理论，例如苯、氯仿等常见有机溶剂。

3. 酸碱质子理论

酸碱质子理论（proton theory of acid and base）又常被称作布朗斯特-劳里酸碱理论（Brønsted-Lowry-acid-base theory），在 1923 年由丹麦化学家布朗斯特（J. N. Brønsted）和英国化学家托马士·马丁·劳里（T. M. Lowry）首次提出，酸碱质子理论认为：凡是能够提供质子（H^+）的任何物质（分子或离子）都是酸；凡是能够接受质子（H^+）的任何物质都是碱。

酸碱之间的关系可以表示如下：

$$酸 = H^+ + 共轭碱$$
$$碱 = H^+ + 共轭酸$$

该理论极大地扩大了酸碱的范围，我们不难看出，酸释放质子（H^+）后变成了碱，而碱接受质子（H^+）后就变成了酸。酸碱之间存在相对平衡，没有绝对意义的酸，也没有绝对意义的碱，为了表示这种动态平衡关系，通常把相差一个质子的对应酸碱叫作共轭酸碱对。酸放出质子后形成的碱，被称为该酸的共轭碱；同时，碱接受质子后所形成的酸，则被称为该碱的共轭酸。

并且根据该理论我们还可以得出，容易给出质子（H^+）的物质是强酸，而该物质放出质子后将变得不易形成碱，表现为与质子相互结合能力降低，因而是弱碱。由此可以总结出：某种酸的酸性越强，它的共轭碱就越弱；反之，某种碱的碱性越强，它的共轭酸就越弱。但酸碱的强度不仅与酸和碱自身的性质相关联，同时还与溶剂的性质相关联，酸碱强度之所以具有相对性，是因为每种溶剂获得氢离子的能力不同。

4. 酸碱电子理论

酸碱电子理论（electron theory of acid and base）又称为路易斯酸碱理论（Lewis acids and bases），在1923年由美国物理化学家吉尔伯特·路易斯（Gilbert N. Lewis）首次提出。酸碱电子理论被当代社会认定为更加广义的酸碱理论，该理论认为：凡是能够接受电子对的分子、离子或原子团统称为路易斯酸（Lewis acid），亦可以称作电子受体；相反地，凡是能够给出电子对的分子、离子或原子团统称为路易斯碱（Lewis base），亦可称作电子给体。该理论认为酸碱中和反应是电子受体与电子给体之间形成配位共价键的反应。在有机化学中，普遍认为电子受体即为亲电试剂（electrophilic agent），电子给体即为亲核试剂（nucleophilic agent）。

路易斯酸可以分为以下几类：可以接受电子的分子即缺电子化合物、正离子以及金属离子，如 $AlCl_3$、BF_3、$SnCl_4$、R^+、Na^+ 等。

路易斯碱可以分为以下几类：阴离子、具有孤对电子的化合物、含有碳碳双键的分子，如 Cl^-、OH^-、NH_3、RO^- 等。

需要注意的是，在酸碱电子理论中无盐的概念。在酸碱电子理论中，一种物质究竟属于酸或碱，还是酸碱配合物，应在实际的反应中确定。在化学反应中起酸作用的是酸，起碱作用的是碱。同一种物质，在不同的反应溶剂中，既可以是酸，也可以是碱。

5. 软硬酸碱理论

软硬酸碱理论（the theory of hard and soft acids and bases）在1963年，由皮尔孙（R. G. Pearson）首次提出。软硬酸碱理论又被称为HSAB（hard-soft-acid-base）理论，该理论将酸碱根据不同的性质分为了软硬两类，是用于解释酸碱反应及其性质的现代理论。软硬酸碱理论的基础是酸碱电子理论，即以电子对得失作为判定酸、碱的标准。其主要观点是：体积小、正电荷数高、可极化性低的中心原子被称作硬酸；体积大、正电荷数低、可极化性高的中心原子被称作软酸。将电负性高、极化性低、难被氧化的配位原子称为硬碱，反之为软碱。

其中，硬酸和硬碱以库仑力为主要作用力；软酸和软碱以共价键为主要作用力。而软硬酸碱理论中所谓的“硬”是指具有较高电荷密度、较小半径的粒子；反之，“软”则是指那些具有较低电荷密度和较大半径的粒子。“硬”粒子的可极化性较低，但极性较大；“软”粒子的可极化性较高，但极性较小。

此理论的中心含义为：当其他因素相同时，“软酸”与“软碱”反应后更能形成强的键；而“硬酸”与“硬碱”反应后更能形成强的键。由此，软硬酸碱理论被广为流传的规律是“软亲软，硬亲硬”，亦可称为“硬酸”优先与“硬碱”结合，“软酸”优先与“软碱”结合。

1.2.2 价键理论

1. 八隅体规则

八隅体规则，即八电子规则，是指在化合物分子中相连的原子之间可以共用一对或者多对电子，使其达到稀有气体原子稳定的电子构型。

像这种具有稳定结构的稀有气体原子构型，其电子排布在立方体的八个角上，故而称其为八隅体（octet）。

2. 化学键

化学中，在分子中将原子结合在一起的作用力被称为化学键（chemical bond）。典型的化学键分为三种，分别是离子键、共价键以及金属键。

（1）离子键

原子得失电子产生正负离子，而原子间通过正负离子相互结合的作用力被称为离子键（ion bond），又被称为电价键（electrovalent bond）。我们知道，不同离子的电荷均为对称的球形，因此它可以在空间中的各个方向吸引与其电荷相反的离子，同时，每个离子都会尽可能多地吸引其他异号离子，故而离子键无方向性，无饱和性。

（2）共价键

原子间通过共用电子对相互结合的作用力被称为共价键（covalent bond），在 1916 年，由路易斯（G. N. Lewis）首次提出。原子的电子可以配对成共价键，从而使得原子形成稳定的八隅体即惰性气体电子构型，例如：

$$4\mathrm{H}\cdot + \cdot\dot{\underset{\cdot}{\mathrm{C}}}\cdot \longrightarrow \mathrm{H}:\overset{\mathrm{H}}{\underset{\mathrm{H}}{\ddot{\underset{\cdot\cdot}{\mathrm{C}}}}}:\mathrm{H}$$

共价键是通过共用电子对这种方式生成的，可以理解为电子云的交叠，而为了使形成的共价键更加稳定，则必须使电子云的交叠程度更大，而除 s 电子之外的其他电子云均有空间取向，所以需要尽量沿着电子云密度最大的方向交叠。同时，当原子在成键过程中，若一个原子所有未成对电子已经全部配对，便不再继续与未成对电子配对成键，故可以说共价键有饱和性，有方向性。

（3）金属键

能使金属原子结合成金属晶体的化学键称为金属键（metallic bond）。同样地，金属键也是由于静电作用力而出现，所以金属键无方向性，无饱和性。

3. 价键理论

有机化学价键理论（valence-bond theory）又称为电子配对理论，最初建立在量子力学基础之上，本是一种获得分子薛定谔方程近似解的处理方法，其核心思想是将键的形成看作原子轨道重叠或者电子配对的结果。

其主要内容如下：如果两个原子中分别有一个未成对电子，并且自旋相反，就可以两两配对成为一个共价键，即有机化学官能团中的单键；若每个原子各有两个或三个未成对电子，则可以形成有机化学官能团中的双键或三键。因此可以认为，原子的价数实际上就是原子未成对的电子数，且共价键的键能与原子轨道重叠程度成正比，即重叠程度越大，键越稳定。

如图 1-3 所示，类似这种沿键轴方向电子云重叠而形成的轨道，称为 σ 轨道，电子云沿着键轴呈现圆柱形对称分布，生成键为 σ 键（σ bond），可以理解为“头碰头”；而两原子的 p 轨道在侧面具有最大重叠，形成 π 轨道，且生成的键为 π 键（π bond），可以理解为“肩并肩”。π 电子云键轴周围电子云密度比 σ 电子云低，键能更小，并且 σ 键可以绕键轴旋转，而 π 键不能绕键轴旋转。

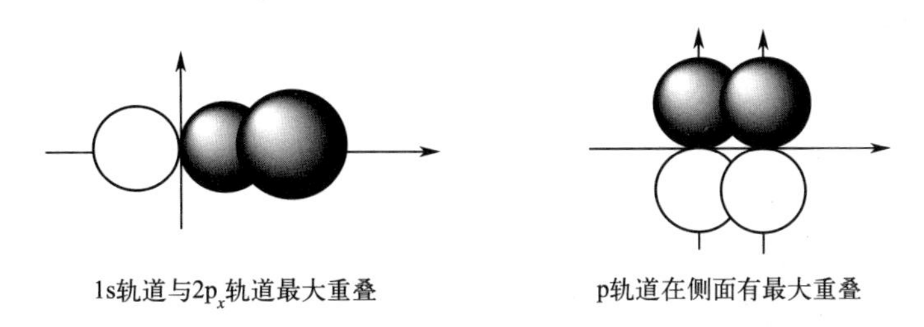

图 1-3　2p 轨道与 1s 轨道及 2p 轨道之间的最大重叠

1.2.3　杂化理论

1. 原子轨道理论

在化学反应中最小的粒子是原子（atom），其在反应中不可分，由原子核和核外电子构成。因为电子具有波粒二象性即物质同时具备波动和粒子的特性，故不可能同时准确测定一个电子的位置和能量。这个重要原则也被称为海森堡不确定原理，所以我们只能描述电子在某位置出现的概率，即电子云（electron atmosphere）。在高概率区域内，电子云较厚；反之，在低概率区域，电子云较薄。而在多电子的原子核外电子能量是不同的，按照电子的能量差异，可将核外电子分成不同的能层，这表示电子到原子核的平均距离不同以及电子的能量不同。能层分为 K、L、M、N、O、P、Q；而在多电子原子中，同一能层的电子能量也不同，还可以把它们分成能级。同样能级也表示两方面含义，一方面表示电子云形状不同，s 电子云是以原子核为中心的球形，p 电子云是以原子核为中心的无柄哑铃形（纺锤形），d 电子云和 f 电子云形状更复杂；另一方面表示能量不同，s、p、d、f 电子能量依次增高，如图 1-4 所示。

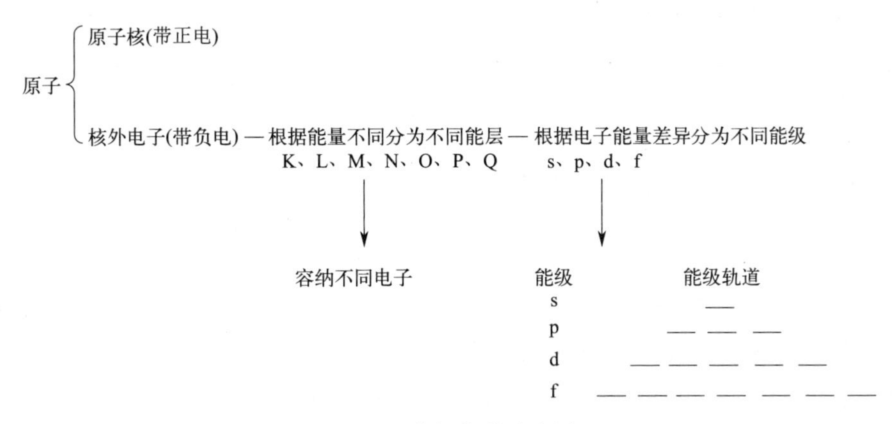

图 1-4　能级轨道示意图

量子力学认为，原子中电子的运动状态叫作原子轨道，用波函数 φ 表示，则电子云的形状也可以表达为轨道形状。图 1-5 所示为 s 轨道界面图，其中，2s 轨道与 1s 轨道均为球形，但是 2s 轨道比 1s 轨道大，能量高，且在 2s 轨道中有一个球面节，两侧波函数符号相反，图中用黑色部分和白色部分区分。

图 1-6 是 2p 轨道图，2p 轨道由能量相同的 p_x、p_y、p_z 三个轨道构成，并且三个轨道彼此垂直，呈现双球形也可称为哑铃形的立体形状，能量比 2s 轨道更高，每个轨道有一个节面，图中用黑色部分和白色部分区分。

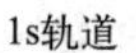

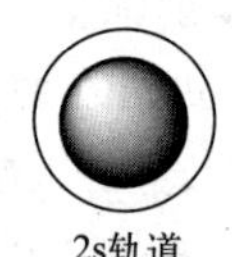

图 1-5 s 轨道界面图

从图 1-7 可以更明显地看出 s 轨道与 p 轨道的区别。

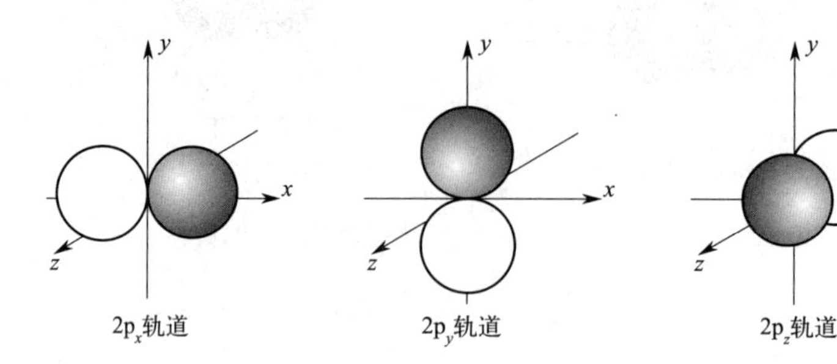

图 1-6 2p 轨道

原子轨道核外电子的排布规律：

① Pauli（泡利）不相容原理：每个轨道最多可以容纳两个电子，且自旋相反配对。

② 能量最低原理：电子尽可能占据能量最低的轨道；因为原子轨道离核越近，受到核的静电吸引力越大，能量越低。

③ Hund（洪特）规则：有几个简并轨道但无足够的电子填充轨道时，尽量使电子占据不同轨道。

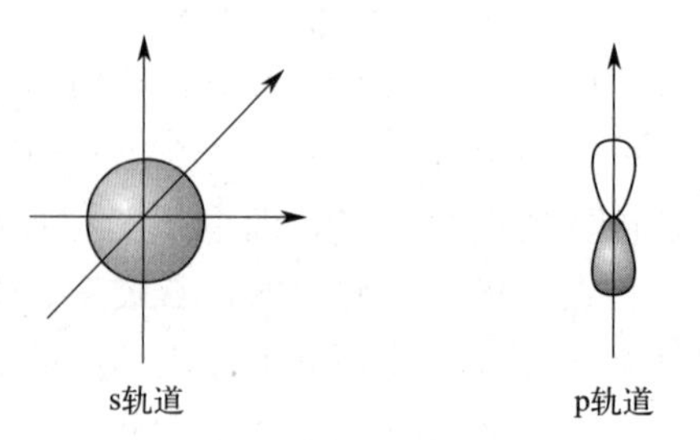

图 1-7 s 轨道和 p 轨道

2. 分子轨道理论

轨道波函数符号相同（即波的位相相同）的两原子相互叠加，得到的分子轨道能量比原子轨道能量低，称为成键轨道，用 φ 表示；轨道相反（即波的位相相反）的两原子相叠加，犹如波峰和波谷相遇相互减弱一样，中间出现节点，节点上出现电子的概率为零，得到的分子轨道比原子轨道能量高，称为反键轨道，用 φ^* 表示。图 1-8 为氢分子基态的电子排布。

分子轨道由原子轨道线性组合而成，构成分子轨道的基本规则是：能量相近原则、对称性匹配原则和最大重叠原则。

基本规则中，需要分子轨道能量相近是因为当原子轨道线性组合成分子轨道时，成键轨道能量减少，而反键轨道能量上升。成键轨道的能量下降得越多，形成的成键分子轨道越稳定。当成键轨道能量下降程度小时，说明这两个原子轨道不能有效地组合为分子轨道；同时，在成键时需要两原子轨道对称性匹配，否则将无法成键；最后，需要轨道最大程度重叠是因为原子轨道具有方向性，当两个原子轨道线性组合成分子轨道时，应当在重叠最大的方向成键，反映在共价化合物中往往是形成特定的空间构型。

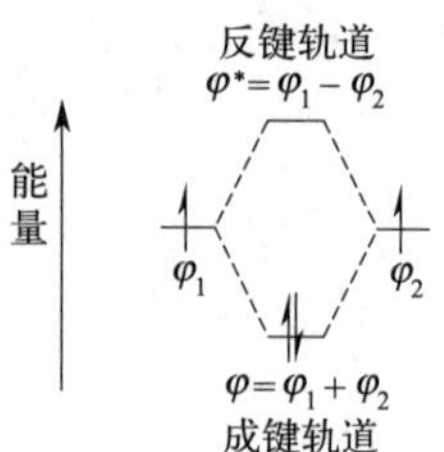

图 1-8 氢分子基态的电子排布

与价键理论有所不同，分子轨道理论认为：成键电子不是固定即“定域”在成键轨道中，而是在整个分子内运动的，即“离域”的，这也是价键理论与分子轨道理论最根本的区别。

3. 杂化轨道理论

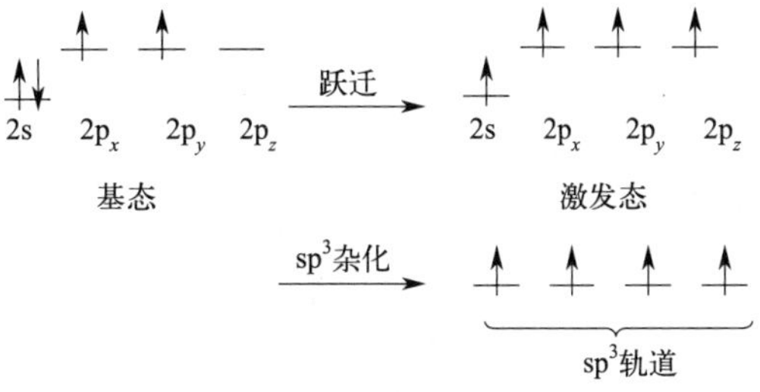

能量相近的原子轨道可以进行杂化，组成能量相等的杂化轨道，这样可以使成键能力更强，成键后可达到最稳定的分子状态。杂化轨道的本质是能量的重新分配，图 1-9 是 sp^3 杂化示意图，最终得到碳原子的 sp^3 杂化轨道（图 1-10），轨道形状为纺锤形，即一头大，另一头小，其空间指向是以碳原子核为几何中心指向正四面体的四个角。

图 1-9　sp^3 杂化

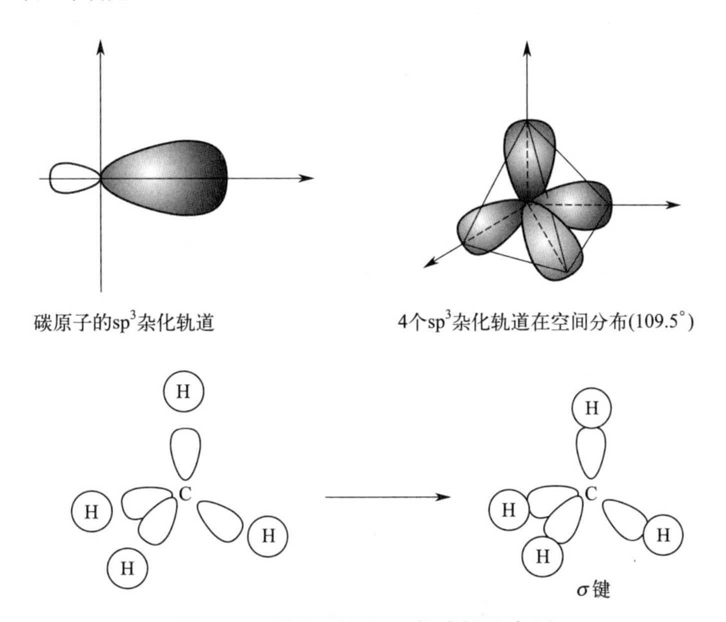

图 1-10　甲烷（CH_4）的成键示意图

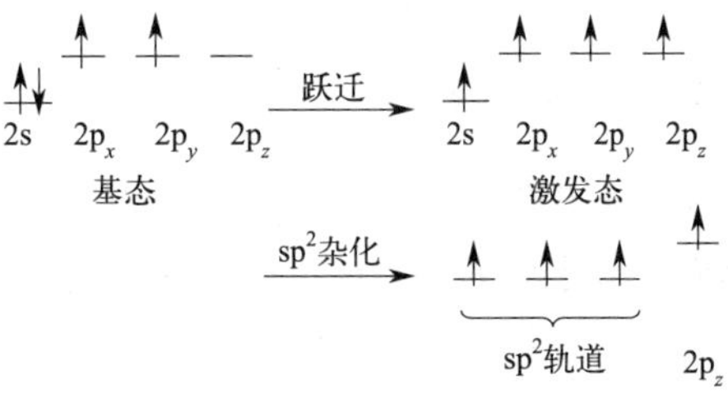

图 1-11 所示是 sp^2 杂化示意图，最终得到碳原子的 sp^2 杂化轨道（图 1-12），其轨道形状仍呈纺锤形，与 sp^3 杂化轨道不同的是，sp^2 杂化轨道大头更大，小头更小，空间指向处于共平面。

图 1-13 所示是 sp 杂化示意图，最终得到碳原子的 sp 杂化轨道（图 1-14），sp 杂化轨道间的夹角为 180°，呈直线形。

图 1-11　sp^2 杂化

杂化轨道的特点有：杂化后成键能力增强，因轨道形状一头大，另一头小，更利于最大程度重叠，使得体系更加稳定；杂化轨道具有方向性，为了使得成键电子之间的排斥力最小，杂化轨道呈现对称分布；杂化轨道数守恒；杂化轨道通常形成 σ 键。

杂化轨道影响碳原子的电负性，电负性（electronegativity）即原子在化合物中吸引电子的能力，不同杂化碳原子的电负性比较：

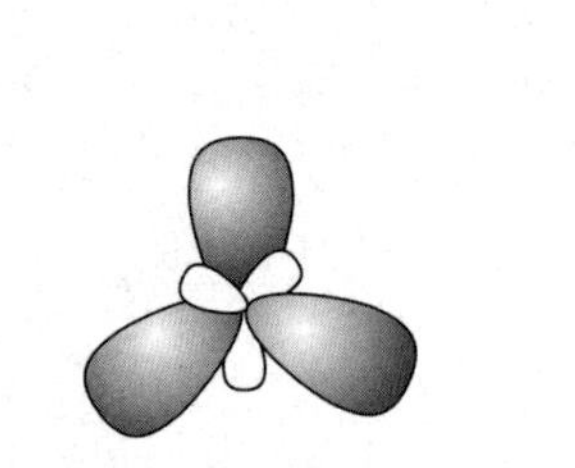

碳原子的sp^2杂化轨道

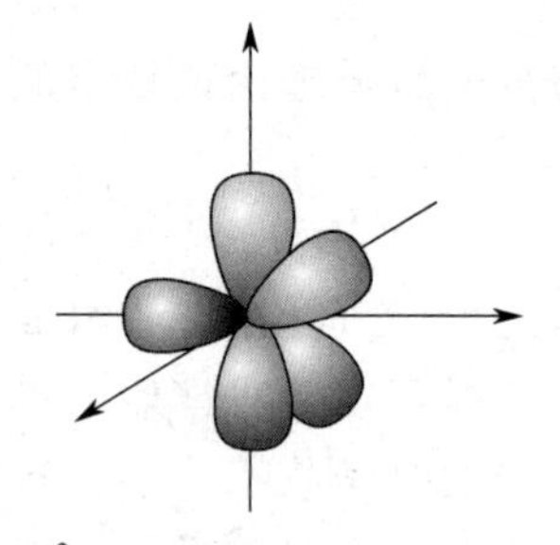

3个sp^2杂化轨道和1个p轨道在空间分布

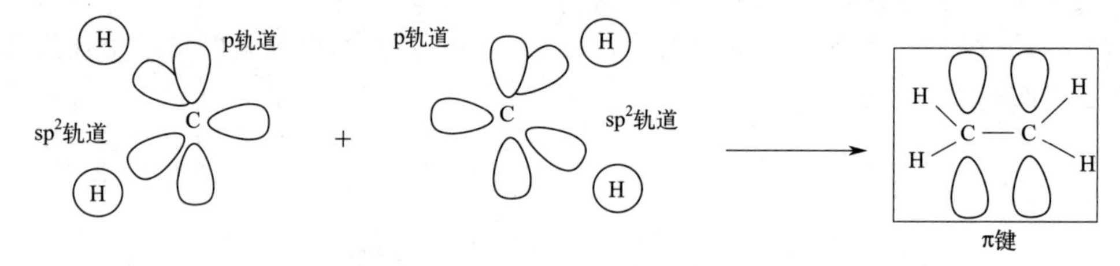

图 1-12　乙烯（$CH_2═CH_2$）的成键示意图

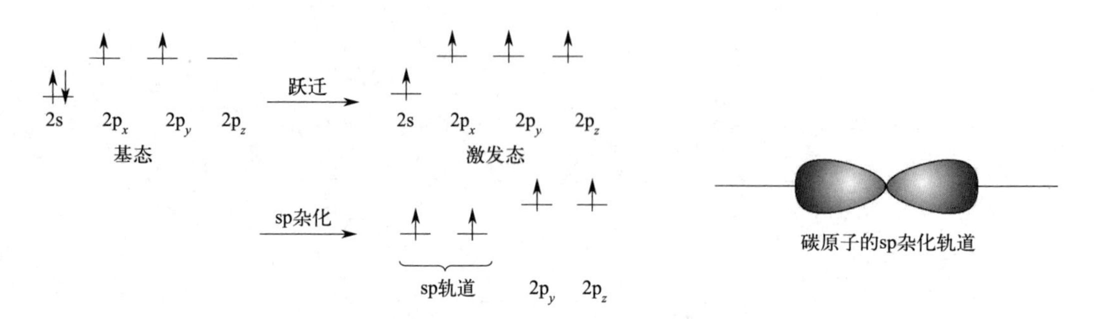

图 1-13　sp 杂化

图 1-14　碳原子的 sp 杂化轨道示意图

$$sp^3\text{ 杂化 }C<sp^2\text{ 杂化 }C<sp\text{ 杂化 }C$$

因为 s 轨道呈球形，靠近原子核，p 轨道呈双球形相对更加伸展，远离原子核，所以，s 成分越多，电负性越强。

1.2.4　电子效应

有机化学基本理论的关键是电子效应（electronic effect）和空间效应（steric effect），本质是有机分子中元素的电负性和结构的差异，并且有机物的许多性质都与电子效应和空间效应相关，如稳定性、酸碱性、反应活性等。其中，电子效应包括诱导效应（inductive effect）、共轭效应（conjugation）、超共轭效应（hyperconjugation）和场效应（field effect）。

1. 诱导效应

由于组成分子的原子或基团的电负性（极性）不同，共享电子对沿着原子链向某一方向移动，这种现象称为诱导效应，常用 I 表示，并且诱导效应具有 $+I$ 与 $-I$ 之分。本书规定 $-I$ 表示吸电子诱导效应，$+I$ 表示给电子诱导效应。

诱导效应的特点：共享电子沿着原子链传递（单向）；随着距离增大，其作用效果迅速下降（短程）。

$$\overset{\delta^-}{F}\longleftarrow\overset{\delta^+}{CH_2}\longleftarrow\overset{\delta\delta^+}{CH_3}$$

通常以乙酸的 α-H 作为标准，若取代基的吸电子能力比 α-H 强，我们就称其具有吸电子诱导效应（electron-withdrawing inductive effect），即 $-I$；反之，若取代基的给电子能力强，则称其具有给电子诱导效应（electron-donating inductive effect），即 $+I$。

诱导效应大小的一般规律如下：

吸电子诱导效应（$-I$）：

$$\overset{+}{N}R_3>NO_2>CF_3>CN>COOH>F>Cl>Br>I>HC{\equiv}CH>OCH_3>OH>C_6H_5>H_2C{=}CH_2>H$$

给电子诱导效应（$+I$）：

$$O^->COO^->(CH_3)_3C>(CH_3)_3CH>CH_3CH_3>CH_3>H$$

2. 共轭效应

单双键交替出现的体系以及双键碳的相邻原子具有孤对电子，即具有 p 轨道的体系都称为共轭体系（conjugated system），且具有孤电子的为 p-π 共轭，不具孤电子的为 π-π 共轭。

在共轭体系中，原子间相互影响使得体系内电子分布发生变化的一种电子效应被称为共轭效应，常用 C 表示。并且，共轭体系中能够降低体系 π 电子云密度的基团表示为吸电子的共轭效应（electron-withdrawing conjugation），本书规定表示为 $-C$；反之，能增高共轭体系 π 电子云密度的基团则具有给电子共轭效应（electron-donating conjugation），用 $+C$ 表示。

共轭效应的特点：能且只能在共轭体系中传递（交替）；共轭效应可以贯穿整个共轭体系（全程）。

$$H_2\overset{\delta^+}{C}{=}\overset{\delta^-}{C}H{-}\overset{\delta^+}{C}{\equiv}\overset{\delta^-}{N}$$

共轭效应大小的一般规律如下：

供电子基：

$-CH_3$	$-OCH_3$	$-NH_2$	$-OH$
$+I$	$-I<+C$	$-I<+C$	$-I<+C$

弱吸电子基：

$-X$
$-I>+C$

强吸电子基：

$-NO_2$	$-CN$	$-CHO$	$-COR$	$-COOH$	$-CF_3$
$-I,-C$	$-I,-C$	$-I,-C$	$-I,-C$	$-I,-C$	$-I,-C$

特例：苯基和乙烯基与 sp^3 杂化的碳相连表现出吸电子共轭效应，与 sp^2 杂化的碳相连表现出给电子共轭效应。

苯基　　$-HC{=}CH_2$ 乙烯基

综上所述，共轭效应是指 p 轨道之间的共轭，并通过 π 电子或 n 电子离域作用产生。除此之外还有一个概念是超共轭效应，超共轭效应并不完全是 p 轨道间的共轭，因为在有机化学中，很多物质中的一部分轨道无法进行最大重叠，所以会出现一种“伪共轭”现象，并且在这种现象下，电子处于一种离域但不完全离域的状态。

3. 场效应

在有机反应中，取代基在空间可以产生一个电场对另外一边的反应中心有影响，这种空间静电作用就称为场效应（field effect)。场效应的作用方向与诱导效应作用方向往往相同，二者很难区分。图 1-15 是丙二酸中的场效应和诱导效应，其中羧酸负离子除了对另外一边的羧基具有诱导效应以外，还有场效应。其中的诱导效应和场效应均使得质子不易离去，从而导致其酸性变弱，并且场效应的作用与距离有关，距离越远，作用越小。

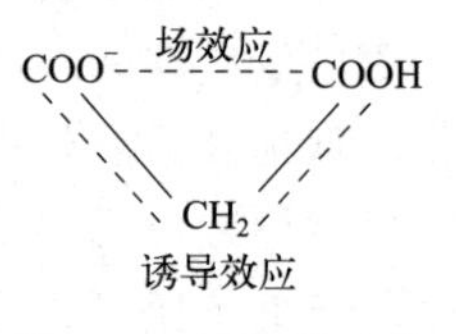

图 1-15 丙二酸中的场效应和诱导效应

1.2.5 空间效应

空间效应即空间位阻效应，又称立体效应。空间位阻效应主要指分子中某些原子或基团彼此接近而引起的空间阻碍作用。如在有机化合物中，当向有机物中引入某些较大基团后，由于产生空间位阻，就会影响它与其他物质进行反应。每个原子在分子中都占有一定的空间，如果原子过于接近，两个相邻的原子就会形成重叠的电子云，这可能会影响分子和分子之间的反应。相反，反应物在转变为活性中间体的过程中，如降低反应物的空间拥挤程度，则能提高反应速率。

1.3 有机化学反应中常见的活性中间体

1.3.1 有机反应中共价键的断裂方式

共价键的断裂方式分为三种，分别是均裂（homolytic fission)、异裂（heterolytic cleavage）以及协同反应。其中，均裂是指当共价键断裂时，共用电子均等地分配给两个原子这一过程，如：

$$A-\vert-B \longrightarrow A\cdot + B\cdot$$

异裂是指非均匀断裂。在共价键断裂时，共用电子对完全转移给成键原子中的某个原子，如：

$$A-\vert-B \longrightarrow A^+ + B^-$$

协同反应又称一步反应，是指起反应的分子——单分子或双分子发生化学键的变化，反应过程中只有键变化的过渡态，一步发生成键和断键，没有自由基或离子等活性中间体产生，如：

双烯体 亲双烯体 环状过渡态

1.3.2 自由基

自由基（free radical)，即有机化合物分子在光照或加热的环境中，共价键发生均裂形成的具有不成对电子的原子或者原子团。其书写方式是，在原子符号或者原子团符号旁边加“·”用于表示未成对电子，例如：氯自由基（Cl·）、甲基自由基（CH_3·）。因为存在未成对电子，自由基非常活泼，一般无法得到，在许多反应中，自由基以中间体的形式存在。

自由基的单电子结构使其具有强烈的电子配对倾向，若使其中心原子上未成对电子的配对倾向得到缓解，则自由基的稳定性将增大。同时，由于共轭效应可以使电子云分散程度增加，故也可以使自由基稳定性增大。

1.3.3 碳正离子和碳负离子

碳正离子、碳负离子是有机化学中非常重要的两类活性中间体，我们有必要掌握这两类活性中间体的结构、生成方法及影响其稳定性的因素。

碳正离子（carbenium ion）是指碳原子带有正电荷的有机化合物，许多有机反应历程的研究概念和方法都起始于碳正离子的研究工作。与自由基一样，碳正离子是一个活泼的中间体，有一个正电荷，最外层有 6 个电子。如图 1-16 所示，经典的碳正离子是平面结构。带正电荷的碳原子是 sp^2 杂化状态，三个 sp^2 杂化轨道与其他三个原子的轨道形成 σ 键，构成一个平面，键角接近 120°，碳原子剩下的 p 轨道与这个平面垂直。

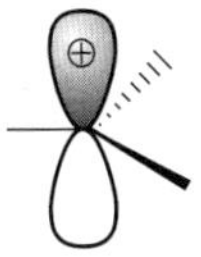

图 1-16 碳正离子结构示意图

离解是生成碳正离子的一个主要方法，离解时，与碳原子相连的基团带着一对电子离去。

苯磺酸根离子和卤离子是常用的较好的离去基团。卤代物中的卤离子还可以在 Ag^+ 或路易斯酸存在下脱去而生成碳正离子。例如：

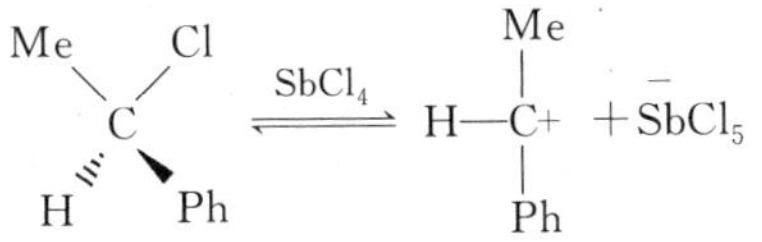

$$\text{(Me)(Cl)(H)(Ph)C} \xrightleftharpoons{SbCl_4} \text{H—}\overset{\text{Me}}{\underset{\text{Ph}}{\text{C}^+}} + \overset{-}{SbCl_5}$$

我们在前部分叙述中已经得知碳正离子带有正电荷，如果将其正电荷进行分散，则可以使碳正离子变得更加稳定；相反，如果使碳正离子的正电荷集中，则碳正离子更不稳定。影响因素主要有：

（1）诱导效应

给电子的诱导效应（$+I$）使碳正离子稳定；而吸电子的诱导效应（$-I$）使碳正离子不稳定。

（2）共轭效应

给电子的共轭效应（$+C$）使碳正离子稳定；而吸电子的共轭效应（$-C$）使碳正离子不稳定。

（3）空间效应

由于碳正离子是平面型结构，如果正电荷在桥头碳原子（bridgehead carbon）即共用两个或两个以上碳原子的多环烷烃中所共用的碳原子上，由于桥的刚性，难以形成平面结构，所以该碳正离子的稳定性比较差。

（4）其他因素

如果形成的碳正离子是一些具有芳香性的正离子，则碳正离子由于正电荷被分散而更加稳定。

碳负离子是一个具有未共用电子对的三价碳原子，许多有机反应都是通过碳负离子进行的，如碱催化的羟醛缩合反应、芳香族亲核取代反应等。碳负离子有两种结构：一种是 sp^2 杂化的平面结构；另外一种是 sp^3 杂化的三角锥结构。图 1-17 即是两种碳负离子结构示意图。

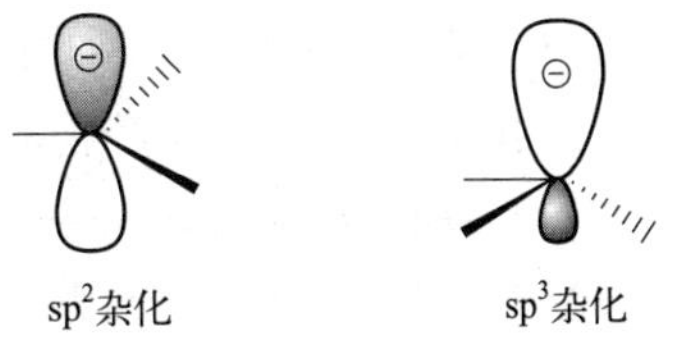

sp^2杂化　　sp^3杂化

图 1-17 碳负离子结构示意图

从碳原子上移去一个质子是生成碳负离子的经典方法。同样地，如果使碳负离子的负电荷得到分散，则导致碳负离子变得更加稳定；相反，如果碳负离子的负电荷集中，则碳负离子更不稳定。简单烷基的碳负离子稳定性顺序与碳正离子恰好相反，碳负离子中的负电荷所在的轨道含有的 s 轨道成分越多，则碳负离子越稳定，具有方向性的碳负离子是较为稳定的。

1.4 有机化学常见反应类型简述

1.4.1 有机化学常见反应

如图 1-18 所示，有机化学常见反应可以按照中间体类型分为三大类：自由基反应、离子型反应以及周环反应。自由基反应包括自由基取代反应以及自由基加成反应。自由基取代反应为反应物分子中的一个基团被另一基团所取代的反应；而自由基加成反应发生在不饱和键上，其中不饱和键中不稳定的共价键断裂，原不饱和键两端的原子与其他原子或原子团以共价键重新结合。离子型反应主要包括亲电反应和亲核反应，亲电反应指具有吸电子能力的缺电子的试剂进攻电子云密度较高的区域引起的反应；而亲核反应，是指带有负电的电子云密度较高的亲核基团向反应底物中电子云密度较低的部分进攻而发生的反应。至于周环反应，是指在其反应进行过程中，既不生成自由基中间体，又不生成碳正离子、碳负离子等离子中间体，而是由电子重新排列组合成四元环或者六元环的环状过渡态作为活性中间体而进行的反应。

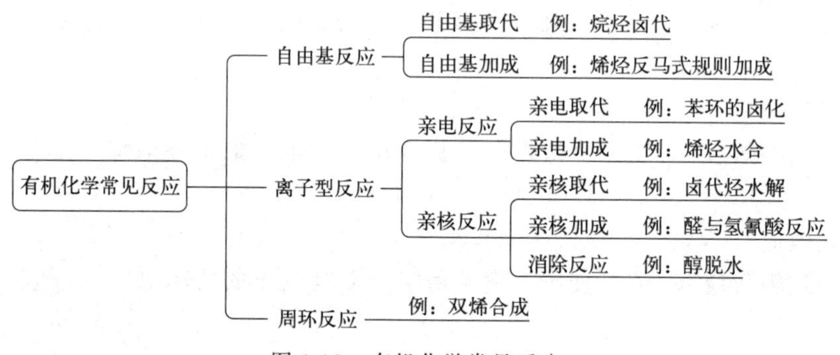

图 1-18　有机化学常见反应

1.4.2 有机化学反应常见反应规则

（1）扎伊采夫规则（Saytzeff′s rule）

扎伊采夫规则，于 1875 年由化学家扎伊采夫（A. M. Saytzeff）首次提出。在醇脱水或卤代烷脱卤化氢等反应中，当有机化学分子中含有不同的 β-H 时，则在生成的产物中双键主要位于烷基取代基较多的位置，即含 H 较少的 β-C 提供氢原子，生成取代基较多的稳定烯烃。扎伊采夫规则与产物的稳定性有关，一般单分子消除反应服从扎伊采夫规则。

（2）马氏规则（Markovnikov′s rule）

马氏规则，即马尔科夫尼科夫规则，于 1870 年由俄国化学家马尔科夫尼科夫首次提出。马氏规则是另一个区域选择性经验规则。该规则适用于亲电加成反应，例如：不饱和烃的各类加成反应、烯烃的羟汞化反应等。亲电试剂中的正电基团总是加在连氢最多即取代最少的碳原子上，而负电基团则会加在连氢最少即取代最多的碳原子上。

同时，这个规则可以生动地理解为“氢多加氢”，即连氢原子多的碳会得到另外的氢，而连氢原子少的碳会得到另外的取代基，对于不对称亲电试剂亦是如此。正电基团加到取代少的碳上，负电基团则会加到取代多的碳上。

(3) 反马氏规则（anti-Markovnikov's rule）

在有机化学中，有许多反应区域选择性与马氏规则相反，则称其为反马氏规则，即氢加成到含氢较少的碳原子上，卤素等负电基团加成到含氢较多的碳原子上。适用反马氏规则的情况可以分为两类，分别是在光照与过氧化物环境下，发生的自由基加成反应以及吸电子基团取代烯烃与亲电试剂的反应。需要注意的是，硼氢化-氧化反应也是非常常见的反马氏规则的反应之一。

(4) 霍夫曼规则（Hofmann's rule）

在霍夫曼规则适用的消除反应中，其区域选择性不符合扎伊采夫规则，它是从含氢较多的碳原子上消去氢原子，生成的主要产物是取代基较少的烯烃，类似这种消去反应选择性称为霍夫曼规则。

第2章 饱和烃

思维导图

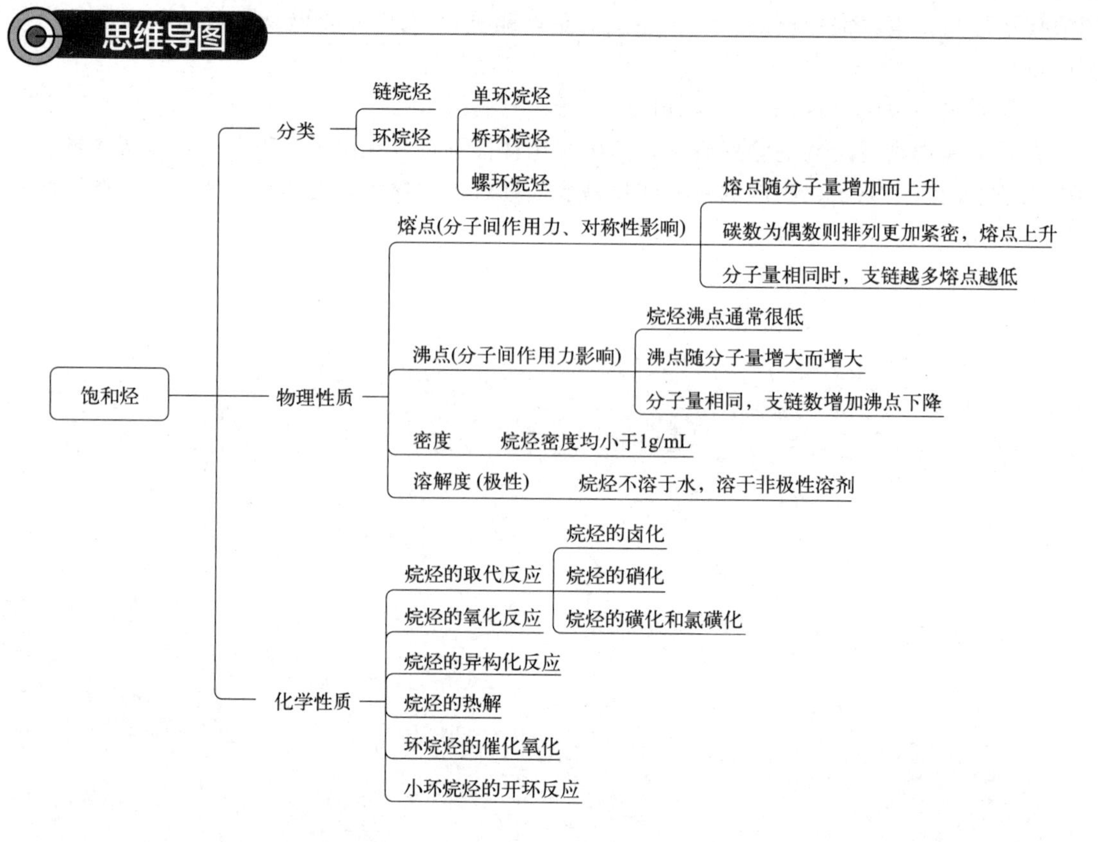

20世纪初，人们首次从石油中提取出甲烷、丙烷和丁烷等碳氢化合物。时至今日，烷烃仍作为重要的化工原料和能源物质在各个领域发挥着至关重要的作用。分子中的碳原子通过碳碳单键连接，而其余化合键与氢原子相连所形成的化合物被称为“烃”(hydrocarbon)。烷烃中的氢原子被其他原子或者基团取代时，则会生成各种不同的有机产品，即我们所说的“烃的衍生物”。因此，对众多有机化合物来说，“烃”可以看成其母核。根据“烃”的碳原子骨架可以将其分为链烷烃（chain hydrocarbon）和环烷烃(cycloalkane)，并且链烷烃的通式为 C_nH_{2n+2}，而环烷烃的通式为 C_nH_{2n}。像这种结构相似且分子组成相差若干—CH_2 基团的有机化合物，通常被称为同系物（homologue)，而—CH_2 被称作系差。

2.1 烷烃的命名、分类和结构

2.1.1 烷烃的命名

1. 普通命名法

如果烷烃中碳原子的数量小于十，则使用天干符号（甲、乙、丙、丁、戊、己、庚、辛、壬、癸）来标记它们，常规形式是“碳原子个数+烷”。若碳原子数量大于十，那么就需要采用大写数字来对其进行标识。例如：

CH_4 甲烷　　$CH_3CH_2CH_2CH_3$ 正丁烷　　$CH_3(CH_2)_4CH_3$ 己烷

$CH_3(CH_2)_{14}CH_3$ 正十六烷　　$CH_3(CH_2)_{19}CH_3$ 二十一烷　　$CH_3(CH_2)_{28}CH_3$ 三十烷

正烷烃的名称与构造式、英文名对照如表 2-1 所示，一般正烷烃命名时正字（英文名中的 *n*-）可以省略。20 个碳以内的烷烃相对常用，需要牢记。

表 2-1　正烷烃的命名

名称	构造式	英文名
甲烷	CH_4	methane
乙烷	CH_3CH_3	ethane
丙烷	$CH_3CH_2CH_3$	propane
丁烷	$CH_3(CH_2)_2CH_3$	*n*-butane
戊烷	$CH_3(CH_2)_3CH_3$	*n*-pentane
己烷	$CH_3(CH_2)_4CH_3$	*n*-hexane
庚烷	$CH_3(CH_2)_5CH_3$	*n*-heptane
辛烷	$CH_3(CH_2)_6CH_3$	*n*-octane
壬烷	$CH_3(CH_2)_7CH_3$	*n*-nonane
癸烷	$CH_3(CH_2)_8CH_3$	*n*-derane
十一烷	$CH_3(CH_2)_9CH_3$	*n*-undecane
十二烷	$CH_3(CH_2)_{10}CH_3$	*n*-dodecanc
十三烷	$CH_3(CH_2)_{11}CH_3$	*n*-tridecane
十四烷	$CH_3(CH_2)_{12}CH_3$	*n*-tetradecane
十五烷	$CH_3(CH_2)_{13}CH_3$	*n*-pentadecane
十六烷	$CH_3(CH_2)_{14}CH_3$	*n*-hexadecane
十七烷	$CH_3(CH_2)_{15}CH_3$	*n*-heptadecane
十八烷	$CH_3(CH_2)_{16}CH_3$	*n*-octadecane
十九烷	$CH_3(CH_2)_{17}CH_3$	*n*-nonadecane
二十烷	$CH_3(CH_2)_{18}CH_3$	*n*-icosane
二十一烷	$CH_3(CH_2)_{19}CH_3$	*n*-henicosane
二十二烷	$CH_3(CH_2)_{20}CH_3$	*n*-docosane
三十烷	$CH_3(CH_2)_{28}CH_3$	*n*-triacontane
三十一烷	$CH_3(CH_2)_{29}CH_3$	*n*-hentriacontane
三十二烷	$CH_3(CH_2)_{30}CH_3$	*n*-dotriacontane
四十烷	$CH_3(CH_2)_{38}CH_3$	*n*-tetracontane

含有分支结构的烷烃被称为支链烷烃（branched alkanes）。当碳原子只与一个碳原子相

连时，这种碳原子称为一级碳原子，即伯碳（primary），常以符号 1℃表示；如果直接与两个碳原子相连则称为二级碳原子，即仲碳（secondary），常用 2℃表示；同样地，若与三个碳原子相连就构成了三级碳原子，即叔碳（tertiary），常使用符号 3℃表示；如果与四个碳原子相连可以将其定义为四级碳原子或季碳（quaternary），用 4°C 表示。在烷烃中，与伯碳、仲碳、叔碳相连的氢原子被依次命名为伯氢（1°H）、仲氢（2°H）和叔氢（3°H）。

如下是关于烷烃中伯、仲、叔、季碳的实例：

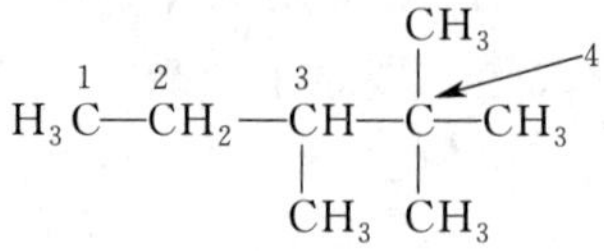

```
                          CH3
  1     2      3          |  ←4
H3C—CH2—CH—C—CH3
                   |      |
                  CH3  CH3
```

关于支链烷烃还有一种表达方法：

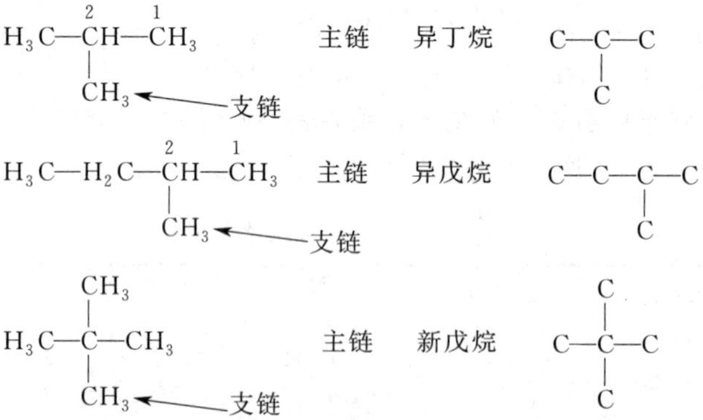

```
        2    1
H3C—CH—CH3              主链    异丁烷      C—C—C
        |                                      |
       CH3 ← 支链                              C

               2    1
H3C—H2C—CH—CH3          主链    异戊烷      C—C—C—C
               |                                   |
              CH3 ← 支链                           C

       CH3                                     C
        |                                      |
H3C—C—CH3               主链    新戊烷      C—C—C
        |                                      |
       CH3 ← 支链                              C
```

“异”“新”可以用来描述简单的支链结构，支链连接在主链的第二个碳原子位置上，被称为异某烷；当存在两条支链且同时与主链相连接并位于同一碳原子的两侧时（通常为$—CH_3$），这种烷烃被命名为新某烷。

烷基（alkyl group）是指烷烃在形态上去除一个氢原子后所剩下的部分。简单的烷基也可以通过普通命名法来命名。表 2-2 列出了一些常见的烷基名称。

表 2-2 常见烷基的名称

烷烃	对应的烷基	英文名称	中文名称	常用符号
甲烷	$—CH_3$	methyl	甲基	Me
乙烷	$—CH_2CH_3$	ethyl	乙基	Et
正丙烷	$—CH_2CH_2CH_3$	*n*-propyl	正丙基	*n*-Pr
异丙烷	$—HC(CH_3)—CH_3$	*t*-propyl	异丙基	*t*-Pr
正丁烷	$—H_2C—(CH_2)_2—CH_3$	*n*-butyl	正丁基	*n*-Bu
异丁烷	$—H_2C—C(H)(CH_3)—CH_3$	*i*-butyl	异丁基	*i*-Bu
仲丁烷	$H_3C—H_2C—C(H)(—)—CH_3$	*s*-butyl	仲丁基	*s*-Bu
叔丁烷	$—C(CH_3)(CH_3)—CH_3$	*t*-butyl	叔丁基	*t*-Bu
新戊烷	$—H_2C—C(CH_3)(CH_3)—CH_3$	neopentyl	新戊基	

2. 系统命名法（IUPAC 法）

对于结构简单的分子来说，普通命名法就可以满足其识别需求。但是在有机化学中还存在着大量复杂的有机化合物，即便是相同的结构式也会产生多种同分异构体（geometric isomer），使得我们需要建立一套更加全面且有效的命名系统以用于区别各种类型的有机化合物。"IUPAC"（internation union of pureand applied chemistry）命名法于 1892 年在瑞士日内瓦举行的国际化学科学会议期间被首次提出。此后经由国际纯粹与应用化学联合会商讨会议决定使用并沿用至今日。

依据系统命名法，直链烷烃的标识与普通命名法大致相同；对于含有支链的烷烃选择取代命名，即将其视为在直链烷烃中氢原子被替换后形成的烷基衍生物。例如：

$$H_3C—H_2C—H_2C—\overset{\overset{\displaystyle H}{|}}{C}H—CH_3$$

戊烷

pentane

$$H_3C—H_2C—H_2C—\overset{\overset{\displaystyle CH_3}{|}}{C}H—CH_3$$

2-甲基戊烷

2-methylpentane

直链烷烃采用系统命名法时，其过程包括母体选择、确定编号和确定完整名称等几个主要步骤。对碳链上取代基的位置编号称为位次号。当分子中只有一个取代基时，位次号选取数字最小的编号。例如：

$$H_3C—H_2C—\overset{\overset{\displaystyle CH_3}{|}}{C}H—CH_3$$

2-甲基丁烷，"2"为$—CH_3$ 的正确位次号

3-甲基丁烷，"3"不是$—CH_3$ 的正确位次号

当分子结构中包含两个或多个取代基并且通过不同碳链方向对取代基进行编号产生不同序列时，依次对比每个序列中位次号的编号，最小的那组编号称为最低序列编号。如下所示的情况中，"3，5"被视为最低序列编号。

$$H_3C—H_2C—\underset{\underset{\displaystyle CH_3}{|}}{H C}—H_2C—\overset{\overset{\displaystyle CH_3}{|}}{C}H—CH_2—CH_2—CH_3 \quad \frac{3,5(\text{正确})}{4,6(\text{不正确})}$$

为表示原子或者基团在命名时的排列次序，我们必须遵循次序规则进行判断，整个判断过程可以按照以下步骤进行：

（1）取代基中与主链直接相连的原子按原子序数由大到小排列，原子序数大的为优先基团。举例来说：

$$I>Br>Cl>S>P>F>O>N>C>D>H$$

（2）对不同基团而言，当两个多原子的基团其首位原子一致，需要对比其直接相连的其他原子。比较过程中，我们将根据原子序数来判断优先级，先比较最大的，然后继续依照这个顺序比较第二和第三个原子。假如仍无法区分，我们采用"外推法"，取代基中与主链直接相连的第一个原子相同，则把与第一个原子直接相连的其他原子进行比较，若仍相同，则继续比较，直到有差别为止。例如，$—CH_2Cl$ 和$—CH_2OH$ 的首位都是碳原子，依次比较碳连接的其他原子：前者为$—C(Cl,H,H)$，后者为$—C(O,H,H,H)$，由于 Cl 在 O 之前，因此$—CH_2Cl$ 比$—CH_2OH$ 靠前。如果有部分基团依然保持一致，则沿取代链逐次相比。

（3）基团中包含双键或三键的可表示成有两个或者三个相同原子，基团的排列位置顺序

如下所示：

$$HC{\equiv}C— > (H_3C)_3C— > H_2C{=}C(H)— > —CH(CH_3)_2 > —CH_2(CH_3) > —CH_3$$

$$—C(C)(C)—C(C)(C)—H \quad —C(CH_3)_2—CH_3 \quad —C(C)(H)—C(C)(H)—H \quad —C(CH_3)(H)—CH_3 \quad —C(H)(H)—CH_3 \quad —C(H)(H)—H$$

如果比较顺序的原子的键不到四个，那么可以通过添加适当数量原子序数为 0 的假想原子，这些假想原子的位置应位于末尾。

从直链烷烃的构造方式中，挑选支链最多且长度最大的链作为主链，将支链看作取代基。如果有多个最长链可供选择，通常会优先考虑包含最多支链的碳链作为主链。

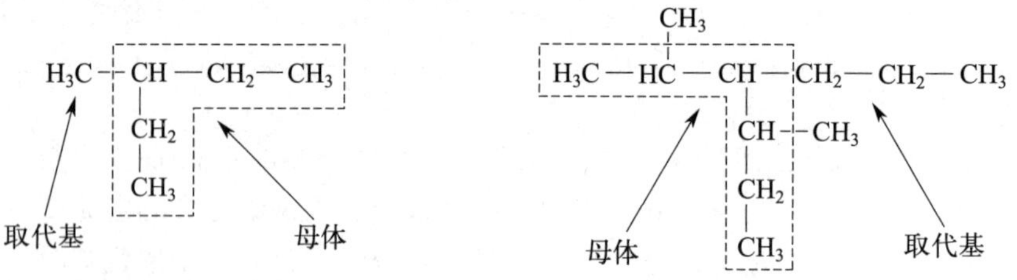

使用最低系列编号，并以阿拉伯数字标记取代基的位置（即位次号），如下所示，同时位次号与取代基名称用半字符分开。

$$\overset{1}{H_3C}—\overset{2}{H_2C}—\overset{3}{CH}(CH_3)—\overset{4}{CH_2}—\overset{5}{CH_2}—\overset{6}{CH_3}$$

应选 6 个碳的为主线

3-甲基己烷

甲基位次号　半字符　母体名称

母体与取代基之间没有半字符

当存在多个相同取代基时，需要将其数目合并，并用“二、三、四……”写在取代基的前面，每个取代基的位次和个数必须明确标注。各个数字编号应该以逗号分隔。对于包含多种不同取代基的情况，按照名称先简后繁依次排序。

$$H_3C—\overset{9}{HC}(\overset{10}{CH_2}\overset{11}{CH_3})—\overset{8}{H_2C}—\overset{7}{HC}(CH_3)—\overset{6}{CH}(\overset{1'}{CH_2}—\overset{2'}{CH}(CH_3)—\overset{3'}{CH_3})—\overset{5}{CH_2}—\overset{4}{CH_2}—\overset{3}{CH_2}—\overset{2}{CH}(CH_3)—\overset{1}{CH_3}$$

2,7,9-三甲基-6-(2′-甲基丙基)十一烷

2.1.2 烷烃的分类

在引言中烷烃分为两类，即环烷烃和链烷烃。对于多环烷烃而言，依据环中碳数目不同，可将环划分为小环（包括三元环和四元环）、普通环（五元环到七元环）、中环（八元环

到十一元环）、大型环（大于等于十二元的环）。也可以通过环的数量对环烷烃进行分类，只有一个环的环烷烃被称为单环烷烃（monocyclic alkane），它的化学通式为 C_nH_{2n}，其与对应的单烯烃互为同分异构体；拥有两个及以上环的环烷烃被称为多环烷烃（polycyclic alkane）。多环烷烃基于环烷烃环之间的结合模式加以区分，如下所示。

2.1.3 烷烃的结构

1. 碳原子的正四面体构型

1875 年，由雅各布斯·亨里克斯·范托夫（Jacobus Henricus Van't Hoff）发表的《空间化学》首次提出了分子空间立体构造理论并引入一个新概念——“不对称碳原子”，提出了碳的正四面体假说（Van't Hoff-Le Bel Model），他认为，碳原子位于正四面体的中心，连接氢原子的四个键伸向四面体的四个顶点。通过这种方式成功解释了一些有机物的旋光性及其结构之间的关系。随着科学技术的发展与时代的变迁，通过 X 射线晶体衍射和核磁共振实验可以证明甲烷分子的构型为正四面体。每个氢原子所在空间位置的延长线都汇聚于中心碳原子，四个 C—H 键完全相同，键长 109pm，键角为 109°28′。为了更加形象地理解分子中各个原子的空间排布情况，通常使用各种立体模型表达分子结构。一般常用的模型分为两种，球棍模型［又叫凯库勒模型（Kekule model）］和比例模型［或叫斯陶特模型（Staut model）］。球棍模型是用不同颜色的小球代表各个部分的原子，用短棒线条表示化学键。球棍模型有立体构型，易于观察，使用方便，但是不能准确地表示出原子的大小和键长。比例模型是根据分子中各原子的大小和键长的真实比例放大的分子模型，如图 2-1 所示，这种模型更符合分子在空间中的形状。

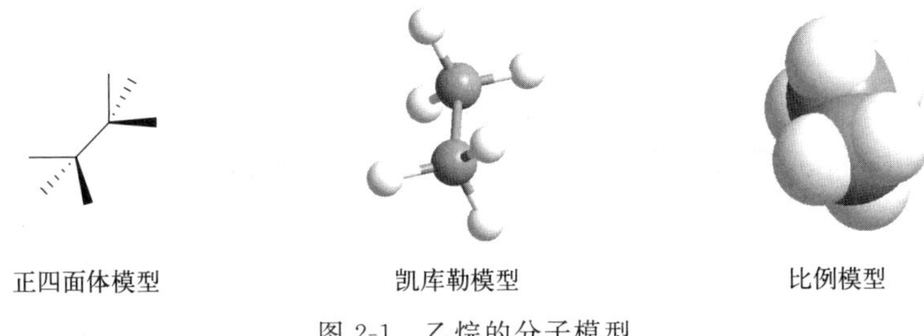

图 2-1 乙烷的分子模型

在大多数有机物中，碳呈现出四价特性。这是由于当碳元素从基态转变至激发态时，其中至少有一对 2s 电子会跃迁到 2p 轨道上。对于甲烷分子而言，如果有 2s 轨道电子被激发到 2p 轨道上，那么就不可能与其他三条键完全相同，因而四个键的角度也不可能是 109°28′。直到 1931 年由莱纳斯·卡尔·鲍林（Linus Carl Pauling）等人根据量子力学原理提出了杂化轨道理论，尽管其本质上仍然属于现代价键理论，但该模型在成键能力、分子的空间构型等方面丰富和发展了现代价键理论。图 2-2 为杂化轨道示意图。

理论中一般烷烃多为 s-p 杂化、s-p-d 杂化，甲烷作为四面体结构，碳原子为 sp^3 杂化，4 个 sp^3 杂化轨道与 4 个氢原子的 s 轨道成键，其他烷烃分子中碳原子也为 sp^3 杂化，将每个碳原子的一个 s 轨道和三个 p 轨道这四个轨道激发在一起重新组合分成能量相等的四个新

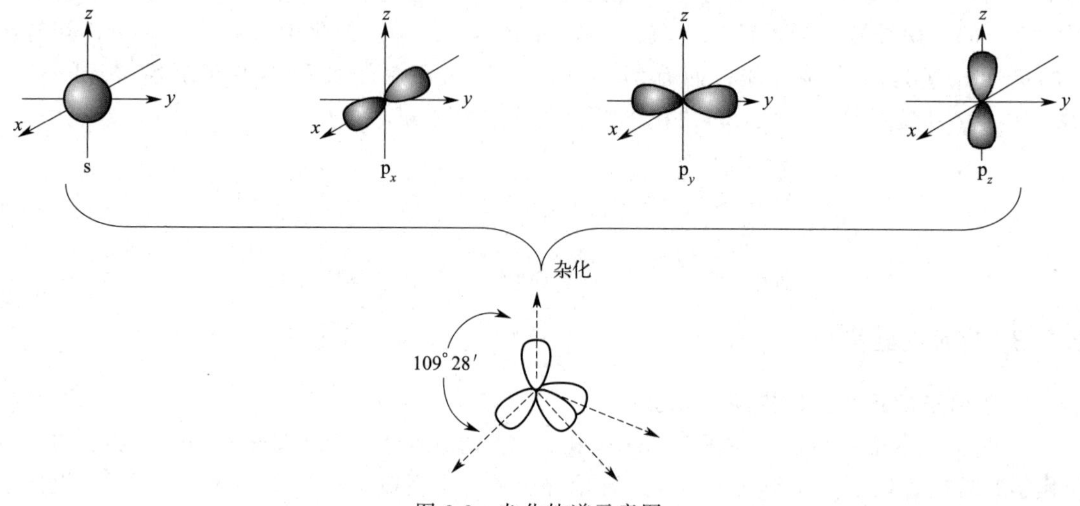

图 2-2　杂化轨道示意图

轨道。形成的新轨道叫作 sp^3 杂化轨道。这种杂化方式叫 sp^3 杂化，杂化后轨道的空间取向是指向正四面体的顶点，也就是每一个“四面体”中心的碳原子，2s 轨道上的一个电子激发到 2p 的一个空轨道上，一个 2s 轨道和三个 2p 轨道重新组合形成四个能量相等的 sp^3 杂化轨道，形成的四个 sp^3 杂化轨道与四个 H 原子的 1s 轨道沿键轴“头碰头”重叠形成四个相同的 C—H σ 键。新形成的 sp^3 轨道中含有$\frac{1}{4}$s 成分和$\frac{3}{4}$p 成分，各 sp^3 杂化轨道的对称轴之间互成 109°28′，因为与四个氢原子于 1s 轨道重叠最多可形成强的化学键，所以甲烷分子在标准状态下很稳定。甲烷作为最常见的烷烃，为正四面体，而乙烷是两个四面体共用一个顶角组成，依此类推其他同系物的饱和烷烃与甲烷和乙烷类似。

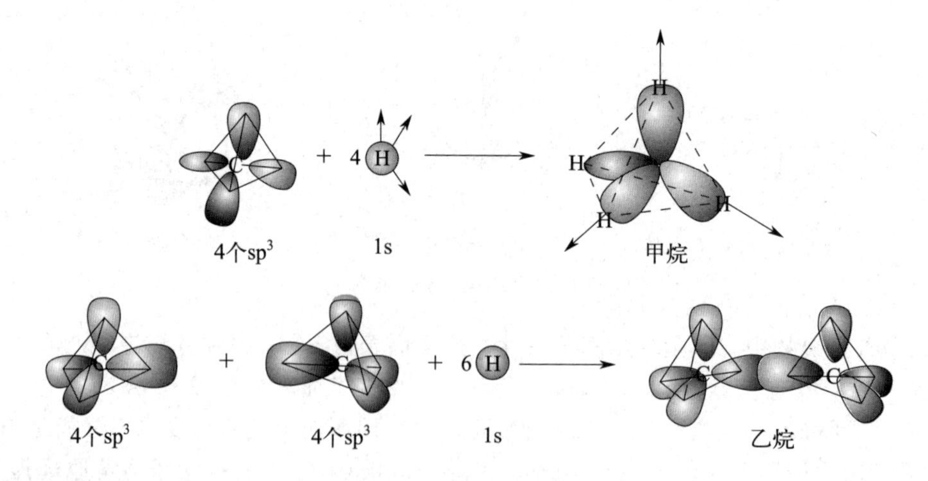

沿键轴方向以“头碰头”重叠的键称为 σ 键。在烷烃中，C—C σ 键具有饱和性和方向性。形成 C—C σ 键的重叠部分集中在碳原子之间沿键轴分布。因此，这两个碳原子会围绕 σ 键轴进行相对转动，但是这并不会影响 Csp^3—Csp^3 σ 键的混合状态。因为碳的价键模式呈现出正四面体的结构，所以其键角达到 109°28′，并且加上 C—C 键能够灵活地旋转，使得烷烃分子的碳链并非直线形状，而是以锯齿形或波浪形的顺序排列。

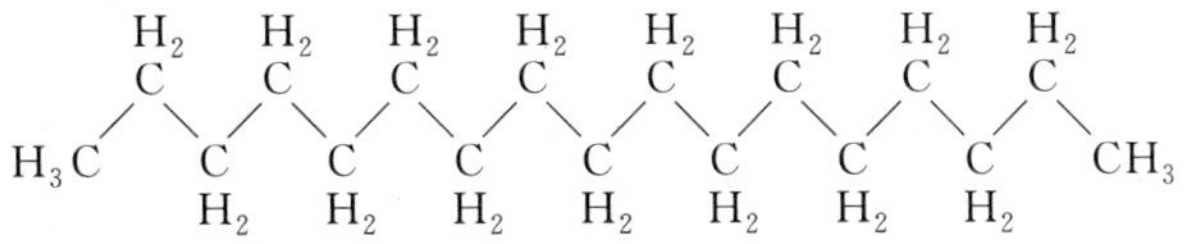

$$H_3C-CH_2-CH_2-CH_2-CH_2-CH_2-CH_2-CH_2-CH_2-CH_2-CH_2-CH_2-CH_2-CH_2-CH_2-CH_2-CH_3$$

2. 烷烃的构造异构

有机化合物分子结构包括构造、构型和构象。分子中各个原子的连接模式与次序称为构造（constitution）。具有一定构造的分子在空间的排列称为构型（configuration），由于围绕单键旋转而产生的分子中各原子或原子团在空间的不同排布方式称为构象（conformation）。随着烷烃中碳原子的数目增加，构造异构的数目也在不断增多，例如：

$H_3C—CH_2—CH_2—CH_2—CH_3$	$(CH_3)_2CH—CH_2CH_3$	$C(CH_3)_4$
正戊烷	异戊烷	新戊烷

举例来说，如果乙烷分子中的两个碳原子围绕其碳碳单键进行旋转，那么这两端碳元素上的氢原子可能存在于多个不同位置，从而形成多种空间排序。这意味着乙烷的构造形式具有无限的可能性，当一个碳原子上的每个氢原子都位于另一个碳原子上的两个氢原子中心时，该构象氢原子间距离最大，这样的构象称为交叉构象（staggered conformation）。另一种是两个碳原子上的各个氢原子正好落在彼此重叠的位置上，该构象氢原子间距离最小，这样的构象称为重叠式构象（skewed conformation）。交叉式构象和重叠式构象是乙烷无数构象中的两种极限状况。透视式是从分子的一侧来观察，能直接反映碳原子和氢原子在空间的排列位置状态，但是无法准确地展现出每个氢原子之间的相对位置。

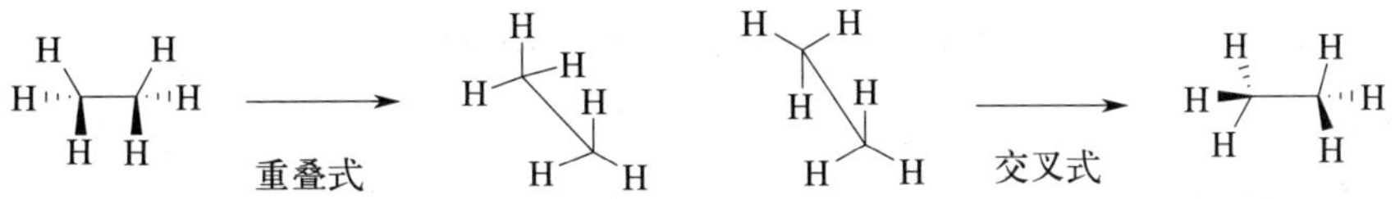

重叠式　　　　交叉式

纽曼投影式（Newman projection）是通过投影来展示和描述有机分子立体结构的方法。以乙烷分子为例，需要将乙烷模型置于平板之上，确保其碳碳单键与平面呈 90°，然后自上而下地观看，并使用一个点代表上方的碳原子，由此点延伸出的一系列线条分别对应着与其连接的 3 个 C—H 键；同样地，下方的碳原子也需标记出来，这些线条则是从该碳原子发散而出，彼此间形成 120°的角度关系。

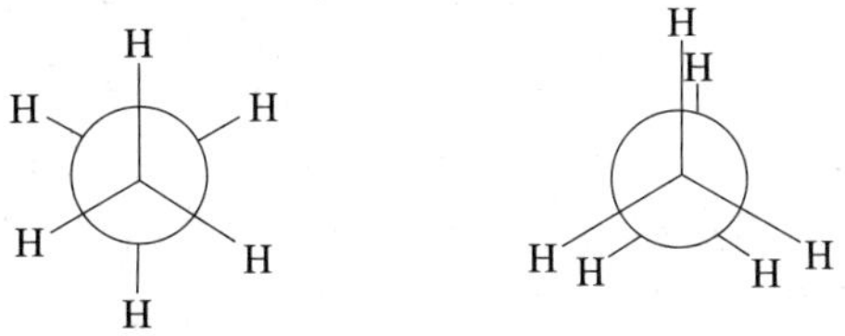

交叉式　　　　重叠式

当丁烷处于重叠式构象时，两个甲基处于对位，相互之间的排斥力最小，分子能量最低；邻位交叉式构象中，两个甲基处于邻位，相互之间的排斥力最大，分子能量最高；在交叉式构象和重叠式构象之间，还有无数种构象，其能量介于两者之间。从丁烷分子各种构象的势能关系（见图 2-3）可见，全重叠式构象中的两个甲基及氢原子都处于重叠位置，相互间作用力最大，分子的能量最高，是最不稳定的构象。因此几种构象的稳定性次序为：对位交叉式>邻位交叉式>部分重叠式>全重叠式。丁烷各种构象的能量差别不大，它们之间也能相互转变。因此，丁烷实际上也是构象异构体的混合物，但是主要以对位交叉式和邻位交叉式构象存在，前者约占 70%，后者约占 30%。此外，其他构象的比例很小，全重叠式实际上不存在。

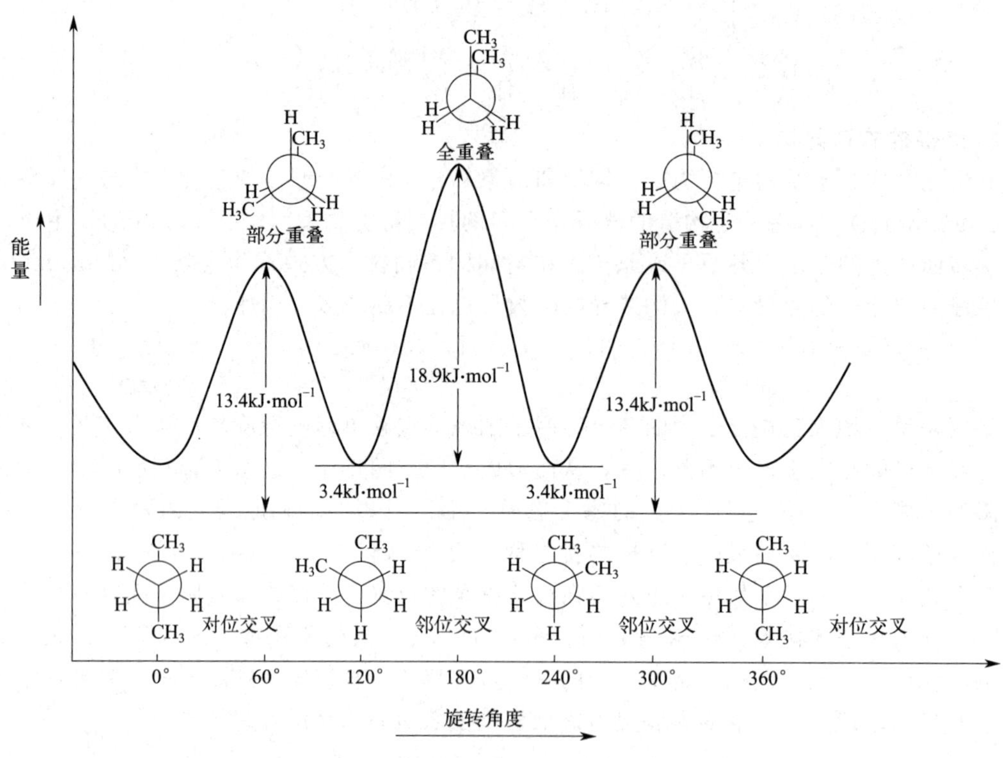

图 2-3 丁烷各种构象的能量曲线图

2.2 烷烃的物理性质

对于有机化合物来说，其物理性质一般涵盖了状态、熔化温度、蒸发温度、密度、溶解能力、透射率等等，当其他条件恒定时，这些属性的具体数值称为物理常量（physical constant）。通过对这些物理特性的测量，能够确定材料的纯净程度。此外，基于不同有机化合物的物理特性，也可能实现混合物的分割及有机化合物的提纯。

一般而言，结构相似但互为同系物的物质往往存在一定的性质关联，表 2-3 就列举了一些常见烷烃的物理常量。饱和烷烃都有一定气味且无色，无论是直链烷烃还是无取代基的环烷烃都有共同特征，其熔点、沸点和相对密度均随着所含碳原子数增大而升高。但环烷烃的熔点、沸点和相对密度比同碳原子数的烷烃高，因为环烷烃的刚性和对称性使其分子之间的作用力变强。

表 2-3 常见烷烃的物理常量

名称	熔点/℃	沸点/℃	相对密度(d_4^{20})	折射率(n_D^{20})
甲烷	−182.6	−161.6	0.4240	—
乙烷	−172.0	−88.6	0.5460	—
丙烷	−187.1	−42.2	0.5820	1.2297
丁烷	−138.0	−0.5	0.5790	1.3562
戊烷	−129.7	36.1	0.6263	1.3577
己烷	−95.3	68.9	0.6594	1.3750
庚烷	−90.5	98.4	0.6837	1.3877

续表

名称	熔点/℃	沸点/℃	相对密度(d_4^{20})	折射率(n_D^{20})
辛烷	−56.8	125.6	0.7028	1.3976
壬烷	−53.7	150.7	0.7179	1.4056
癸烷	−29.7	174.0	0.7298	1.4102
十一烷	−25.6	195.9	0.7402	1.4172
十二烷	−9.7	216.3	0.7487	1.4216
十三烷	−5.4	235.5	0.7564	1.4256
十四烷	6.0	253.6	0.7628	1.4290
十五烷	8.5	270.7	0.7685	1.4315
十六烷	18.1	287.1	0.7733	1.4345
十七烷	22.0	302.6	0.7780	1.4369
十八烷	28.0	317.4	0.7760	1.4390
十九烷	32.0	330.0	0.7855	1.4529
二十烷	36.4	324.7	0.7797	1.4307
三十烷	66.0	450.0	0.8100	—
环丙烷	−127.6	−32.9	0.713	1.4260
环丁烷	−91	12	0.745	1.4064
环戊烷	−93	49.3	0.779	1.4266

(1) 物质的状态

在一般情况下，C_1～C_4 的烷烃是气态物质，C_5～C_{16} 则是液态物质，而 C_{17} 及 C_{17} 以上的则是固态物质。

(2) 熔点

通常来说，对于饱和烷烃而言，其熔点和沸点都很低。通过观察表 2-3 中的数据可以发现，当 C 原子数增大时，其熔点逐渐升高，这主要是因为该过程涉及固体分子的内部相互影响作用。虽然烷烃作为非极性分子其偶极矩为 0，但分子中电荷分配并不均匀，在运动中可以产生瞬时偶极矩，瞬时偶极矩间有相互作用力（色散力），这种相互作用力很弱。在通常情况下，互为同系物的化学物质的分子量增大，会导致范德华力增强，进而使得熔点上升。对于分子量相同的烃类化合物来说，支链越多熔点越低，例如：

$$CH_3—CH_2—CH_2—CH_2—CH_3$$

戊烷熔点为−129.7℃

$$H_3C—C(CH_3)_2—CH_3$$

2,2-二甲基丙烷熔点为−19.5℃

又如正辛烷熔点为−56.8℃，但 2,2,3,3-四甲基丁烷的熔点为 100.6℃。这是因为结构对称的分子能在固定的晶格中形成紧密排布，从而导致它们之间的色散力增强，需要更多的热量来实现熔化过程。此外，对于含有偶数个碳原子的正烷烃类物质来说，它们的熔点通常低于包含奇数个碳原子的同系物，如图 2-4 所示。

分子间作用力不仅受分子大小的影响，还受构成该化合物的碳链分布的影响。当碳原子数为奇数时，链的末尾两个相同取代基总是位于同一侧，而偶数碳原子的链中两端取代基会处于相对位置。奇数碳链的烷烃因两者之间距离过近产生较强的斥力效应，使得色散力变大具有更高的熔点温度。

(3) 沸点

烷烃的沸点如同熔点一样有规律可循，烷烃的沸点会因为分子量增大而提升。当分子量增加时，其沸点也随之提高；但越是高级烷烃，这个过程就越缓慢，如图 2-5 所示。因此低级烷烃更易分离，高级烷烃分离较为困难。

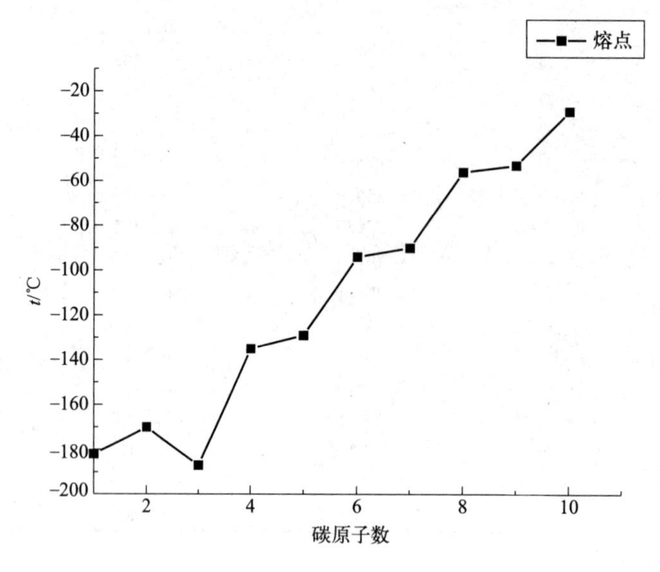

图 2-4 烷烃的熔点曲线

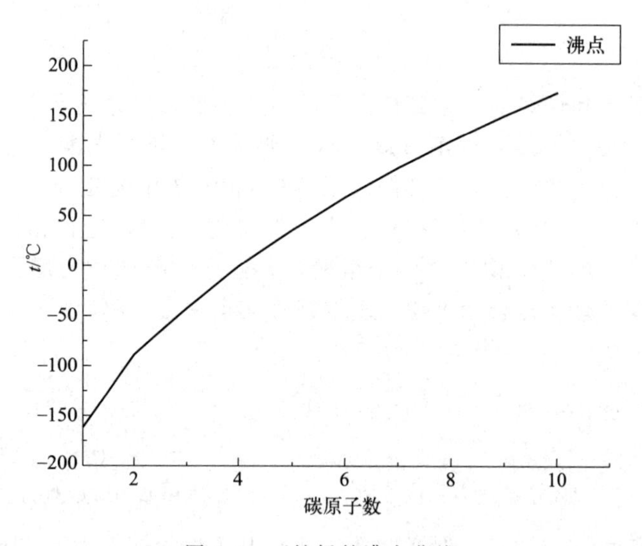

图 2-5 正烷烃的沸点曲线

在具有相同碳原子数的烷烃类化合物中，直链烷烃的沸点明显高于支链烷烃。这是因为在同分异构体内部，由于分子结构、接触面积和相互作用力的差异，使得支链分子受到位阻效应影响，导致其间的作用力减小从而降低了沸点。如

$CH_3—CH_2—CH_2—CH_2—CH_3$

正戊烷沸点为 36.1℃

$H_3CH_2C—CH(CH_3)—CH_3$

异戊烷沸点为 28℃

$H_3C—C(CH_3)_2—CH_3$

新戊烷沸点为 9.5℃

（4）密度

所有烷烃的密度均小于1g·mL^{-1}。随分子量增大，相应分子密度也逐渐升高，密度增加到一定数值后，分子量增加而密度变化很小。

（5）溶解度

烷烃在水中的溶解度相对较低，而有机溶剂中却能轻易溶解。这主要是因为烷烃属于非极性分子，与有机溶剂之间存在着相似的分子间引力，从而使得它们能够互相溶解。我们通常将这样的经验规律称为“相似相溶”原理。

2.3 烷烃的化学性质

在一定条件下，有机化合物分子中成键电子发生重新排布，原本存在的分子键被打破并建立起全新的键，经历化学键新旧交替的过程。这使得构成该分子的各个部分进行了重新组合产生了新分子，这就是我们所说的有机反应（organic reaction）。通常来说，有机反应分为自由基型反应（free radical substitution）、离子型反应（ionic reactions）和协同反应（co-ordinated response）。相比其他类型的有机物，甲烷及其同系物的特性相对稳定且保守，除了拥有较强的C—C和C—H的σ键以外无其他官能团。因此其分子各部分之间平均电子密度差异不大，由于这些链状单元之间相互吸引的能力较低，所以共价键极性小，对亲核试剂和亲电试剂的亲和力都很小。尽管一般情况下它们在面对强酸、强碱及常用的氧化剂和还原剂时都不发生反应，但并非所有条件都适用此规律，尤其是在高温或使用了催化剂的条件下依然会发生反应。主要反应有卤素取代反应、硝化反应、磺化反应、裂解反应和异构化反应等。

2.3.1 烷烃的取代反应

1. 卤化反应

烷烃可以在高温或光照条件下与卤族元素发生取代反应，这类反应称为卤化反应。其中氟化反应难以控制，碘化反应几乎不进行。通常说的卤化反应主要是氯化反应和溴化反应。在此之前我们需要知道什么是自由基型反应，有机物分子均裂出带有未成对电子且具有高度活性的自由基而引发的反应称为自由基型反应，其中化学键断裂时成键的一对电子平均分给两个原子或基团的叫均裂（homolytic fission）如：

$$A{:}B \longrightarrow A\cdot + \cdot B$$

$$2Cl\cdot \quad CH_3{:}H \longrightarrow CH_3{-}Cl + HCl$$

在均裂过程中产生的原子或基团含有未成对电子，称为自由基或游离基（free radical），如Cl·用黑点来标识这些电子。电中性的自由基寿命相对较短，属于活性中间体的一种。甲烷的卤化反应就是典型的自由基型反应。

在高温或光照的环境下，烷烃能与氯进行自由基取代反应，通常会生成四种氯化物的混合物。

$$CH_4 + Cl_2 \xrightarrow[\text{或室温},h\nu]{400℃} CH_3Cl + HCl$$

$$CH_3Cl + Cl_2 \xrightarrow[\text{或室温},h\nu]{400℃} CH_2Cl_2 + HCl$$

$$CH_2Cl_2 + Cl_2 \xrightarrow[\text{或室温},h\nu]{400℃} CHCl_3 + HCl$$

$$CHCl_3 + Cl_2 \xrightarrow[\text{或室温}, h\nu]{400℃} CCl_4 + HCl$$

在工业生产中，利用蒸馏技术可以分离出四种化合物。通过控制反应条件，如光照时间或温度、甲烷和氯气的摩尔比等，可以使得一种氯代物为主要产物。例如反应温度控制在400～450℃，甲烷和氯气的质量配比达到10∶1时，主产物为一氯甲烷。然而，若是甲烷和氯气的质量配比降低至0.263∶1，那么大部分产物为四氯化碳。为了理解甲烷的氯化反应，我们必须通过反应机理（reaction mechanism）去解释，反应机理是根据大量实验数据详尽归纳反应过程的实验总结，具有一定的适用范围，能够解释众多实验问题并预测新反应的可能性。一旦新的实验事实不能被现存的反应机理所解释，就应该引入全新的反应机理。

甲烷氯化过程中，直到反应底物有一个完全消耗殆尽才停止。我们将反应能持续不断地循环进行下去，直到活性组分消失的反应称为链式反应（chain reaction），链式反应是由引发、增长和终止这三类基本反应组成的。在甲烷的氯代反应中，氯气分子通过吸收光能或热量分解成两个氯原子。

$$Cl—Cl \xrightarrow{h\nu/\Delta H} 2Cl\cdot \qquad \Delta H = +242.6 J\cdot mol^{-1} \text{吸热} \tag{1}$$

当氯气分子的共价键被打破并生成两个具有单电子的氯自由基后，氯自由基未达到八隅体变得极为活跃。这些氯自由基会在和甲烷分子相互作用的过程中轻易地从甲烷上剥离氢原子生成氯化氢，与此同时还会生成甲基自由基。

$$Cl\cdot + H\cdot CH_3 \longrightarrow CH_3\cdot + HCl \quad \Delta H = +4.2 J\cdot mol^{-1} \text{吸热} \tag{2}$$

当甲基自由基与氯气分子相撞时，它们的活性极高。这种现象使得一个氯原子能够被轻易地俘获以生成氯甲烷和新的氯自由基。

$$CH_3\cdot + Cl—Cl \longrightarrow CH_3Cl + Cl\cdot \quad \Delta H = -108.4 J\cdot mol^{-1} \text{放热} \tag{3}$$

新生成的氯自由基能持续参与化学反应(2)用以形成更多的甲基自由基，然后甲基自由基又与氯气分子不断发生取代反应。首先通过反应(1)产生的氯自由基来触发一系列反应，此过程称为链引发过程（chain initiation）。反应(2)和反应(3)不断产生新的自由基又可重复上述反应而不断延续此过程，此过程称为链增长过程（chain growth process）。当链式反应进行到一定阶段时，自由基与体系中可反应的共价化合物碰撞的概率减小，自由基之间相遇的概率增大，自由基之间彼此结合生成稳定的分子，由于反应使得链式反应无法进一步发展，此过程称为链终止（chain termination）。

$$Cl\cdot + Cl\cdot \longrightarrow Cl_2$$
$$CH_3\cdot + CH_3\cdot \longrightarrow CH_3—CH_3$$
$$Cl\cdot + CH_3\cdot \longrightarrow CH_3Cl$$

对于不同烷烃中不同位置的氢原子，在相同条件下发生氯代反应，可生成两种或者两种以上一氯代物。乙烷和甲烷一样，只能生成一种一氯代物。但是丙烷、异丁烷的一氯代物都有两种。烷烃一氯代异构体的相对产率与氢原子的反应活性有关，不同类的C—H键数目不同，在反应中被取代的概率就不同，对应产物的占比就不同。伯、仲、叔氢的反应活性次序与伯、仲、叔C—H键的解离能大小次序恰好相反，较低解离能的C—H键容易发生键的均裂，生成稳定性较好的自由基，可得到相应的卤代烷，根据C—H键均裂所需能量的大小可推断自由基稳定次序为 $(CH_3)_3C— > (CH_3)_2CH— > CH_3CH_2— > —CH_3$。此外，活性中间体能量越低，意味着它们过渡态势能越低，所需的活化能就会更少，反应选择性高、速率更快。

自由基链式反应具有高度的反应活性和选择性。自由基具有非常强的反应能力，可以与不同的分子发生反应，包括反应物中的不饱和键、氧、氢等。自由基链式反应远快于传统的分子反应，因为链反应可以通过一次引发过程产生大量的反应活性中间体（自由基），从而加速反应的进行。其在化学工业和生物体内都有广泛的应用，包括聚合反应、有机合成、自由基氧化反应等。

在烷烃的卤化过程中，溴代反应的转化率相较于氯代反应要低，并且需要更高的温度。尽管溴代反应的活性较小，但其选择性却很高，如：

$$(CH_3)_3CH \xrightarrow[h\nu,25℃]{Cl_2} \underset{37\%}{(CH_3)_3CCl} + \underset{63\%}{(CH_3)_2CHCH_2Cl}$$

$$(CH_3)_3CH \xrightarrow[h\nu,127℃]{Br_2} \underset{>99\%}{(CH_3)_3CBr} + \underset{\text{痕量}}{(CH_3)_2CHCH_2Br}$$

当使用氯气对异丁烷进行处理时会产生多种物质，然而，若采用溴来替代氯，则主要生成单一的产品。这种高选择性的原因在于溴的高稳定性。在一组类似反应中，如果使用的试剂更活跃，那么其选择性就会降低。这是一种广泛适用的规律，即活性越高，选择性越低，反之亦然。

2. 硝化反应

烷烃以气体形式在高温下使用硝酸或者氮氧化合物（N_2O_4）来实现其化学转化的过程被称为硝化反应，这是一种广泛应用于商业生产的重要操作方式。硝基烷烃作为一种常见的化工产品，具有许多实际用途，如用来溶解纤维素酯与合成树脂，并且硝基烷烃可以转变成多种其他类型的化合物，如胺、羟胺、腈、醇、醛、酮及羧酸等。在烷烃硝化过程中，碳氢键断裂，原本存在的 H 会被 NO_2 部分取代从而形成相应的—RNO_2，生成的硝基烷同时将 C—C 键断开依次被硝基取代，生成几个不同种类的硝基烷烃，也就是我们所说的硝化反应。因此，通常情况下我们会看到大量的不同形态的硝基化合物组合在一起。

$$CH_3—CH_2—CH_3 \xrightarrow[420℃]{HNO_3} \underset{25\%}{CH_3—CH_2—CH_2—NO_2} + \underset{40\%}{(CH_3)_2CHNO_2}$$

$$+ \underset{10\%}{CH_3CH_2NO_2} + \underset{25\%}{CH_3NO_2}$$

3. 磺化和氯磺化反应

在高温环境中，烷烃与硫酸或三氧化硫发生化学反应产生烷基磺酸，这一过程被称为磺化反应（sulfonation reaction）。比如：

$$R—H + H_2SO_4 \xrightarrow{\triangle} R—SO_3H + H_2O$$

$$R—H + SO_3 \xrightarrow{\triangle} R—SO_3H$$

高级烷基磺酸钠盐是一类高效的阴离子表面活性剂，如合成洗涤剂烷基磺酸钠等，这些都属于一种主要且广泛应用于工业生产的精致商品类别，它们通常被用于合成各种类型的清洗溶液，其中包括水处理过程中所使用的环保型无害的水净化材料。

$$C_{12}H_{26} + SO_2Cl_2 \xrightarrow{HCl} C_{12}H_{25}SO_2Cl \xrightarrow[H_2O]{NaOH} \underset{\text{十二烷基磺酸钠}}{C_{12}H_{25}SO_2ONa}$$

2.3.2 氧化和燃烧反应

当烷烃被用作燃料时，它会根据以下公式全部燃烧并产生 CO_2 和 H_2O。像汽油、煤油和柴油这样的石油制品被用作燃料的主要原因就是燃烧会释放出大量的热。

$$C_nH_{2n+2}+\frac{(3n+1)}{2}O_2 \xrightarrow{\triangle} nCO_2+(n+1)H_2O+\text{热量}$$

混合一定量低级烷烃蒸气的空气遇到明火或者火花后会立即发生激烈的热反应并且无法迅速消散，生成的 CO_2 及 H_2O 会在瞬间急速扩张导致强烈爆破现象。在标准状况下 1mol 纯净的烷烃完全燃烧生成水和二氧化碳后释放出来的能量称为燃烧值（combustion value）。燃烧也属于自由基反应，因为自由基具有很大的化学活性，易成为连续反应的活化中心，在适当条件下引发的激烈氧化反应也就是燃烧现象。当低级烷烃（$C_1\sim C_6$）的蒸气和空气以特定比例混合后会引发爆炸。例如我们熟知的煤矿爆炸，标准状况下瓦斯（主要成分为甲烷）含量在 5.53%～16%之间，遇到高温火源就会发生爆炸。在常温下烷烃不会发生化学变化，可控制反应条件将烷烃进行氧化处理，产生包括醇、醛、酮及酸等多种含有氧元素的有机物质。此外，在有催化剂参与的情况下，烷烃可以在低于燃点的环境中被氧气部分氧化，烷烃中的碳链有可能在任意位置断裂，并形成比原始烷烃更少的碳原子的含氧有机产物（例如醇、酮或酸）。

$$R—CH_3 \xrightarrow[\text{锰盐},O_2]{120\sim160℃} RCH_2OH+RCHO+RCOOH+\cdots$$

$$R—CH_2CH_2—R' \xrightarrow{O_2} R—COOH+R'—COOH+H_2O$$

2.3.3 异构化反应

异构化（isomerization）是指化合物分子量不变，从一种异构体变为另一种异构体的过程，例如直链烷烃转变成支链烷烃。

$$CH_3CH_2CH_2CH_3 \xrightarrow[95\sim150℃,1\sim2MPa]{AlCl_3,HCl} H_3C—\underset{\underset{\displaystyle CH_3}{|}}{C}HCH_3$$

(90%)

烷烃的主要用途之一是作为内燃机燃料。当汽油在内燃机中燃烧时，可能会引发爆燃或者爆震，从而削弱引擎的功能并且对引擎造成损害。通过调整烷烃的异构化过程，间接提升汽油的品质。以异辛烷和正庚烷的辛烷值为基准定义汽油抗爆性。将抗爆震能力很差的直链烷烃“正庚烷”作为零点，将无爆震的“异辛烷”（2,2,4-三甲基戊烷）设定为一百。抗爆震能力随着辛烷值增大而升高。检测汽油样品需将样品与标准燃料进行比较，若两者抗爆性相同，则标准燃料中异辛烷的体积分数即为该样品的辛烷值。从表 2-4 可以看出，支链越多，辛烷值越大，汽油质量越优异，烷烃在异构化过程中不光提升产物的支链数目也顺带提升汽油的质量，也可以在汽油中添加甲基叔丁基醚来提升辛烷值。

表 2-4 烃的辛烷值

烃的种类	辛烷值	烃的种类	辛烷值
庚烷	0	苯	101
2-甲基庚烷	24	甲苯	110
2-甲基戊烷	71	2,2,3-三甲基戊烷	116
辛烷	−20	环戊烷	122
2-甲基丁烷	90	对二甲苯	128
2,2,4-三甲基戊烷	100		

2.3.4 烷烃的热解

在无氧环境下烷烃受热分解，这种反应被称为裂解反应或者热解（pyrolysis）。分子量较大的烷烃分子中的C—C键和C—H键破裂，产生分子量较小的烷烃和烯烃，还有部分副产物。反应在催化条件下进行时，称为催化裂化反应，此时反应可在较低温度下进行。此法在化工中主要用于生产乙烯、丙烯、丁烯。

当发生热分解或者破碎过程的时候，碳碳单键（具有 $347kJ \cdot mol^{-1}$ 的能量）相比于碳氢化学键（具有 $414kJ \cdot mol^{-1}$ 的能量）更容易被破坏掉，为了让高温度下的去氢作用成为主要的反应而非次级反应就需要选择适当类型的催化剂，比如制备1,3-丁二烯。

$$CH_3CH_2CH_2CH_3 \xrightarrow[-H_2]{\text{催化脱氢}} CH_3CH_2CH{=}CH_2 + CH_3CH{=}CH{-}CH_3$$

$$\xrightarrow[-H_2]{\text{催化脱氢}} H_2C{=}CHCH{=}CH_2$$

2.4 环烷烃

2.4.1 环烷烃的分类

1. 单环烷烃

对于单环烷烃（monocyclic alkane）来说，其名称一般以环烷烃为主体，并且依据环内碳原子的数量来定义为“环某烷”。将支链看作取代基，如果环上有两个或两个以上取代基，需要对环内的碳原子进行标号，以便让取代基获得最低编号，例如：

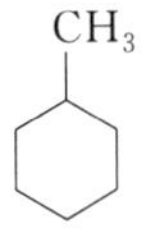

甲基环己烷 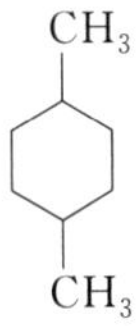　　1,4-二甲基环己烷

由于环烷烃分子的结构特性，其碳环约束了C—C键的活动度。若环分子存在多个取代基团，可能会产生顺反异构的现象，此时需要明确指出是正向或负向构型（只用“顺”和“反”来命名是不够准确的，因为这与后续学习的“对映异构”有关）。

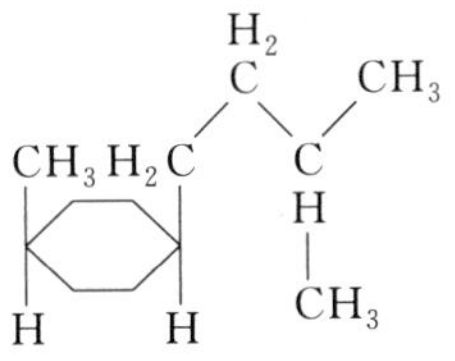

顺-1-甲基-4-(2-甲基丁基)环己烷 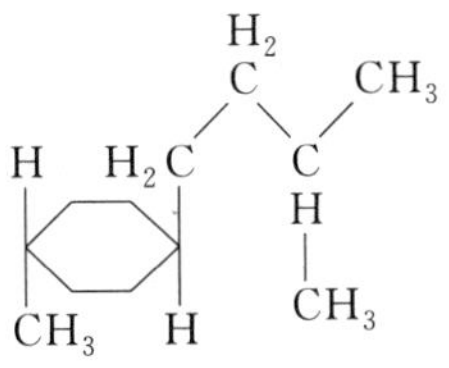　　反-1-甲基-4-(2-甲基丁基)环己烷

2. 螺环烷烃

两个碳环共用一个碳原子的环烷烃叫作螺环烃（screw hydrocarbon），分子中两环共用的碳原子称为“螺碳原子”。命名时，我们会依据环中包含的碳原子总数确定母体，并使用“螺”作为前缀，然后列出与螺原子相连的两个环中的碳原子数量，但要除去螺原子本身，

按照从小到大排列的方式放在母体名称和“螺”字中间的方括号内，并在它们之间以圆点分隔。比如：

螺[5.5]十一烷　　螺[2.4]庚烷

将取代基命名应明确其位置，编号时，从第一个非螺原子开始，优先编制较小的环，然后经过螺原子再编制第二个环，在这种情况下，尽可能使取代基有最小位次，例如：

4-甲基螺[2.4]庚烷

3. 桥环烷烃

两个碳环共用至少两个相连碳原子的环烷烃被称作桥环烷烃（bridge hydrocarbon）。共用的碳原子被称为桥头碳。命名时依据组成环的所有碳原子总数确定母体名称，然后再将各桥所含碳原子数按照从高到低排列放入词头和母体之间的方括号中，数字之间用圆点隔开。

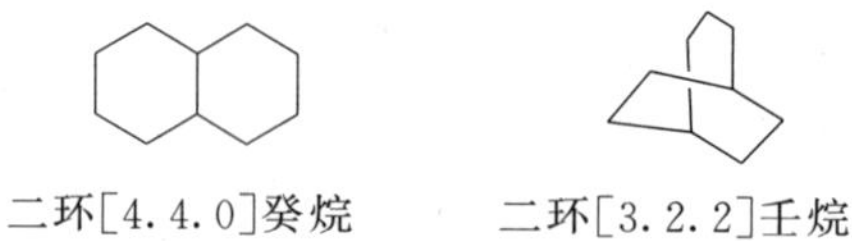

二环[4.4.0]癸烷　　二环[3.2.2]壬烷

若有取代基，从一个桥头碳开始进行编号，优先编号最长的桥到另一个桥头碳，然后沿着次长桥回溯至第一个桥头碳，最短的桥则最后编号，同时尽可能地使取代基位次最低。例如：

1,7-二甲基-3-乙烷二环[4.3.2]十一烷

2.4.2 环烷烃的结构

就热力学而言，化学物质的热量释放程度与其稳定性的强弱有直接关系。在所有烃类化合物中，热量释放水平取决于其内部包含的碳氢原子数量，对于开链烷烃，每增加一个亚甲基都会使其燃烧热提升 658.6kJ・mol^{-1}。然而，环烷烃的情况有所不同，尽管它们的燃烧热同样受到亚甲基单元的影响，但是这个影响并非固定不变，会因为环的大小变化产生显著的变化。表 2-5 为常见环烷烃的燃烧热。

表 2-5　常见环烷烃的燃烧热

名称	成环碳数	分子燃烧热/kJ・mol^{-1}	—CH_2—的平均燃烧热/kJ・mol^{-1}
环丙烷	3	2091	697
环丁烷	4	2744	686
环戊烷	5	3320	664
环己烷	6	3951	659
环庚烷	7	4637	662
环辛烷	8	5310	664

由表 2-5 中的数据可知，从环戊烷到环丙烷，随着环内碳原子数量减少，每个亚甲基产

生的热量增加，环内能量升高，所以环越小越不稳定。从环己烷开始，随着碳原子数增加，亚甲基产生的热量增加逐渐缓慢。环己烷和环戊烷较为稳定，其中环戊烷被视为最稳定的结构。1885 年拜耳（Bayer）提出了张力学说。当所有成环碳原子都位于同一个二维平面时，键角越偏离碳正四面体的键角，环的张力越大，稳定性就越差，越容易发生开环反应以解除张力。利用公式偏转角=(109°28′-正多边形内角)/2 可表示饱和环烷烃的 C—C—C 键角与 sp^3 杂化后正常轨道键角的偏离程度。比如，拜耳张力学认为环丙烷的三个碳原子呈平面三角形，必须从 109°28′转变至 60°成环，根据公式所得环丙烷的偏转角为（109°28′-60°)/2=24°44′，也就是每个环丙烷的形成必须将两个价键进行向内压缩 24°44′。这样一来就会造成分子内产生张力，同理可以计算其他环烷烃分子中价键的偏转角度。

实验数据表明环丙烷分子中相邻碳原子 sp^3 杂化轨道对称轴的夹角为 105.5°，由此可见，要使两个相邻碳原子 sp^3 杂化轨道重叠形成 C—C σ 键，其对称轴不能在一条直线上重叠，只能以弯曲的方式重叠，重叠程度较小，键也不稳定，这样弯曲的 σ 键称为香蕉键（banana bond），这种新键与正常 σ 键相比重叠程度小。环丙烷在平面内有三个碳原子，因任意两个碳原子上的 C—H 构象重叠产生斥力，C—C 键重叠少，电子分布在环外，所以环丙烷稳定性差。环丙烷张力比较大的另一个原因是由重叠式构象引起的扭转张力。环丁烷的 C—C—C 键角为 111.5°并伴随角张力，然而弯曲键的电子重叠相较于环丙烷更大，这使得它更具稳定性。环戊烷及其更高阶数的环烷烃而言，它们并非平面构造，C—C—C 键角始终维持在 109°28′，几乎没有出现角张力。7～12 个碳原子的环烷烃内部并不存在角张力，但分子内的氢原子较为密集，导致了扭转张力的产生。环烷烃具有相当大的环状结构（例如环二十二烷）时才能和环己烷具有相同的稳定性。经过检测发现，环二十二烷的碳原子并未处于同平面上，而是呈现为褶皱型。

2.4.3 环烷烃的构象

在环己烷分子的结构中，每个碳原子都以 sp^3 方式进行杂化，其中有两种主要的形态：椅式构象与船式构象。在环己烷的船式构象中，所有的 C—C—C 连接角度为 109°28′，没有任何角张力存在。然而，并不是所有的 C—H 键都在交叉的位置上。

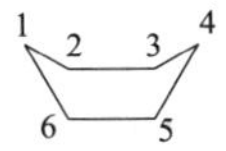

船式结构 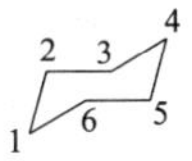　　椅式结构

通过船式构象的纽曼投影式可以看到 C_1、C_2、C_4、C_5 上相连的氢原子都处在全重叠式的位置上，而 C_3、C_6（或称船头和船尾碳原子）上的两个向环内伸展的氢原子间距仅为 0.18nm，远低于产生最小范德华力的距离（0.24nm），导致这两个 H 原子之间存在原子间斥力。因此，船式结构的能量比椅式结构的能量高 $28.9kJ \cdot mol^{-1}$。

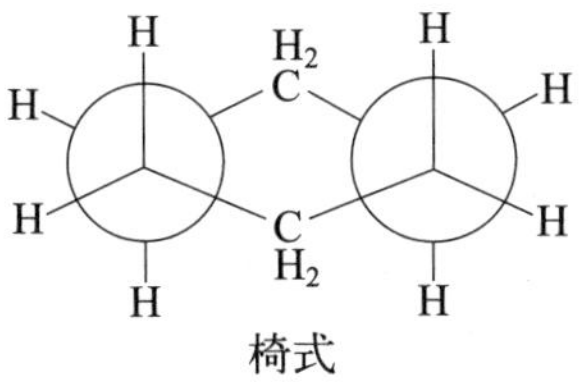

椅式 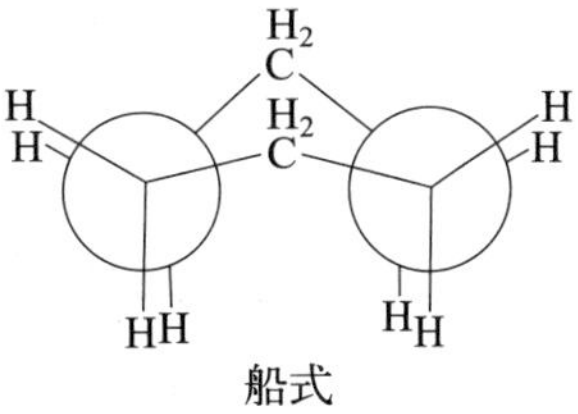　　船式

在椅式构象中，所有的 C—C—C 键角为 109°28′且纽曼投影式显示任何相邻碳原子上的 C—H 键也都是交叉式。可见，环己烷的椅式构象无角张力，扭转张力也很小，基本上是无张力环，

能量最低。常温下船式构象和椅式构象可以互相转化，在平衡体系中，椅式构象占 99.9%。

2.4.4 环烷烃的物理性质

低级环烷类化合物例如环丙烷、环丁烷等在常态环境中呈现气态，而环戊烷则以液态存在，高级环烷类物质则是固态。相对于其对应的链状烃类而言，环烷烃的熔点及沸点更高，且它们的密度亦大于对应的链状烷烃，尽管仍然低于 1g/mL。这主要是因为分子构造的影响。环烷烃由于成环，结构相对紧凑，并且分子的排序性更强，从而导致了较大的分子间相互作用力。部分环烷烃的物理性质数据详见表 2-6。

表 2-6 常见环烷烃的物理性质

名称	沸点/℃	熔点/℃	相对密度(d_4^{20})	折射率(n_D^{20})
环丙烷	−32.9	−127.6	0.720(−79℃)	—
环丁烷	12.4	−80	0.703(0℃)	1.4260
环戊烷	49.3	−93.8	0.746	1.4064
环己烷	80.8	6.5	0.779	1.4266
环庚烷	118.3	−12.0	0.810	1.4449
环辛烷	150.0	14.3	0.835	—

2.4.5 环烷烃的化学性质

1. 取代反应

环烷烃的化学属性与相应的直链烷烃相似，小环烷烃如环丙烷和环丁烷中存在较大的张力，因此其性质活跃，并且能发生一些独特的反应。

$$\text{⬠} + Cl_2 \xrightarrow{h\nu} \text{⬠}\text{—}Cl + HCl$$

环戊烷　　　　氯代环戊烷

2. 催化氢化

加入催化剂能使环烷烃与 H_2 进行反应，开环并进一步与 H_2 加成以产生直链烷烃。

$$\triangle + H_2 \xrightarrow[80℃]{Ni} CH_3CH_2CH_3$$

环丙烷　　　　丙烷

$$\square + H_2 \xrightarrow[200℃]{Ni} CH_3CH_2CH_2CH_3$$

环丁烷　　　　丁烷

$$\text{⬠} + H_2 \xrightarrow[300℃]{Pt} CH_3CH_2CH_2CH_2CH_3$$

环戊烷　　　　戊烷

一般来说，六元环以上的环烷烃无法进行催化加氢。环的尺寸会影响环烷烃的稳定性，并且加氢反应所需的必要条件也各不相同，特别是三元环、四元环等小环更易于开裂，这表明它们的稳定性较差。

3. 卤化氢参与的开环反应

环丙烷和环丁烷与卤化氢发生加成反应生成卤代烷。然而，环戊烷和环己烷并不易进行这类反应。

$$\triangle + HBr \xrightarrow{常温} CH_3CH_2CH_2Br$$

环丙烷

$$\square + HBr \xrightarrow{\text{加热}} CH_3CH_2CH_2CH_2Br$$

环丁烷

课外拓展

烷烃作为植物生长中的重要组分，可以为植物提供能量和原料，促进植物的生物质积累。生物质产量的增加能够提高土壤质量、改善土壤结构，并推动土壤有机碳的累积和循环。烷烃在植物的呼吸和光合作用中起到调节作用，改变植物新陈代谢的过程，增强光能的使用效率以及转化为光合产品的速度，进而刺激植物生长并提高生物质含量。研究表明，烷烃可以提高林木的抗逆性，包括抗寒、抗旱和抗盐等能力。烷烃作为生物质中的有机碳源，能够参与纤维素的合成和分解过程，从而影响生物质中纤维素的含量和结构。研究发现，适度的烷烃供应能够加快纤维素的生成速度并提升其含量，在恶劣环境下烷烃可以调节林木的细胞膜脂质组成，提高细胞膜的稳定性和抗氧化能力。烷烃与木质素的合成关系密切，研究发现，适度的烷烃浓度可以提高木质素合成酶的活性，提高木质素的含量和质量。烷烃对林木逆境信号转导有一定作用，研究发现，烷烃参与逆境信号转导通路，调控林木的响应机制，包括激活抗逆性相关基因和蛋白质的表达。烷烃参与生物质的化学反应和转化，可以改变生物质的化学组成和结构。研究发现，烷烃供应对生物质的纳米结构、功能化基团分布和表面化学性质等方面有明显的影响。

习 题

1. 按照系统命名法命名下列化合物。

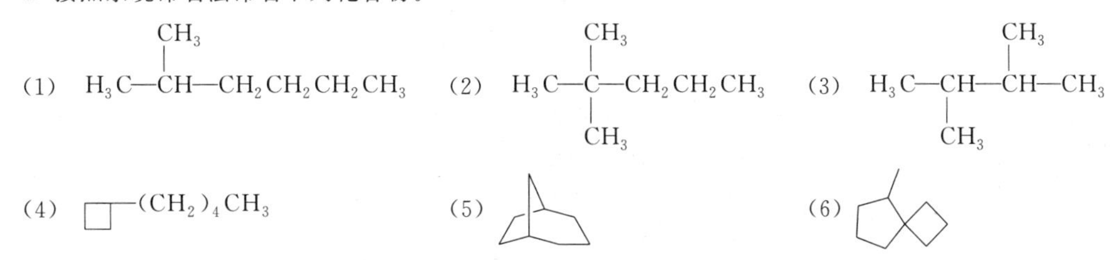

2. 分子式为 C_5H_{12} 的某物质分别满足以下条件，请写出满足以下条件的化合物构造式，并用系统命名法来标记它们。

(1) 物质是含有伯氢，而不含仲氢和叔氢的烷烃。

(2) 物质是仅含有一个叔氢的烷烃。

(3) 物质是仅含有伯氢和仲氢的烷烃。

3. 根据熔沸点从高到低的顺序对下列烷烃进行排序。

(1) 2-甲基戊烷　(2) 正己烷　(3) 正庚烷　(4) 十二烷

4. 写出下列反应生成的一卤代烃。

(1) $H_3C-\underset{}{CH}(CH_3)-CH_3 \xrightarrow[h\nu]{Br_2}$　　(2) $CH_3CH_2CH_3 \xrightarrow[h\nu]{Cl_2}$

5. 写出甲烷氯代反应中生成 CH_2Cl_2 的反应机理。

第3章 不饱和烃

思维导图

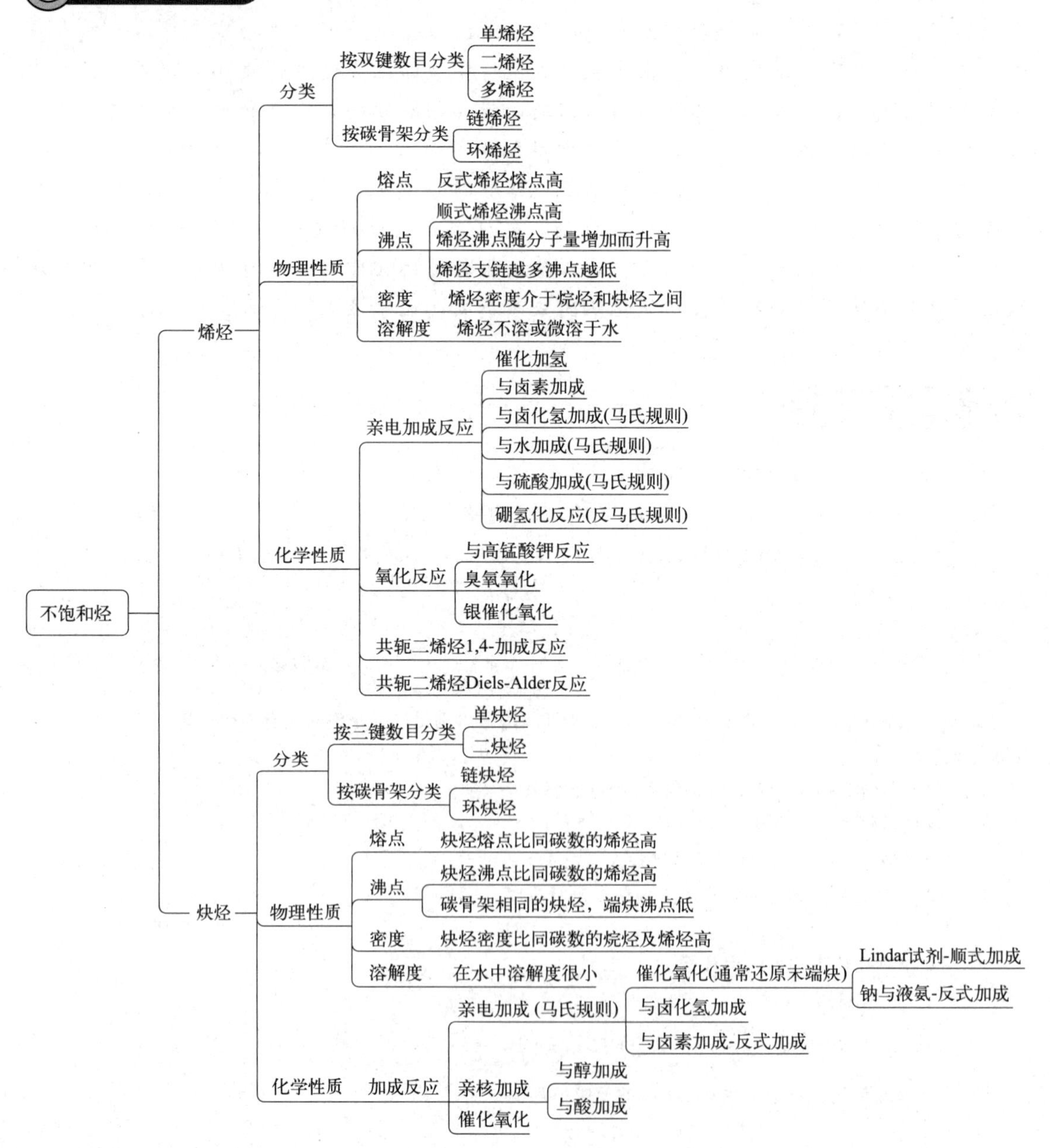

不饱和烃（unsaturated hydrocarbons）是不饱和脂肪族碳氢化合物的简称，也叫不饱和脂肪烃，通常指分子中含有碳碳双键或碳碳三键的碳氢化合物。不饱和烃主要包括烯烃（alkene）和炔烃（alkyne）两类。烯烃是含有一个或多个碳碳双键的不饱和烃，例如乙烯（C_2H_4）和丙烯（C_3H_6）。烯烃可以进行加成反应，通过在双键上添加其他原子或基团来形成新的化合物。炔烃则是含有一个或多个碳碳三键的不饱和烃，例如乙炔（C_2H_2）。炔烃也可以发生加成反应，但由于其具有高度不饱和性，还可以发生比较特殊的反应，如生成环状化合物。不饱和烃在化工工业中有广泛的应用，不饱和烃常被用作化学合成的原料。

3.1 不饱和烃的命名

不饱和烃的命名通常遵循有机化学的命名规则，其中最常见的是根据它们的碳碳双键（烯烃）或碳碳三键（炔烃）的位置、数量和取代基来进行命名。不饱和有机化合物的命名遵循国际化学命名规则（IUPAC 命名法），以确保准确地描述分子结构。

3.1.1 烯烃的命名

烯烃的命名与烷烃大体相同，只是将“烷”改成“烯”字。以下是烯烃的命名原则：

① 找到最长的碳链：首先，要找到包含双键的最长碳链。这个碳链通常被称为主链。

② 确定主链的编号：从主链的一端开始编号，编号通常从离双键最近的碳开始，以确保较小的编号。如果有多个双键，要选择使第一个双键编号最小的方式。

③ 命名双键位置：将双键的位置用数字表示，并在主链的名称之前加上这些数字，以示双键的位置。数字与连字符相结合，例如，1-丁烯表示一个碳碳双键位于主链的第一个碳上。

④ 确定主链名称：主链的名称取决于主链中碳原子的数目。通常采用天干符号来表示碳原子数，如乙（2 个碳原子）、丙（3 个碳原子）、丁（4 个碳原子）等。

⑤ 添加前缀和后缀：根据取代基和双键的配置，添加适当的前缀和后缀。

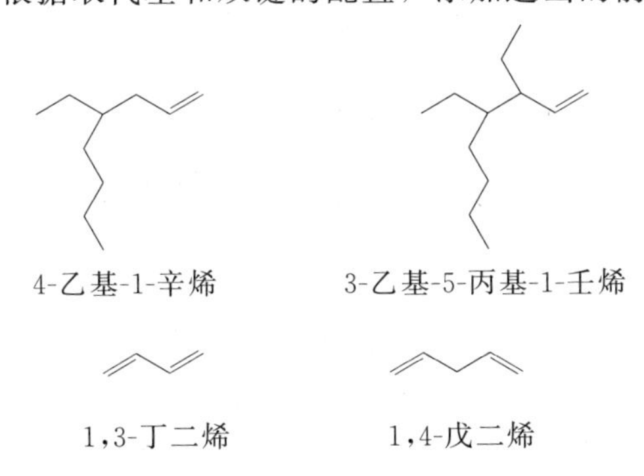

4-乙基-1-辛烯　　3-乙基-5-丙基-1-壬烯

1,3-丁二烯　　1,4-戊二烯

3.1.2 炔烃的命名

炔烃的命名与烯烃完全相似，只是将“烯”改成“炔”字。

4-乙基-1-庚炔　　5-甲基-1-庚炔

3.1.3 烯炔的命名

分子中同时存在双键和三键的化合物称为烯炔，以下是烯炔的命名原则：

① 找到最长的碳链：首先，要找到包含双键和三键的最长碳链。这个碳链通常被称为主链。

② 确定主链的编号：从主链的一端开始编号，编号通常从离双键或者三键最近的碳开始，以确保较小的编号。如果双键和三键的相对位次相等，要选择使三键编号最小的方式。

③ 命名双键和三键位置：将双键和三键的位置用数字表示，并在主链的名称之前加上双键数字，在主链的名称后加三键数字，以示双键和三键的位置。数字与连字符相结合，例如，4-庚烯-1-炔，表示一个碳碳三键位于主链的第一个碳上，一个碳碳双键位于主链的第四个碳上。

④ 确定主链名称：主链的名称取决于主链中碳原子的数目。通常采用天干符号来表示碳原子数，如乙（2 个碳原子）、丙（3 个碳原子）、丁（4 个碳原子）等。

⑤ 添加前缀和后缀：根据取代基和双键以及三键的配置，添加适当的前缀和后缀。

6-庚烯-1-炔　　5-乙基-6-辛烯-1-炔

3.2 烯烃

3.2.1 烯烃的结构

烯烃是一类重要的不饱和烃，其分子结构中含有一个或多个碳碳双键。这种特殊的结构赋予了烯烃许多特殊的性质和化学反应。烯烃分子中的双键使其在空间中呈现出高度的不饱和性和反应活性，因此具有丰富的应用价值。烯烃的结构可以根据双键的位置和数量来描述。它们的碳链长度可以从较小的低碳烯烃，如乙烯和丙烯，到较大的高碳烯烃，如壬烯和癸烯。双键的位置可以相邻或非相邻，双键的位置影响烯烃的空间构型和化学性质。一些烯烃还具有多个双键，形成多烯烃的结构，如 1,3-丁二烯。

碳原子的 sp^2 杂化和 π 键

碳原子的 sp^2 杂化是一种能量较低的杂化形式，常见于烯烃和芳香族化合物中的碳原子。在 sp^2 杂化中，一个碳原子的一个 2s 轨道和两个 2p 轨道参与杂化，生成三个等能、平面排列的杂化轨道。这种杂化形式使得碳原子的杂化轨道形成一个平面，而不是传统的 sp^3 杂化中形成的四面体结构（图 3-1）。三个 sp^2 杂化轨道呈 120°角分布，处于一个平面上，并且在垂直于该平面的方向上还保留了一个未杂化的 2p 轨道，通常用于形成碳碳双键。由于 sp^2 杂化中，碳原子只使用了三个轨道进行杂化，因此它具有一个未杂化的 2p 轨道，这个轨道垂直于 sp^2 杂化平面。这个未杂化的 2p 轨道可以通过重叠形成 π 键（图 3-2），从而形成碳碳双键或与其他原子形成共轭体系，如烯烃和芳香族化合物。sp^2 杂化使碳原子具有高度的平面性和共轭性，赋予了烯烃和芳香族化合物一些独特的化学性质。它们可以发生加成反应、亲电取代反应和自由基反应等。此外，由于 sp^2 杂化形成的碳碳双键具有较高的 p 轨道重叠，使得烯烃和芳香族化合物显示出较高的共轭稳定性和反应活性。

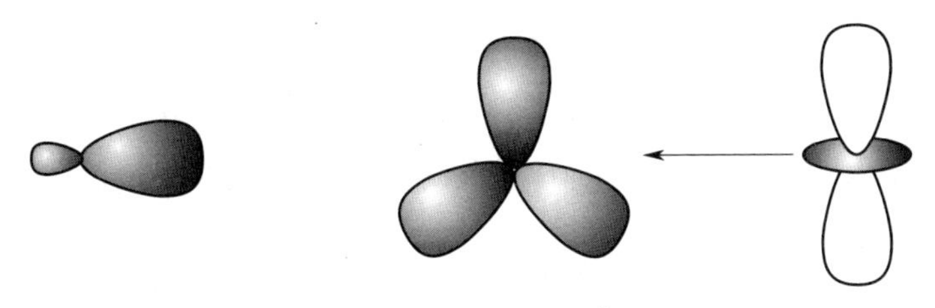

图 3-1　碳原子的 sp^2 杂化轨道和垂直于由三个 sp^2 杂化轨道组成的平面的 p 轨道

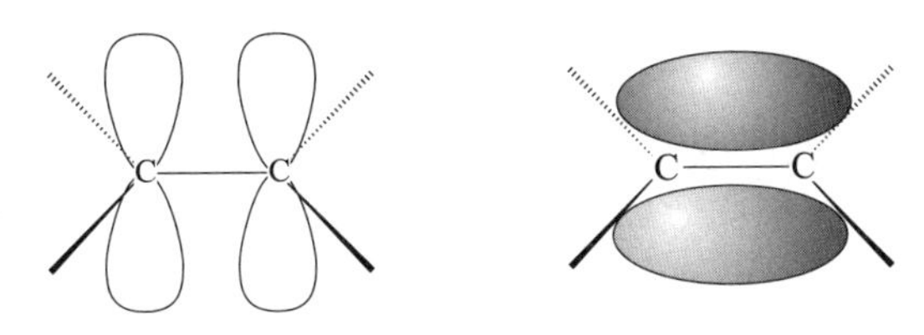

图 3-2　p 轨道侧面交盖形成的 π 键

3.2.2　烯烃的分类

烯烃是一类含有一个或多个碳碳双键的不饱和烃。根据双键的位置和数量，烯烃可以分为以下几类：

单烯烃（monoenes）：单烯烃是指只含有一个碳碳双键的烯烃。最简单的例子是乙烯（C_2H_4），它只有一个碳碳双键。其他单烯烃包括丙烯（C_3H_6）和丁烯（C_4H_8）等。

$H_2C{=}CH_2$	$H_2C{=}CHCH_3$	$H_3CHC{=}CHCH_3$
乙烯	丙烯	2-丁烯

独立双键烯烃（isolated dienes）：独立双键烯烃是指含有两个非相邻双键的烯烃。这两个双键之间至少有一个碳原子。一个常见的例子是 1,4-戊二烯（C_5H_8），其中两个双键位于碳链的第 1 和第 4 个碳原子之上。

1,4-己二烯　　1,4-戊二烯

共轭双键烯烃（conjugated dienes）：共轭双键烯烃是指含有两个相邻的双键的烯烃，双键之间没有其他碳原子。这种结构允许共轭体系的形成，具有特殊的反应和性质。一个常见的例子是 1,3-丁二烯和异戊二烯。

1,3-丁二烯　　2-甲基-1,3-丁二烯

环状烯烃（cyclic olefins）：环状烯烃是指含有环状结构的烯烃。它们的分子中至少存在一个碳碳双键。环状烯烃可以是单环状结构，也可以是多环状结构。环状烯烃的化学性质和反应活性与直链烯烃有所不同。

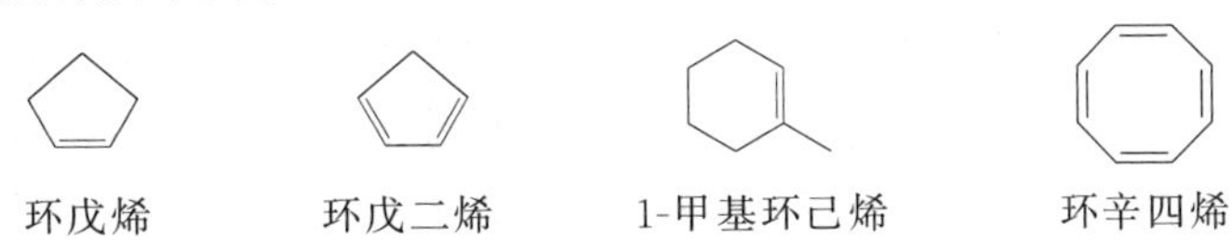

环戊烯　　环戊二烯　　1-甲基环己烯　　环辛四烯

这些分类是根据烯烃分子中双键的位置和数量进行的，并且它们具有不同的化学性质和

反应特点。不同类型的烯烃在有机合成、聚合反应和其他化学应用中具有各自的用途和重要性。

3.2.3 烯烃的物理性质

烯烃是一类重要的不饱和烃，其物理性质受分子结构和链长度的影响。以下是烯烃的一些常见物理性质（见表 3-1）：

① 熔点和沸点：烯烃通常具有较低的熔点和沸点，这是因为不饱和双键使得分子间的作用力相对较弱。熔点和沸点的数值取决于烯烃的分子大小和结构。

② 密度：烯烃的密度通常较小，因为不饱和双键减小了分子的质量。但是较长的长链烯烃通常具有较高的密度。

③ 溶解性：烯烃在非极性溶剂中通常溶解性较好，如苯、正己烷等。然而，烯烃在极性溶剂中的溶解度可能较低，因为双键的存在降低了分子与溶剂之间的相互作用力。

④ 燃烧性：烯烃可以燃烧，产生二氧化碳和水，并放出大量的能量。烯烃的燃烧热通常比相应的饱和烃高，这是由于不饱和双键中的碳碳键有更高的键能。

⑤ 光学性质：某些烯烃可能具有光学活性，可以使自然光转换为偏振光。这种旋光性通常是由于手性结构或存在不对称碳原子引起的。

这些只是烯烃物理性质的一部分，实际具体数值会受到烯烃的结构、分子量以及其他添加剂等因素的影响。此外，不同的烯烃化合物可能具有不同的物理性质，因此需要考虑具体的烯烃化合物以获得更准确的物理性质数据。

表 3-1 常见烯烃的物理性质

名称	结构式	熔点/℃	沸点/℃	相对密度(d_4^{20})
乙烯	$CH_2=CH_2$	−169	−102	
丙烯	$CH_3CH=CH_2$	−185	−48	0.5193
1-丁烯	$CH_3CH_2CH=CH_2$	−185	−6.5	0.5951
顺-2-丁烯	顺 $CH_3CH=CHCH_3$	−139	4	0.6213
反-2-丁烯	反 $CH_3CH=CHCH_3$	−106	1	0.6042
1-戊稀	$CH_2=CH(CH_2)_2CH_3$	−138	30	0.6405
1-己烯	$CH_2=CH(CH_2)_3CH_3$	−138	63	0.675
异丁烯	$(CH_3)_2C=CH_2$	−141	−7	
顺-2-戊稀	顺 $CH_3CH=CHCH_2CH_3$	−151	37	0.655
反-2-戊稀	反 $CH_3CH=CHCH_2CH_3$		36	0.647
3-甲基-1-丁烯	$CH_2=CHCH(CH_3)_2$	−135	25	0.648
2-甲基-2-丁烯	$CH_3CH=C(CH_3)_2$	−123	39	0.660

3.2.4 烯烃的化学性质

烯烃的化学反应主要是涉及双键的反应。它们可以进行加成反应，即在双键上添加其他原子或基团。烯烃也可以参与聚合反应，其中多个烯烃分子通过双键的开环反应形成长链聚合物。此外，烯烃还可以进行环化反应，生成环状化合物。这些化学性质使得烯烃在有机化学合成、材料科学和化工工业中具有广泛的应用。烯烃的化学性质不仅取决于分子中的双键数目和位置，也受到反应条件、催化剂和其他反应物的影响。因此，在具体应用中，需要根据不同的烯烃化合物和反应条件来考虑其特定的化学性质。

1. 加成反应

在一定条件下，烯烃可以参与加成反应，将其他化合物的原子或基团添加到双键上。这种反应可以产生新的化学键，形成新的化合物。例如，烯烃可以与氢气进行加氢反应，生成饱和烃。烯烃还可以与卤素发生加卤反应，生成相应的卤代烃。

(1) 催化加氢

烯烃催化加氢是一种常见的有机合成反应，可以将烯烃转化为对应的饱和烃。这种反应通常使用催化剂在适当条件下进行，催化剂可以提供适当的活性位点来促进烯烃的加氢反应。以下是烯烃催化加氢的一般反应机理：

① 吸附：烯烃与催化剂的活性位点通过吸附作用结合。通常，烯烃的双键吸附在催化剂表面的金属位点上。

② 加氢：在吸附阶段，烯烃的双键与催化剂中的氢气发生反应，发生加氢反应。这导致了双键的断裂，并在产物中引入一个新的饱和碳碳键。

③ 解吸附：加氢后的产物从催化剂表面解吸附，离开活性位点。

催化剂在烯烃催化加氢反应中起到关键作用，常用的催化剂包括贵金属催化剂（如铂、钯、铑等）、过渡金属催化剂（如钼、钨、镍等）以及其他催化剂。

具体选择何种催化剂取决于多种因素，如反应条件、对烯烃的选择性要求、催化剂的稳定性以及经济性考虑等。

$$\mathrm{>C{=}C<} + H_2 \xrightarrow{\text{催化剂}} \mathrm{-\underset{H}{\overset{|}{\underset{|}{C}}}-\underset{H}{\overset{|}{\underset{|}{C}}}-}$$

一般来说，烯烃加氢是放热过程，1mol 单烯烃加氢气时所放出的热量叫作氢化热。烯烃的氢化热指的是将烯烃转化为相应饱和烃的过程中释放的热量。氢化热是一种热力学参数，用于描述化学反应中产生或吸收的热能。氢化热的数值取决于反应所涉及的具体烯烃和饱和烃的化学结构，见表 3-2。不同的烯烃及其对应的饱和烃具有不同的反应热值。一般来说，烯烃的氢化热相对较低，因为在反应中，烯烃中的不饱和双键转变为饱和碳碳键所释放的能量较少。这是因为碳碳双键具有较高的键能，而饱和碳碳键的键能较低。具体的烯烃氢化热数值可以通过实验测定或通过化学键能和反应热力学数据计算得到。实验测定通常以卡诺计量法或选择性热量计法为基础，通过在控制条件下测量反应过程中的热变化来确定氢化热的数值。需要注意的是，烯烃的分子结构和取代基团的存在也会对氢化热产生影响。不同的取代基团或分子结构可能会对氢化反应的速率和热力学产生不同的影响。总的来说，烯烃的氢化热是在烯烃与氢气反应过程中释放的热量，具体的数值取决于反应中涉及的烃类化合物的分子结构和反应条件。

表 3-2　常见烯烃的氢化热

名称	结构式	氢化热/$kJ \cdot mol^{-1}$
乙烯	$CH_2{=}CH_2$	137.2
丙烯	$CH_3CH{=}CH_2$	125.9
1-丁烯	$CH_3CH_2CH{=}CH_2$	126.8
顺-2-丁烯	顺 $CH_3CH{=}CHCH_3$	119.7
反-2-丁烯	反 $CH_3CH{=}CHCH_3$	115.5
1-戊稀	$CH_2{=}CH(CH_2)_2CH_3$	125.9
异丁烯	$(CH_3)_2C{=}CH_2$	118.8
2-甲基-2-丁烯	$CH_3CH{=}C(CH_3)_2$	112.5

烯烃催化加氢反应在工业上广泛应用于烯烃的饱和转化、烯烃的选择性氢化、烯烃的分离等领域。它不仅能够实现对烯烃分子结构的改变，还能够提高烯烃的稳定性，降低其活性，改善其化学和物理性质，从而扩展烯烃的应用范围。

(2) 亲电加成

亲电加成是一种有机化学反应，它涉及亲电试剂（电子亲和性较强的化合物）与亲核试剂（电子供体）。在亲电加成反应中，亲电试剂的正电荷中心与亲核试剂的负电荷中心发生反应，形成新的化学键。亲电加成反应是有机合成中常见的重要反应之一。它可以用于合成新的有机分子，并且可以生成具有不同功能基团的化合物。常见的亲电试剂包括卤代烃、羧酸衍生物、酮和亚硝酸酯等，而常见的亲核试剂包括氨、水、醇和胺等。

① 与卤素加成反应

烯烃可与卤素发生加成反应，生成邻二卤代烷烃（两个卤原子连接在相邻的两个碳原子上），这是制备邻二卤代烷烃的常用方法。

$$H_2C{=}CH_2 + Cl_2 \xrightarrow{FeCl_3} ClCH_2CH_2Cl$$

$$H_2C{=}CHCH_3 + Br_2 \xrightarrow{CCl_4} BrCH_2CHBrCH_3$$

将乙烯与氯气在催化剂存在下进行氯化反应来制取1,2-二氯乙烷。该反应通常在氯化铁或氯化亚铁的催化下进行，反应条件一般为加热（例如，50～100℃）和较高的压力。反应中，氯气被加在乙烯双键上，产生1,2-二氯乙烷。1,2-二氯乙烷是一种重要的有机化合物，常用于合成材料、溶剂和医药等领域。

溴水与烯烃的加成反应是一种常见的有机化学反应，也被称为溴化反应。在该反应中，溴水（溴化钠溶于水）与烯烃发生反应，溴分子被加成到烯烃的双键上，形成1,2-二溴代烷化合物。以下是溴水与烯烃加成反应的一般机理：

第一步吸附：烯烃通过吸附作用与溴水中的溶剂和离子相互作用。

第二步加成：烯烃的双键与水中的溴离子（Br^-）发生加成反应。其中一个溴原子与烯烃的一个碳原子形成共价键，而另一个溴原子与烯烃的另一个碳原子形成临时的正离子-负离子复合物，被称为溴鎓离子。

第三步断裂：临时形成的正离子-负离子复合物中的化学键断裂，生成1,2-二溴代烷化合物。

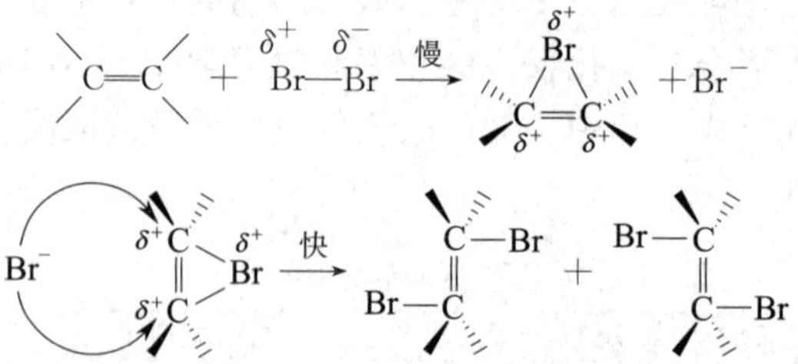

值得注意的是，溴水与烯烃的加成反应通常是区域选择性的，也就是说，溴在烯烃的双键上发生加成的位置是有规律的，取决于烯烃的结构以及反应条件。对于非对称烯烃，可能会出现立体选择性，即在某个面上发生加成。溴水与烯烃的加成反应是一种常用的化学反应，可以用于合成溴代有机化合物。它具有较高的选择性和反应活性，并在有机合成中具有广泛的应用，例如用于制备药物、染料和功能性化合物等。

环烯烃也遵循上述机理，分步加成得到反式加成产物。

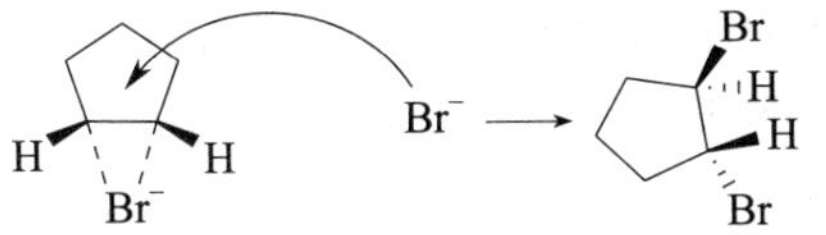

卤素与碳碳双键的亲电加成反应，大量实验结果表明，卤素的反应活性顺序为：$F_2 > Cl_2 > Br_2 \gg I_2$。

② 与卤化氢加成反应

1-氯乙烷是一种重要的有机化合物，常用于溶剂、化学合成和医药等领域。它可以通过乙烯与氯化氢（HCl）的反应制备。乙烯与氯化氢在催化剂（例如铁或铜）的存在下反应，生成 1-氯乙烷。溴化氢与丙烯发生同样的反应。大量实验结果表明，卤化氢与烯烃加成的反应过程中，卤素的反应活性顺序为：HI>HBr>HCl。

$$H_2C{=}CH_2 + HCl \xrightarrow{FeCl_3} CH_3CH_2Cl$$

$$H_2C{=}CHCH_2 + HBr \longrightarrow CH_3CHBrCH_3$$

烯烃加成反应可以使用不同的氢卤酸，包括溴化氢（HBr）和碘化氢（HI）。一般实际应用选择使用溴化氢而不是碘化氢的原因主要有以下几点：

速率：溴化氢和烯烃之间的加成反应速率通常比碘化氢快。这是因为溴原子的电负性比碘原子高，溴离子的亲核性较强，使得溴化氢能更容易地与烯烃发生反应，并形成加成产物。相比之下，碘化氢的反应速率较慢。

化学反应的选择性：溴化氢与饱和烃相比，对烯烃具有更高的选择性。在烯烃与溴化氢反应时，溴原子优先被加成到烯烃双键上，形成一溴代烷。这种选择性使得溴化氢在合成溴代有机化合物时更为适用。

副反应的抑制：溴化氢与烯烃的加成反应通常比碘化氢更加专一，副反应的产物生成较少。这可以促使反应的高选择性，产生期望的加成产物，减少对副产物的处理和纯化步骤。

尽管溴化氢在烯烃加成反应中有许多优点，但在特定情况下，碘化氢也可用于反应。例如，当特定反应性或选择性要求更高时，或者需要反应发生在较低的温度下，碘化氢可能是更适合的选择。选择使用溴化氢或碘化氢取决于所需的反应条件、应用和对特定化合物的要求。

大量实验结果表明，溴化氢与丙烯发生反应生成的是 2-溴丙烷而不是 1-溴丙烷，因此俄国化学家马尔科夫尼科夫（Markovnikov）提出有关烯烃加成反应中的异构体选择性的一项规律，该规律被称为马氏规则或马氏加成规则。根据马氏规则，当具有不同取代基的单体（例如烯烃）与亲电试剂（如酸、水等）发生加成反应时，亲电试剂的正离子部分倾向于与烯烃双键上氢原子数量较多的碳原子结合。换句话说，在加成反应中，亲电试剂的正离子先与烯烃中较低取代的碳原子结合。

马氏规则的机理可以通过观察具体的烯烃加成反应来解释，例如烯烃与酸的加成反应。以下以溴化氢（HBr）为亲电试剂来说明马氏规则的机理：

吸附：烯烃通过吸附作用与亲电试剂中的溶剂和离子相互作用。

加成：烯烃的双键与亲电试剂的正离子部分（例如 H^+）发生加成反应。其中一个氢离子（H^+）与烯烃的一个碳原子形成共价键，而亲电试剂的负离子与烯烃的另一个碳原子形成临时的正离子-负离子复合物。

断裂：临时形成的正离子-负离子复合物中的化学键断裂，生成加成产物。根据马氏规则，亲电试剂的正离子部分倾向于与双键上氢原子数量较多的碳原子结合。

这种偏好是由烯烃的电子密度分布所决定的。在烯烃中，双键的 σ 电子云较为稠密，双键中心周围的 π 电子云相对稀薄。亲电试剂的正离子倾向于与电子密度较高的碳原子结合，即与双键上氢原子数目较多的碳原子发生加成反应。

$$\mathrm{H_2C{=}C{<}} + \mathrm{HX} \xrightarrow{\text{慢}} \mathrm{H{-}CH_2{-}\overset{+}{C}{<}}$$

$$\mathrm{H{-}CH_2{-}\overset{+}{C}{<}} + \mathrm{X^-} \xrightarrow{\text{快}} \mathrm{H{-}CH_2{-}CX{<}}$$

总的来说，马氏规则描述了烯烃加成反应中正离子加成位置的趋势，帮助预测加成反应产物的形成。然而，也存在一些例外情况，特别是当涉及有特殊电子效应或立体障碍的烯烃时，马氏规则可能不适用。在这些情况下，需要考虑其他因素来解释反应的选择性。

而在过氧化物存在下，溴化氢与丙烯发生反应生成的是 1-溴丙烷而不是 2-溴丙烷。这种烯烃与溴化氢的加成违反马尔科夫尼科夫规则的现象，被称为反马氏规则。由于过氧化物存在而导致烯烃加成位置改变的现象，被称为过氧化物效应。这种效应只存在烯烃与溴化氢加成反应中。

$$\mathrm{H_2C{=}CHCH_3} + \mathrm{HBr} \longrightarrow \begin{cases} \xrightarrow{\text{无过氧化物}} \mathrm{CH_3CHBrCH_3} \\ \xrightarrow{\text{有过氧化物}} \mathrm{CH_2BrCH_2CH_3} \end{cases}$$

当特殊的烯烃与氢溴酸发生加成反应时，会发生重排现象，称为 Wagner-Meerwein 重排，这是最常见的亲电加成重排机制之一。它涉及碳正离子可通过迁移氢离子或碳骨架重排来达到更稳定的结构。反应中，碳正离子经历了迁移，脱氢，或碳骨架转位，以形成更稳定的中间体。最终，酸或其他试剂的介入使产物形成。碳正离子的稳定性顺序是叔碳正离子＞仲碳正离子＞伯碳正离子。

$$\mathrm{H_3C{-}CH(CH_3){-}CH{=}CH_2} + \mathrm{HBr} \longrightarrow \underset{\text{主}}{\mathrm{H_3C{-}CBr(CH_3){-}CH_2{-}CH_3}} + \underset{\text{次}}{\mathrm{H_3C{-}CH(CH_3){-}CH_2{-}CH_2Br}}$$

$$\mathrm{H_3C{-}CH(CH_3){-}\overset{+}{C}H{-}CH_3} \xrightarrow{\text{重排迁移}} \mathrm{H_3C{-}\overset{+}{C}(CH_3){-}CH_2{-}CH_3}$$

③ 与硫酸加成反应

烯烃与硫酸之间的加成反应是一种酸催化的化学反应，通常称为硫酸加成反应或硫酸水合反应。在这个反应中，硫酸（H_2SO_4）充当催化剂，将水分子（H_2O）加到烯烃（通常是烯丙基化合物）的双键上，形成醇（醇类化合物）。这是一个重要的有机合成反应，可用于制备醇类化合物。下面是烯烃与硫酸加成反应的一般步骤：

酸催化：硫酸（H_2SO_4）通常以浓硫酸的形式用作催化剂。硫酸的酸性质子使其能够促进烯烃的双键打开，并提供一个可用于反应的带有氢离子的正离子中心。

反应开始：烯烃的双键中的一个碳原子与硫酸中的氢离子（H^+）发生反应，形成一个碳正离子和硫酸的负离子部分。这是加成反应的起始步骤。

水进攻：接下来，水分子进攻形成的碳正离子，将水的氧原子连接到碳上，同时水分子中的氢离子与硫酸的负离子部分结合，形成硫酸的水合物。这个步骤产生了一个醇化合物，同时再生了硫酸催化剂。

产物生成：最终，通过水分子的加入，烯烃的双键已被完全饱和，生成了醇化合物。硫酸水合物仍然存在，可以用于进一步的反应或再生。

$$H_2C{=}CH_2 + H_2SO_4 \longrightarrow CH_3CH_2OSO_3H$$

$$CH_3CH_2OSO_3H + H_2O \longrightarrow CH_3CH_2OH + H_2SO_4$$

④ 与水加成反应

烯烃与水的加成反应通常称为水加成反应或水的亲电加成反应。在这个反应中，烯烃的双键与水分子（H_2O）发生加成反应，生成醇（醇类化合物）。这是一种重要的化学反应，常用于有机合成和化学工业中。以下是烯烃与水加成反应的一般步骤：

亲电攻击：在酸催化作用下，水分子质子化，并与双键中电负性较大的原子形成共价键。

形成醇：质子化的水分子攻击双键中电子，形成一个高度极化的中间体，中间体经过重排，生成一个醇化合物（ROH，其中R代表烃基）。这是由于氧的电负性更高，与氢形成极性共价键。

产物生成：最终，生成的产物是一个醇化合物，其中烯烃的双键已被水的加入完全饱和。

需要注意的是，水加成反应通常需要酸性条件，以促进烯烃双键的打开和氢氧正离子的形成。因此，通常会在酸性催化剂的存在下进行这种反应。常用的酸性催化剂包括硫酸（H_2SO_4）和磷酸（H_3PO_4）等。水加成反应是一种重要的合成方法，可以用于制备醇，这些醇可以用作溶剂、药物、化学反应的中间体等。此外，水加成反应还可以在生物学和生物化学研究中发挥重要作用，例如在生物合成途径中生成生物活性分子。

$$\gt C{=}C\lt + H_2O \xrightarrow{H^+} -\underset{H}{\overset{|}{\underset{|}{C}}}-\underset{OH}{\overset{|}{\underset{|}{C}}}-$$

$$H_3C{-}HC{=}CH_2 + H_2O \xrightarrow[\text{高温高压}]{\text{磷酸-硅藻土}} H_3C{-}\underset{OH}{\overset{H}{C}}{-}CH_3$$

⑤ 与次卤酸加成反应

烯烃与次卤酸（例如次氯酸、次溴酸等）的加成反应通常称为亲电次卤酸加成反应。这是一种重要的有机化学反应，可用于合成醇和其他有机化合物。亲电次卤酸加成的一般步骤如下：

亲电进攻：次卤酸作为亲电试剂，对烯烃的双键进行亲电进攻形成一个环卤鎓离子，最后水进攻卤鎓离子，脱去质子后得到产物。

产物生成：最终生成的产物是一个醇化合物，其中烯烃的双键已经被次卤酸的加成完全饱和。

需要注意的是，亲电次卤酸加成反应需要适当的酸性条件，以促进次卤酸的亲电攻击和醇的生成。因此，通常在酸性催化剂的存在下进行该反应，例如溴水（HBr）或次氯酸和酸催化剂的混合物。亲电次卤酸加成反应是一种重要的合成方法，可用于制备醇和其他有机化合物。此外，该反应还可用于合成胺、酮、醛等多种有机化合物。根据不同的烯烃结构和反应条件，可以控制反应的产率和选择性，以满足特定合成需求。

$$H_2C{=}CH_2 + HOCl \xrightarrow{+H^+} H_2\underset{\underset{Cl}{|}}{C}{-}\overset{\overset{+}{OH_2}}{\overset{|}{CH_2}} \xrightarrow{-H^+} H_2\underset{\underset{Cl}{|}}{C}{-}\overset{\overset{OH}{|}}{CH_2}$$

⑥ 硼氢化反应

烯烃的硼氢化反应是一种重要的有机合成反应，也被称为烯烃的羟基硼氢化反应或烯烃的硼醇化反应。在这个反应中，硼氢化试剂（如氢化三丁基硼或氢化二异丙基硼等）与烯烃反应，形成硼醇中间体，然后可以进一步转化为相应的醇化合物。下面是烯烃硼氢化反应的一般步骤：

形成硼醇中间体：反应中，硼氢化试剂与烯烃的双键发生加成反应，形成硼醇中间体。这个步骤通常是一个亲电加成反应。

硼醇转化：硼醇中间体可以通过不同的方法转化为相应的醇化合物。最常见的方法是进行氧化，使用过氧化氢（H_2O_2）或其他氧化剂将硼醇氧化为醇。此外，还可以使用酸性条件或其他化学试剂进行转化。

产物生成：最终的产物是一个醇化合物，其中烯烃的双键已经被硼醇中间体的加成反应完全饱和。

烯烃硼氢化反应可以在温和的条件下进行，并且具有广泛的底物适应性。它可以用于合成不同类型的醇化合物，包括一级、二级和三级醇。此外，硼氢化反应还可以用于合成其他有机化合物，如醛、酮、醚等。通过调整反应条件和选择不同的硼氢化试剂，可以控制反应的产率和选择性，以满足特定的合成需求。

硼氢化反应在有机合成中具有重要的地位，被广泛应用于药物合成、天然产物合成和材料科学等领域。它提供了一种高效、高选择性和可控的方法来合成复杂的有机分子。

$$H_2C{=}CH_2 \xrightarrow{BH_3} (CH_3CH_2)_3B \xrightarrow[OH^-,H_2O]{H_2O_2} CH_3CH_2OH$$

2. 自由基反应

烯烃是一类具有双键结构的碳氢化合物，通常参与多种反应，其中一种是自由基反应。自由基反应是一种重要的有机化学反应类型，涉及自由基（带有未成对电子的分子或原子）的生成和反应。以下是一些涉及烯烃的自由基反应的例子：

其中一类是在盐酸（HCl）存在下，烯烃可以发生氢氯化反应，其中烯烃的双键中的一个碳原子与氯自由基（Cl·）反应，生成氯代烷。这是烯烃的加成反应。另一类是在羟基氧化物（ROOH）的存在下，烯烃可以与之发生化学反应。过氧化物分解产生氧自由基（O·），该自由基可以加成到双键上，形成氧代烷。以第二类举例，其反应机理如下。

链引发：

$$R{-}O{-}O{-}R \xrightarrow{\triangle} 2RO\cdot$$

链传递：

$$RO\cdot + H{-}Br \longrightarrow ROH + Br\cdot$$

$$CH_3CH{=}CH_2 + Br\cdot \longrightarrow CH_3\dot{C}H{-}CH_2Br$$

$$CH_3\dot{C}H{-}CH_2Br + H{-}Br \longrightarrow CH_3\underset{\underset{H}{|}}{C}H{-}CH_2Br + Br\cdot$$

链终止：

$$Br\cdot + Br\cdot \longrightarrow Br{-}Br$$

$$CH_3\dot{C}H{-}CH_2Br + CH_3\dot{C}H{-}CH_2Br \longrightarrow \begin{matrix} CH_3CH{-}{-}CHCH_3 \\ | \quad\quad | \\ CH_2Br \ CH_2Br \end{matrix}$$

$$Br\cdot + CH_3\dot{C}H{-}CH_2Br \longrightarrow CH_3CHBrCH_2Br$$

这是烯烃的一些自由基反应的例子，它们通常涉及烯烃中的双键与自由基的反应，产生新的化合物。自由基反应在有机合成中具有广泛的应用，可以用于合成各种有机分子。

3. *α* 氢的取代反应

烯烃中的 α 氢原子（也称为亲核 α 氢原子）是指紧邻碳碳双键的氢原子。这些氢原子通常可以参与一些取代反应，它们被其他官能团或基团取代，从而形成新的有机分子。以下是一些常见的烯烃的 α 氢原子取代反应：

卤代烷化反应：在存在卤代试剂（如溴或氯）的条件下，烯烃的 α 氢原子可以被卤原子取代，生成卤代烷。这个反应通常需要光或热来激发。

酮醛化反应：通过使用氧化剂（如过氧化氢或过氧化苯甲酰）和酸催化剂，烯烃的 α 氢原子可以被氧化，形成醛或酮。这个反应通常称为奥尼奥尔反应。

氨基化反应：在存在胺试剂（如氨或胺类化合物）和氧化剂的条件下，烯烃的 α 氢原子可以被氨基取代，生成胺化合物。这个反应通常称为亲核氨基取代。

硅烷化反应：烯烃的 α 氢原子可以被硅烷试剂（如三甲氧基硅烷）取代，生成硅取代化合物。这个反应通常用于有机合成和涂料工业中。

羟基化反应：通过使用醇试剂（如水或醇），烯烃的 α 氢原子可以被羟基取代，生成醇化合物。这个反应在氢化反应中非常常见。

以卤代烷化反应为例，丙烯在氯气氛围中，当温度超过 350℃时，丙烯与氯气反应，以 α 氢取代为主。

$$H_3C{-}HC{=}CH_2 + Cl_2 \xrightarrow{400\sim500℃} \underset{\displaystyle Cl}{\underset{|}{H_2C}}{-}HC{=}CH_2 + HCl$$

这些 α 氢取代反应可以扩展烯烃分子的功能性，允许有机化学家合成各种不同类型的有机分子。选择合适的试剂和反应条件对于控制取代的位置和产物的选择性非常重要。

4. 氧化反应

烯烃的氧化反应是一类有机化学反应，其中烯烃分子中的碳碳双键或碳氢键与氧气或氧化剂发生反应，通常在存在催化剂的条件下，形成氧化产物。这些反应具有广泛的应用，可以用于制备各种有机化合物，如醇、酮、醛、羧酸等。

（1）高锰酸钾氧化

烯烃的高锰酸钾氧化是一种有机合成反应，其中高锰酸钾（$KMnO_4$）作为氧化剂被用来将烯烃氧化成醇、醛或酮，具体产物取决于反应条件和烯烃的结构。这种反应通常是在碱性条件下进行的。以下是这种反应的一般步骤：

制备碱性条件：首先，需要制备碱性条件，通常使用氢氧化钠（NaOH）或氢氧化钾（KOH）溶液。这个碱性条件有助于稳定高锰酸钾作为氧化剂的效果。

混合高锰酸钾溶液：高锰酸钾（$KMnO_4$）溶解在碱性条件下的水中，产生紫色溶液。

这个紫色溶液中含有 MnO_4^-，它是强氧化剂。

加入烯烃：烯烃以适当的方式添加到高锰酸钾溶液中。反应条件通常比较温和，以避免副反应的发生。

反应进行：高锰酸钾中的 MnO_4^- 会氧化烯烃，将其双键打开并形成醇、醛或酮。这取决于烯烃的结构和反应条件。同时，高锰酸钾自身被还原，从紫色变为棕色。

反应停止：一旦反应达到所需程度，可以添加其他试剂来停止高锰酸钾的氧化作用，如加入硫酸。

产物提取：通过适当的方法，通常是提取或沉淀，可以获得氧化后的产物。

以下是常见的烯烃被高锰酸钾氧化生成对应的醇、醛或酮。

$$CH_3CH{=}CHCH_2CH_3 \xrightarrow[H_2SO_4]{KMnO_4} CH_3COOH + CH_3CH_2COOH$$

$$H_3C{-}HC{=}CH_2 \xrightarrow[\text{碱性}]{KMnO_4} H_3C{-}\underset{OH}{\underset{|}{HC}}{-}\underset{OH}{\underset{|}{CH_2}}$$

(2) 催化氧化

乙烯在银催化剂存在下在空气中发生氧化反应，这是一个复杂的过程，通常包括多个步骤。以下是一个可能的反应机理的简化描述：

吸附阶段：银催化剂上的银表面首先吸附氧气分子（O_2）和乙烯分子（C_2H_4）。

氧气分子的解离：氧气分子在银表面发生解离，产生两个氧原子。这是一个关键步骤，通常需要提供足够的激活能量，这可能来自温度或其他能量源。

氧原子的吸附：生成的氧原子吸附到银表面的活性位点上。

乙烯的吸附：乙烯分子也吸附到银表面的其他活性位点上。

氧化反应：在银催化剂表面，氧原子与吸附的乙烯分子发生反应。这个反应会导致乙烯的氧化，形成乙烯氧化物，通常是醇、醛或酮。

产物的解吸附：产生的氧化产物从银表面解吸附，离开催化剂表面。

再生催化剂：催化剂表面可能会逐渐被氧化，因此需要经过再生或修复以维持其活性。这可以通过不同方式来实现，如升温或其他气氛条件。

$$H_2C{=}CH_2 + O_2 \xrightarrow[\text{高温高压}]{Ag} H_2C\overset{O}{—}CH_2$$

(3) 臭氧氧化

烯烃被臭氧氧化是一种重要的有机化学反应，通常用于合成醛、酮、羧酸等有机化合物。这个反应通常被称为“臭氧氧化”或“奥宾反应”，以下是一个简要机理的描述：

臭氧的吸附：烯烃分子与臭氧分子发生作用，臭氧分子吸附在烯烃的双键上。

环状中间体的形成：通过一个快速的反应，臭氧分子将烯烃的双键氧化，并形成一个环状中间体，通常称为“中间醇”。这个中间醇不稳定，因此会立即发生分解。

中间醇的分解：中间醇分解成酮和羧酸产物。这个分解通常发生在两个步骤中。首先，中间醇分解为酮，然后酮进一步氧化为羧酸。

$$\begin{matrix}R\\ \diagdown\\ \end{matrix}\!C{=}CHR'' \text{ (with } R' \text{)} + O_3 \longrightarrow \text{R, R'}\text{-}C\text{(O–O–O ring)}CHR'' \xrightarrow{H_2O} \begin{matrix}R\\ \diagdown\\ \end{matrix}\!C{=}O \text{ (with } R' \text{)} + R''CHO$$

3.3 炔烃

3.3.1 炔烃的结构

炔烃是一类有机化合物，其主要特征是含有炔键，即碳碳三键，图 3-3 为乙炔的球棍模型，可以明显看到炔键。虽然炔烃的结构非常简单，但它们在有机化学中具有重要的地位。炔烃的最重要特征是其炔键，由两个碳原子之间的三个共价键组成。这种三重键通常由一个 σ 键和两个 π 键组成。σ 键是直接头对头相互叠加的键，而 π 键则是平行叠加的键，是一个较弱的键。在炔烃中，每个碳原子通过一个 2s 轨道和一个 2p 轨道杂化形式形成两个 sp 杂化轨道。这意味着碳原子的一个 sp 杂化轨道和两个 2p 轨道混合，这些轨道被用来形成炔键。

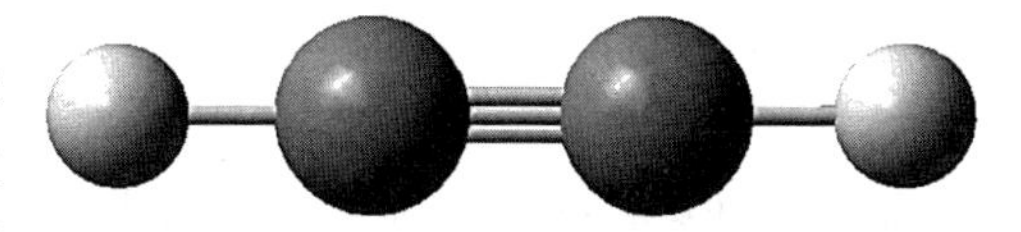

图 3-3 乙炔的球棍模型

3.3.2 炔烃的物理性质

炔烃是一类含有碳碳三键（炔键）的有机分子，其物理性质受分子结构的影响。以下是炔烃的主要物理性质：乙炔是一种无色、无味、易燃的气体。在标准温度和压力下，乙炔是气态的，丙炔也是气态的，但随着碳原子数的增加，炔烃的物理性质可以变得多样。由于炔烃中含有炔键，分子间作用力较弱，因此其沸点和熔点通常较低。随着碳原子数的增加，分子量增大，这些性质相应地升高。例如，乙炔的沸点为−84℃，而丙炔的沸点为−23℃。随着碳原子数的增加，这些数值逐渐升高。炔烃通常比相应的烷烃密度小，因为炔键的存在，炔烃分子的结构为线性，并且其分子间间隔较大。以乙炔为例，其密度为 $0.001097g \cdot mL^{-1}$，在标准条件下比空气轻。炔烃在水中的溶解度较低，因为水是极性溶剂而炔烃是非极性分子。然而，它们在非极性有机溶剂中通常具有良好的溶解性。炔烃是较差的导电体，因为碳碳三键中的 π 电子不易移动。相比之下，饱和的烷烃通常是绝缘体。由于炔键中包含 π 电子，使得炔烃具有较高的反应活性。它们容易发生加成反应、亲核取代和其他有机反应，这使得它们在有机合成中非常重要。

总体来说，炔烃的物理性质受分子结构的影响，而这种结构特点主要是因为碳碳三键的存在。表 3-3 是一些炔烃的物理常数。

表 3-3 常见炔烃的物理性质

名称	结构式	熔点/℃	沸点/℃	相对密度(d_4^{20})
乙炔	$CH{\equiv}CH$	−82	−75	0.618
丙炔	$CH_3C{\equiv}CH$	−101.5	−23.3	0.671
1-丁炔	$CH_3CH_2C{\equiv}CH$	−122.5	8	0.668
1-戊炔	$CH{\equiv}C(CH_2)_2CH_3$	−98	40	0.695
1-己炔	$CH{\equiv}C(CH_2)_3CH_3$	−124	71	0.720
2-戊炔	$CH_3C{\equiv}CCH_2CH_3$	−101	55.5	0.713
2-己炔	$CH_3C{\equiv}CCH_2CH_2CH_3$	−92	84	0.731
3-己炔	$CH_3CH_2C{\equiv}CCH_2CH_3$	−51	82	0.726
3-甲基-1-丁炔	$CH{\equiv}CCH(CH_3)_2$	−89.7	71.4	0.719

3.3.3 炔烃的化学性质

炔烃是一类有机分子，其主要特点是含有碳碳三键（炔键）。这些碳碳三键赋予炔烃独特的化学性质，使它们在有机化学中具有重要的地位。

1. 酸性

炔烃通常具有一定程度的酸性，这是由其特殊的分子结构和 π 电子系统引起的。炔烃中的碳碳三键（炔键）包含共轭 π 电子，这些 π 电子可以参与酸碱反应。

炔烃的酸性主要体现在两个方面：

炔烃中的碳原子可以通过共轭 π 电子系统形成 Lewis 酸。Lewis 酸是能够接受电子对的物质，通常是电子亲和性较强的原子或分子。炔烃中的碳原子可以接受来自其他物质的电子对，表现出 Lewis 酸的性质。三类烃的 pK_a 值见表 3-4。

表 3-4 三类烃的 pK_a 值

共轭酸	共轭碱	pK_a
$CH_3CH_2—H$	$CH_3CH_2^- + H^+$	约 50
$CH_2═CH—H$	$CH_2═CH^- + H^+$	约 44
$CH≡C—H$	$CH≡C^- + H^+$	约 25

炔烃中的碳原子与炔键上的氢原子形成了较弱的 σ 键。在特定条件下，这个碳原子可以失去一个质子（H^+），形成乙炔负离子（C_2H^-），表现出 Brønsted 酸性。乙炔负离子可以与亲核试剂发生反应。

$$2CH_3C≡CH + 2Na \longrightarrow 2CH_3C≡CNa + H_2$$

$$CH_3C≡CNa + CH_3CH_2CH_2Br \longrightarrow CH_3C≡C—CH_2CH_2CH_3 + NaBr$$

炔烃的酸性相对较弱，特别是与常见的无机酸（如硫酸、盐酸等）相比。但在适当的反应条件下，炔烃可以与碱性试剂（如碱金属或碱金属醇）发生酸碱反应。这种酸性特性使得炔烃在一些有机合成反应中充当酸催化剂或与碱性试剂反应，产生新的有机化合物。

总体来说，炔烃的酸性相对于其他有机化合物可能较弱，但它们的特定分子结构使其具有一定的酸性质，这对于一些有机反应和合成过程至关重要。

2. 加成反应

（1）亲电加成

炔烃中的碳碳三键是含有 π 电子的不饱和键，因此它们对电子丰富的亲电试剂非常敏感。这使得炔烃容易发生加成反应，其中亲电试剂会添加到碳碳三键上。炔烃与亲电试剂（如卤素、酸、水等）发生加成反应，通常在炔键上生成单键。例如，乙炔与氢卤酸反应，生成卤代烷化合物。

$$HC≡CH + HCl \xrightarrow{HgCl_2} H_2C═CHCl \xrightarrow[HCl]{HgCl_2} H_3C—CHCl_2$$

$$HC≡C—CH_3 + HBr \longrightarrow H_2C═\underset{\underset{Br}{|}}{C}—CH_3 \xrightarrow{HBr} H_3C—\underset{\underset{Br}{|}}{\overset{\overset{Br}{|}}{C}}—CH_3$$

（2）催化加氢

炔烃的催化加氢反应是一种常见的有机合成反应，它涉及将炔烃分子中的炔键转化为烷烃分子中的单键，通常需要催化剂。这种反应对于合成饱和烃非常有用，因为它可以将不稳定的炔烃转化为稳定的烷烃。以下是催化加氢反应的一般步骤和关键要素：

催化剂：催化加氢反应通常需要一种合适的催化剂。常用的催化剂包括铂（Pt）、钯（Pd）、镍（Ni）和钼（Mo）。这些催化剂通常以固体粉末或支撑体的形式存在。

氢气供应：反应需要氢气（H_2）作为还原剂，用于加成炔烃中的炔键。氢气通常以高压供应，以确保反应能够进行。

温度和压力：催化加氢反应通常在一定的温度和压力下进行。这些条件可以根据具体的反应而有所不同，但通常需要高温和高压来促进反应。

底物炔烃：底物炔烃是反应的起始物，通常是含有炔键的有机分子。底物可以是各种炔烃，如乙炔、丙炔等。

反应机理：在反应中，氢气被催化剂吸附，然后被传递给底物炔烃中的炔键。这导致炔键加氢，生成相应的烷烃。

产物烷烃：反应的产物是烷烃，其碳碳键是饱和的，不再包含炔键。产物的种类和结构取决于底物炔烃的类型以及反应条件。

$$HC\equiv CCH_2CH_3 + 2H_2 \xrightarrow{Ni} CH_3CH_2CH_2CH_3$$

$$CH_3C\equiv CCH_3 + 2H_2 \xrightarrow{Ni} CH_3CH_2CH_2CH_3$$

催化加氢反应在有机合成中非常重要，因为它允许合成饱和的有机分子，这些分子通常更稳定且更容易处理。这种反应可用于合成各种化合物，包括石油化工中的燃料、润滑油、塑料前体和药物等。催化加氢反应是化工工业中的关键过程之一。

（3）亲核加成

炔烃的亲核加成是一种有机化学反应，它涉及炔烃分子中的炔键与亲核试剂［通常是氢氧根离子（OH^-）］发生反应，将炔键转化为烯烃或醇等产物。这种反应通常需要碱性条件和亲核试剂的存在，以促进炔键的加氢。以下是亲核加成的一般步骤和关键要素：

亲核试剂：亲核加成需要亲核试剂，通常是氢氧根离子（OH^-）。这个亲核试剂会攻击炔键中的碳原子，引发加氢反应。

碱性条件：亲核加成通常在碱性条件下进行，以提供足够的亲核试剂。碱性条件有助于中和产生的酸，同时也有助于亲核试剂的活性。

底物炔烃：底物通常是含有炔键的有机分子。底物可以是各种炔烃，如乙炔、丙炔等。

在亲核加成中，亲核试剂（OH^-）进攻炔键的一个碳原子，形成一个烯烃中间体。然后，另一个亲核试剂分子进攻中间体，产生醇或烯烃。这个过程涉及两个步骤的连续进行。

产物：亲核加成的产物通常是醇［含有羟基（—OH）官能团］或烯烃。醇产物的结构取决于底物炔烃的结构和反应条件。

$$HC\equiv CH + CH_3CH_2CH_2OH \xrightarrow{OH^-} H_2C=CH-OCH_2CH_2CH_3$$

$$HC\equiv CH + C_6H_5CH_2OH \xrightarrow{OH^-} H_2C=CH-OCH_2C_6H_5$$

这种反应是有机合成中的重要工具，因为它允许将炔烃转化为更有用或更容易处理的有机分子。亲核加成通常用于合成醇，这些醇可以进一步用于合成醚、醛、酮等其他有机化合物。这对于制备药物、化学品和高级材料非常有用。此外，亲核加成还在一些工业过程中发挥重要作用，例如合成乙醇或生产有机化学中间体。

3. 氧化反应

炔烃的氧化反应是一种将炔烃分子中的碳碳三键上的碳原子氧化为羟基（—OH）官能团的有机反应。这种反应通常需要氧气（O_2）或氧化剂的存在，并在合适的反应条件下进行。氧化反应通常将炔烃转化为醛、酮或羧酸等有机产物。以下是一些关于炔烃的氧化反应的重要信息：

氧化剂：氧化反应通常需要强氧化剂，如酸性过氧化氢（H_2O_2）、高锰酸钾（$KMnO_4$）、过氧化钠（Na_2O_2）或氧气（O_2）等。这些氧化剂提供氧原子，将炔键上的碳原子氧化为羟基或羧基。

反应条件：氧化反应的条件通常取决于所使用的氧化剂。温度、pH 值、反应时间和溶剂等条件都可能影响反应的效率和产物选择性。

产物：氧化反应的产物取决于反应条件和底物。一般来说，炔烃可以氧化为以下类型的产物：醛［含有羰基（$-\overset{\overset{\displaystyle O}{\|}}{C}-$）官能团］，通常是在较温和的氧化条件下生成。酮［也含有羰基（$-\overset{\overset{\displaystyle O}{\|}}{C}-$）官能团］，通常需要更严格的氧化条件。羧酸［含有羧基（—COOH）官能团］，通常需要更强的氧化条件或更长的反应时间。

选择性：氧化反应的选择性是一个关键问题，因为在不同的氧化条件下，同一个炔烃底物可能生成不同的产物。控制氧化反应的选择性通常需要仔细选择氧化剂和反应条件，以获得期望的产物。

$$HC\equiv CCH_3 \xrightarrow[H_2O]{KMnO_4} CH_3COOH + CO_2$$

$$CH_3C\equiv CCH_3 \xrightarrow[H_2O]{KMnO_4} CH_3COOH$$

氧化反应在有机合成中非常有用，因为它允许将炔烃转化为具有更多官能团的有机分子，这些分子在合成复杂分子或药物合成中非常重要。氧化反应还在工业领域中用于生产化学品和中间体，以及用于改善燃料性能等。总之，炔烃的氧化反应是有机合成领域的关键反应之一，它可以用于合成多种有机化合物，从醛和酮到羧酸等。根据底物的不同以及所选择的氧化剂和条件，可以实现不同的反应选择性。

3.4 共轭二烯烃

3.4.1 共轭二烯烃的结构

共轭二烯烃是一类有机分子，其分子结构中包含两个相邻的碳碳双键官能团，这些官能团之间存在一个单键，形成一个共轭系统。这些分子具有特殊的共轭结构，其中 π 电子以轮流的方式分布在双键和单键上，导致分子中的 π 电子云扩展到整个分子，使其在光学、电子结构和反应性方面表现出独特的性质。

典型的共轭二烯烃分子通常包含两个碳碳双键官能团，这些官能团之间是一个碳碳单键。最简单的例子是 1,3-丁二烯，其结构如下。

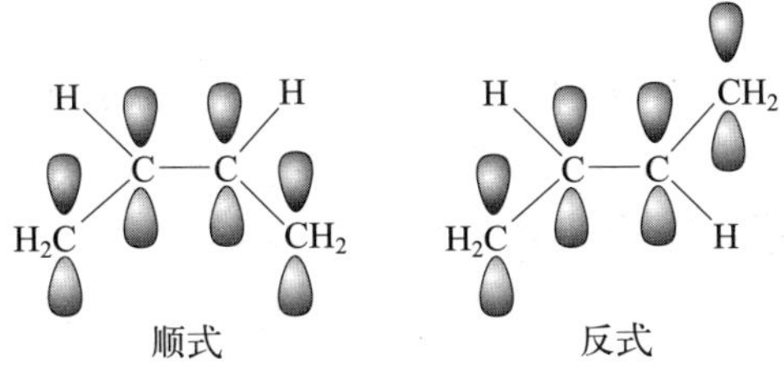

顺式　　　　反式

在这个结构中，有两个碳碳双键官能团，它们之间有一个碳碳单键。π 电子在这个碳碳单键和相邻的双键上轮流分布，形成一个共轭 π 电子系统。这种结构导致了共轭二烯烃的一些重要性质，如颜色、稳定性和反应活性。

共轭二烯烃的典型例子还包括花青素（anthocyanins）、类胡萝卜素（carotenoids）和许多其他天然化合物和合成化合物。这些分子中的共轭结构赋予它们各种颜色，并且它们在生物学、食品工业和材料科学等领域中具有重要应用。此外，共轭二烯烃的 π 电子系统也使其在光电子学和有机电子学中表现出特殊的性质。

3.4.2 共轭效应

共轭效应是有机化学中的一个概念，它描述了含有共轭结构的分子中 π 电子的特殊分布和相互作用。共轭效应通常涉及含有交替的单键和双键的分子或官能团，其中 π 电子以轮流的方式分布在这些单键和双键上。这种 π 电子的分布方式导致了一系列特殊性质和反应，其中最常见的例子是颜色、稳定性和反应性的变化。

1. π-π 共轭体系

π-π 共轭体系指的是含有共轭 π 电子系统的分子或化合物。在这些分子中，相邻的 π 电子轨道可以发生重叠，形成一个延伸的 π 电子体系。这种共轭体系通常涉及含有交替的单键和双键的分子结构，其中 π 电子以轮流的方式分布在这些单键和双键上。这种特殊的电子分布方式在有机分子中非常常见，对分子的性质和反应性产生深远影响。

在 π-π 共轭体系中，共轭链上每个原子都是不饱和的，π 电子的离域方向通常用弯箭头表示。例如：

$$\underset{\delta^+}{H_2C}{=}\underset{\delta^-}{CH}{-}\underset{\delta^+}{CH}{=}\underset{\delta^-}{CH_2} \qquad \underset{\delta^+}{H_2C}{=}\underset{\delta^-}{CH}{-}\underset{\delta^+}{C}{\equiv}\underset{\delta^-}{CH}$$

$$\underset{\delta^+}{H_2C}{=}\underset{\delta^-}{CH}{-}\underset{\delta^+}{CH}{=}\underset{\delta^-}{O} \qquad \underset{\delta^+}{H_2C}{=}\underset{\delta^-}{CH}{-}\underset{\delta^+}{C}{\equiv}\underset{\delta^-}{N}$$

以下是 π-π 共轭体系的一些重要特性和应用：

共轭系统的稳定性：π-π 共轭体系具有比非共轭体系更低的能量，因此更加稳定。这是因为 π 电子的分布能够减小电荷的局部浓度，降低分子的能量。这种稳定性使共轭体系在自由基、阴离子或阳离子攻击等反应中具有特殊的稳定性。

吸收和发射光谱：共轭体系吸收和发射特定波长的光，因此它们通常具有颜色。这种吸收和发射的特性使共轭体系在染料、颜料和光电子学领域有广泛的应用。

导电性：π-π 共轭体系具有良好的导电性。这种导电性使得共轭聚合物成为一种重要的有机导电材料，用于有机电子器件，如有机场效应晶体管（OFETs）和有机太阳能电池（OPV）等。

化学反应：共轭体系影响分子的化学反应。共轭双键通常更容易发生加成反应，例如在烯烃的二重键上，因为这些双键可以提供额外的稳定性。

生物分子中的应用：生物分子中也存在 π-π 共轭体系，例如 DNA 的碱基之间的 π-π 相互作用。这种相互作用对 DNA 的结构和稳定性起着重要作用。

总的来说，π-π 共轭体系的特殊电子分布方式赋予了分子或化合物一系列特殊的性质，包括颜色、导电性和反应性。这些性质使得 π-π 共轭体系在化学、生物学和材料科学等领域有广泛的应用。

2. p-π 共轭体系

p-π 共轭体系是指含有 π 电子系统的分子或化合物，其中 π 电子以平行的方式分布在分子的不同部分。这种平行的 π 电子分布通常涉及芳香环（含有共轭双键的环状结构）或其他含有 π 键的结构，也就是双键碳原子与一个含有 p 轨道的原子相连接。例如：

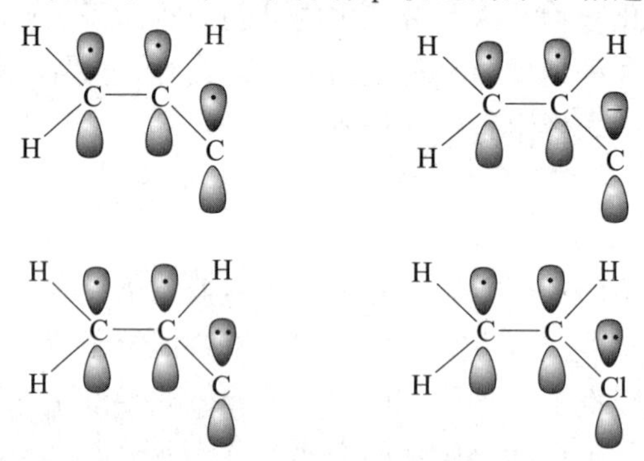

p-π 共轭体系具有一系列独特的性质和应用，包括：

稳定性：p-π 共轭体系通常比非共轭体系更稳定，因为 π 电子的分布能够减小电荷的局部浓度，从而降低分子的能量。这种稳定性使得这些分子在有机化学中更加稳定，并且更容易参与各种反应。

颜色：p-π 共轭体系的分子通常具有颜色，因为它们能够吸收特定波长的可见光。这种吸收是由于 π 电子系统的能级分布而产生的，这使得这些分子在染料、颜料和光电子学应用中非常重要。

导电性：p-π 共轭体系通常表现出较好的导电性，因为 π 电子能够在分子中自由移动。这些共轭体系在有机导电材料和有机电子器件中应用广泛。

化学反应：p-π 共轭体系影响分子的化学反应。共轭双键通常更容易发生加成反应，例如在芳香环的双键上。这些共轭结构还可以影响亲核攻击和电子位移等进程。

生物分子中的应用：p-π 共轭体系也在生物分子中起着重要作用，例如在 DNA 中，相邻的嘌呤和嘧啶碱基之间的 p-π 相互作用对 DNA 的结构和稳定性有影响。

总的来说，p-π 共轭体系的存在赋予了分子或化合物一系列特殊性质，包括颜色、稳定性、导电性和反应性。这些性质使得 p-π 共轭体系在有机化学、光电子学、生物化学和材料科学等多个领域有广泛的应用。

3. σ-π 超共轭体系

σ-π 超共轭体系是指在含有 σ 键和 π 键的分子或化合物中，σ 键的电子云与 π 键的电子云之间发生相互作用，导致电子从 σ 键流向 π 键。这种相互作用在有机化学中非常重要，因为它可以影响分子的稳定性、反应性和性质。σ-π 超共轭体系通常包括以下方面：

σ 键：σ 键是最基本的化学键，通常是由两个原子之间的头-头或尾-尾重叠轨道形成的。它是一个线性键，其中电子云沿着两个原子之间的轴对称分布。

π 键：π 键是由两个原子之间的平行 p 轨道重叠形成的。它是一个侧向键，其中电子云分布在两个原子之间的平行平面内。

σ-π 超共轭体系涉及 σ 键中的电子流向相邻的 π 键。这是通过 σ 键上的电子云与 π 键上的电子云相互作用而实现的。这种相互作用可以改变 σ 键和 π 键之间的电子分布，影响分子的性质。其中一种表现为热力学稳定性，以下是碳正离子和碳自由基的稳定性次序。

$$(CH_3)_3\overset{+}{C} > (CH_3)_2\overset{+}{C}H > CH_3\overset{+}{C}H_2 > \overset{+}{C}H_3$$

$$(CH_3)_3\dot{C} > (CH_3)_2\dot{C}H > CH_3\dot{C}H_2 > \dot{C}H_3$$

σ-π 超共轭可以在有机化学中解释和预测许多反应的机制和产物。例如，它可以用于解释马克诺夫尼反应（Markovnikov addition）中产物的选择性。在有机合成中，σ-π 超共轭也可以指导反应条件的选择，以实现特定的反应。

例如，在烯烃的加成反应中，σ-π 超共轭可以解释为什么负电荷倾向于被引入具有氢原子的碳上，而不是已经有一个 π 键的碳上。类似地，在芳香化合物中，σ-π 超共轭可以解释电子云的分布导致分子的稳定性和反应性。

总之，σ-π 超共轭体系描述了 σ 键和 π 键之间的电子云相互作用，它在有机化学中用于解释和预测反应的机制和分子性质。这是一个重要的概念，有助于理解许多化学反应和化合物的性质。

3.4.3 共轭二烯烃的化学性质

1. 加成反应

1,3-丁二烯（1,3-butadiene）是一种四碳烯烃，具有两个共轭双键。它可以发生加成反应，通常在其中一个双键上发生加成，而另一个双键保持不变，但在溶剂极性较大或者温度较高的反应体系中，1,4-加成产物占主要部分。以下是 1,3-丁二烯的典型加成反应机理，符合亲电加成过程。

$$\underset{\delta^+}{H_2C}{=}\underset{\delta^-}{CH}{-}\underset{\delta^+}{CH}{=}\underset{\delta^-}{CH_2} + HBr \longrightarrow H_2C{=}CH{-}\overset{+}{C}H{-}CH_3 \xrightarrow[\text{重排}]{\text{大极性,高温}} H_3C{-}CH{=}CH{-}\overset{+}{C}H_2$$

$$H_2C{=}CH{-}\overset{+}{C}H{-}CH_3 \longrightarrow H_2C{=}CH{-}CHBr{-}CH_3$$

$$H_3C{-}CH{=}CH{-}\overset{+}{C}H_2 \longrightarrow H_3C{-}CH{=}CH{-}CH_2Br$$

2. 双烯合成反应

共轭二烯烃可与烯烃双键或炔烃三键进行 1,4-加成反应，这类反应被统称为双烯合成反应，也被称为 Diels-Alder 反应。Diels-Alder 反应是有机化学中一种重要的烯烃加成反应，它用于合成环烯烃化合物。这个反应的独特之处在于它能够形成具有六个碳原子的环，并且是一个高度选择性的反应。Diels-Alder 反应通常涉及二烯烃（底物）与烯烃（底物）在适当的反应条件下生成新的环状化合物。

以下是 Diels-Alder 反应的主要特点和机理：

Diels-Alder 反应是一种双亲核反应，涉及两个底物，一个是二烯烃（通常是四碳的底物），另一个是烯烃。这两个底物中的双键同时参与反应。Diels-Alder 反应的最常见应用是生成六元环，但也可以生成其他尺寸的环。这个反应具有高度选择性，通常只产生一个特定的产物。

Diels-Alder 反应的机理通常包括以下步骤：

烯烃的亲核攻击：烯烃的 π 键中的一个碳原子通过亲核作用攻击二烯烃的 π 键中的另一个碳原子，形成一个新的碳碳单键。这一步通常是立体选择性的，通常以头对尾的方式进行攻击。

生成环状中间物：上述亲核攻击形成了一个共轭环状中间物，其中包括两个新的碳碳单键和两个新的 π 键。

闭合反应：中间物内的 π 键闭合，形成一个六元环。

最终产物：反应生成一个新的六元环烯烃，通常是一个立体选择性的产物。

Diels-Alder 反应是合成有机分子中的重要方法，因为它允许在一个步骤中形成多个碳碳键，从而高效合成具有复杂结构的分子。这个反应的底物和条件可以根据需要进行变化，以获得特定的产物。

课外拓展

生物质不饱和烃是一类有机化合物，它们通常包含双键或三键，具有较高的化学反应活性。这些化合物主要由碳和氢构成，但也可能包含其他元素，如氧、氮、硫等。生物质不饱和烃可以分为两大类：烯烃和炔烃。

烯烃：烯烃是含有碳碳双键（$C=C$）的不饱和烃。最简单的烯烃是乙烯，它具有一个碳碳双键。植物中的一些生物质不饱和烃包括 α-藿烯、β-藿烯和卡罗滋烯等，它们在植物的生长和防御过程中扮演重要角色。此外，植物油中的不饱和脂肪酸也是烯烃的一种，例如油酸。

炔烃：炔烃是含有碳碳三键（$C\equiv C$）的不饱和烃。乙炔是最简单的炔烃。生物中的炔烃相对较少，但它们也存在于一些微生物和植物中。

这些生物质不饱和烃在生物学过程中具有多种功能。它们可以用于生物合成，例如合成细胞膜中的脂质分子。此外，一些植物不饱和烃在防御机制中起作用，对抗害虫和病原体。另外，不饱和脂肪酸还是食物中的一种重要成分，对人类健康也具有重要影响。这些不饱和烃也是化学工业中的重要原料，用于合成各种化学产品。

习 题

1\. 写出下列反应的条件。

（1） $(H_3C)_2C{=}CH_2 \longrightarrow H_3C-C(CH_3)(Cl)-CH_2I$

（2） $(H_3C)_2C{=}CH_2 \longrightarrow H_3C-C(CH_3)(OCOCH_3)-CH_3$

（3） $CH_3CH_2CH{=}CH_2 \longrightarrow CH_3CH(Cl)CH{=}CH_2$

（4） $CH_3CH_2CH{=}CH_2 \longrightarrow CH_3CH(Br)CH{=}CH_2$

（5） $CH_3CH{=}CH_2 \longrightarrow CH_3CH(OH)-CH_2Br$

（6） $CH_3CH{=}CH_2 \longrightarrow CH_3CH_2CH_2OH$

2\. 写出下列反应的产物。

（1） $H_3CHC{=}CHCH_2CH_2C{\equiv}CH \xrightarrow[CCl_4]{1mol\ Br_2}$

（2） $CH_2{=}CHCOOCH{=}CH_2 \xrightarrow[CCl_4]{1mol\ Br_2}$

（3） $CH_3C{\equiv}CCH_3 + H_2 \xrightarrow{Ni}$

（4） $HOH_2CC{\equiv}CCH_2OH \xrightarrow{Na/NH_{3(l)}}$

（5） $CH_2{=}CH-CH{=}CH_2 + CH_2{=}CH_2 \xrightarrow{\triangle}$

（6） $CH_3CH_2C{\equiv}CH \xrightarrow[Hg]{H^+/H_2O}$

3\. 根据以下信息回答问题。

A（C_6H_{10}）

- $\xrightarrow[CCl_4]{Br_2}$ B　实验现象：溴的四氯化碳溶液褪色
- $\xrightarrow[H^+]{KMnO_4}$ C　实验现象：高锰酸钾的紫色消退
- $\xrightarrow{Ag(NH_3)_2^+}$ D　实验现象：出现白色沉淀
- $\xrightarrow[HgSO_4]{稀\ H_2SO_4}$ E（$C_6H_{12}O$）

（1）写出符合上述要求的所有可能的 A 的结构式。

（2）在上述结构式的化合物中，哪一个化合物的^1H NMR 谱只有两个单峰？写出它在上面反应中的反应式。

4\. 完成下面的反应方程式，并写出反应机理。

$C_6H_5-CH{=}CH_2 + Br_2 \xrightarrow{CH_3OH}$

5\. 请比较下列各组化合物进行 S_N2 反应时的反应速率和进行 S_N1 反应时的反应速率，简单阐明判断速率快慢的依据。

（1） $H_2C{=}C(Br)-CH_2-CH_3$　　$H_2C{=}CH-CH(Br)-CH_3$　　$H_2C{=}CH-CH_2-CH_2Br$

（2） 1-溴-1-乙基环己烷 $C_6H_{10}(Br)-CH_2-CH_3$　　$C_6H_{11}-CH(Br)-CH_3$　　$C_6H_{11}-CH_2-CH_2Br$

第4章 对映异构

思维导图

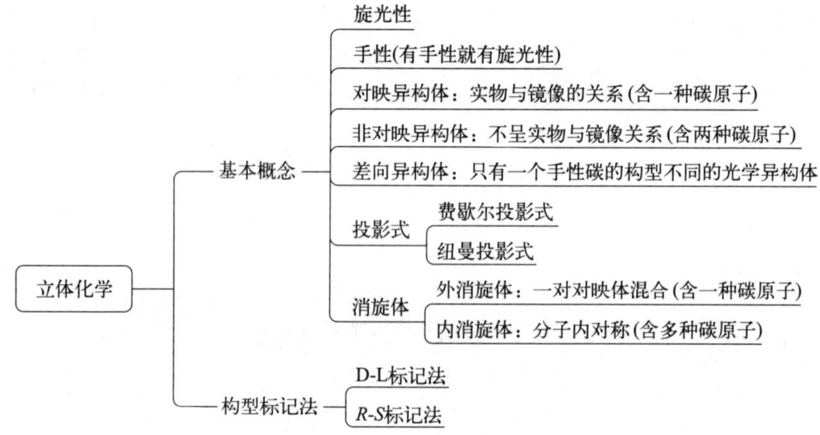

4.1 对映异构与手性分子

在日常生活中，大家可以看到实物与镜像不能重叠一致的现象，在有机化学中，这种现象也同样存在。将这种互为镜像又不可重叠的现象定义为对映异构，其实物和镜像是一对对映体（enantiomer）。形象地说，如图4-1所示，其如同左手与右手的关系。在化学结构中，虽然分子组成及其连接顺序相同，但二者的分子结构不能重叠在一起，只能呈现出“互为镜像”的关系，这种特征称为手性（chirality）。在有机化学中，手性是指某个物体或分子与它的镜像不能重合的性质，具有手性的分子称为手性分子（chiral molecule），而与它具有相同分子式但镜像对称的分子称为对映体。对映体之间在空间排列上是镜像关系，但不可以通过旋转和平移使得它们完全重合。这种对映体现象在有机化学中非常重要。由于对映体的存在，它们在化学和生物学上可能会表现出不同的性质和活性。例如，在药学领域中，对映体的选择性可能导致不同的药效和副作用。因此，对映体分离和研究也是有机化学中的重要课题之一。由于对映体的空间结构不对称，它们与手性环境中的其他分子的相互作用方式也不同。这些相互作用差异可能会导致对

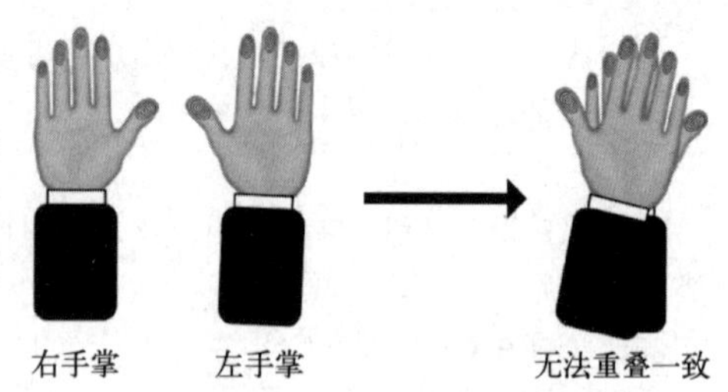

图4-1　左右手掌示意图

映体在化学反应速率、催化活性、光学活性等方面产生显著的不同。因此，在研究和应用中需要考虑对映体的手性性质。了解对映体的差异对于开发新的药物、催化剂、材料等具有重要意义。

早在 1848 年，法国化学家巴斯德（Pasteur）在进行有关酒石酸和外消旋的酒石酸钠铵盐的研究工作中发现，酒石酸是由两种具有不同平面性质的晶体组成的，它们之间的关系就好像人的左右手一样，从而发现了对映异构现象。巴斯德进一步研究发现，两种晶体在溶剂中展现出的旋光度相同，但是旋光性相反。当将两种等重的晶体混合在一起时，混合液没有呈现旋光现象。通过比较溶液中的旋光度差异，可以得出结论支持巴斯德的推断，即旋光性并非晶体本身的特性，而是由分子固有特性决定的。通过巴斯德进行的实验和观察，我们得知旋光性是由于具有手性的分子在空间中的非对称性排列而产生的。这些手性分子在溶液中可以自由旋转，并且它们的旋转方向和角度可能会受到其他分子的影响，从而导致溶液展示出旋光性。这一发现推动了对手性分子和旋光性的研究，并对化学领域产生了深远影响。1874 年，范特霍夫（Van′t Horff）首次提出了碳原子的四面体学说，该理论解释了对映异构的存在。该理论认为，当一个碳原子与四个不同的原子基团相连接时，这四个基团在碳原子周围的空间排列有两种不同的方式，即存在两种四面体空间构型。这种中心碳原子叫作手性碳原子（chiral carbon）或手性中心，用 C^* 表示。手性中心也是实物与其镜像不能完全重合的原因，具有手性的分子可以存在两个非重叠的对映体。范特霍夫的四面体学说为对映体和手性分子的研究提供了理论基础。这个理论对于化学领域的发展有重要的影响，并为后来生物分子、有机合成和药物设计等领域的研究奠定了基础。

在有机化学中存在许多分子具有类似的特殊现象，其中包括 2-氯丁烷、乳酸和 2-丁醇等。以乳酸分子为例，它的中心碳原子连接了四个不同的基团（—COOH、—OH、—CH_3、—H），因此存在两种不同的空间构型。乳酸分子的对映体有乳酸左旋体（L-乳酸）和乳酸右旋体（D-乳酸）。这两种对映体在空间中呈镜像关系，无法通过旋转或平移完全重合。L-乳酸和 D-乳酸的空间构型差异源于它们的手性中心碳原子和其他基团的排列方式不同。这种对映体广泛存在于生物分子、有机化合物和药物等中，如图 4-2 所示，其中 L-乳酸和 D-乳酸是一对对映体。

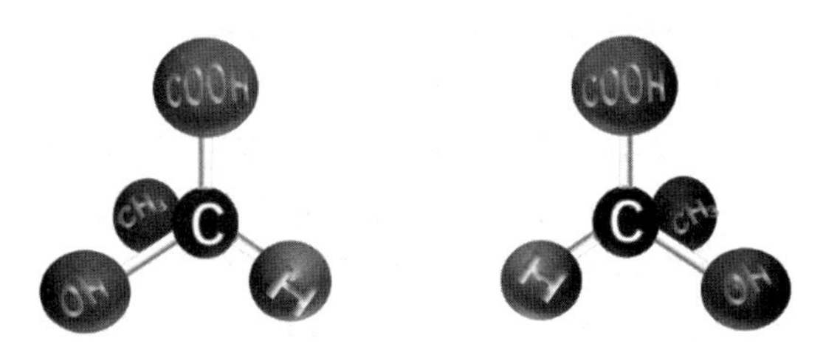

图 4-2　乳酸的对映体模型（左为 L，右为 D）

由上述内容可以看出，分子的手性与其对映体紧密相关，对分子是否有手性进行判断也至关重要。最直接的方式是根据前面提到的方法，建立目标分子的结构模型，然后判断它是否能与其镜像完全一致，若不能，则说明它具有手性，若重叠则是非手性。此外，还可以通过分子中是否含有手性碳原子（C^*）来判断是否存在对映异构体，如果一个分子中含有手性碳原子，那么就会出现一对对映异构体。然而，手性分子并非一定含有手性碳原子，因为判断一个分子的手性并不一定依赖于 C^* 的存在。此外，当分子中存在多个手性碳原子（C^*）时，情况也会有所不同。在接下来的章节中，将介绍一种对分子手性进行判断的方法，即利用后面提到的对称因素。

4.2 对映异构的光学性质

4.2.1 平面偏振光和旋光性

通过对对映异构体的初步了解，可以得出它们是不同的化合物，但二者的分子构造相同，只是原子在空间上的排列方式不同。研究发现，对映异构体的物理性质大致相同，如折射率、溶解度、光谱等，但是偏振光的旋转方向不同。为了探究对映异构体对平面偏振光的影响，首先需要对平面偏振光有一定了解。

自然光是一种电磁波，其振动方向垂直于光波传播的方向，它由许多不同波长的光线组成且在任意平面上都可以振动。然而，通过使用偏光棱镜（如尼科尔棱镜），我们可以将自然光转化为在一个平面上振动的光线，这种光线被称为平面偏振光或偏振光（plane-polarized light）。如图 4-3 所示，尼科尔棱镜是一种特殊的偏光棱镜，它可以滤除与棱镜晶轴不平行的无规则振动光线，使与晶轴平行的光线通过。通过这种方式，尼科尔棱镜可以将自然光转化为纯粹的直线偏振光。这种偏振光只在一个平面上振动，具有明显的方向性。

图 4-3　偏振光的产生

当偏振光束穿过某些物质时，它的偏振方向会发生改变，这种现象被称为旋光性或光学活性（optical activity）。有一些物质不会导致偏振光的振动方向改变，它们被称为非旋光性物质，比如水、乙醇、丙酮等。然而，有一些物质，比如乳酸和葡萄糖溶液，可以导致偏振光的方向发生改变，这些物质被称为旋光性物质或光学活性物质。根据光的偏振面旋转方向的不同，旋光性物质可以分为右旋体（dextrorotatory）和左旋体（levorotatory）。右旋体是指能够使偏振光的偏振面向顺时针方向旋转的物质，以（+）符号表示。左旋体是指那些具有逆时针旋转偏振光偏振面能力的物质，用符号（−）来表示。

当偏振光通过第二个尼科尔棱镜时，只有当第二个尼科尔棱镜的晶轴方向与第一个棱镜的晶轴方向平行时，偏振光才能完全通过。如果棱镜的晶轴方向与光的偏振方向垂直，那么光就无法通过。然而，当在两个平行的尼科尔棱镜之间放置了装满旋光物质溶液的玻璃管时，我们会观察到偏振光无法完全透过第二个棱镜的现象。这是因为旋光物质影响了光的偏振方向。为了使偏振光通过第二个棱镜，必须将第二个棱镜旋转一定的角度。通过旋光仪（polarimeter）等设备，我们可以测量物质的旋光性，也可以根据旋光的角度来确定旋光物质的浓度。图 4-4 为旋光仪内部结构示意图，利用这一原理，旋光仪成为测定物质旋光性的常用仪器。它在化学、药学、生物学、食品科学和环境监测等领域具有重要的应用价值。

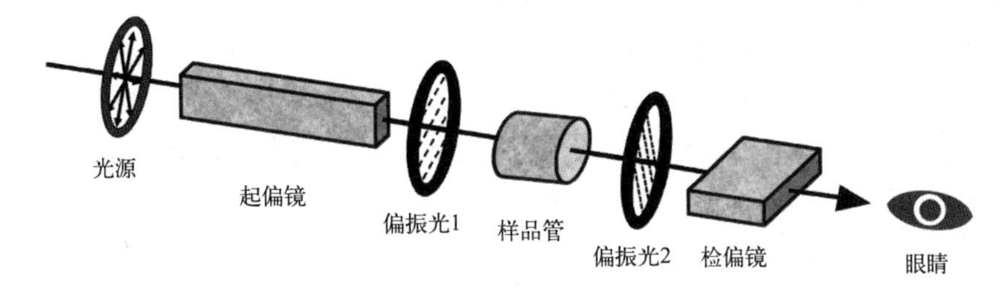

图 4-4 旋光仪内部结构示意图

4. 2. 2 旋光度和比旋光度

旋光仪可以测量平面偏振光在旋光物质中偏转的角度，这个角度被称为旋光度，通常用符号 α 表示。旋光度的大小不仅取决于物质本身的特性，还与测量时的条件相关，包括溶液浓度、光源的波长、盛液管的长度、温度和所使用的溶剂等。

为了比较不同物质的旋光性能，引入了比旋光度（specific rotation）的概念，比旋光度是在规定测量条件下得出的旋光度的数值。在标准测量条件中，规定盛装液体管的长度为 1dm，并且要求溶液的浓度为 $1g \cdot mL^{-1}$。在这个标准下所测得的旋光度被称为比旋光度，使用符号 $[\alpha]$ 来表示。

但在实际测试中，溶液的浓度可以是任意值，并且可以在不同长度的盛液管中进行测定。测定的旋光度 α 可以通过公式转换为比旋光度 $[\alpha]$。

公式如下：

$$[\alpha]_{\lambda}^{t}=\frac{\alpha}{L\times c}$$

式中 α——测定的旋光度；

L——盛液管的长度，dm；

c——溶液的浓度，$g \cdot mL^{-1}$；

λ——光源的波长；

t——测试时的温度。

若待测物质是纯液体，则使用下式：

$$[\alpha]_{\lambda}^{t}=\frac{\alpha}{L\times \rho}$$

式中 ρ——液体的密度。

因为溶剂对比旋光度也有影响，所以使用的溶剂要注明。一般在进行旋光度的测定时，使用钠灯作为光源，用 D 来表示，相当于太阳光谱线中的 D 线。例如，在 20℃时以钠光灯为光源，测得的葡萄糖水溶液使偏振光右旋 52.5°，可表示为 $[\alpha]_{D}^{20}=+52.5°$(水)。比旋光度是旋光物质的重要物理常数，在一定条件下与浓度呈线性关系，所以常用来测定含量。比旋光度在实际生产中常用于区别药物或检查纯杂程度，也可用来测定含量。

4.3 对映异构与分子结构之间的关系

前面已经提到手性碳原子（C^*），也叫不对称碳原子，同时了解到是四个取代基固定在碳原子周围的空间排列方式，导致有两种镜像对称的构型，是引起分子在空间上有两个不同的排列方式的原因。初步认识到分子式和构造式相同，对偏振光的旋转角度大小相等，但方向相反的对映异构体。分子与镜像是否能重叠，归根结底，与它们的手性及其分子结构有关，可以利用分子的对称性进行判断，这就涉及分子的对称因素。分子的对称因素主要有对称轴、对称面和对称中心。

1. 对称面

如果一个平面能够将一个分子分割成互为镜像的两部分，那么这个平面就是分子的对称面（symmetric plane)，用符号 σ 表示。对称面的存在对于描述分子结构和性质非常重要。举例来说，二溴氟甲烷分子中存在一个对称面，即 F—C—H 平面，这个平面将分子分割成两个互为镜像的部分。同样地，在二氯甲烷分子中具有两个相互垂直的对称面。其中一个对称面由 H—C—H 形成，垂直于纸面，另一个对称面由 Cl—C—Cl 形成，位于纸面上。分子的对称面对于确定分子的空间结构以及描述分子的对称性非常重要。根据分子的对称性，我们可以预测和解释一系列化学和物理性质。对称性还有助于我们理解分子间的反应、光学活性和分子的振动谱等。

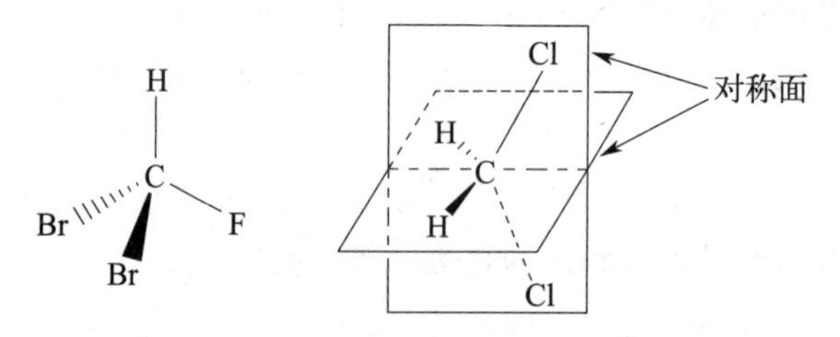

具有对称面的分子一定能与自身镜像重叠，所以属于非手性分子，对称面可以用来判断分子的手性。

2. 对称轴

如果一个分子存在一条轴，当以该轴为旋转轴旋转 360°/n（n 为正整数）后，得到的分子构型与原来完全重合，那么该轴就被称为分子的 n 重对称轴（symmetric axle)，用符号 C_n 表示。这些对称轴在描述分子的几何结构和性质时起着重要的作用。举例来说，图 4-5 所示的四氯化碳分子中存在一条被称为 C_3 轴的三重对称轴。这条轴可以沿着任意一个 C—Cl 键旋转 120°，使得分子的构型与原来完全重合。

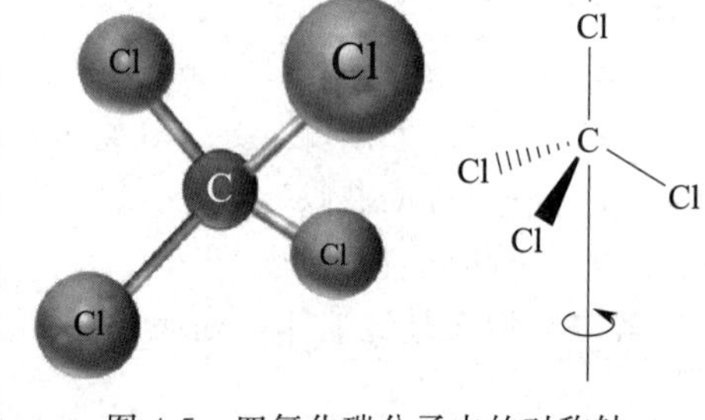

图 4-5　四氯化碳分子中的对称轴

在苯环上存在一个六重对称轴。

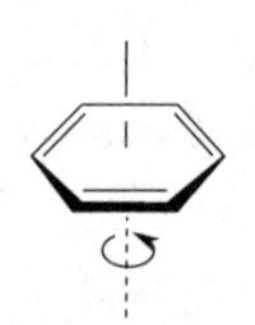

3. 对称中心

分子的对称中心（symmetric center）是指分子中存在一个特定点，通过该点作延长直线，并且沿着该直线离分子中心等距离的反方向处存在完全相同的原子。对称中心在描述分子的几何结构和性质时具有重要的意义，它与分子的对称性和光学活性有关。

例如（E）-2-丁烯和吐昔酸分子中都有一个对称中心。

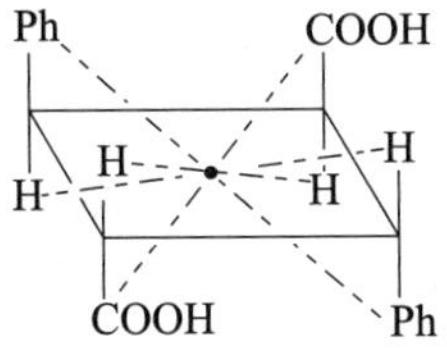

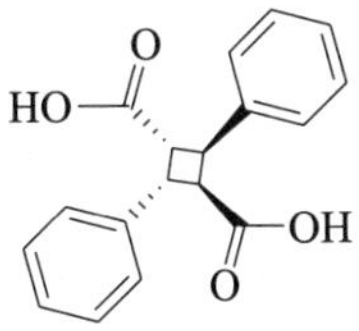

如果一个分子既没有对称面，也没有对称中心，那么它可以被初步推测为手性分子，无法通过旋转或平移使其与其镜像完全一致。需要留意的是，不能仅凭对称轴来判断分子是否具有手性，因为尽管某些手性分子存在对称轴，但并非所有具有对称轴的分子都是手性的。

4.4 含有一个手性碳原子化合物的对映异构

手性碳原子的存在导致了分子具有手性，含有一个手性碳原子的分子一定存在一对对映体，它们是空间中无法重叠的镜像关系。每个对映体都具有旋光性，其中一个对映体旋转方向为左旋（－），另一个对映体旋转方向一定为右旋（＋）。乳酸分子就是一个例子，其中的手性碳原子连接着四个不同的基团，即—COOH、—OH、—CH_3 和—H。由于手性碳原子的存在，乳酸分子存在两种构型，分别是左旋乳酸和右旋乳酸。不仅乳酸分子，许多手性分子通常包含一个或多个手性碳原子，这些手性碳原子通过连接不同的基团而带有不对称性。

对映体的性质在非手性环境中确实是完全相同的，它们具有相同的分子式和分子结构。然而，在手性环境中，对映体的性质会有很大差别。这是因为对映体以不同的方式与其他分子进行相互作用。例如，乳酸的来源有 3 种，右旋光性乳酸是指从肌肉中提取到的乳酸，它具有右旋光性；左旋光性乳酸是通过谷类材料经细菌发酵方式制备的乳酸，它呈左旋光性；无旋光性乳酸是通过人工合成得到的乳酸，它不具有旋光性。在医药、食品等行业中，右旋乳酸更常用作为原料，这是因为人体能够分解右旋乳酸，而无法有效分解左旋乳酸。因此，过度摄入左旋乳酸可能会引起生理酸中毒，而右旋乳酸相对更加适合人体代谢。

当等物质的量的左旋体和右旋体混合在一起时，形成的物质称为外消旋体（racemate），并用（±）来表示。外消旋体既不具有旋光性，也不具有左旋体或右旋体的特性，物理性质也完全不同。例如，(＋)-乳酸和（－)-乳酸的熔点都是 53℃，而（±)-乳酸的熔点是 18℃；(＋)-乳酸和（－)-乳酸的酸度系数都是 3.79pK_a，而（±)-乳酸的酸度系数是 3.86pK_a。

4.5 分子构型的表示方法和构型标记

4.5.1 构型的表示方法

对映异构体的构造式相同，在空间中的排布不同。为了表示分子的构型，透视式和费歇尔投影式是常用的方法。透视式是一种通过重新绘制分子结构在平面上的方式来展示其立体构造的方法。这种表示法可以清楚地显示分子中不同原子团的空间排布，以及它们之间的相对位置关系。费歇尔投影式是一种二维表示法，它通过将分子投影到平面上来表示立体构型。在费歇尔投影式中，垂直于观察平面的键和原子团被画为直线或点，而平行于观察平面的键和原子团则被画为斜线。

2-氯丁烷是一个手性分子，含有一个手性碳原子。它存在两个对映体，我们可以通过透视式表示来描述它们的空间结构。在透视式表示中，楔形实线表示伸向纸前面的键或原子团，楔形虚线表示伸向纸后面的键或原子团，而普通实线则表示在纸面上的键或原子团。对映体之间的区别在于它们的键和原子团在空间中的排布是镜像对称的。需要注意的是，透视式表示只是一种描述空间结构的方法，具体的排布取决于分子的化学键和官能团的位置。

与分子的球棍模型相比，透视式表示虽然能够更直观清晰地展示空间结构，但在书写复杂分子时仍然不太方便。为了方便画图和描述分子结构，现在广泛采用的是费歇尔平面投影式。该投影式是由费歇尔于 1891 年提出的，其中横向的两个键指向自己，竖向的两个键指向外部。纸上画了两条直线，它们相交的地方代表着手性碳原子。通过费歇尔投影式，我们可以方便地表示复杂分子的立体构型。一般我们将主碳链放在竖线的方向，并将命名编号最小的碳原子放在上端，这种表示方法能够更清晰地展示分子的结构和官能团的排布。2-氯丁烷的一对对映体的费歇尔投影式如图 4-6 所示。

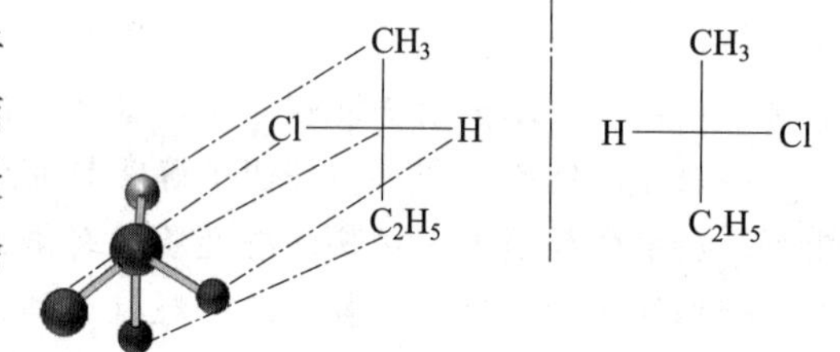

图 4-6　2-氯丁烷对映体的费歇尔投影式

在使用费歇尔投影式时，要注意保持分子构型的立体概念，并且投影式不具备离开纸面翻转、垂直于纸面旋转的能力。但将费歇尔投影式顺时针或逆时针旋转 180°，分子的构型会保持不变。

此外，将费歇尔投影式顺时针或逆时针旋转 90°或 270°后，所得到的投影式将是分子的对映体的投影式。这是因为旋转 90°或 270°后，横向和竖向的键将颠倒方向，导致分子在纸面上的空间排布反转。

4.5.2　构型的标记方法

含有一个手性碳原子的分子有两个不同构型，在命名时，要把它们的构型授以一定的标记。过去常用的是 D/L 标记法，现在广泛采用的是 R/S 标记法。

1. D/L 标记法

有机化合物的绝对构型是指其分子中各个原子或基团在空间排列的真实情况，与旋光方向无关。然而，在早期人们无法直接确定手性分子的绝对构型（absolute configuration）。为了标记手性分子的相对构型（relative configuration），费歇尔提出了 D/L 标记法。D/L 标记法是一种用于表示手性分子相对构型的方法。在该标记法中，以（+）-甘油醛的构型作为对照标准，将其他手性分子与其进行比较。根据相对构型与（+）-甘油醛的旋光方向是否相同来标记手性分子的 D 或 L，其中 D 表示相对构型与（+）-甘油醛的旋光方向相同，L 表示相对构型与（+）-甘油醛的旋光方向相反。需要注意的是，D/L 标记法只能表示手性分子的相对构型，不能直接确定其绝对构型。为了确定手性分子的绝对构型，需要使用其他实验和理论方法，如 X 射线晶体学、核磁共振等。

在 D/L 标记法中，以甘油醛作为对照标准，将手性碳原子周围的基团的排列方式作为判断构型的依据。在甘油醛的一对对映体中，人为规定，如果—OH 基团位于手性碳原子的右侧，则该对映体被标记为 D-(+)-甘油醛；如果—OH 基团位于手性碳原子的左侧，则标记为 L-(−)-甘油醛。此外，D/L 标记法还包括了对旋光方向的表示，其中（+）和（−）分别表示化合物的旋光方向，正号表示旋光为右旋，负号表示旋光为左旋。

$$
\begin{array}{c}
CHO \\
H\text{—}\!\!+\!\!\text{—}OH \\
CH_2OH
\end{array}
\qquad\qquad
\begin{array}{c}
CHO \\
HO\text{—}\!\!+\!\!\text{—}H \\
CH_2OH
\end{array}
$$

D-(+)-甘油醛　　　　L-(−)-甘油醛

当与甘油醛相关联的化合物在化学反应中不涉及手性碳原子的构型时，它们与 D-(+)-甘油醛具有相同的构型时，即都属于 D 型；反之，与 L-(−)-甘油醛具有相同构型的化合物就属于 L 型。这确实是一个有用的判断相对构型的方法。通过化学反应将手性化合物转化成 D/L-甘油醛，或是甘油醛反应得到的物质，如果在反应中手性碳原子的构型没有发生改变，那么可以判断该化合物的相对构型与 D/L-甘油醛相同。

举例来说，D-(+)-甘油醛可以通过氧化反应生成 D 构型的甘油酸，而 D-甘油酸又可以通过还原反应得到 D 构型的乳酸。

$$
\begin{array}{c}
CHO \\
H\text{—}\!\!+\!\!\text{—}OH \\
CH_2OH
\end{array}
\xrightarrow{[O]}
\begin{array}{c}
COOH \\
H\text{—}\!\!+\!\!\text{—}OH \\
CH_2OH
\end{array}
\xrightarrow{[H]}
\begin{array}{c}
COOH \\
H\text{—}\!\!+\!\!\text{—}OH \\
CH_3
\end{array}
$$

D-(+)-甘油醛　　D-(−)-甘油酸　　D-(−)-乳酸

D/L 标记法只能准确标记与甘油醛相关联的手性碳的构型，对于其他化合物可能不太适用。而 *R*/*S* 标记法是一种更广泛使用的标记方法。相对于 D/L 标记法，*R*/*S* 标记法更加准确地描述了手性分子的绝对构型，并且适用于多个手性碳的情况。这使得 *R*/*S* 标记法成为化学界广泛接受和使用的手性标记方法。*R*/*S* 标记法通过规定一系列优先级规则，来确定分子中每个手性碳的优先级顺序，并根据从高优先级基团指向低优先级基团的方向来标记 *R* 或 *S* 构型。

与 D/L 标记法不同，*R*/*S* 标记法与旋光方向没有必然的联系。旋光方向（+）或（−）是通过旋光仪来实际测定的。虽然 D/L 标记法存在很大的局限性，但在糖类、氨基酸类和肽类等天然化合物中，D/L 标记法仍在广泛使用。

2. *R*/*S* 标记法

为了确保在描述化合物的立体化学关系时提供一致和准确的命名方法，必须遵循 IUPAC 制定的次序规则。按照次序规则，首先需要对与手性碳相连的四个原子或基团进行相对优先次序的排列，如图 4-7 所示。其中，离观察者最远的基团是最小的，而其他基团则按照顺序排列。一旦基团的排列次序确定，可以通过基团的优先次序 a>b>c>d 的路径，来判断分子构型。如果该路径是顺时针方向连接 a→b→c，则手性碳的构型被标记为 *R*。反之，如果路径是逆时针方向连接 a→b→c，则手性碳的构型被标记为 *S*。通过 IUPAC 的次序规则，我们能够用 *R* 和 *S* 来命名分子的立体构型，从而提供关于化合物的立体化学关系的准确信息。

如图 4-7 所示，可以将其比喻为汽车方向盘（图 4-8），非常形象地解释了 *R*/*S* 标记法的应用原理。观察者正对方向盘转轴杆末端就是基团 d，而 a、b、c 则按照顺序在方向盘上排列，通过顺时针或逆时针旋转的路径来判断构型。

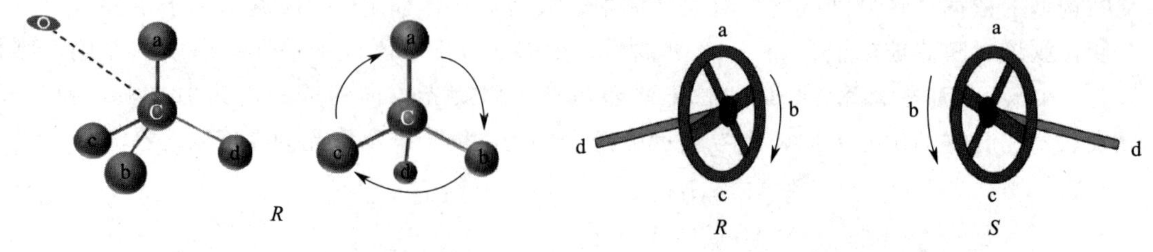

图 4-7　按照相对优先次序观察示意图　　　图 4-8　汽车方向盘的示意图

例如，乳酸分子中，手性碳所连的四个基团的优先次序为—OH>—COOH>—CH_3>—H，因此乳酸分别为（*R*）-乳酸、（*S*）-乳酸。

COOH, H, C, CH_3, OH — *R*构型　　　COOH, H, C, OH, H_3C — *S*构型

又如 1-氯-1-溴乙烷，四个基团的排列顺序为—Br>—Cl>—CH_3>—H，次序优先级不同，将其标记为 *R*、*S* 两种构型。

Cl, H, C, CH_3, Br — *R*构型　　　Br, H, C, CH_3, Cl — *S*构型

在费歇尔投影式中，将次序最小的原子或基团放在竖线上，而另外三个基团按照由大到小的次序排列在竖线两侧。如果这三个基团按照顺时针方向排列，即顺时针旋转最短路径连接这三个基团，那么它的构型就是 *R* 构型；如果按照逆时针方向排列，那么它的构型就是 *S* 构型。这种判断方法非常便于直观地理解和标记分子的构型。

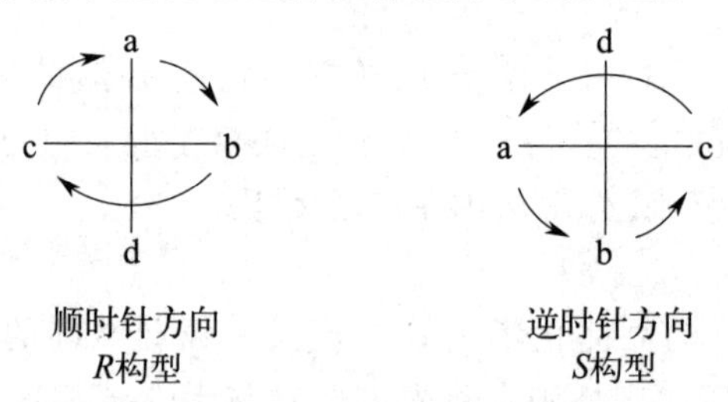

在费歇尔投影式中，最小基团在横线上代表该基团在纸的前面，而其余三个基团则按照由大到小的次序排列在横线两侧。如果这三个基团按照顺时针方向排列，即顺时针旋转最短路径连接这三个基团，此时的构型被称为 *S* 构型；反之，如果按照逆时针方向排列，则是 *R* 构型。

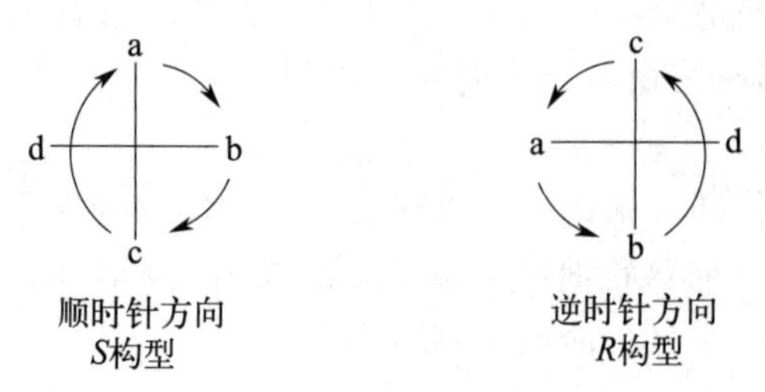

例如，2-溴丙醛的四个基团的排列顺序为—Br>—CHO>—CH_3>—H，当最小原子H在费歇尔投影式的横线或竖线上时，可以直观地判断出 *R*、*S* 构型。

(*S*)-2-溴丙醛　　　　(*S*)-2-溴丙醛

R/*S* 标记法是一种快速有效的方法，用于描述手性分子构型，它仅仅表示了手性分子中四个基团在空间中的相对位置。在 *R*/*S* 标记法中，当按照一定次序排列四个基团，并通过特定的规则判断它们的相对位置后，可以得到一个构型的标记，比如 *R* 或 *S*。对于对映异构体而言，一个构型为 *R* 的分子，其对映体的构型必然为 *S*。而对映体之间的旋光性则是由分子结构和手性中心周围的官能团所决定的，与构型的标记方法无直接关系。旋光方向也不能通过构型的标记方法来判断，而是需要借助旋光仪等实验手段来进行测定。

4.6　含有两个及多个手性碳原子化合物的对映异构

在前面的章节中已经讨论了含有一个手性碳原子的化合物存在两种异构体的情况。然而，在多数有机化合物中，并不仅限于一个手性碳原子。实际上，随着分子中不对称碳原子数目的增加，异构体的数量也相应增加。根据研究得到的规律，如果一个分子中含有 *n* 个不同的手性碳原子，那么构型异构体的数目应该是 2 的 *n* 次方（*n* 为正整数）。这个规律的原理证明，每个手性碳原子都可导致两种可能的构型，即 *R* 或 *S* 构型。由于每个手性碳原子都是独立且不相关的，因此它们的构型是相互独立的。通过将每个手性碳原子的构型可能性相乘，就可以得到总的构型异构体的数目。这个规律可以帮助我们理解为什么含有多个手性碳原子的化合物会具有如此多的异构体，并且在有机化学领域也具有重要意义。

4.6.1　两个手性碳原子不同的异构体

当分子中含有两个不同的手性碳原子时，就会有四种对映异构体。例如氯代苹果酸（2-羟基-3-氯丁二酸）中，有两个不同的手性碳原子，每个手性碳原子都各有两种不同的构型，共有四种不同的空间排列方式。其费歇尔投影式如图 4-9 所示。

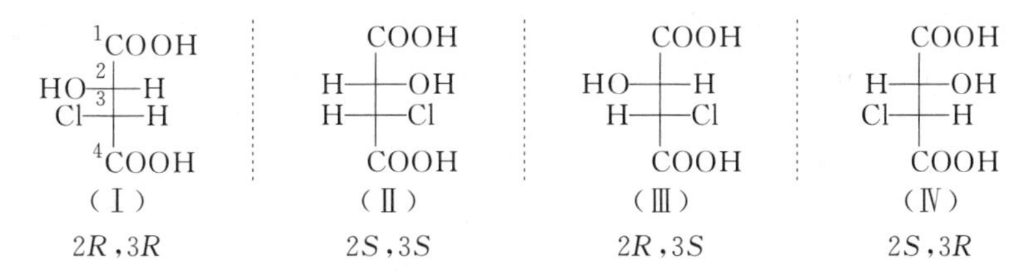

图 4-9　氯代苹果酸的费歇尔投影式

通过 *R*/*S* 标记法对投影式(Ⅰ)中的手性碳原子进行分析，可以得出最小基团H在横线上，C_2^* 的四个连接原子或基团的顺序为—OH>—CHClCOOH>—COOH>—H，并且按逆时针方向观察到—OH→—CHClCOOH→—COOH 的排列，因此构型为 *R* 型。同样地，投影式(Ⅰ)中的 C_3^* 的四个连接原子或基团的顺序为—Cl>—COOH>—CH(OH)COOH>—H，并且按逆时针方向观察到—Cl→—COOH→—CH(OH)COOH 的排列，因

此构型为 *R* 型。根据这些判断，投影式（Ⅰ）被称为（2*R*,3*R*)-氯代苹果酸或(2*R*,3*R*)-2-羟基-3-氯丁二酸。类似地，我们可以对投影式（Ⅱ）、（Ⅲ）和（Ⅳ）进行构型分析，并得到它们的命名结果。投影式（Ⅱ）被称为（2*S*,3*S*)-氯代苹果酸或（2*S*,3*S*)-2-羟基-3-氯丁二酸；投影式（Ⅲ）、投影式（Ⅳ）同理得到对应的构型。

在 *R*/*S* 标记法的基础上，根据对投影式（Ⅰ）、（Ⅱ）、（Ⅲ）和（Ⅳ）的构型分析，我们可以得出以下结论：投影式（Ⅰ）和（Ⅱ）构成一对对映异构体，它们拥有相同的构型顺序（*R*，*R* 或 *S*，*S*)，但是构型方向相反。混合（Ⅰ）和（Ⅱ）将形成两个外消旋体。投影式（Ⅲ）和（Ⅳ）构成一对对映异构体，它们拥有相同的构型顺序（*R*，*S* 或 *S*，*R*)，但是构型方向相反。混合（Ⅲ）和（Ⅳ）将形成两个外消旋体。投影式（Ⅰ）与（Ⅲ）、（Ⅰ）与（Ⅳ）、（Ⅱ）与（Ⅲ）、（Ⅱ）与（Ⅳ）不属于实物与镜像的关系，而是非对映异构体(diastereoisomer)。对于非对映异构体，它们的化学结构和分子式相同，但在空间排列上存在差异。这种差异导致了非对映异构体的物理性质和化学性质不同。常用的分馏、重结晶、色谱等方法可以将它们分离。

当分子中存在两个手性碳，并且这两个手性碳至少有一个相同的基团时，可以用“赤式”(erythro) 和“苏式”(threo) 来描述它们的相对构型。这个命名方法是受到了赤鲜糖(erythrose) 和苏阿糖（threose）的命名方法的启发，但是在含义上截然不同。在费歇尔投影式表示构型时，将两个手性碳中的相同基团写在横线上，如果这两个相同的基团在同一侧，那就可以称为“赤式”。如果这两个相同的基团分布在两侧的话，就可以称为“苏式”。这种命名方法在上述情况中较为适合，是因为它能够直观地揭示分子中不同部分的相对排列关系。

```
     CHO            CHO            CHO            CHO
  H──┼──OH      HO──┼──H       HO──┼──H        H──┼──OH
  H──┼──OH      HO──┼──H        H──┼──OH      HO──┼──H
    CH2OH          CH2OH          CH2OH          CH2OH
D-(−)-赤藓糖    L-(+)-赤藓糖    D-(−)-苏阿糖    L-(+)-苏阿糖
          赤式                           苏式
```

4.6.2 两个手性碳原子相同的异构体

当两个手性碳原子所连的 4 个原子或基团彼此相同时，构型异构体数目会减少。例如，酒石酸（2,3-二羟基丁二酸）分子中有两个手性碳原子，这两个碳原子所连接的四个原子和基团分别是—OH、—COOH、—CH(OH)COOH、—H。其费歇尔投影式如下：

```
     COOH     ┆     COOH           COOH              COOH
  H──┼──OH    ┆  HO──┼──H        H──┼──OH    ══    HO──┼──H
              ┆               ----------         -----------对称面
 HO──┼──H     ┆   H──┼──OH      H──┼──OH          HO──┼──H
     COOH     ┆     COOH           COOH              COOH
     (Ⅰ)            (Ⅱ)            (Ⅲ)               (Ⅳ)
(2R,3R)-酒石酸  (2S,3S)-酒石酸           (内消旋体)
                                      (2R,3S)-酒石酸
```

投影式（Ⅰ）和（Ⅱ）是对映体，一个是右旋酒石酸，另一个是左旋酒石酸。当它们以等量混合形式存在时，将形成外消旋酒石酸。而投影式（Ⅲ）和（Ⅳ）虽然在表面上呈现镜像关系，但它们并不是对映体。将投影式（Ⅲ）在纸面旋转 180°，可以得到投影式（Ⅳ），说明它们是同一构型，即同一个化合物。在投影式（Ⅲ）和（Ⅳ）的分子中央都可以找到一个对称面，上半部分正好是下半部分的镜像。这种分子被称为内消旋体（meso compound），英文用前缀“meso-”进行命名。内消旋体具有对称性，其手性碳原子的旋光能力在分子内相互抵消，因此整个分子不具有旋光性。

需要注意的是，虽然内消旋体和外消旋体都没有旋光性，但它们的本质是截然不同的。内消旋体是指分子中含有手性碳原子的纯净物，其中手性碳原子的旋光性在分子内互相抵消，使得整个分子不具备旋光性；而外消旋体是混合物，是由于具有相同分子式的物质的 R 和 S 构型互为外消旋体，它们的溶液不显示旋光性。外消旋体可以使用特殊的方法将其分离为右旋体和左旋体，而内消旋体是分子内作用的纯净物，无法通过任何方法将其分解为旋光异构体。

4.6.3 含有多个手性碳原子的异构体

前面已经提到，含有 1 个手性碳原子的分子有两个旋光异构体和一对对映体；含有 2 个不同的手性碳原子的分子有四个旋光异构体和两对对映体。当含有三个手性碳原子时，以 2,3,4-三溴己烷为例：

（Ⅰ）	（Ⅱ）	（Ⅲ）	（Ⅳ）
CH_3	CH_3	CH_3	CH_3
H—Br	Br—H	H—Br	Br—H
H—Br	Br—H	Br—H	H—Br
H—Br	Br—H	H—Br	Br—H
C_2H_5	C_2H_5	C_2H_5	C_2H_5

（Ⅴ）	（Ⅵ）	（Ⅶ）	（Ⅷ）
CH_3	CH_3	CH_3	CH_3
H—Br	Br—H	Br—H	H—Br
H—Br	Br—H	H—Br	Br—H
Br—H	H—Br	H—Br	Br—H
C_2H_5	C_2H_5	C_2H_5	C_2H_5

投影式中有八个旋光异构体，（Ⅰ）与（Ⅱ）、（Ⅲ）与（Ⅳ）、（Ⅴ）与（Ⅵ）、（Ⅶ）与（Ⅷ）是四对对映体。（Ⅰ）与（Ⅲ）、（Ⅰ）与（Ⅴ）、（Ⅰ）与（Ⅶ）都只有一个不对称碳原子的构型不同，这种含多个不对称碳原子，只有一个不对称碳原子的构型不同的旋光异构体称为差向异构体（epimer）。如果构型不同的不对称碳原子在链端，则称为端基差向异构体（anomer）。

4.7 环状化合物的对映异构

在碳环化合物中，由于环的存在，碳碳单键的自由旋转受到限制，因此取代基可以在环的两侧以顺式或反式的方式排列。顺式表示取代基在环的同一侧，与环上的其他基团相邻，空间位置相近。反式表示取代基在环的异侧，取代基相对于环上的其他基团而言，在空间上是相对远离的。这种空间排列的不同形成了顺反异构体。当碳环上的某个位置被取代基取代时，可能会导致整个分子既没有对称面，也没有对称中心，从而使分子呈现手性。这种情况会导致产生相互对映的异构体。因此，在考虑碳环化合物的立体异构时，必须同时考虑顺反异构和对映异构。顺反异构体是指构型中取代基的相对排列方式不同，而对映异构体是指构型中取代基的空间排列方式不同。

4.7.1 环丙烷和环丁烷衍生物的对映异构

例如1,2-二氯环丙烷分子，有两种顺反异构体，其中顺式异构体有一对称面，而反式异构体既无对称面也无对称中心，是手性分子，具有一对对映体。

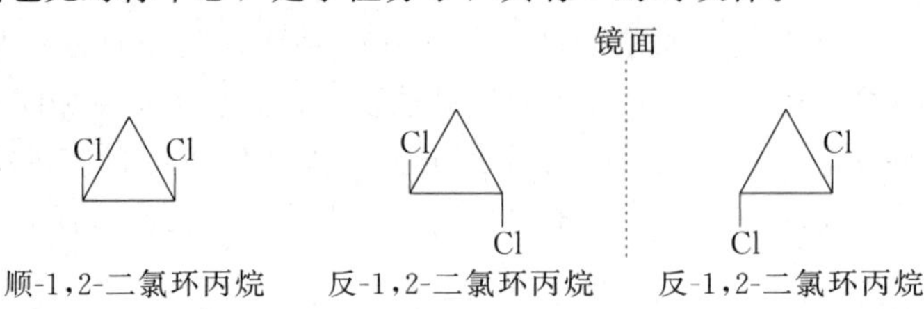

顺-1,2-二氯环丙烷　反-1,2-二氯环丙烷　反-1,2-二氯环丙烷

对于1,3-二取代环丁烷衍生物，就不存在对映异构，无论是顺式异构体还是反式异构体，它们都有对称面存在。

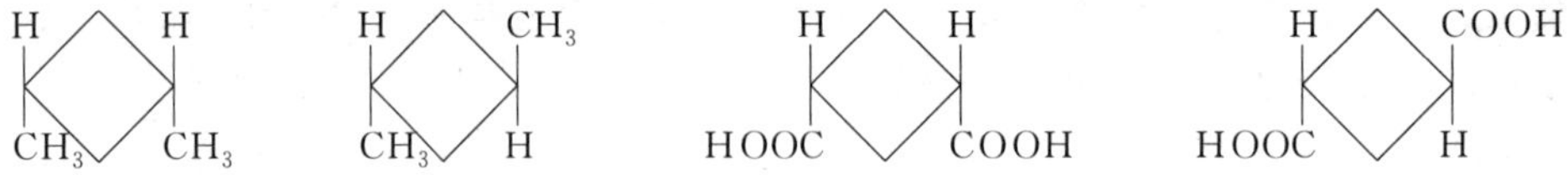

顺式　反式　顺式　反式

4.7.2 环戊烷衍生物的对映异构

1,2-环戊烷衍生物的异构与1,2-二取代环丙烷的现象类似，例如，1,2-环戊烷二甲酸有两个相同的手性碳，存在三个立体异构体。顺-1,2-环戊烷二甲酸分子存在对称面，不具有手性。反-1,2-环戊烷二甲酸分子没有对称因素，所以具有手性。

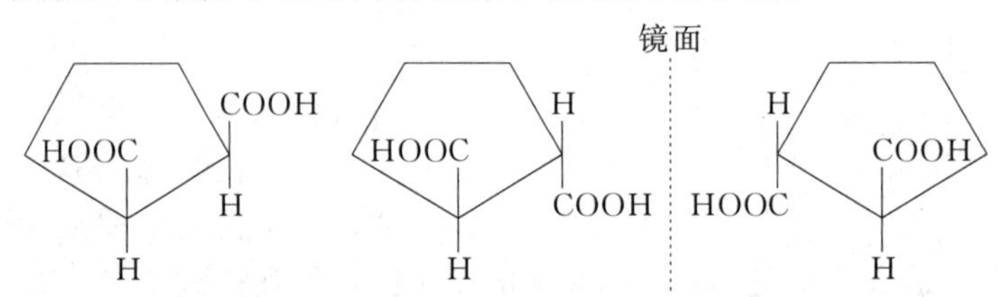

同样，1,3-环戊烷二甲酸有三个立体异构体，顺-1,3-环戊烷二甲酸分子存在对称面，没有手性。反式异构体不存在对称面和对称中心，有手性。

镜面

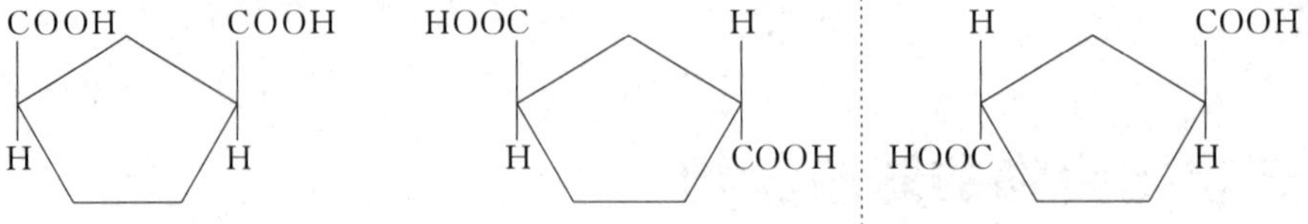

内消旋　对映体

4.7.3 环己烷衍生物的对映异构

对于1,2-环己烷衍生物来说，手性碳的位置不同，也存在差异性，例如1,2-环己烷二甲酸有两个相同的手性碳原子，立体异构体数量是三个，即一个内消旋性质的顺式异构体和两个反式的1,2-环己烷二甲酸对映异构体。顺式结构中没有手性，存在一个对称面；反式结构中，分子与镜像完全重合，具有手性。

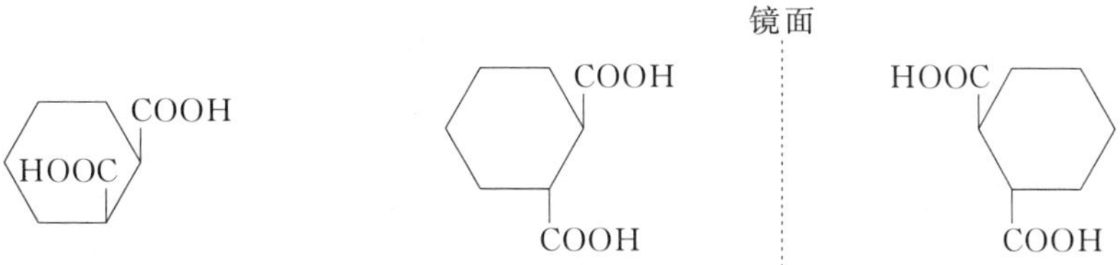

(1R,2S)-1,2-环己烷二甲酸　(1R,2R)-1,2-环己烷二甲酸　(1S,2S)-1,2-环己烷二甲酸

1,3-环己烷二甲酸与1,2-环己烷二甲酸相似，有两个相同的手性碳，三个立体异构体：一个内消旋的顺式异构体和两个反式的对映异构体。

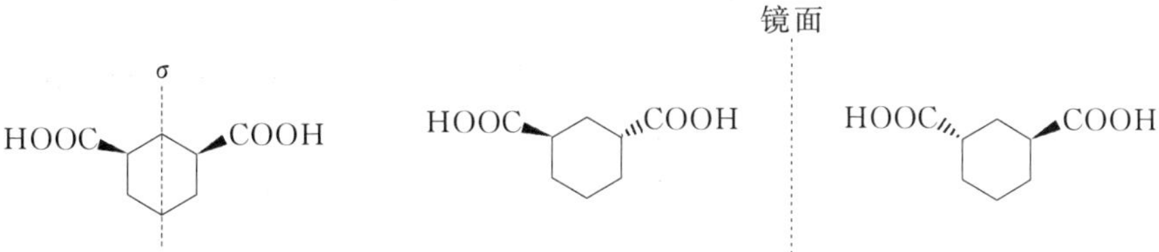

(1R,3S)-1,3-环己烷二甲酸　(1R,3R)-1,3-环己烷二甲酸　(1S,3S)-1,3-环己烷二甲酸

1,4-环己烷二甲酸的顺式异构体和反式异构体都有对称面和对称中心，对称因素的存在将其直接判断为非手性分子，没有光学活性。

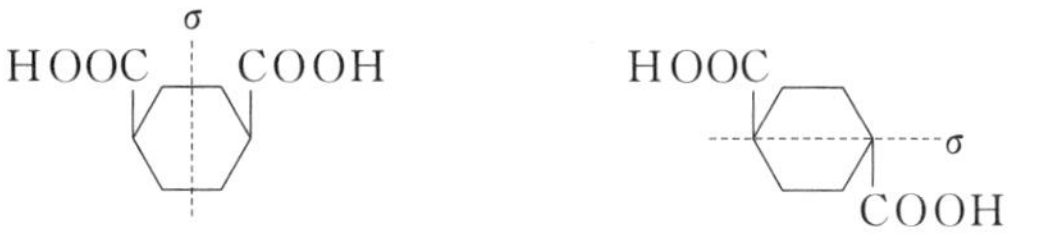

顺-1,4-环己烷二甲酸　反-1,4-环己烷二甲酸

4.8　不含手性碳原子的化合物的对映异构

在有机化合物中，大多数旋光性物质都含手性碳原子。实际上，分子手性的唯一判据并不仅限于手性碳原子。除了手性碳原子之外，还有其他因素可以导致分子呈现手性，例如非对称的取代基或者立体异构等因素所致。

4.8.1　累积二烯衍生物的对映异构

所谓累积二烯，指的是两根双键紧邻，连接在同一碳原子上的二烯烃。例如，在丙二烯分子中，三个碳原子在一条轴上，两两之间碳碳双键相连，两个端位碳原子及它们分别连接的另外两个原子处在两个相互垂直的平面内，存在一条对称轴和两个对称面，所以不具有手性。

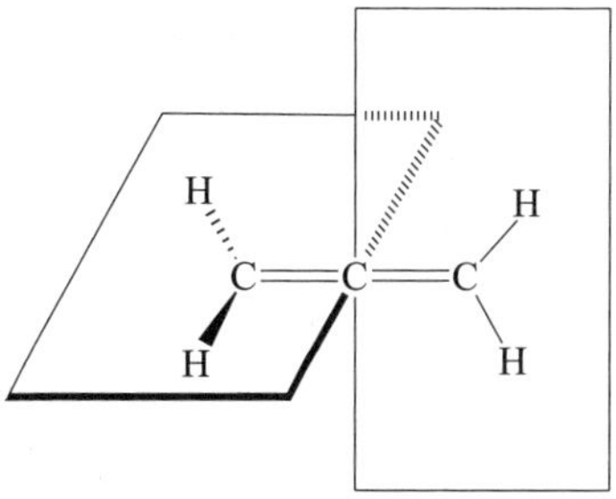

如果两端的碳原子都连接了不同的原子基团，就形成了一对对映体。例如，2,3-戊二烯

是一个有对称轴的手性化合物。

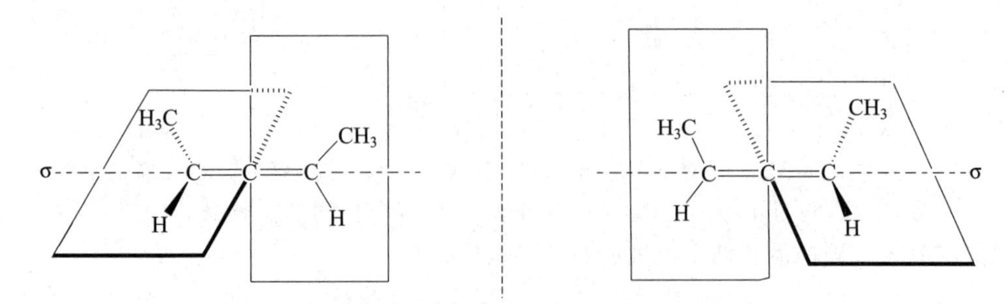

如果丙二烯两端的碳原子上任何一端连接有两个相同的基团，这个分子就有一个对称面，不具有手性，例如2-甲基-2,3-戊二烯。

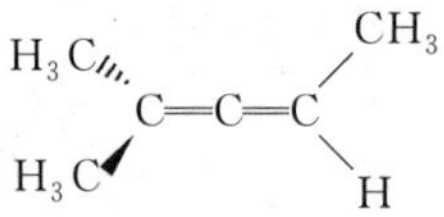

2-甲基-2,3-戊二烯

环外双键化合物和螺环化合物是导致分子具有手性的另外两种情况。它们的共同特征是将不同基团保持在互相垂直的平面上，从而导致分子的非对称性，例如环外双键化合物4-甲基亚环己基醋酸和螺环化合物8-甲基-8-硝基螺[3,5]壬烷-2-羧酸。

(*S*)-4-甲基亚环己基醋酸　　(*R*)-4-甲基亚环己基醋酸

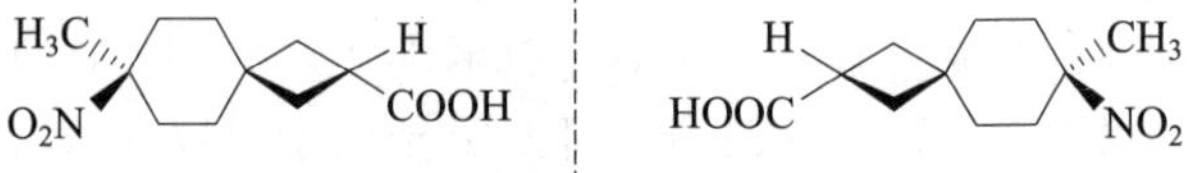

8-甲基-8-硝基螺[3,5]壬烷-2-羧酸

4.8.2 联苯型化合物的对映异构

在联苯分子中，当两个苯环通过单键连接时，可以通过旋转该单键使得两个苯环能够在同一平面上存在。尽管如此，当大体积的取代基取代苯环的邻位时，这个取代基会对两个苯环之间的单键旋转施加限制，使它们无法再共平面排列。这种由于取代基的引入而导致联苯分子的空间阻碍，被称为空间位阻效应。空间位阻效应限制了苯环之间的单键旋转，改变了分子的整体形状和非对称性，从而使联苯型分子具有手性。

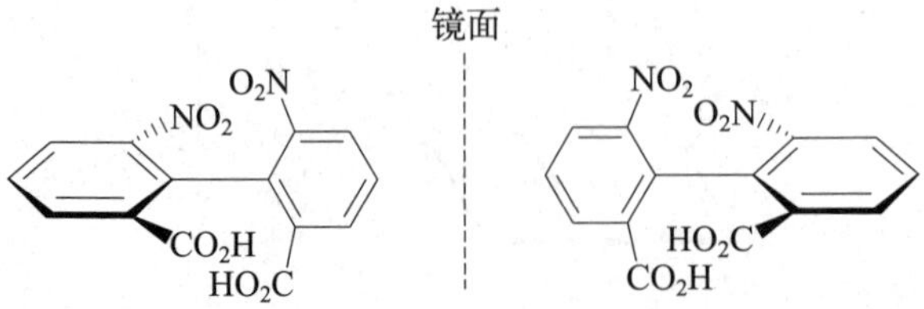

镜面

只要联苯上的一个苯环连有两个相同的基团，这个分子就有对称面存在，是非手性的。

O_2N
NO_2
NO_2
HO_2C

4.9 手性有机化合物的拆分

随着时代的进步和科学水平的提高，人们发现了越来越多的手性化合物，并且对手性化合物的需求越来越多。手性化合物的作用与其构型紧密相关。如手性药物，构型不同会导致药性或毒性。20世纪五六十年代，发生“反应停”的用药事故，许多孕妇服用了名为沙利度胺的药物，导致超过一万名畸形婴儿降生，这是一个令人痛心的悲剧。根据研究结果显示，沙利度胺的（*S*）-异构体表现出极高的药物毒性，而（*R*）-异构体则被证实为一种非常有效的镇静剂。可见，手性分子的外消旋体仍有潜在危险。因此，制备单一旋光性的化合物的纯净物有着重要意义。

等物质的量的左旋体和右旋体混合在一起形成外消旋体时，它们的物理性质是相同的，无法通过重结晶或分馏的方式将它们分开。如果想要获得其中的一个对映体，就必须采用特定的方法将外消旋体分离成左旋体和右旋体。这个过程被称为拆分（resolution）。通常有以下几种途径：

（1）化学拆分法

通过化学反应将对映体转换为非对映体，再利用非对映体具有不同的物理性质将其分离，多数采用的是分步结晶法。化学拆分法是一种通用的方法，可以用来拆分旋光化合物的外消旋体，并且可以将分离得到的两种衍生物转化回原来的旋光化合物。这种方法的关键是找到合适的拆分剂和条件。合适的拆分剂可以是各种手性的酸、碱、手性配位试剂等。通过与外消旋体发生手性识别相互作用，将其分离。

常用的拆分碱性物质的拆分剂包括酒石酸、樟脑磺酸、苯基琥珀酸和扁桃酸等。这些拆分剂能与碱性物质形成稳定的非共价络合物，通过这种非共价相互作用来实现拆分。拆分酸性物质的拆分剂包括马钱子碱、麻黄碱、奎尼丁和辛可宁等。这些拆分剂可以与酸性物质进行酸碱反应或其他相互作用，从而实现拆分。需要注意的是，不同的化合物可能对不同的拆分剂具有不同的响应。因此，在拆分一个特定的化合物时，需要根据其化学性质选择合适的拆分剂。图4-10简要说明了化学拆分过程。

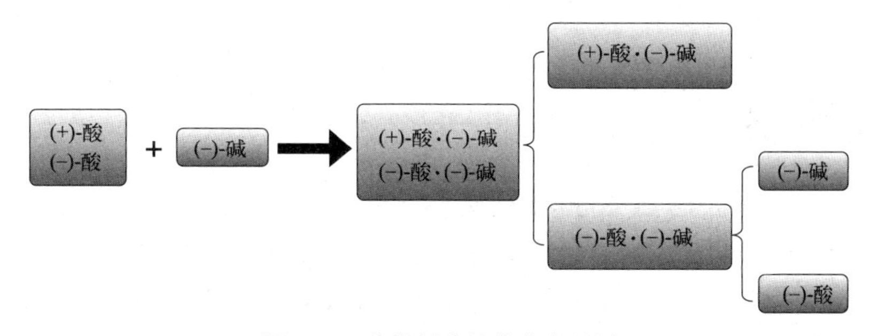

图4-10　化学拆分的简化流程图

（2）生物化学拆分法

生物体中的酶具有旋光性，酶是生物化学反应中具有高度专一性的手性催化剂，在与外消旋体作用时，具有较强的选择性，只与对映体中某一种旋光异构体作用，将这种异构体反应掉，保留目标异构体。一些药物和抗生素的生产就采用这种方法，但缺点也较为明显，原料会被反应掉一半，造成损失，后续提纯也较为困难。

（3）色谱分离法

使用旋光物质作为吸附剂的手性色谱柱是一种常见的手性分离方法。淀粉、蔗糖粉、乳糖粉等旋光物质可以作为手性色谱柱的吸附剂。外消旋体在色谱柱中缓慢通过时，由于其与吸附剂的吸附能力差异，其中一种旋光体会被较强地吸附而停留在柱子中较长时间，另一种旋光体则吸附较弱，在用溶剂过柱时更容易洗脱，从而实现了外消旋体的分离和拆分。

4.10 手性与生物质

手性分子在生物体中的广泛存在和重要作用主要体现在以下几个方面。首先，手性分子在生物膜中起着关键作用。作为生物体内细胞和细胞之间的分离界面，生物膜的成分主要是手性磷脂分子。这些不同手性的磷脂分子能够形成不同的层状结构，决定了生物膜的性质和功能。手性分子的存在使得生物膜具有高度选择性，只允许特定的分子通过，有助于维持细胞内外环境的稳定。

其次，手性分子在生物体内的代谢过程中起着重要作用。生物体内的代谢过程涉及多种酶的催化作用，而酶是由手性氨基酸构成的。手性氨基酸的空间结构决定了酶的构型和催化活性。只有特定手性的氨基酸与底物结合才能引发特定的代谢反应。手性分子的参与使得生物体内的代谢过程具有高度特异性和高效率。

手性分子还在生物体内的信号传导过程中发挥重要作用。生物体内的信号传导往往涉及受体和配体之间的相互作用，而配体通常是手性分子。手性分子的立体构型决定了它们与受体的结合方式，从而触发特定的信号传导路径。激素和神经递质等手性信号分子的作用方式和效果在很大程度上由其手性决定。手性分子的作用使得生物体内的信号传导过程具有高度选择性和调节性。

综上所述，手性分子在生物体内的存在和作用非常广泛。它们在生物膜、代谢过程、信号传导等方面扮演着重要角色。对手性分子的研究和理解有助于揭示生物体内的生物过程，为药物设计和生命科学研究提供重要基础，为生物医学和生物工程等领域的发展提供广阔空间。

课外拓展

“反应停事件”是指20世纪60年代发生的一起严重用药事故。“反应停事件”由一种名为沙利度胺（thalidomide）的药物引起的。在女性患者妊娠期间使用该药物会导致严重的胎儿畸形，尤其是四肢发育异常。这一事故引起了全球范围内的恐慌和关注，许多婴儿受到了这一药物的影响。

沙利度胺是一种手性分子，存在两个手性异构体（*R*、*S*）。然而，在沙利度胺药物的制备过程中，并没有对手性异构体进行分离和纯化，导致了两个手性异构体的混合物。后来发现，S 构型异构体是导致胎儿畸形的主要原因。“反应停事件”的影响迅速扩散到了各个国家和地区。各国政府和药品监管机构纷纷采取行动。许多国家加强了药物审批和监管制度，并对药品进行更为严格的监测和评估。世界卫生组织（WHO）在全球范围内敦促各国采取措施，以确保类似事件不再发生。各国药品监管机构增强了信息共享，加强了对药品安全的监督和评估，并制定了更为严格的国际标准。它也成为药物研发中的一个重要教训，强调了对手性药物进行分离和控制的重要性。可以看出，手性分子在药物中的重要性，探索手性药物的制备和分离方法，以及手性异构体对药物的药效和副作用的影响有重大意义。

总的来说，“反应停事件”是一起具有深远影响的药害事件。它引起了全球范围内的药物监管和安全意识的提高，加强了国际合作，在一定程度上改善了药品审批和监管体系，以确保患者的安全和权益。这起事件也提醒着我们在药物研发和使用过程中，始终要以患者的福祉为重，确保药物的安全性和有效性。

习题

1. 下列化合物的分子中有无手性碳原子，有的话用 C* 表示。

（1） 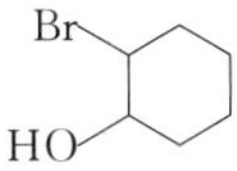 Br, HO（环己烷）

（2） $CH_3CHBrCOOH$

（3） $COOH$—$CHCl$—$COOH$

（4） CH_3—CH_2—$CHOH$—CH_3

（5） 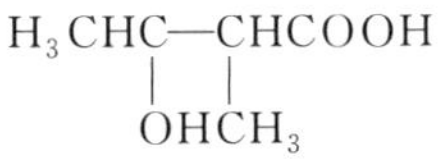 H_3CHC—$CHCOOH$（OH，CH_3）

（6） CH_3（环戊烷）

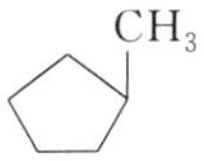

2. 下列化合物哪些是手性分子？

（1） 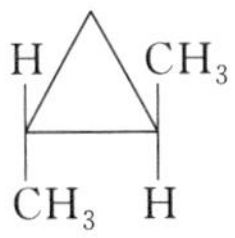 H, CH_3, CH_3, H

（2） CH_3, H, Cl, H, Cl, CH_3

（3） H_3C, H_3C, $COOC_2H_5$, $COOC_2H_5$

（4） Br, Br, Cl, Cl

（5） CH_3, CH_3

（6） CH_3, Cl—H, HO—H, CH_3

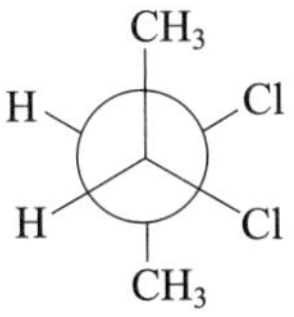

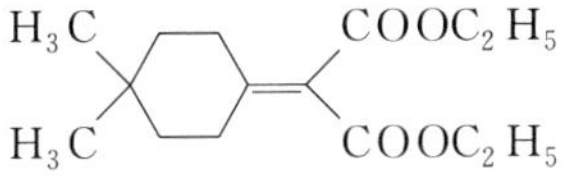

（7） O

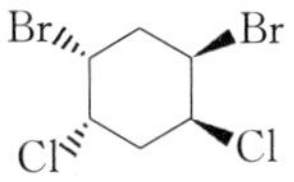

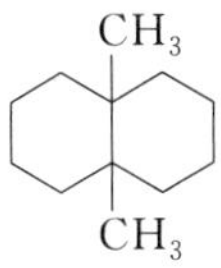

（8） H, H_3C, COOH, H

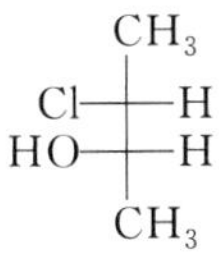

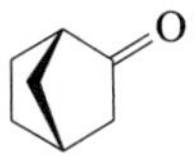

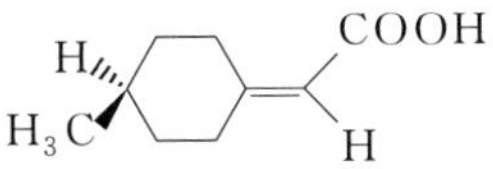

3. 将下列化合物的结构式转变成费歇尔投影式，并标明每个手性碳原子的绝对构型。

(1) H, H, OH, HO, CHO, CH_2OH　　(2) OH, H_3C, C, H, C_2H_5

(3) H, Cl, H_3C, CH_3, H, Cl　　(4) $CH(CH_3)_2$, C_2H_5, C, CH_3, H

(5) F, C, Cl, H, Br　　(6) CH_3, H, C, C_6H_5, H_2N

4. 命名下列化合物。

(1) CHO, H, CH_3, C_3H_7　　(2) $C(CH_3)_3$, H_3C, H, H, CH_3, $CH(CH_3)_2$　　(3) COOH, C, H, C_2H_5, Cl　　(4) CHO, H, Br, H, Br, CH_3

5. 下列化合物的构型中哪些是相同的？哪些是对映体？哪些是内消旋体？

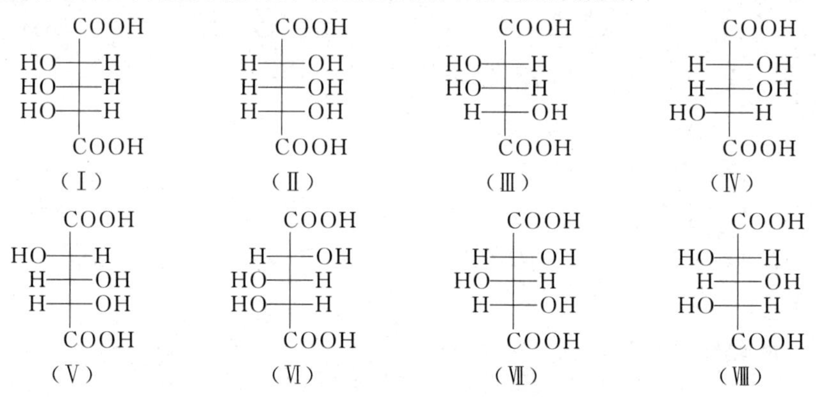

第5章 芳香烃

思维导图

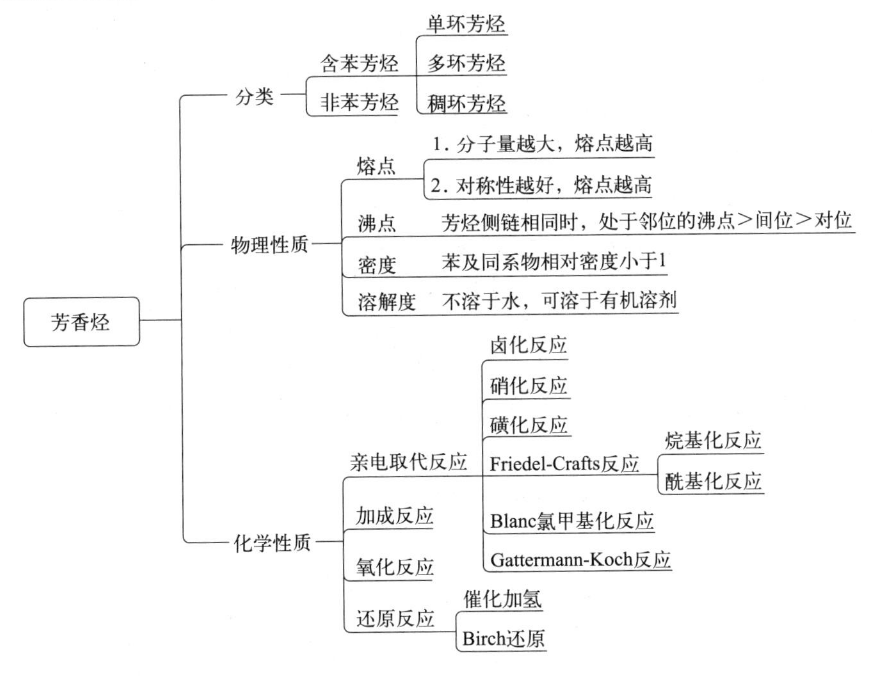

芳烃（aromatic hydrocarbon 或 arene）是芳香族碳氢化合物的简称，也叫芳香烃，通常指分子中含有苯环结构的碳氢化合物，是闭链类的一种。

“芳香族化合物”最早指的是一些来自自然植物分泌的带有芬芳气味的产品中的化学成分。这类产品的主要组成部分是包含了苯基团（即六个碳和四个氢）的基本单位，因此被归为一组，称为芳香族化合物。显然，通过味道去判断是否是芳香烃的这种方法是不正确的，但是人们习惯性地将这种叫法沿用至今。芳香族化合物是指苯（benzene）及化学性质类似于苯的化合物。其同系物的通式是 C_nH_{2n-6}（$n \geqslant 6$），例如苯、二甲苯、萘等。芳香烃的 π 电子数为 $4n+2$（n 为非负整数，$n=0、1、2\cdots\cdots$）。

相较于脂肪烃和脂环烃，这类碳氢化合物通常拥有极高的不饱和度以及独特的稳定性构造。它们更易发生亲电取代化学反应，而对加成反应和氧化反应则比较抗拒，这正是芳香烃所具备的化学属性——芳香性。

5.1 苯的结构

苯是芳香族物质的基石，而且所有的苯系芳香烃都包含了苯环。要深入理解芳香烃的特性，必须首先探究其结构。

现代的科学技术已经证实了苯分子的结构形式是平面的正六边形形状，其键角为 120°。同时，苯分子的六个碳原子与六个氢原子也都在同一个平面内，它们之间存在两类化学键：一类是 C—C 键，另一类则是 C—H 键。其中，C—H 键的长度约为 0.108nm，而 C—C 键的长度则大约为 0.1397nm。其 C—C 键比普通烷烃的碳碳单键短，却长于烯烃的碳碳双键。研究表明，苯的分子式为 C_6H_6，其碳氢个数之比为 1∶1。杂化轨道理论认为，苯环中的六个碳均为 sp^2 杂化。杂化形成的三个 sp^2 杂化轨道，其中两个与相邻碳的 sp^2 杂化轨道“头碰头”重叠形成六个等同的 C—C σ 键，另一个与氢原子的 1s 轨道“头碰头”重叠形成六个等同的 C—H σ 键，键角均为 120°，正好与正六边形的内角吻合，因此所有的原子均在一个平面上。此外，每个碳上剩下的 p 轨道垂直于环所在的平面，相互平行，可以在各个方向进行重叠，形成一个闭合的环状的大 π 键，由于每个 p 轨道都存在侧面重叠，所以电子轨道理论把苯环描述为一种离域的结构，如图 5-1 所示。按照分子轨道理论，苯分子形成 σ 键后，六个碳原子的六个 p 轨道通过线性组合形成六个 π 分子轨道，其中三个轨道是能量较低的成键轨道，另外三个轨道是能量较高的反键轨道。若两个轨道能量相同，则称其为“简并轨道”。苯的基态，是三个成键轨道的叠加。在基态时，苯分子的六个 π 电子都处在成键轨道上。苯分子的三对电子，分别填入三个成键轨道，而反键轨道则空余下来。苯环内电子的离域降低了分子内能，所以苯环具有较好的化学稳定性，不易发生氧化还原反应和加成反应，

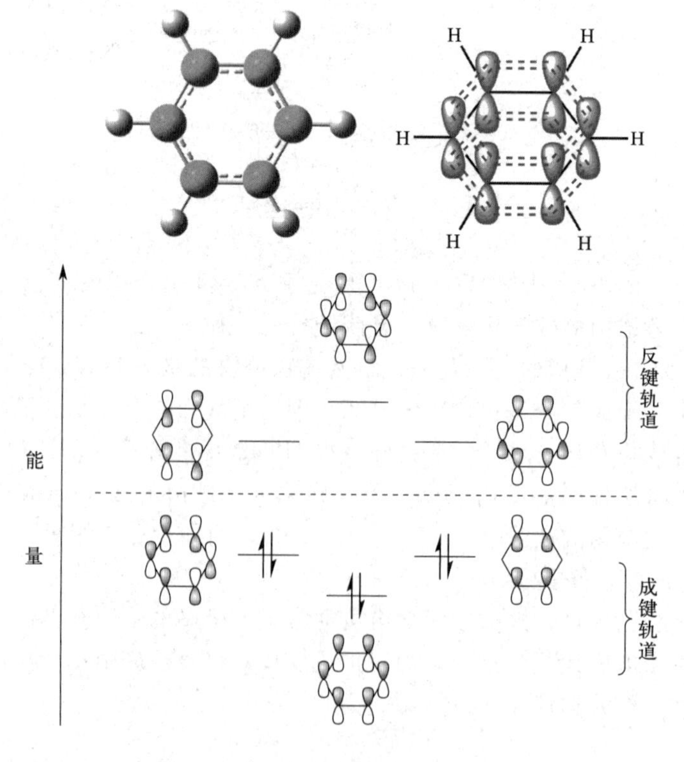

图 5-1 苯的结构与苯的轨道能级图

但是电子云密度较高，易于发生亲电取代反应。

根据共振理论，对于那些无法通过单一经典构型完全描述的电子离域系统，可以使用多种潜在的经典构型来综合展示其整体属性。实际上，这些潜在的经典构型会形成一种混合态，即真实分子的各个部分由这些可能的经典构型的共振组合构成，图 5-2 为苯的极限结构。因此，可以说苯的构造是由两种或者更多的经典构型的共振杂化体组成的，其中（ⅰ）和（ⅱ）是最主要的部分，它们具有最低的能级且稳定程度相近。然而，（ⅲ）、（ⅳ）和（ⅴ）三种极限结构下的键长与键角却有较大偏差，它们的影响相对较弱。更精确地描绘苯结构的方式应为所有 p 轨道电子都分布于整个苯环中。

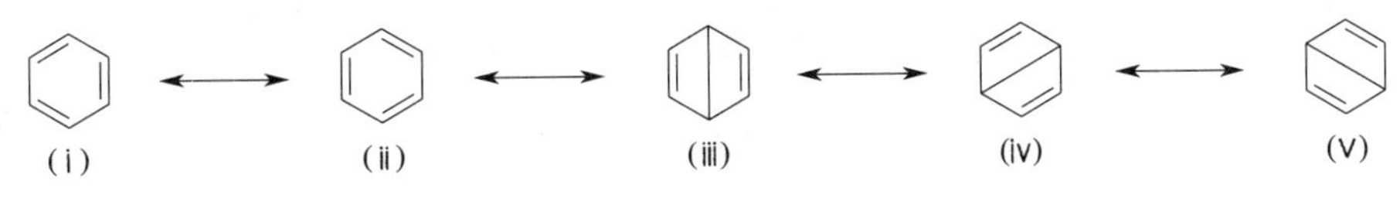

图 5-2　苯的极限结构

5.1.1　芳烃的分类

芳烃有两种类型，即含苯芳烃和非苯芳烃。其中，根据含有的苯环数量，可以将含苯芳烃划分为三个主要类别：单环芳烃、多环芳烃和稠环芳烃。

1. 单环芳烃

定义：在分子物质中带有单个苯环的化合物。例如：

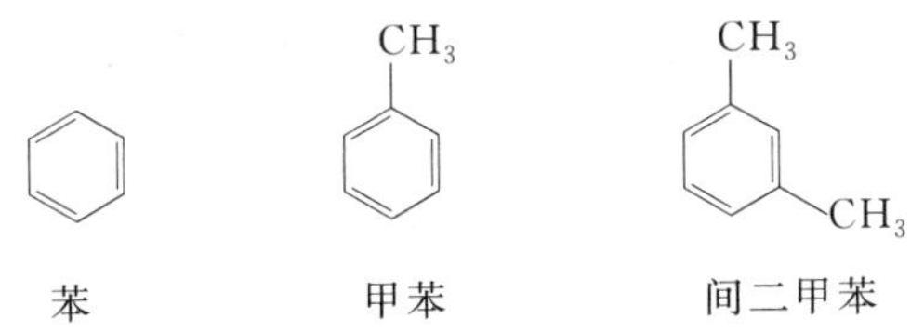

单环芳烃的结构特点可以简单描述为：闭合共轭 π 键的 π 电子高度离域，分布在六个碳原子组成的平面的上下方。烷基可以影响芳环的性质，同时由于芳环对侧链的影响，使 α-H 表现出一定活性。

2. 多环芳烃

定义：在分子物质中包含两个或更多独立苯环的物质。例如：

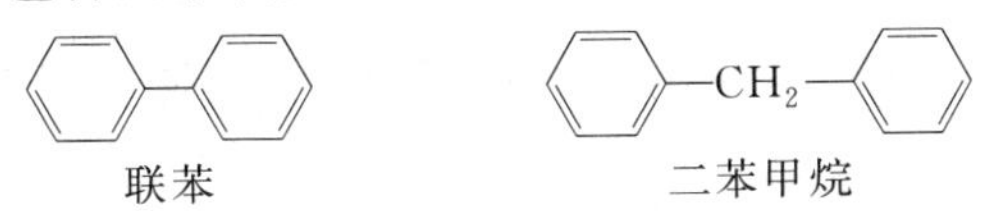

联苯（biphenyl）为无色晶体，熔点为 70℃，沸点为 225℃。它不能溶解于水中，但能够溶解于有机溶剂中。联苯的每一个苯环都保留了其原始的结构特性，并且连接两个苯环的单键具有自由旋转的功能。

3. 稠环芳烃

定义：分子中含有两个或多个苯环且彼此间通过共用两个相邻碳原子稠合而成的芳烃。例如：

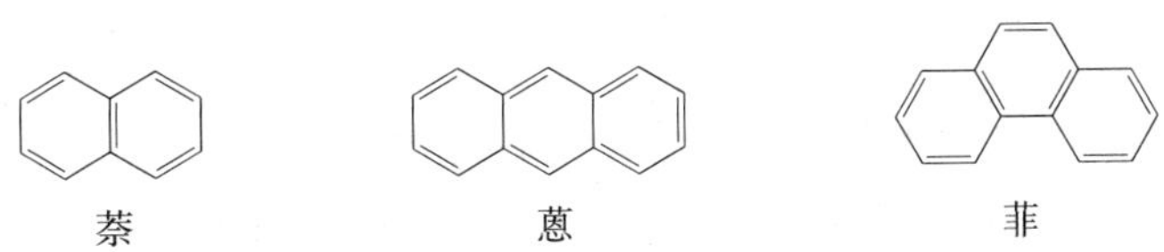

(1) 萘

萘作为一种重要而常见的稠环芳烃化合物，主要来源于煤焦油，其浓度占了煤焦油中的大部分。这种物质以白色的薄片形式呈现，具有闪亮的光泽，其熔点和沸点分别为 80.6℃与 218℃。同时，它会散发独特的味道，可以轻易地蒸发并迅速升华，并且能够很好地溶解于诸如乙醇之类的有机溶剂之中。从化学角度来看，它的属性显示出了强烈的芳香特征。萘的分子式为 $C_{10}H_8$，分子中键长不完全平均化，用现代物理方法测得萘的结构如下所示：

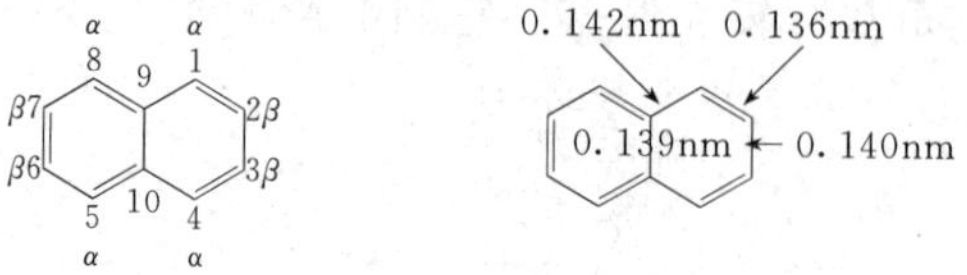

α α 8 9 1 β7 2β β6 3β 5 10 4 α α

0.142nm 0.136nm 0.139nm 0.140nm

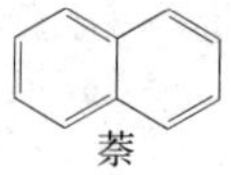

萘

萘的结构与苯环相似，也是一个封闭的共轭平面体系。在萘中，由于其结构特征使得某些位置（如 1、4、5 和 8）具有相似的性质，这些被称为 α 位；而其他一些位置（如 2、3、6 和 7）也呈现出类似的特点，被定义为 β 位。然而，萘的主要亲电取代作用往往集中于 α 位，这是因为与苯环相比，萘环上的 p 电子并没有均匀地呈离域状态，相反，其中位于 9 位和 10 位的碳原子的电子云密度的降低使之成为电子最少的部分。相较之下，β 位上的电子云密度略微超过了 9 位和 10 位的碳原子，同时，α 位碳原子的电子云密度是最高的。这种差异直接影响萘环内部各碳碳键的长度。在一定的条件下萘环也可以发生还原反应及氧化反应。

① 还原反应

萘在不同条件下，可以发生部分或全部还原反应，相较于苯环，萘环更容易发生还原反应。例如，在液氮中，萘与金属钠、醇反应生成四氢化萘。这种无色物质的沸点为 208.0℃，是一种良好的溶剂，常被用于涂料工业领域。

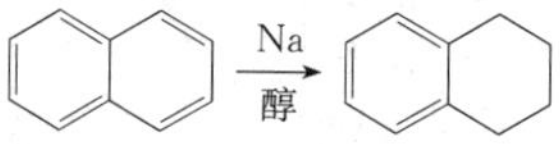

Na / 醇

四氢化萘

在工业领域，通过催化加氢的方式制取了四氢化萘和十氢化萘：

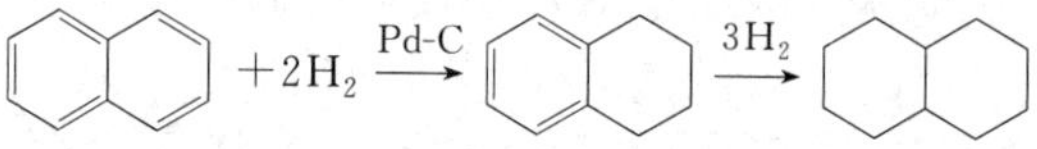

$+2H_2$ Pd-C → 四氢化萘 $3H_2$ → 十氢化萘

四氢化萘和十氢化萘是有毒且无色的液体，有轻微的薄荷味道。它们是关键的高沸点溶剂，具有相对稳定的化学特性，主要被用作油脂、树脂、橡胶等物质的溶剂、去漆剂和润滑剂。

② 氧化反应

萘比苯更容易被氧化。目前，制取氧化萘的主要途径还有过氧化氢氧化法和空气氧化法。在 V_2O_5 催化下，萘会在空气催化氧化的强烈条件下发生环破裂，从而产生邻苯二甲酸酐，也被称为苯酐，它是一类关键的有机化工原料。

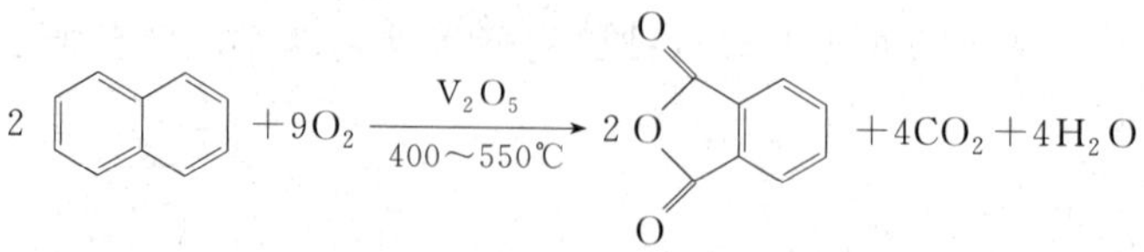

2 萘 $+9O_2$ $\xrightarrow[400\sim550℃]{V_2O_5}$ 2 邻苯二甲酸酐 $+4CO_2+4H_2O$

邻苯二甲酸酐

实验研究发现，在常温条件下，萘的反应是通过使用三氯化钌作为催化剂和高碘酸钠作为氧化剂，并加入乙腈与水的混合溶液（体积比为 2∶1）来进行的。这个过程会产生邻苯二甲醛、邻苯二甲酸酐和异苯并呋喃。

$$\text{萘} \xrightarrow[\text{乙腈,水}]{RuCl_3} \text{邻苯二甲醛} + \text{邻苯二甲酸酐} + \text{异苯并呋喃}$$

③ 亲电取代反应

萘具有芳香性，其结构相较于苯，更容易发生亲电取代反应。由于萘结构的特殊对称性，电子云并不是像苯环一样均匀分布，它只有 α 位和 β 位这两种取代位置。由于 α 位的电子云密度要比 β 位的电子云密度高，导致 α 位会首先进行亲电取代反应。

a. 卤代反应：在 Fe 或 $FeCl_3$ 的影响下，氯气被通进萘的苯溶液中并发生化学反应，主要的化学方程式如下所示：

$$\text{萘} + Cl_2 \xrightarrow[\triangle]{Fe, C_6H_6} \alpha\text{-氯萘 (Cl)} + HCl$$

制备的产物 α-氯萘是无色液体，它能够被用作高沸点溶剂（259.1℃）和增塑剂。

b. 硝化反应：萘与混酸硝化后生成的主要产物为 α-硝基萘，主要反应式如下：

$$\text{萘} + HNO_3 \xrightarrow[30\sim60℃]{H_2SO_4} \alpha\text{-硝基萘 } (NO_2) + H_2O$$

所用的混酸浓度应该比苯环硝化时的浓度低，这样才能保证生成的主要产物为一取代物。

c. 磺化反应：萘和浓硫酸的磺化反应是具有可逆性的，在 60℃ 的条件下，首先产生 α-萘磺酸；而当温度升至 165℃时，β-萘磺酸则会大量产生。同样地，当 α-萘磺酸与硫酸一起加热到 165℃，也能够形成 β-萘磺酸。

$$\text{萘} + H_2SO_4 \xrightleftharpoons{60℃} \alpha\text{-萘磺酸 } (SO_3H) + H_2O$$

$$\text{萘} + H_2SO_4 \xrightleftharpoons{165℃} \beta\text{-萘磺酸 } (-SO_3H) + H_2O$$

在较低的温度环境中，磺酸基团的大尺寸使得其与附近 α 位置上的氢原子间的间隔比两者范德华半径总和更小，因此导致了 α-萘磺酸的不稳定性增加，并在较高的温度条件下形成具有较小空间位阻且更为稳定的 β-萘磺酸，同时也能使 α-萘磺酸转化为 β-萘磺酸。也就是说，在低温情况下，磺化过程主要受限于动力学因素，而在高温度条件下磺化则受到热力学的制约。

d. 酰基化反应：萘发生酰基化一般受反应环境温度和溶剂化学极性的影响。在低温条件和非极性溶剂中，α-取代产物较为常见；而在高热及极化介质条件下，β-取代物则更易生成。反应式如下所示：

$$\text{萘} \xrightleftharpoons[-15℃, CS_2]{CH_3COCl, AlCl_3} \alpha\text{-}COCH_3\ (75\%) + \beta\text{-}COCH_3\ (25\%)$$

主要原因在于：在极性溶剂中，酰基碳正离子与溶剂所形成的溶剂化合物的体积较大，温度升高时，会进攻 β 位；而在非极性溶剂中，当温度降低时则转移到更为活跃的 α 位。

（2）蒽和菲

蒽和菲互为同分异构体，分子式均为 $C_{14}H_{10}$，是含三个环的稠环体系，但三个环的结合方式不同。蒽为无色单斜片状晶体，有蓝紫色荧光，熔点为 2.7℃，沸点为 354℃。菲为无色有光泽并具有荧光的单斜片状晶体，熔点为 101℃，沸点为 340℃。所有碳原子都处于同一平面内，而蒽的电子离域能比菲的更小，芳香性从大到小依次为苯、萘、菲、蒽，氧化和加成反应活性依次增强。蒽分子中三个环以线性方式结合，而菲分子中三个环以三角形方式结合，它们的结构式如下所示：

0.139nm 0.142nm 0.136nm
0.144nm
0.139nm

蒽

0.135nm
0.137nm
0.141nm
0.138nm

菲

在 9、10 位上，蒽与菲的取代反应、加成反应和氧化反应都较为常见。取代产物通常会伴随着加成产物。

取代反应：

$+2Br_2 \xrightarrow[\triangle]{CCl_4}$ Br Br $+2HBr$

$+Br_2 \xrightarrow[\triangle]{CCl_4}$ Br $+HBr$

加成反应：

$+H_2 \xrightarrow[\triangle]{Na/CH_3CH_2OH}$

$+3H_2 \xrightarrow[\triangle]{Na/C_5H_{11}OH}$

氧化反应：

$+O_2 \xrightarrow[\triangle]{V_2O_5}$ O O

蒽醌

O O

$+O_2 \xrightarrow[H_2SO_4, \triangle]{CrO_3}$

菲醌

蒽醌是一种关键的染料和医药中间体，而菲醌则是一种杀虫剂中间物。

(3) 非苯芳烃

对于那些拥有平面封闭环形结构并包含 $4n+2$（其中 n 为正整数）个 π 电子的化合物来说，它们被认为具备了芳香特性。这个观点是由休克尔利用分子轨道理论对环烯烃的稳定性进行了评估后得出来的。这种规律也被称为休克尔（$4n+2$）定律或者（$4n+2$）准则，它作为一种标准，用于确定是否存在芳香性。

自然界中存在很多符合（$4n+2$）规则的分子或离子，而苯环只是芳香烃中的冰山一角。所以，非苯芳烃是指不含苯环的芳香性物质，这些物质包含芳香性轮烯、芳香离子和非苯系稠环化合物。

① 轮烯

在 1956 年，由森德黑默（Sondheimer F.）首次合成并确定了 1,3,5,7,9,11,13,15,17-环十八碳九烯的结构，其包含 18 个 π 电子（$4n+2$，$n=4$），因此被他称为［N］轮烯（［N］annulene）。闭合的单环共轭多烯（C_nH_n）称作轮烯，N 则表示完全共轭的单环烯烃 CH 结构的数目。

可以看出［10］轮烯的这三种同分异构体都符合休克尔（$4n+2$）π 电子规则，但是并没有芳香性，原因在于这三种同分异构体的十个碳原子都不在同一平面上。

② 芳香离子

环庚三烯碳正离子、环戊二烯碳负离子和 9-芴碳负离子都具备环状的构造，而且每个在它们环上的碳原子都是 sp^2 杂化，构成了一种平面构造的封闭共轭系统。该系统中含有（$4n+2$）个 π 电子，因此它们具备芳香性质。例如：

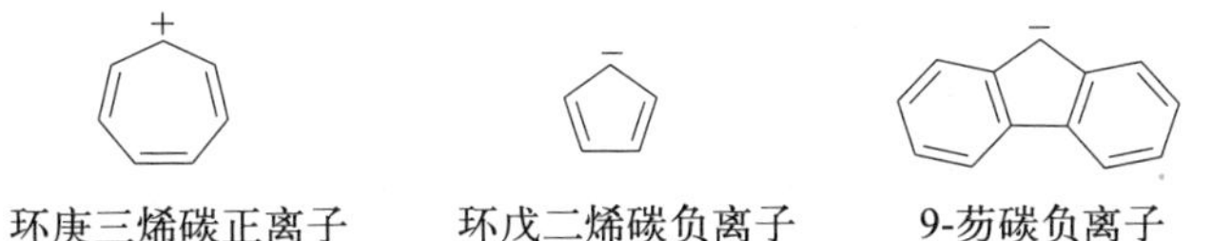

③ 非苯系稠环化合物

薁（azulene）是一类非苯系稠环化学物质，呈现出青蓝光的片状结构，是由五元环的共轭二烯与七元环的共轭三烯稠和而成。薁的所有碳原子均在同一平面上，属于平面构型的闭合体系，有 10（$4n+2$，$n=2$）个 π 电子，电子成对占据成键轨道，具有芳香性。

5.1.2 芳烃的命名

当苯环上连有简单取代基时，单环芳烃的命名是以苯环为母体，烷基作为取代基，称为某烷基苯（“基”字通常省略），例如甲苯、乙苯等。当苯环上连有两个取代基时，可用邻、间、对或 o-(ortho)、m-(meta)、p-(para) 等标明其位次。当苯环上连有三个取代基时，可用连、偏、均等字头标明其位次。当苯环上连有多个取代基时，可用阿拉伯数字标明其位次，用 IUPAC 命名法进行命名。一般规则是取代基的顺序规则，当主链上有多种取代基时，由顺序规则决定名称中基团的先后顺序。常用规则是：取代基的第一个原子的原子量越大，顺序越高；如果第一个原子相同，那么比较它们第一个原子上连接的原子的顺序；如有双键或三键，则视为连接了 2 或 3 个相同的原子。以次序最高的官能团作为主要官能团，命名时放在最后。其他官能团，命名时顺序越低名称越靠前。

例如：

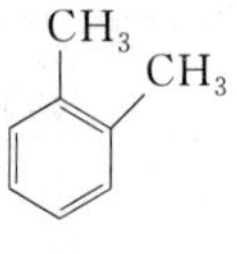

1,2-二甲苯
邻二甲苯
o-二甲苯

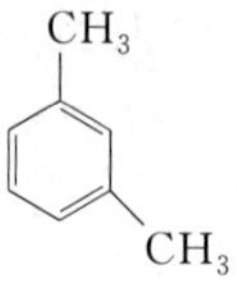

1,3-二甲苯
间二甲苯
m-二甲苯

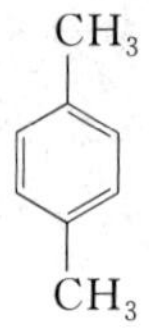

1,4-二甲苯
对二甲苯
p-二甲苯

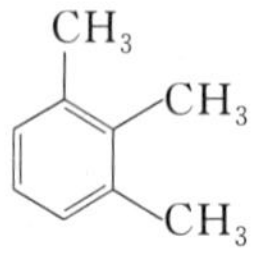

1,2,3-三甲苯
连三甲苯

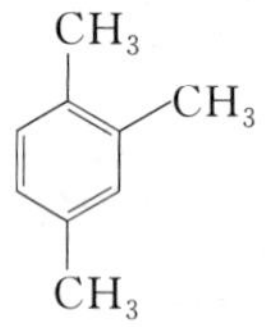

1,2,4-三甲苯
偏三甲苯

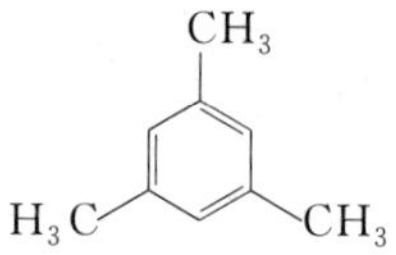

1,3,5-三甲苯
均三甲苯

首要任务是挑选合适的母体。一般来说，常见的母体选择的优先次序为：—R、—OR、$—NH_2$、—OH、—CO—、—CHO、—CN、—COX、$—CONH_2$、—COOR、$—SO_3H$、—COOH（越靠后越易被选为母体，卤素原子和硝基一般不选为母体，故在此顺序中未列出）。再给苯环上的碳原子编号，与母体取代基相连的碳原子序号为 1，其余取代基依据最低系列原则编号。当最低系列原则无法确定哪一种编号优先时，应让顺序规则中较小的基团位次尽可能小。

以苯为母体的简单芳烃的命名，例如：

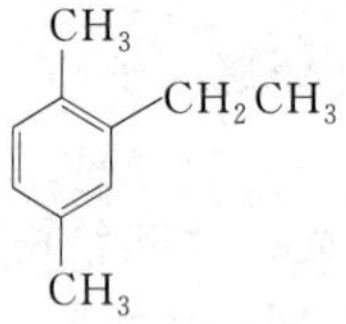

1,4-二甲基-2-乙基苯

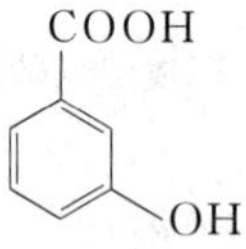

3-羟基苯甲酸

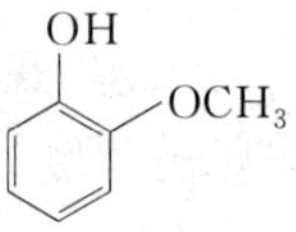

2-甲氧基苯酚

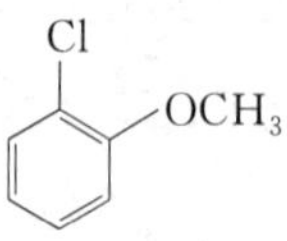

2-氯苯甲醚

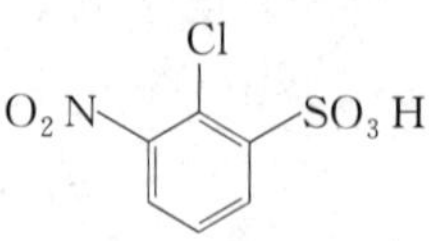

3-硝基-2-氯苯磺酸

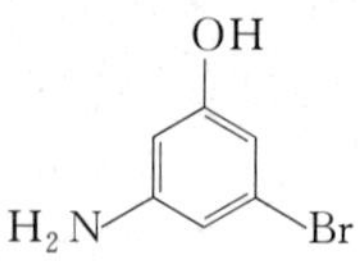

3-氨基-5-溴苯酚

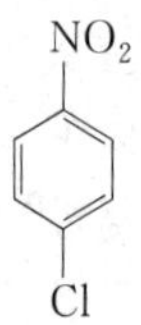

对硝基氯苯

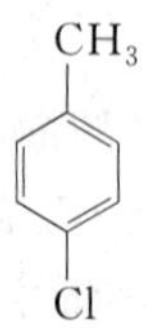

对氯甲苯

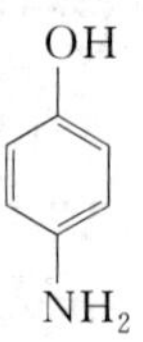

对氨基苯酚

以苯为取代基的命名：如果苯环上连有较复杂的取代基，如分子结构中含有双键、三键时可将侧链作为母体，把苯环作为取代基。当支链上碳原子数多于 5 时，要将苯环作为取代基，以烷基为母体，命名方法与烷烃相似。例如：

$C_6H_5-CH=CH_2$

苯乙烯

$C_6H_5-CH=C(CH_3)-CH(CH_3)-CH_2-CH_3$

2,3-二甲基-1-苯基-1-戊烯

$C_6H_5-CH_2-CH_2-C_6H_5$

1,2-二苯基乙烷

$H_3C-C(CH_3)(C_6H_5)-CH_2CH(CH_2CH_3)CH_2CH_3$

2-甲基-4-乙基-2-苯基己烷

5.1.3 芳烃的物理性质

芳烃的熔点既与分子量有关，又与分子的对称性有关。高度对称的对位异构体的熔点通常高于邻位异构体和间位异构体的熔点，因为高度对称的异构体可以更好地将分子填充到晶格中，并且在熔融过程中需要克服的晶格能较大。芳香烃的沸点随分子量的增加而升高，含相同碳原子数的各种同分异构体的沸点差别不大。芳烃侧链相同时，邻位的沸点＞间位＞对位。每增加一个$-CH_2$单元，沸点相应升高约 30℃。苯及其同系物常温下一般为无色液体，比水轻，相对密度小于 1，比分子量相近的烷烃和烯烃的相对密度大，不溶于水，易溶于汽油、醇、醚和四氯化碳等有机溶剂。苯可与水共沸，因此也可以作为脱水剂。单环芳烃通常具有特殊气味，具有毒性和致癌性。表 5-1 是一些常见芳香烃的物理性质。

表 5-1　一些常见芳香烃的物理性质

名称	熔点/℃	沸点/℃	相对密度(d_4^{20})
苯	5.50	80.1	0.879
甲苯	−95	110.6	0.867
邻二甲苯	−25.2	144.4	0.880
间二甲苯	−47.9	139.1	0.864
对二甲苯	13.2	138.4	0.861
乙苯	−95	136.1	0.867
正丙苯	−99.6	159.3	0.862
异丙苯	−96	152.4	0.862
连三甲苯	−25.5	176.1	0.894
偏三甲苯	−43.9	169.2	0.876
均三甲苯	−44.7	164.6	0.865
萘	80.3	218.0	1.162
蒽	2.7	354.1	1.147
菲	101.1	340.2	1.179

参照图 5-3，可以看到，苯的所有氢都是等同的，因此其氢核磁共振谱呈现出唯一的显

著峰值，其 δ 值为 7.34。然而，对于被替换了的氢来说，它们的化学位移受到苯环上取代物的影响极大，这主要是因为每个取代物的存在都会导致不同的结果，从而产生了多种类型的共振谱。在苯的红外光谱图像中，我们可以在 3100～3000cm^{-1} 区间发现三个吸收峰，这是因为苯环中的未饱和 C—H 伸缩振动产生的；同样地，我们在 2000～1667cm^{-1} 区域也发现了芳香环的泛频率峰；而在 1620～1450 cm^{-1} 范围内，则是苯环主干骨架的伸缩振动，也就是共轭双键的伸缩振动；最后，在 1250～1000cm^{-1} 范围内，可以看到 C—H 平面内的弯曲振动的特定峰值；而在 910～665cm^{-1} 之间，则可以找到 C—H 平面的外部弯曲振动的特定峰值。

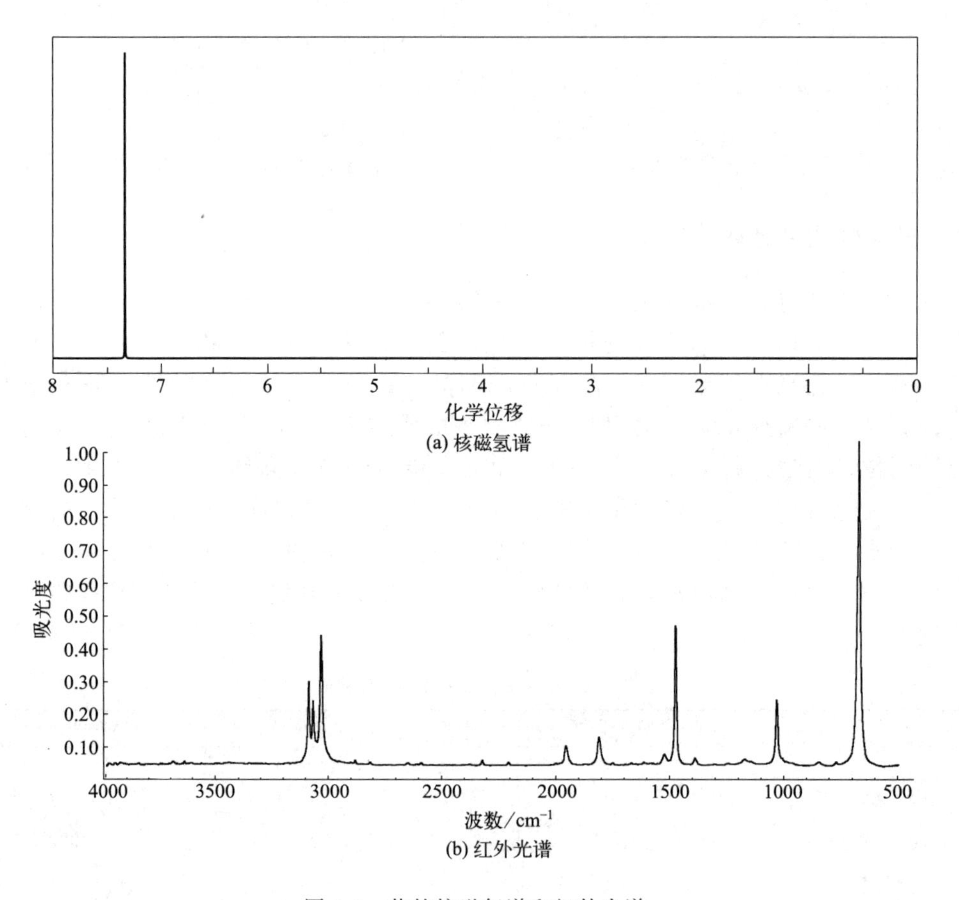

图 5-3　苯的核磁氢谱和红外光谱

5.1.4　苯环上亲电取代反应的定位规律

1. 定位效应和定位基

当一个基团取代苯后苯再发生亲电取代化学反应时，现有的基团会影响新进入基团在苯环中的位置和难易情况。这种效果被称为取代基的定位作用，也就是所谓的定位效应。通常我们把苯环上已存在的取代基称为定位基。

经过对大量实验数据的分析，我们可以根据苯环上已存在的基团，并考虑到亲电取代反应时的定位效果，将现有的取代基划分为三个类别。具体各种基团的分类情况请参见表 5-2。

表 5-2　定位基的分类

定位	邻、对位定位基					间位定位基	
强度	最强	强	中	弱	弱	强	最强
取代基	$—O^-$	$—NR_2$ —NHR $—NH_2$ —OH —OR	—OCOR —NHCOR	—NHCHO $—C_6H_5$ $—CH_3$ $—CR_3$	—F —Cl、—Br、—I $—CH_2Cl$ $—CH{=}CHCO_2H$ $—CH{=}CHNO_2$	—COR —CHO $—CO_2R$ $—CONH_2$ $—CO_2H$ $—SO_3H$ —CN、$—NO_2$ $—CF_3$、$—CCl_3$	$—N^+R_3$
基团的电子效应	具有给电子诱导效应和给电子共轭效应	$—CH_3$ 给电子超共轭效应，$—CR_3$ 只有给电子诱导效应，其余基团的吸电子诱导效应小于给电子共轭效应			各基团的吸电子诱导效应大于给电子共轭效应	$—CF_3$、$—CCl_3$ 只有吸电子诱导效应，其余基团具有吸电子诱导效应和吸电子共轭效应	只有吸电子诱导效应
性质	活化基				钝化基		

第一类定位基——激活苯环的邻、对位的定位基：它们可以使得原本惰性的苯环变得活泼起来，从而促进其被电子攻击的位置发生变化并倾向选择它们的邻、对位位置作为主要的入侵点。这种效应可细分成四个级别，即最强致活作用、强烈致活作用、中等致活作用和弱致活作用，具体如表 5-2 所示。例如：$—N(CH_3)_2$、$—NH_2$、—OH、$—NHCOCH_3$、$—OCH_3$、$—OCOCH_3$、—R 和—Ar 等。

第二类定位基——钝化苯环的间位定位基：它们可以使得原本活泼且易于被电子攻击的苯环变得相对稳定一些，这会减慢苯环上发生的化学键断裂和形成速度，同时也会让新的取代基更多地出现在间位而非邻、对位。常见的间位定位基及其反应活性（致钝）顺序如下：$—N^+(CH_3)_3$＞$—NO_2$＞—CN＞$—SO_3H$＞—CHO＞—COR＞—COOH（—COOR）＞$—CF_3$＞$—CCl_3$＞$—CONH_2$。

第三类定位基——钝化苯环的邻、对位定位基：它们使苯环稍微钝化，并且新加入的基团首先进入其邻位和对位。这些定位基一般由卤素以及某些较弱的吸电子基组成，它们的定位能力顺序为：—I＞—Br＞—Cl＞—F。

芳烃亲电取代化学反应的速率从高到低依次为：第一类定位基＞第三类定位基＞第二类定位基。

2. 苯环上亲电取代反应定位规律的解释

(1) 电子效应

电子效应如诱导效应、共轭效应和超共轭效应等对取代基的定位效应有影响。分析一元取代苯进行亲电取代反应产生的过渡态的稳定性，其中 Z 表示定位基：

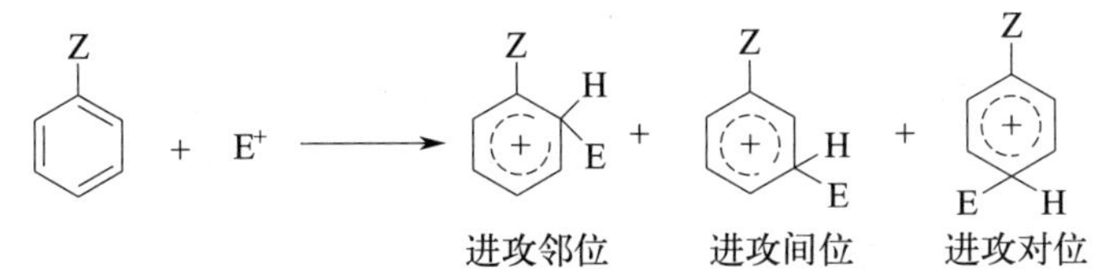

在亲电试剂（E^+）对苯的邻位、间位和对位进行进攻时，反应产生的中间体碳正离子稳定性各不相同。因此，每个位置被替换的难度也会有所差异，并且邻位、间位和对位取代

产物的比例也会有所区别。

① 第一类定位基的定位规律

对于甲苯来说，其甲基部分拥有轻微的给电子特性，能够提升苯环上电子云的密集程度，从而使得亲电试剂（E^+）更易于攻击苯环的同时，也令碳正离子中的电荷得以均匀分布并保持稳定，由此导致了亲电反应性的提高，因此，甲基被视为激活基团。当亲电试剂（E^+）与甲基发生接触时，会形成三类不同的碳正离子，这些离子的构造可以通过极限结构式来解析。

在攻击邻位时，会产生碳正离子（Ⅰ），它是三种极限结构（Ⅰa）、（Ⅰb）和（Ⅰc）的共振杂化体。

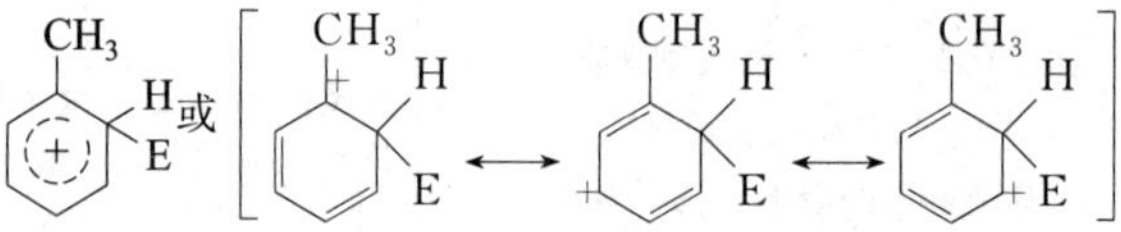

（Ⅰ） 或 （Ⅰa） （Ⅰb） （Ⅰc）

在攻击间位时，会产生碳正离子（Ⅱ），它是三种极限结构（Ⅱa）、（Ⅱb）和（Ⅱc）的共振杂化体。

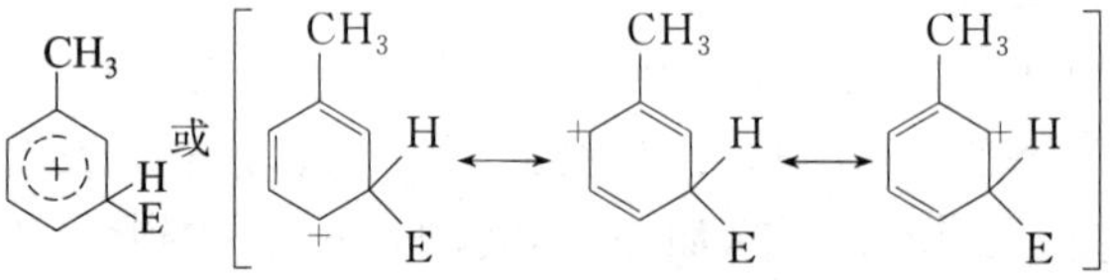

（Ⅱ） 或 （Ⅱa） （Ⅱb） （Ⅱc）

在攻击对位时，会产生碳正离子（Ⅲ），它是三种极限结构（Ⅲa）、（Ⅲb）和（Ⅲc）的共振杂化体。

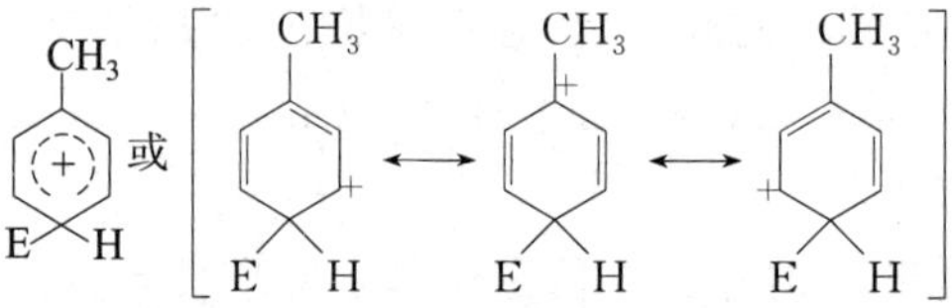

（Ⅲ） 或 （Ⅲa） （Ⅲb） （Ⅲc）

亲电试剂（E^+）从甲基的邻位和对位进攻苯环时，生成的碳正离子中间体的三种极限结构中，（Ⅰa）和（Ⅲb）都特别稳定，都有一个叔碳正离子，正电荷位于与甲基相连的碳原子上，甲基的给电子效应可使正电荷分散，因此该极限结构能量相对较低，稳定性较高，它们对共振杂化体贡献较大，使邻位和对位产物容易生成。而亲电试剂（E^+）从甲基的间位进攻苯环时，生成的碳正离子中间体的三种极限结构中，都是仲碳正离子，正电荷都不位于与甲基相连的碳原子上，所以难以生成间位产物。

② 第二类定位基的定位规律

对于硝基苯来说，硝基具有吸引电子的能力，这一特性使得它能够削弱并减少整个分子中所含有的电子数量，同时还导致碳正离子中的电荷比较集中而非分散开来，难以保持稳定状态，所以亲电反应活性较小。当亲电试剂（E^+）与硝基发生接触时，会形成三类不同的碳正离子，这些离子的构造可以通过极限结构式来解析。

在进攻邻位时，会产生碳正离子（Ⅰ），它是三种极限结构（Ⅰa）、（Ⅰb）和（Ⅰc）的共振杂化体。

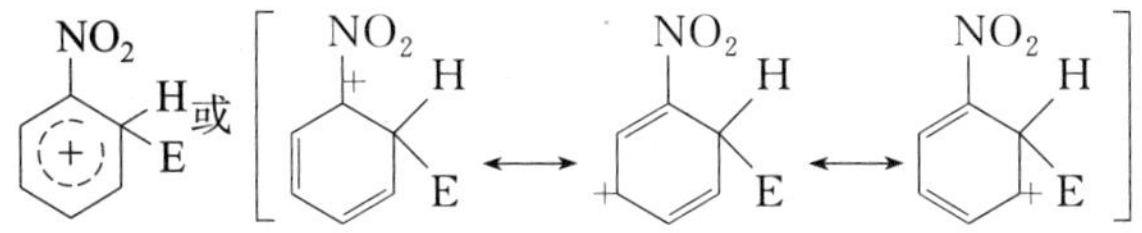

（Ⅰ）（Ⅰa）（Ⅰb）（Ⅰc）

在进攻间位时，会产生碳正离子（Ⅱ），它是三种极限结构（Ⅱa)、(Ⅱb）和（Ⅱc）的共振杂化体。

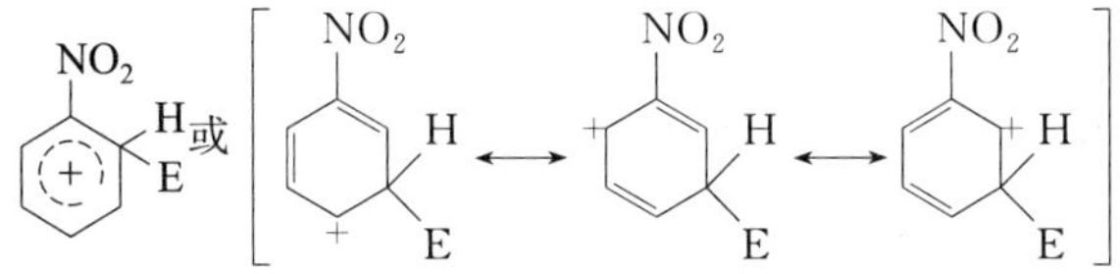

（Ⅱ）（Ⅱa）（Ⅱb）（Ⅱc）

在进攻对位时，会产生碳正离子（Ⅲ），它是三种极限结构（Ⅲa)、(Ⅲb）和（Ⅲc）的共振杂化体。

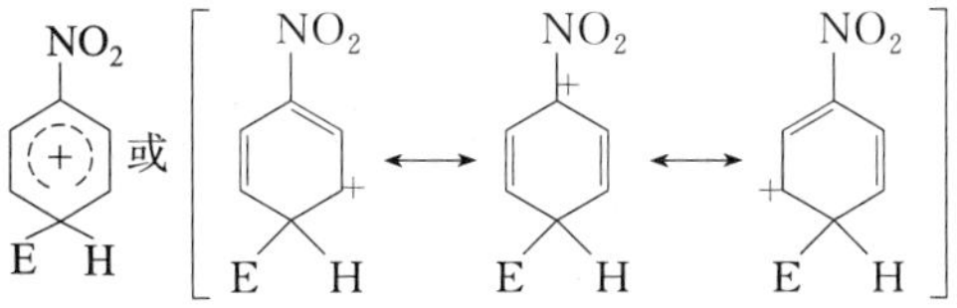

（Ⅲ）（Ⅲa）（Ⅲb）（Ⅲc）

亲电试剂（E^+）从硝基的邻位和对位进攻苯环时，生成的碳正离子中间体的三种极限结构中，(Ⅰa）和（Ⅲb）都特别不稳定，主要原因在于正电荷位于与硝基相连的碳原子上，硝基的强吸电子效应可使正电荷更加集中，因此该极限结构能量相对较高，稳定性较低，它们对共振杂化体贡献较小，使邻位和对位产物不易生成。而亲电试剂（E^+）从硝基的间位进攻苯环时，生成的碳正离子中间体的三种极限结构中，正电荷都不位于与硝基相连的碳原子上，所以容易生成间位产物。

③ 第三类定位基的定位规律

对于像氯苯这样的例子来说，一方面其包含的氯原子具有吸引电子的能力，可以使得苯环中的电子减少并减弱它的化学活性和敏感度，而另一方面，氯原子的未共用电子对可与苯环发生 p-π 共轭，使电子部分离域到苯环上。氯原子的吸电子诱导效应比给电子共轭效应大，总的结果是导致苯环上的电子云密度降低。当亲电试剂（E^+）与氯原子发生接触时，会形成三类不同的碳正离子，这些离子的构造可以通过极限结构式来解析。

在进攻邻位时，会产生碳正离子（Ⅰ），它是四种极限结构（Ⅰa)、(Ⅰb)、(Ⅰc）和（Ⅰd）的共振杂化体。

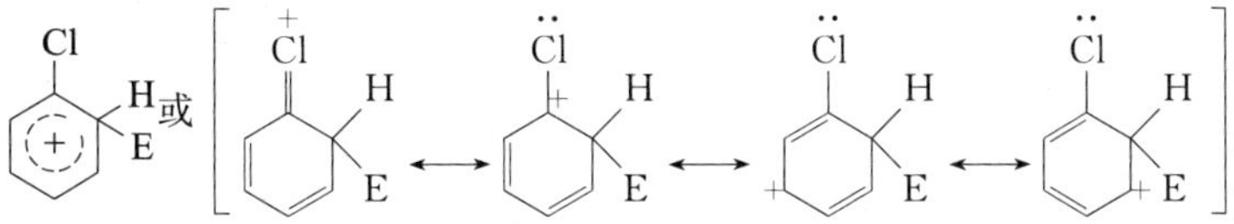

（Ⅰ）（Ⅰa）（Ⅰb）（Ⅰc）（Ⅰd）

在进攻间位时，会产生碳正离子（Ⅱ），它是三种极限结构（Ⅱa)、(Ⅱb）和（Ⅱc）的共振杂化体。

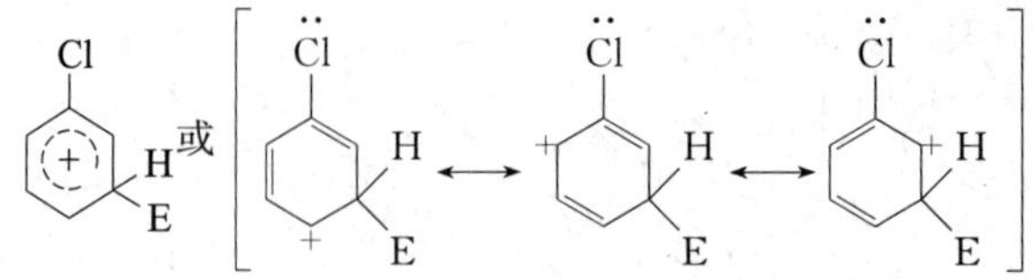

（Ⅱ）　（Ⅱa）　（Ⅱb）　（Ⅱc）

在进攻对位时，会产生碳正离子（Ⅲ），它是四种极限结构（Ⅲa）、（Ⅲb）、（Ⅲc）和（Ⅲd）的共振杂化体。

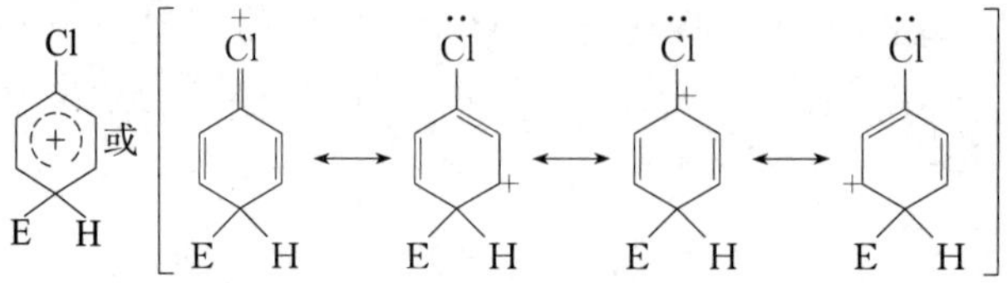

（Ⅲ）　（Ⅲa）　（Ⅲb）　（Ⅲc）　（Ⅲd）

亲电试剂（E^+）从氯原子的邻位和对位进攻苯环时，产生的四个可能的结果中，（Ⅰb）和（Ⅲc）是相当不稳定的，因为它们的正电荷被置于连接到氯原子的碳原子上。然而，由于存在氯原子，其通过给电子共轭效应可能产生氯鎓离子（Ⅰa）和（Ⅲa），氯鎓离子中的每个原子最外层都有八个电子，更加稳定。此外，对于攻击邻位和对位的两种情况，产生了四种可能的结果，而攻击间位的情况只有三个可能的结果。依据参与杂化的极限结构愈多愈稳定的规则，进攻邻位和对位时生成的极限结构能量相对较低，稳定性较高，它们对共振杂化体做出了较大的贡献，所以，更容易形成邻位和对位产物，而不是间位产物。

(2) 空间效应

大量实验事实表明，新引入基团进攻苯环的位置，与苯环的已有基团和新引入基团的性质都存在关系。

一旦苯环上的第一类定位基被设定后，新添加基团将会攻击它的邻位及对位的位置，而且这种情况下，随着已存在基团空间影响力的增强，邻位产物的比例会逐渐降低。然而，如果苯环上的初始基团保持相同的影响力，那么与之相比，邻位产物的比例将随新引入基团空间效应的增大而减少。若两者均具有较大的影响力，那么邻位产物的生成量便会进一步缩水。换言之，空间效应越强，产生的邻位产物的数量就越低。

3. 二取代苯的定位规律

在苯环上存在两个取代基的情况下，第三个取代基加入苯环的情况将由已有的两个取代基所确定。通常可以分为两种类型：

① 已经存在的两个取代基与新加入的第三个取代基的定位方向相同。

举例来说，以下化合物会进行亲电取代反应，其中的取代基主要位于箭头所标示的地方。

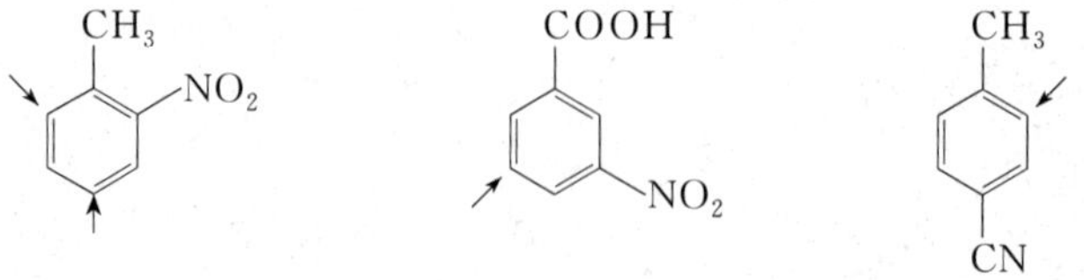

CH_3 / NO_2　　COOH / NO_2　　CH_3 / CN

② 对于苯环中已有的两个取代基，其定位方向与新引入的第三个取代基存在差异，需要将其分为两种情况进行考虑。

a. 若已有两个取代基团同属一类定位基，那么新加入的取代基团位置的选择通常取决于定位效果更强的那个。然而，当这两个取代基团的定位效能差异并不明显的时候，就会产生两种取代产物共同存在的结果。比如，以下这些化合物会经历亲电取代过程，而新的基团往往会进入箭头所标示的地方。

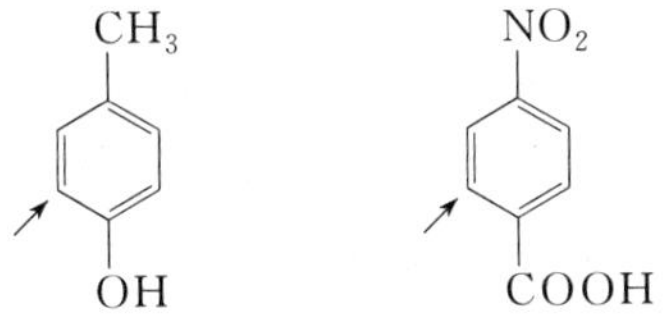

CH_3 OH NO_2 COOH

b. 现有的两个取代基团是不同种类的定位基，而第三个取代基引入的位置主要取决于第一种类型的定位基。比如，以下化合物会发生亲电取代反应，取代基主要会进入箭头标记的地方，但是产物主要会在第二种类型定位基的邻位，这种情况被称为邻位效应。

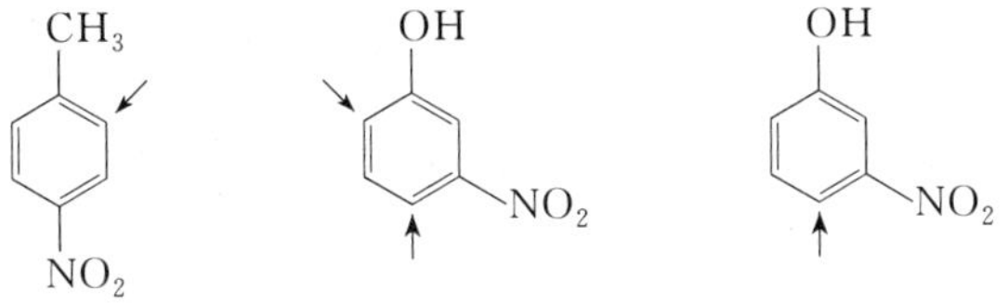

CH_3 NO_2 OH NO_2 OH NO_2

5.2 苯环的化学性质

5.2.1 亲电取代反应

因苯环上下的 π 电子云被显露出来，并且因为 π 键是通过 p 轨道的侧向叠加形成的，相较于 σ 键的 sp^2 轨道轴对称的叠加方式来说效果并不理想，所以它更易受到亲电试剂的影响并引发亲电取代反应。苯及其同系物的所有取代反应都是亲电取代过程，其中包括苯环上的卤化、硝化、磺化、烷基化和酰基化等等。这类反应通常可以划分为两个步骤，也就是亲电试剂对苯环的亲电加成以及单个分子的（E1）消除。

初始阶段是通过亲电加成来实现的。首先，试剂本身发生解离，或者是在催化剂的作用下解离出亲电的正离子 E^+；与烯烃的亲电加成反应一样，由于苯环上具有较高的电子密度，苯环上的 π 电子优先攻击亲电的正离子 E^+，E^+ 与苯环上的两个 p 电子结合形成一种暂时的、未稳定的碳正离子中间体（σ 络合物）：

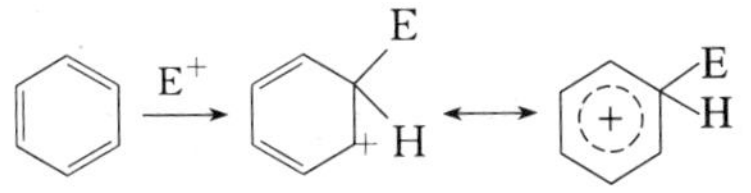

E^+ E H E H

σ 络合物

四个电子共用五个 p 轨道，这一步需要较高的能量并且是决定整个反应速率的过程。与苯环相比，该结构是不稳定的，但是双键上的 π 电子云可以通过电子离域的方式使之变得相对稳定：

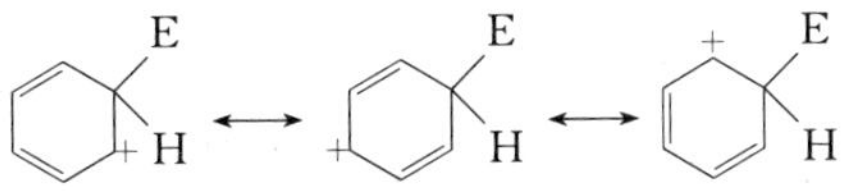

E H E H E H

碳正离子在苯环上的存在是一个活跃的中间体，它的生成需要经历一个高势能的过渡阶段，这在热力学上是不利的。

第二步，E1 消除，失去质子。sp^3 杂化的原子在碳正离子中间体中能够通过去除质子来重塑苯环的结构，从而实现对苯的取代。此过程是放热的，因此在热力学上是有利的。

第二步失去质子的过程比第一步快得多，不影响反应速率，且该过程是个放热的过程，有利于反应的进行。这两步的反应历程适用于常见的大多数亲电取代反应。

1. 卤化反应：芳环上的氢被卤素取代的反应

苯在一般条件下不与氯、溴发生取代反应，而在 Lewis 酸（如三氯化铁、三溴化铁等）的作用下能与氯或溴在苯环上发生亲电取代反应，同时生成卤化氢。例如：

$$C_6H_6 + Br_2 \xrightarrow{FeBr_3} C_6H_5Br + HBr$$

在苯的卤化过程中，催化剂如铁盐（例如三溴化铁）与卤素（比如氯气）结合形成一种亲电试剂 Cl^+。这个亲电试剂会和苯环进行反应，产生碳正离子中间体，然后从这些碳正离子中心体上脱去一个质子，最终产出氯苯。

$$Cl_2 + FeCl_3 \longrightarrow Cl^+ + FeCl_4^-$$

$$C_6H_6 + Cl^+ \longrightarrow [C_6H_6Cl]^+ \xrightarrow{FeCl_4^-} C_6H_5Cl + H^+$$

2. 硝化反应：芳环上的氢被硝基取代的反应

通过使用混合浓度高的硝酸和硫酸来引发化学过程即所谓的“硝化”，可以使苯环上的氢原子被硝基取代生成硝基苯。其反应过程中生成的产物是一种黏稠物质，叫作硝基苯，它是一种浅黄色的液态油状化合物，它的密度大于水，并且闻起来有苦杏仁的味道，会对人体造成伤害甚至致命。因为其能够破坏人类血液中的血红素从而导致贫血等疾病的发生。

$$C_6H_6 + HNO_3 \xrightarrow[55\sim60^\circ C]{H_2SO_4} C_6H_5NO_2 + H_2O$$

要正确理解硝化反应机理，首先要明确硝基正离子的生成过程，也就是找出亲电试剂。

① 在浓硫酸的影响下，硝酸首先会被质子化，随后水分流失导致产生正离子：

$$HONO_2 + H_2SO_4 \rightleftharpoons HSO_4^- + H_2\overset{+}{O}NO_2$$

$$H_2\overset{+}{O}NO_2 \rightleftharpoons H_2O + \overset{+}{N}O_2$$

② 硝基正离子与苯反应。苯环上的 π 电子进攻硝基正离子，生成碳正离子中间体。亲电试剂 $NO_2{}^+$ 与苯环上的一个碳相连形成 σ 络合物，该碳原子由原来的 sp^2 杂化转变成 sp^3 杂化，形成环状的碳正离子中间体，最后，碳正离子中间体失去一个质子，苯环的结构恢复。脱掉的质子与硫酸氢根负离子结合形成硫酸，硫酸的物质的量在反应前后不发生变化，在体系中起催化剂的作用。

$$C_6H_6 + O{=}\overset{+}{N}{=}O \longrightarrow [C_6H_6NO_2]^+ \xrightarrow{^-OSO_3H} C_6H_5NO_2 + H_2SO_4$$

硝化反应的进行受到反应条件（如温度和酸浓度）的显著影响。若是增加混合酸的浓度或提升反应的温度，硝基苯就能持续进行硝化过程并生成间二硝基苯。间二硝基苯的晶体难以溶解在水中。

$$\text{NO}_2 \quad + HNO_3 \xrightarrow[100℃]{H_2SO_4} \text{NO}_2,\ \text{NO}_2 \quad + H_2O$$

由于硝基是常见的强吸电子基团，可以降低苯环上的电子云密度，所以硝基苯继续发生硝化反应比苯环发生硝化反应要困难得多。即便是在使用浓度较高的硫酸并处于高温环境中时，合成出具有三个硝基结构的产品——2,4,6-三硝基甲苯，也就是我们常说的 TNT（一种常见的爆炸物原料），也是相当不易的事情。人们会采用逐步的方式去完成这个化学步骤：先从简单的单个硝化的过程中开始着手制造 TMTP，然后逐渐增加到双、多硝化等后续操作以获得最终产品，而每硝化一步，反应条件就更加严苛。

芳香族化合物的硝化反应在药物合成领域也具有重要意义。例如，硝基苯甲醛是强心急救药阿拉明的关键成分，它通过硝化反应被合成出来。

$$\text{CHO} \quad + HNO_3 \xrightarrow[0℃]{H_2SO_4} \text{CHO},\ \text{NO}_2\ (88\%) \quad + \quad \text{CHO},\ \text{NO}_2\ (10\%)$$

3. 磺化反应：芳环上的氢被磺酸基取代的反应

磺化反应是指有机化合物分子内的氢原子被磺酰基或磺酸基（—SO_3H）所替换。苯及其衍生物在这个过程中会发生磺化反应，形成苯磺酸或者其衍生物。

$$+ HO—SO_3H \xrightleftharpoons{80℃} \text{SO}_3\text{H} \quad + H_2O$$

在磺化反应过程中，SO_3 分子可以被视为亲电试剂。尽管 SO_3 本身并不带有电荷，但是其硫原子的外层只拥有 6 个电子，这使得它成了一种缺电子的酸。因此，它能够与苯进行反应。反应机理通常表示为：

$$+ \ O{=}\overset{+}{S}(=O){-}O^- \rightleftharpoons (+)\ \text{H}\ SO_3^- \rightleftharpoons SO_3^- \xrightleftharpoons{H_2SO_4} SO_3H$$

从反应机理可以看出，磺化反应是常见的可逆反应。所生成的苯磺酸在加热条件下与盐酸或稀硫酸反应，失去磺酸基生成苯。在这个过程中通常需要足量的苯来参与其中并且持续不断地通过挥发出含有苯-水二元共沸物的方式促进该反应进程向前发展。与此同时，由于产生了水分会导致硫酸浓度降低，从而减缓磺化速率并且加速分解成其他产物。因此经常采用发烟硫酸作为主要原料以便于抑制这种副反应。当存在活性基团的时候容易引发逆反应；当存在钝化基团的时候则不容易引发逆反应。

在有机化学领域，磺化反应通常是用来保持某个特定环上的位置不受其他基团的影响，或者用于分步提取和净化化合物。常常使用磺酸基作为占据基团和定位基团，然后在反应结束之后，以盐酸或稀硫酸的方式将其除去，从而获得所需的产品。比如，当要利用甲苯制造出邻氯甲苯的时候，会采用磺化反应来保住其对位的基团，而在反应完成后，则会借助高温的水解过程把磺酸基消除：

$$\text{甲苯} \xrightarrow{H_2SO_4} \text{对甲苯磺酸} \xrightarrow{Cl_2/Fe} \text{2-氯-4-甲基苯磺酸} \xrightarrow[150℃]{H_3O^+} \text{邻氯甲苯}$$

4. 傅氏反应（Friedel-Crafts reaction）

傅氏反应是在芳环上加入烷基和酰基，以制造出烷基苯和芳酮的化学反应。

（1）Friedel-Crafts 烷基化反应

Friedel-Crafts 烷基化是指在无水三氯化铝或三氯化铁等 Lewis 酸的影响下，芳烃和卤代烃的苯环上中氢原子被烷基取代而形成烷基苯的反应过程。

$$\text{PhH} + RX \xrightarrow{AlCl_3} \text{PhR} + HX$$

通常情况下，无水的 $AlCl_3$ 是最有效的常见反应催化剂之一，同时也可以选择 $FeCl_3$、BF_3、HF、$SnCl_4$、$ZnCl_2$、H_3PO_4、H_2SO_4 等来充当这个角色。卤代烃、烯烃、醇和环氧乙烷是常用的烷基化试剂，在恰当的催化剂下都能产生烷基碳正离子。

Friedel-Crafts 烷基化反应的机理：首先在催化剂的作用下，产生的烷基碳正离子受到苯环的攻击，形成新的碳正离子并且失去一个质子，生成烷基苯。

$$\text{PhH} + R^+ \rightleftharpoons [\text{C}_6\text{H}_6\text{R}]^+ \rightleftharpoons \text{PhR} + H^+$$

卤代烷产生碳正离子的过程如下：催化剂 $AlCl_3$ 会与卤代烷生成配合物，接着，卤原子和烷基中间的 σ 键断裂，最后产生 R^+ 及 $AlCl_4^-$：

$$R—\ddot{Cl} + AlCl_3 \longrightarrow R\text{---}Cl\text{---}AlCl \longrightarrow R^+ + AlCl_4^-$$

然而，Friedel-Crafts 烷基化反应通常会伴随着副反应。

由于 Friedel-Crafts 烷基化反应的中间体是碳正离子，如果引入的烷基含有三个及更多的碳原子，那么这些烷基就会进行异构化。在这种情况下，通常会发生重排，从而产生更稳定的碳正离子，比如：

$$\text{PhH} + CH_3CH_2CH_2Cl \xrightarrow[0℃]{AlCl_3} \text{PhCH}_2\text{CH}_2\text{CH}_3\ (30\%) + \text{PhCH(CH}_3)_2\ (70\%)$$

烷基化反应的过程往往不会仅限于单一阶段，在这个过程中经常会产生多烷基苯。由于碳正离子的重新排列导致了混合物的形成，因此，直接通过 Friedel-Crafts 烷基化反应获得直链烷基化试剂是非常困难的。

$$CH_3CH_2CH_2Cl \xrightarrow[0℃]{AlCl_3} CH_3CH(H)CH_2^+ \longrightarrow CH_3\overset{+}{C}HCH_2\text{—}H$$

因为生成的烷基苯比苯更具活性，所以更有可能进行多元取代反应，产生二烷基苯和多烷基苯。因此，通常需要添加大量的芳烃并进行温度调整来控制这个过程。此外，卤代烃参与反应的活性为 RF＞RCl＞RBr＞RI。

（2）Friedel-Crafts 酰基化反应

Friedel-Crafts 酰基化反应是指芳烃与酰卤、酸酐等发生的类似于 Friedel-Crafts 烷基化反应的亲电取代反应。

$$C_6H_6 + H_3C-\overset{O}{\overset{\|}{C}}-Cl \xrightarrow{AlCl_3} C_6H_5-C(=O)CH_3 + HCl$$

在 Friedel-Crafts 酰基化反应中，酰基不会产生异构化或产生多元取代物，因此得到的产品质量较高且数量众多。而对苯环进行亲电攻击的试剂是酰基正离子：

$$RCOCl + AlCl_3 \longrightarrow R-\overset{O}{\overset{\|}{C}}{}^{+} + AlCl_4^-$$

$$C_6H_6 + R-\overset{O}{\overset{\|}{C}}{}^{+} \longrightarrow [C_6H_6(H)(COR)]^{+} \xrightarrow{-H^+} C_6H_5-\overset{O}{\overset{\|}{C}}-R$$

酰基是一个常见的吸电子基团，当一个酰基取代苯环上的氢后，苯环上的电子云密度降低，反应活性降低；催化剂 $AlCl_3$ 和产物中的酮羰基的强配位作用使得苯环更加缺电子；另外，由于产生的酰基正离子的反应活性较低，因此选择恰当的反应条件，反应就可以停止在这一步，继而不会产生多元取代物的混合物。此外，酰化试剂的反应活性为 RCOX＞$(RCO)_2O$＞RCOOH。

如果苯环上出现硝基、氰基或磺酸基等钝化基团，Friedel-Crafts 的烷基化和酰基化反应就无法进行。因此，选用硝基苯作为 Friedel-Crafts 反应的溶剂比较恰当。

5. Blanc 氯甲基化反应与 Gattermann-Koch 反应

（1）Blanc 氯甲基化反应

在无水氯化锌的影响下，苯与甲醛和氯化氢发生化学反应得到氯甲基芳烃的反应，称为 Blanc 反应。此反应在 1898 年首先由 Grassi-Cristaldi 和 Maselli 报道，Blanc 在 1923 年对此反应进行了扩展，因此也称之为 Blanc 氯甲基化反应。

$$C_6H_6 + HCHO + HCl \xrightarrow{ZnCl_2} C_6H_5CH_2OH \xrightarrow{HCl} C_6H_5CH_2Cl$$

首先，甲醛与氯化氢作用，O 原子被质子化，进一步形成碳正离子，形成的极限式如下：

$$H_2C=\ddot{O} \xrightarrow{H^+} H_2C=\overset{+}{O}H \longrightarrow H_2\overset{+}{C}-OH$$

碳正离子作为中间体与苯进行亲电取代反应，形成苯甲醇；然后它与系统内的氯化氢发生反应，脱去一分子水，迅速转变为氯化苄：

$$C_6H_6 + H_2\overset{+}{C}-OH \longrightarrow [C_6H_6(CH_2OH)]^{+} \longrightarrow C_6H_5CH_2OH \xrightarrow{HCl} C_6H_5CH_2Cl$$

所获得的氯化苄上的氯十分活泼，可以用于合成多种化合物。

（2）Gattermann-Koch 反应

通过使用 Lewis 酸作为催化剂并在高压环境下，一氧化碳能与氯化氢发生化学反应，形成具有亲电性的中间体 $[HC^+{=}O]AlCl_4^-$。这个产物的碳正离子会进一步与苯分子结合，从而产生苯甲醛，也就是在苯环上添加了一个甲酰基。这种反应被称为 Gattermann-Koch 反应。通常情况下，实验室里采用氯化亚铜替代工厂生产的压力条件以实现这一反应。

$$C_6H_6 + CO + HCl \xrightarrow[\triangle]{AlCl_3, CuCl} C_6H_5CHO$$

5.2.2 苯环的其他化学反应

1. 加成反应

由于其稳定的环状结构，芳香化合物通常难以发生加成反应。然而，仅当存在特定的环境时，它们才会展现出一定的未饱和特性并参与此类反应。如苯环上的氢或卤素的添加是基于自由基形态的加成过程。以苯为例，它无法在常温状态下与卤素、硫酸等物质发生加成反应。若处于特殊的条件下，苯可以与氯气结合形成六氯环己烷。

$$C_6H_6 \xrightarrow[h\nu]{Cl_2} C_6H_6Cl_6$$

2. 氧化反应

烯烃和炔烃在常温下能被高锰酸钾迅速氧化，然而苯即使在高温环境中也难以被强氧化剂如高锰酸钾、铬酸氧化物氧化。唯有在五氧化二钒催化作用下，苯才能在高温条件下被氧化为顺丁烯二酸酐。

$$C_6H_6 + O_2 \xrightarrow[\triangle]{V_2O_5} \text{顺丁烯二酸酐}$$

利用 $RuCl_3$ 和 $NaIO_4$ 氧化体系，可以将烷基取代的苯环氧化成脂肪酸。

$$C_6H_{11}\text{-}C_6H_5 \xrightarrow[CH_3CN, CCl_4, 24h]{RuCl_3, NaIO_4} C_6H_{11}\text{-}COOH$$

3. 还原反应

苯的芳香特性使得其难以被常规的还原剂进行还原，相比之下，苯环的加成反应更为困难，通常需要在催化剂的作用下进行，并且还需要较高的温度和压力。常见的方法有催化加氢法。

$$C_6H_6 + 3H_2 \xrightarrow[\text{加热,加压}]{Ni} C_6H_{12}$$

另外，在 Birch 还原过程中，钠、钾、锂等碱金属能够在液氨和醇的混合溶液中与芳烃发生化学反应。这种化学反应会使苯环转化为非共轭的 1,4-环己二烯。

$$C_6H_6 \xrightarrow[CH_3CH_2OH]{Na, NH_3(l)} \text{1,4-环己二烯}$$

5.3 与生物质相关的芳香类物质

除了本章前面章节提到的芳香类物质，神秘的自然界中还存在许多其他类型和种类的芳香类物质，下面简单介绍几种天然产物中的芳香物质。

5.3.1 木质素

作为全球第二大的天然生物质资源，木质素与半纤维素、纤维素一同构成了木质纤维素，并且存在于众多植株当中。木质素是一个很复杂的有机高分子（图 5-4），广泛分布在各类维管植株中，对于植株形成次生细胞壁起着关键作用。木质素与纤维素和半纤维素相连，不仅能够为植物细胞发挥屏障作用，还可以维持细胞壁的结构完整性。木质素作为可再生、可降解、生物相容性好并且无毒的天然高分子材料，含有丰富的醇羟基、酚羟基和甲氧基等功能性基团，其在生产高分子材料、添加剂、平台化学品和液体燃料等领域具有良好的应用前景。

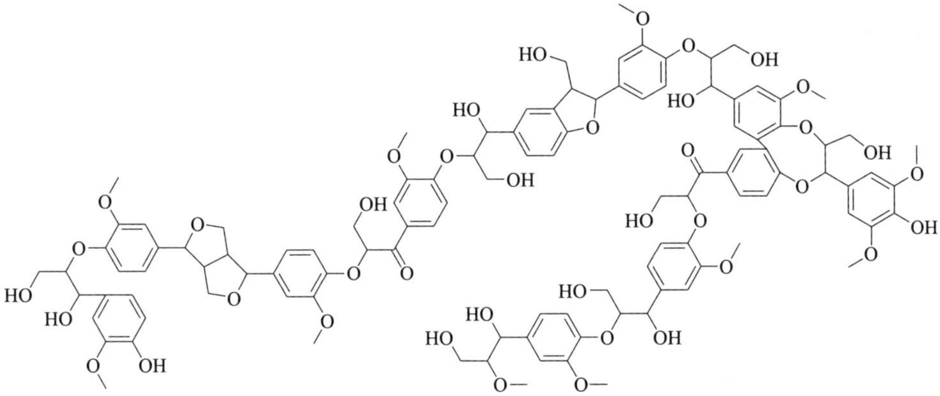

图 5-4　木质素结构片段

目前的研究普遍认为木质素由香豆醇（*p*-coumaryl alcohol）、松柏醇（coniferyl alcohol）和芥子醇（sinapyl alcohol）（图 5-5）三种前驱体醇类通过酶的脱氢聚合和自由基偶合或加成后形成。这些重复结构单元通过碳碳键和醚键连接在一起，形成天然高分子聚合物。其中，三种木质素单体对应的结构单元分别为对羟苯基（H）、愈创木基（G）和紫丁香基（S），因此被称为 H 型、G 型或者 S 型的木质素。

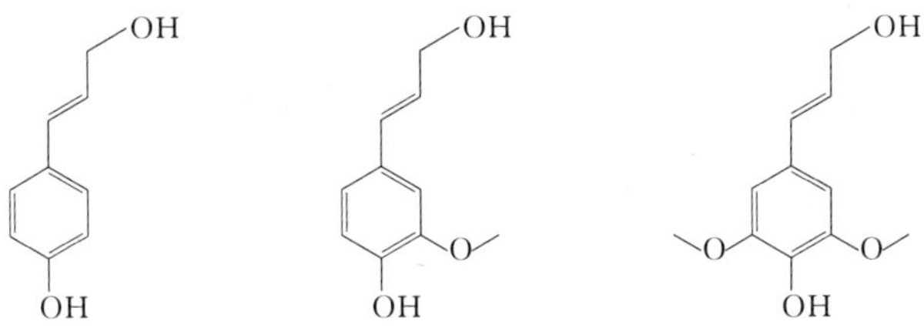

图 5-5　三种木质素单体（从左至右为对香豆醇、松柏醇和芥子醇）

目前市场上根据处理方法的不同将得到的木质素分为碱木质素和木质素磺酸盐。碱法分离木质素主要是利用碱性溶液在高温高压的情况下对生物质进行处理。最常用的碱性试剂有

NaOH、KOH 等，向处理后的黑液中加入酸或有机溶剂，改变黑液 pH 值后使木质素沉淀，沉淀后干燥即得到碱木质素。木质素磺酸盐作为制浆工艺中产生的副产品，主要源于造纸工业中的亚硫酸盐制浆废液。除此之外，由木质素得到的木质素衍生物也具有芳香性，可通过乙酰化、甲基化、卤化及硝化，分别得到乙酰木质素、甲基木质素、卤化木质素和硝化木质素等。

5.3.2 自然的树脂

松香，是一类由松树的黏性液态分泌物进行离心后获得的纯天然环氧树脂，在自然界中含量极高。它也被视为可再生资源。松香的世界年产量约为 110 万吨，我国是全球主要的松香生产国之一，每年大约有 30 万吨，最高时期可达 40.6 万吨。如何提升松香的深度加工和经济价值，已经成为我国松香行业面临的关键问题。

松香的主体是树脂酸，约占其总量的 85%～88.7%。树脂酸是一类分子式为 $C_{19}H_{29}COOH$ 的同分异构体的总称，通过对树脂酸的分析，现已经确定的树脂酸有 10 多种，例如枞酸、左旋海松酸、脱氢枞酸、新枞酸、长叶松酸、四氢枞酸、海松酸、异海松酸和二氢枞酸（图 5-6）。它们具有相同的三元环菲架结构和可被利用作为反应中心的一个羧基官能团，这些物质之间的区别仅取决于它们的共轭双键所处的位置。通过对共轭双键与羧基这两个树脂酸的化学反应活性基团的酯化、重排、Diles-Alder、氢化和氧化等，可以引入各种原子或功能性基团，所以可以在一定程度上解决松香的易结晶、易被氧化和酸性较高等问题。松香因其结构特点，在防腐、防潮、绝缘、黏合和乳化等领域具有潜在应用。

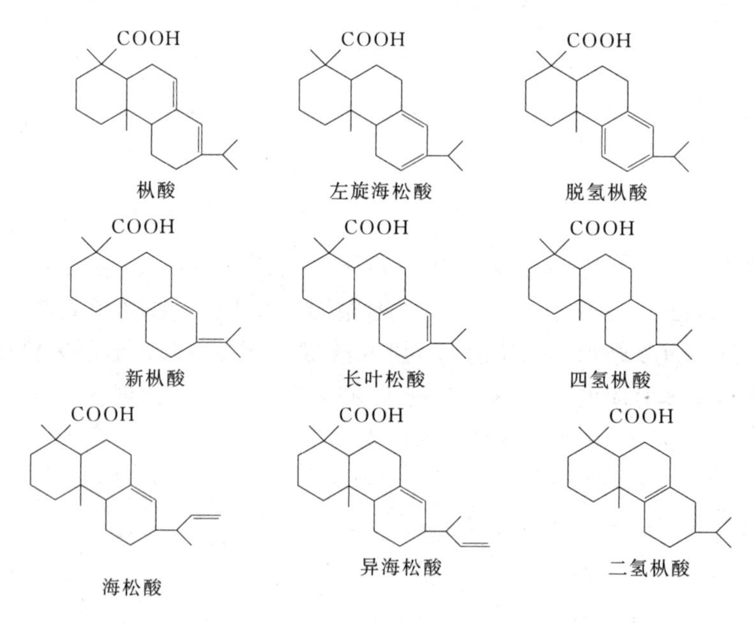

图 5-6 不同的树脂酸结构

课外拓展

室温磷光（RTP）是一种重要的光致发光现象，RTP 材料即是利用光储存能量的余辉材料。换句话说，一旦激发光源被移除，储存的能量会以光子的形式在物质中慢慢释放，从而引起几秒钟或几小时的持续发光。因其具有长余辉特性，室温磷光很容易和荧光区分开，具有较高的信噪比和较好的分辨率，与被广泛研究的从单线态基态直接辐射跃迁回基态的荧光现象相比，室温磷光具有毫秒以至于秒级的发光寿命、更大的斯托克斯位移和对环境更敏感的特性，这是传统磷光材料无法实现的。所以，在信息保密、高级防伪、生物成像、传感器、安全保护和光催化等领域具有应用潜力。

在最近几年，RTP材料由于其长寿命的发光特性、丰富的发光波长以及可调节的有机光电器件制备工艺等优势，吸引了大量研究人员的关注。有机金属配合物由于重原子效应的存在，其激发单重态可以高效系间窜越转化为三重态。然而有机金属配合物往往需要使用贵金属元素，因此，由于其环境友好性和良好的应用前景，相对廉价易得的无重金属有机化合物在室温磷光材料研究中成为关注的热点。特别是因为天然资源丰富、可持续、灵活且具有生物相容性，利用天然资源制备余辉RTP材料尤其受到追捧。由于木质素的芳香结构，木质素可以产生有趣的光物理和光化学性质。

东北林业大学的陈志俊教授带领的团队开发了一种氧化方法，将木质素转化为可持续的余辉RTP材料，而不需添加额外的合成基质。具体来说，木质素的G单位和S单位被氧化得到G酸和S酸（发色团），然后通过氢键被脂肪酸（作为基质，也是由于木质素被氧化）固定住。结果表明，氧化后的木质素表现出高效的余辉发射。在这一发现的推动下，团队建立了一条自动生产线，通过将位于木材细胞壁的天然木质素原位氧化，将木材（一种天然结构材料）转化为RTP木材。

有趣的是，有图案的RTP木材可以通过木材表面的选择性氧化来实现二维码呈现。在关闭UV光源后，可以清晰地观察到余辉RTP图像，并且可以使用智能手机识别二维码。作为实际演示，团队制作了一系列余辉家具模型。RTP木材制成的家具在光照射下表现出良好的荧光。此外，在关闭光源后，观察到良好的余辉RTP。考虑到可持续室内照明材料对建筑居住者身心健康的影响和重要性，余辉家具在房屋装饰方面具有巨大的潜力。

习　题

1. 写出下列化合物的结构式。

（1）3-对乙苯基戊烷　（2）(Z)-1-苯基-2-丁烯　（3）4-硝基-2-溴甲苯

（4）1,4-二乙基萘　（5）8-溴-1-萘甲酸　（6）1-乙基蒽

2. 命名下列各化合物。

（1） 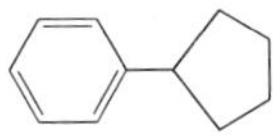　（2）—C≡CH　（3）—CH_2Br

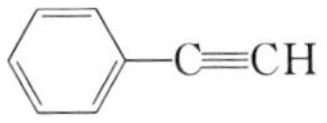

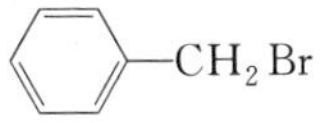

（4）Br　—F　Br　（5）HO—　—CH_2CH_3　（6）Cl

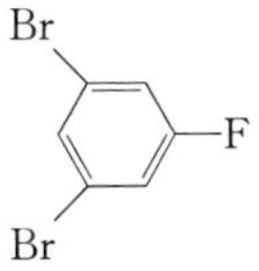

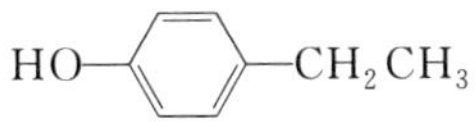

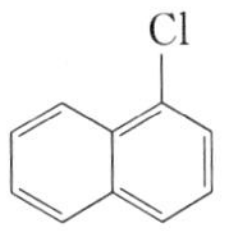

3. 完成下列各反应式。

(1) 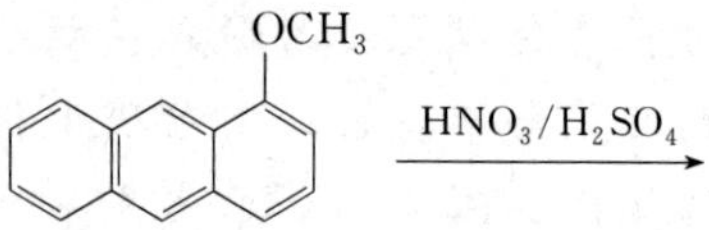 [1-甲氧基蒽] $\xrightarrow{HNO_3/H_2SO_4}$

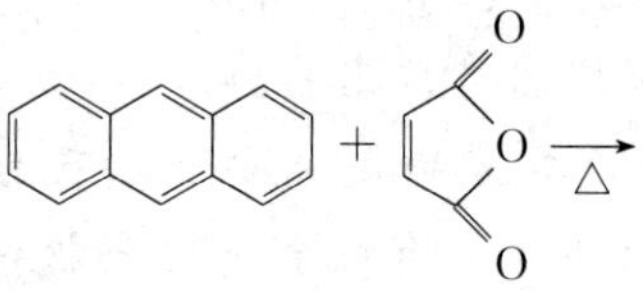

(2) [蒽] $\xrightarrow[160℃]{浓\ H_2SO_4}$

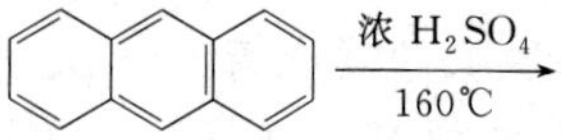

(3) [蒽] + [马来酸酐] $\xrightarrow{\triangle}$

(4) $(H_3C)_3C$—[苯环]—OCH_3 $\xrightarrow[CH_3CH_2OH]{Li, NH_3(l)}$

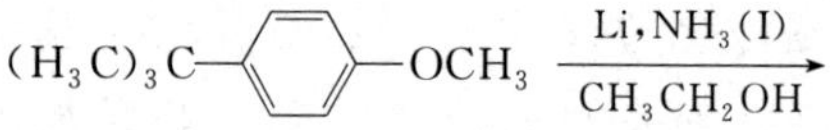

(5) 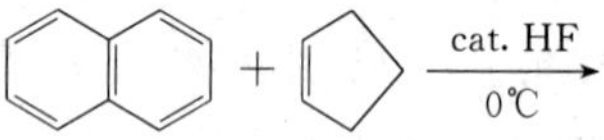 [萘] + [环戊烯] $\xrightarrow[0℃]{cat.\ HF}$

(6) 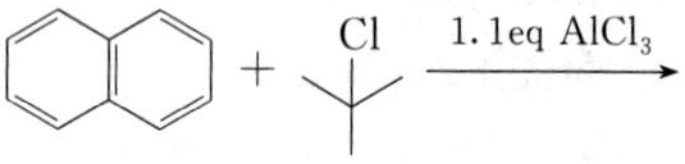 [萘] + [叔丁基氯] $\xrightarrow{1.1eq\ AlCl_3}$

(7) 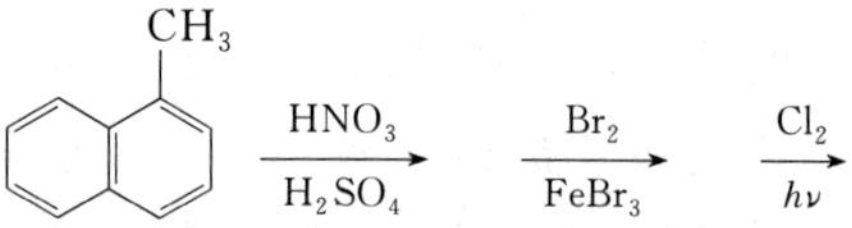 [1-甲基萘] $\xrightarrow[H_2SO_4]{HNO_3}$ $\xrightarrow[FeBr_3]{Br_2}$ $\xrightarrow[h\nu]{Cl_2}$

(8) 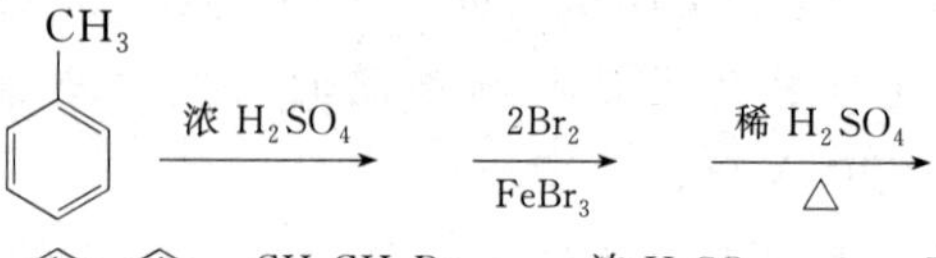 [甲苯] $\xrightarrow{浓\ H_2SO_4}$ $\xrightarrow[FeBr_3]{2Br_2}$ $\xrightarrow[\triangle]{稀\ H_2SO_4}$

(9) 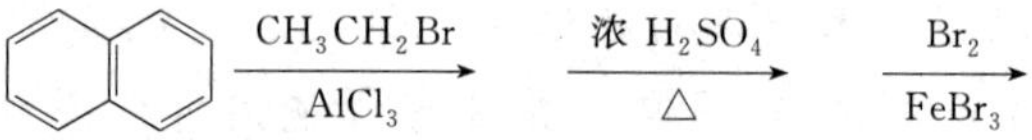 [萘] $\xrightarrow[AlCl_3]{CH_3CH_2Br}$ $\xrightarrow[\triangle]{浓\ H_2SO_4}$ $\xrightarrow[FeBr_3]{Br_2}$

4. 请简述苯多元硝化难度越来越大的原因。

5. 解释下列实验现象。

萘在硝化和卤化时，主要得到α位取代萘；而磺化时在80℃生成α-萘磺酸，在165℃时生成β-萘磺酸。

第6章 有机化合物波谱解析

思维导图

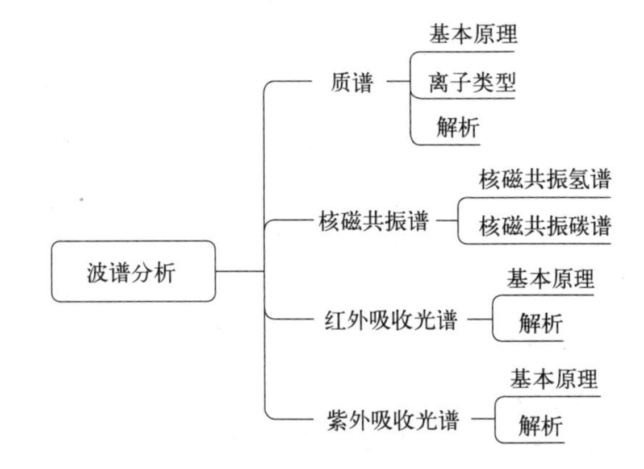

对有机化合物结构进行研究是深入了解其性质的关键环节，过去对这些化合物的理解主要是依赖传统的化学途径。随着社会的进步与科技的发展，量子理论、电子及光学技术和其他计算机技术的出现使得波谱及相关测量工具得到极大的提升。基于高效率、精确性和可复现性的特点，同时又具备少量的样本需求且大部分情况下不会造成损坏等优势，波谱成了一种重要的检测手段，以识别或探究分子结构的信息。其中最常用的是质谱（MS）、核磁共振谱（NMR）、红外吸收光谱（IR）、紫外吸收光谱（UV）。本章简要介绍质谱（MS）、核磁共振谱（NMR）、红外吸收光谱（IR）、紫外吸收光谱（UV）的基本原理，重点阐述各谱图解读的方法与其在实际检测中的情况。

6.1 吸收光谱的基本概念

电磁辐射，又叫作电磁波，是一类高速在空间中传递的光子流，它具备波粒二象性特点。其粒子的形态被称为光子，各个光子所拥有的能量（E_L）与其频率（ν）及波长（λ）之间存在相互关联。

$$\nu=\frac{c}{\lambda} \tag{6-1}$$

$$E_L=h\nu=\frac{hc}{\lambda} \tag{6-2}$$

在这两个方程式中，使用了物理学上的基本单元：h 是量子力学的基石——普朗克常数

(6.626×10^{-34}J·s)；c 则代表着电磁辐射在真空中的传播速率。根据公式(6-2)可以看出，当光子的波长增加时，它的能量就会降低，而这种能量的变化可以通过以电子伏特（eV）或焦耳（J）作为计量的形式来体现出来，$1\text{eV}=1.602\times10^{-19}\text{J}$。

依据光能的高低，电磁辐射被分为 γ 射线区、远紫外区、紫外区、可见光区、近红外区、红外区、远红外光区、微波区和射频区。

原子核（质子、中子）和电子构成了分子，它们都在持续运动并且在特定的运动状态下拥有一定的能量。当辐射电场与物质分子产生相互作用时，可以使得分子吸收这些辐射能，从而引发分子振动能级或者电子能级的变化。

电磁辐射在分子体系中被吸收的能量，一般来说是两种允许的状态能级之间的能量差值，可以用 ΔE 来表示。而 ΔE 和辐射能的波长及频率有密切联系，可以通过公式来表示：

$$\Delta E=E_2-E_1 \tag{6-3}$$

$$\lambda=hc/\Delta E \tag{6-4}$$

$$\nu=\Delta E/h \tag{6-5}$$

只有当辐射能量恰好等于较高能级与较低能级之间的差值的时候（在分子运动过程中）才会出现吸收并生成对应于此种状况的特定波长范围内的光谱。若要获取某种特定的化学物质对光的吸收情况，则需要使用专门的仪器来记录下来，就可以得到该有机化合物的吸收光谱。例如，紫外吸收光谱、红外吸收光谱、核磁共振谱、质谱等都是常见的方法。

探索分子内的各种能级跃迁可以使用不同的波谱技术，波长、电磁辐射区和波谱技术的对应关系如表 6-1 所示。

表 6-1　电磁辐射对应的能级及波谱技术

波长范围	电磁辐射区	波谱技术
$10^{-4}\sim10^{-2}$nm	γ 射线区	Mössbauer 谱
$10^{-2}\sim10$nm	X 射线区	电子能谱
100～400nm	紫外光区	紫外吸收光谱
400～800nm	可见光区	可见吸收光谱
2.5～25μm	红外光区	红外吸收光谱
0.1～50cm	微波区	纯转动光谱 电子顺磁共振谱
50～500cm	射频区	核磁共振谱

6.2　质谱

6.2.1　基本原理

质谱是一种通过给出分子量来确定分子式的方法。质谱的原理相对于其他常用波谱的原理较简单。化合物处于高度真空条件下会被气化并经由离子源来电离产生离子，由于分子离子的结构不够稳固，一些化学键会继续断裂，形成拥有不同质量的带有正电荷的碎片离子。这些离子会在电场和磁场的共同影响之下按各自的质荷比（m/z，离子质量与所带电荷之比）的大小排列，之后逐一被仪器检测并记录下来，记录下来的谱图被称为质谱图。通常情况下质谱图用棒图来表示，把 m/z 作为横坐标，而相对丰度作为纵坐标。

离子源有很多的种类，而对于化合物而言，最主要的便是电子轰击型离子源，它是质谱中用途最为广泛的。该离子源不仅可以提供物质的分子离子，还能形成大量的碎片离子，这对于解析物质的构造具有重要的意义。

6.2.2 离子类型

质谱中的离子类型一般包括分子离子、同位素离子以及碎片离子，这也是下面将会进行详细介绍的内容。

1. 分子离子

通过使用电子轰击型离子源中的电子束对化合物进行轰击和激发使其离子化，并使得其分子获取所需要的能量。然后利用这种方式将分子（M）中电离电位较低的成键轨道或者是非成键轨道上的一个电子用来形成带有正电荷的自由基，将其称为分子离子（$M+e^- \longrightarrow M^{\dot{+}}+2e^-$）。由于分子离子上还存在一个没有成对的电子，它又被称为奇电子离子，可以用 $M^{\dot{+}}$、$M^{\urcorner\dot{+}}$ 表示。比如：

$$CH_3:CH_3 \xrightarrow{-e^-} CH_3\overset{+}{\cdot}CH_3 \text{ 或 } CH_3CH_3^{\urcorner\dot{+}}$$

$$R-\ddot{O}-H \xrightarrow{-e^-} R-\overset{\cdot+}{O}-H \text{ 或 } R-O-H^{\urcorner\dot{+}}$$

因为大多数有机化合物的电离能低于 15eV，因此其分子离子通常拥有额外的能量，可能引发一些化学键的断裂，许多有机化合物分子倾向于释放出电子而带有正电荷，从而使得它们分子离子的质荷比接近于各自的分子量。这种现象下的分子离子峰被称为分子离子峰。而它们能否出现在质谱图中，取决于其稳定性。

2. 同位素离子

构成有机化合物的主要元素，例如 H、C、N、O、Si、S、Cl、Br 等都具备同位素的特性。它们的天然丰度可以参照表 6-2。

表 6-2 部分元素的同位素质量及天然丰度

元素	原子量	同位素	质量	天然丰度/%	以氢同位素为100的相对丰度
H	1.00797	^{1}H	1.00783	99.985	100
		D	2.01410	0.015	0.016
C	12.0115	^{12}C	12.00000	98.89	100
		^{13}C	13.00386	1.108	1.12
N	14.0067	^{14}N	14.0031	99.64	100
		^{15}N	15.0001	0.36	0.38
O	15.9994	^{16}O	15.9949	99.74	100
		^{17}O	16.9991	0.04	0.04
		^{18}O	17.9992	0.20	0.20
S	32.064	^{32}S	31.9721	95.06	100
		^{33}S	32.97146	0.66	0.75
		^{34}S	33.96786	4.20	4.40
Si	28.0086	^{28}Si	27.9769	92.20	100
		^{29}Si	28.9765	4.70	5.10
		^{30}Si	29.9738	3.10	3.35
Cl	35.453	^{35}Cl	34.96885	75.54	100
		^{37}Cl	36.96590	24.6	32.5
Br	79.909	^{79}Br	78.9183	50.57	100
		^{81}Br	80.9163	49.43	98.0

通过质谱仪器轰击产生的离子一般是通过同位素的质量来进行计算的。大多数化学元素都有两个或者多个同位素，因此在质谱图中的分子离子峰以及碎片离子峰一般伴随着比其质量高1、2、3……的同位素峰。例如，在甲烷中存在的碳原子含有^{12}C和^{13}C两种同位素，虽然氢也存在同位素，但是氢的重同位素丰度非常小，可对其忽略不计。因此甲烷的质谱图中在分子离子峰区具有m/z16(M)和m/z17($M+1$)两个峰，它们的丰度比为98.9%∶1.1%。另外，在一氯甲烷的分子离子峰区具有m/z50∶m/z52≈3∶1的两个峰。如果分子中存在两个氯，那么在该分子的分子离子峰区会出现M∶($M+2$)∶($M+4$)≈9∶6∶1的三个峰。

3. 碎片离子

一般来说，分子离子通过裂解产生所有碎片离子。

6.2.3 质谱解析

解析未知有机化合物的质谱图，分为如下步骤：

① 观察谱图的全貌。利用质谱图像可以粗略地评估分子离子峰的质量以及相对丰度的稳定性，从而获取有关分子结构的信息。而分子结构则直接关系着分子离子峰的强度，分子越稳定，那么它的分子离子峰就会越明显。具体来说，各基团的分子离子峰的稳定程度从强到弱依次为：芳香化合物、共轭烯烃、烯烃、环状化合物、羰基化合物、醚、酯、胺、酸、醇、多分支的烃基。对于分子量大约为200的有机化合物，若其分子离子峰表现为基峰或者是强峰，这意味着该化合物具有高稳定的分子特性，有可能是一种芳烃或者是稠环化合物。

② 分析低质量端的离子。在质谱图的低质量端往往会出现一系列的峰，对低质量端的分子离子峰进行分析，可以推断分子的骨架结构。

③ 分析高质量端的离子。在质谱图中，最易解析的便是产生高质量端离子时所损失的中性碎片，这些碎片揭示了分子结构上取代基和官能团的有关信息。当该区域的离子丰度较小时，对分子结构推断具有很大帮助。表6-3展示了常见的中性碎片。

表6-3 常见的中性碎片

离子的相对质量	丢失的中性碎片	可能存在的结构
$M-1$	$\cdot H$	醛、醚、胺
$M-15$	$\cdot CH_3$	甲基
$M-18$	H_2O	醇，包含糖类
$M-28$	C_2H_4、$\cdot CO$	麦氏重排、CO、酚
$M-29$	CHO、$\cdot C_2H_5$	醛、乙基
$M-34$	H_2S	硫醇类
$M-35$	Cl	氯化物
$M-36$	HCl	氯化物
$M-43$	CH_3CO、$\cdot C_3H_7$	甲基酮、丙基
$M-45$	$\cdot COOH$	羧基
$M-60$	CH_3COOH	醋酸酯

通过分析上述数据，并结合其分子式和不饱和度，可以推断出有机化合物的结构。

6.2.4 质谱的应用

质谱在生物代谢小分子、大分子，药物分析以及微生物检测方面具有很重要的应用，质谱可以对多种生物小分子进行准确测定，例如氨基酸、甲状腺素、胆固醇等，而对于生物大分子来说，质谱分析更为复杂，但是随着质谱技术的发展，对于生物大分子的分析将会越来越准确。除此之外，质谱技术还经常用来分析生物肽以及蛋白质等药物的氨基酸序列。

例：C_4H_8O 是某化合物的分子式，图 6-1 是它的质谱图像，推断它的结构。

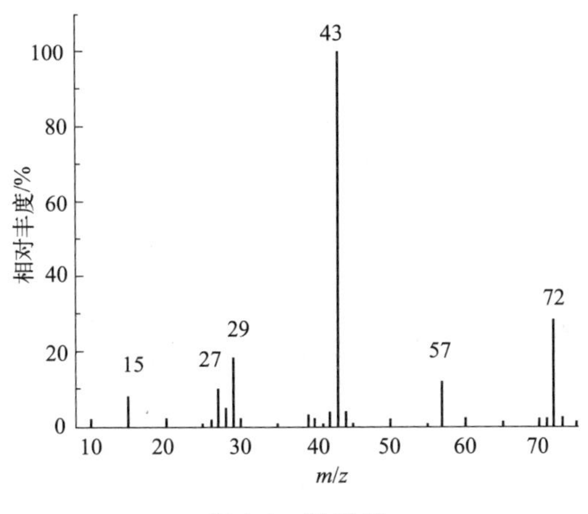

图 6-1　质谱图

解：经过分析，我们发现这个化合物的不饱和度为 1，这意味着该有机化合物中可能含有 C═C 键或者 C═O 键。其低质量端具有 m/z15、29、43 的离子，表明其分子中含有直链烷烃。而高质量端具有 m/z57 的离子，即 M-15（失去的甲基），还有 m/z43，也就是 M-29（失去的乙基），综合这些信息，我们可以得出此化合物就是 $CH_3CH_2COCH_3$。

6.3 核磁共振谱

6.3.1 基本原理及分类

原子核是一种带有正电荷的微粒，主要成分包括质子和中子。由于其持续地旋转，由此产生核磁矩。然而并非所有类型的原子都具备这样的特性，只有那些具有自旋运动的原子核才能生成磁矩。一旦被置于磁场环境下，这些存在核磁矩的原子核会根据它们的不同能级而发生变化，若施以适当的外部能量，使得这个能量刚好等同于两个能级之差，则该原子核就能吸取此能量，从而实现从低能级向高能级跃迁。若所吸收的能量恰好落在辐射频率范围内的电磁波频段内，便会出现核磁共振。通过利用核磁记录仪捕获这一信息，即可获得核磁共振光谱图。常用于核磁共振的原子核有 ^{1}H、^{13}C、^{15}N、^{19}F、^{31}P，其中 ^{1}H、^{13}C 核磁共振谱图是最常见的应用于分析有机化合物结构的工具，图 6-2 为 ^{1}H NMR 谱。

1. 电子屏蔽效应

各种各样的原子核对外磁场（B_0）有各自独特的响应，这是因为当原子核外围的电子在外磁场垂直的平面上围绕着核进行旋转时，会生成一个来抵抗外部磁场的感生磁场。这种感生磁场会对外磁场进行屏蔽，而这种作用被称为电子屏蔽效应。这个感生磁场的强弱完全取决于外磁场的强度，可以通过 $\sigma \cdot B_0$ 来进行衡量，其中 σ 为屏蔽常数。它受到周围电子云密度的影响，电子云密度越大，σ 值也就越大，从而使 $\sigma \cdot B_0$ 也变得越大。因此，原子核实际上所感受到的磁场强度可通过如下公式来表示：

$$B_{\text{eff}} = B_0 - B_0 \cdot \sigma = B_0 \cdot (1-\sigma)$$

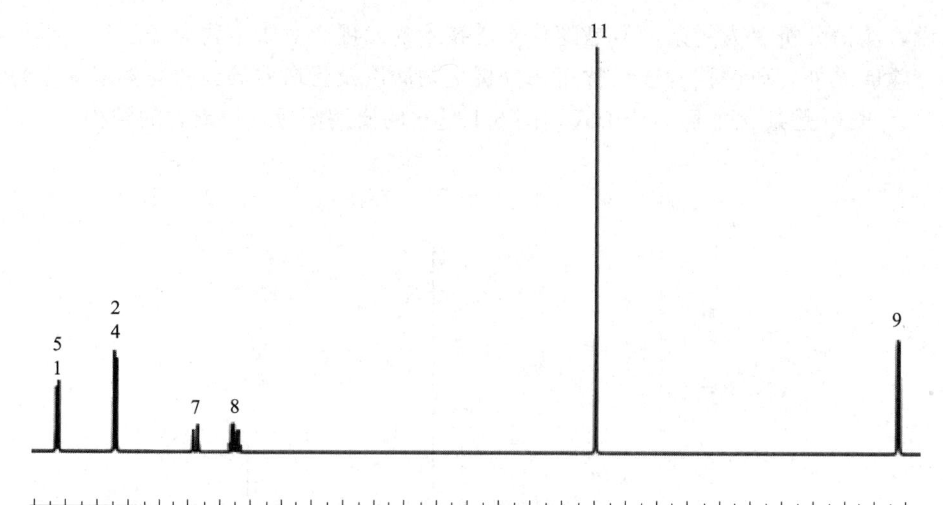

图 6-2 ^{1}H NMR 谱

原子核周围电子云密度与相邻的原子的亲电子能力和化学键的种类有关，因此共振条件可以被表述为：

$$V_0=\frac{\gamma}{2\pi}B_{\text{eff}}=\frac{\gamma}{2\pi}B_0(1-\sigma)$$

电子云在原子核周围的密度会发生变化，这将引起共振吸收频率的差异，这些信息为有机化合物结构的测定提供了重要的证据，并能通过这些数据推断出有机化合物的结构。

2. 化学位移

当原子核处于分子中的不同环境中时，会受到不同屏蔽效应的影响，导致其共振吸收峰的位置出现不同的磁场强度，用来表示这种不同位置的量称为化学位移。由实验可得，各种不同的氢核存在于化合物中，它们的吸收频率差值很小，要想准确地测量出各种类型的质子的共振频率绝对值是有难度的。一般常用一个参考化合物作为标准来求其他原子核相对于它的位置，将其称为相对化学位移。在氢核的核磁共振谱图中，四甲基硅烷［$(CH_3)_4Si$］是常见的标准物，简称为 TMS。它能够成为标准物的主要原因是：只有一种质子（12 个质子都相同）；硅的电负性比碳的小，因此硅的质子受到的屏蔽效应强，抗磁的诱导磁场相比于其他化合物要大，所以它的共振吸收峰出现在高场。把 TMS 的化学位移值定位 0Hz，其他有机化合物的相对化学位移是各质子共振吸收相对于 TMS 的位置。为了让不同仪器的使用者都具有对照谱图的通用标准，在核磁共振谱图中，将各类型质子的吸收峰与标准物质的吸收峰用频率表示的相对距离叫作化学位移，通常用 δ 来表示。由于数值较小，所以将其乘以 10^6。

$$\delta=\frac{\nu_{\text{样}}-\nu_{\text{TMS}}}{\nu_{\text{TMS}}}\times 10^6$$

3. 影响化学位移的因素

核的化学位移受所在化学环境的影响，也就是说与屏蔽常数有关联。只要是可以使核磁共振信号向高场方向移动，那么这种现象就被叫作屏蔽效应。反之，如果可以使核磁共振信号向低场方向移动，那么这种现象就被叫作去屏蔽效应。影响化学位移的因素如下：

（1）电子效应

分子的氢核的化学位移受到核外电子的屏蔽效应的影响，尤其是诱导效应对质子的化学位移有显著的影响。电负性强的基团往往具有吸电子诱导能力，会削弱原子周围的电子云密度，从而降低屏蔽效应的作用。该分子氢核的化学位移将会向低场方向发生移动，δ 值会增大。当吸电子基团越多时这种影响就会越大，比如 $CHCl_3$、CH_2Cl_2、CH_3Cl 中存在的氢核的化学位移会伴随着卤素电负性的增加而变大，如表 6-4 所示。

表 6-4　CH_3X 的不同化学位移与 X 的电负性

化合物 CH_3X	电负性(X)	δ
CH_3F	4.0(F)	4.26
CH_3OH	3.5(O)	3.4
CH_3Cl	3.1(Cl)	3.05
CH_3Br	2.8(Br)	2.68
CH_3I	2.5(I)	2.16
$CH_3—H$	2.1(H)	0.23
$CH_3—[Si(CH_3)_3]$	1.8(Si)	0

（2）磁各向异性效应

在某些分子中，存在电子云排布并不呈现球形对称的基团，这就导致了磁各向异性效应。该效应会形成一种感应磁场，该磁场会使部分空间位置的核被屏蔽，而另外一些则被去屏蔽。

当苯环受到外部磁场的影响时，其环上的 π 电子便会生成环电流，与此同时也会产生感应磁场。这使苯所处的空间被分为两个区：屏蔽区和去屏蔽区。苯环的中间部分以及上下方的部分为屏蔽区，苯环周围的地方则为去屏蔽区。因此，苯环的质子共振吸收通常发生在低场，其化学位移值为 7.3。与苯环相似，羰基和双键也存在磁各向异性效应。

（3）其他因素

除了上述两个因素以外，溶剂效应、氢键、范德华力也会对化学位移产生影响。氢键效应会受到氢键强弱以及电子给体性质的影响。通常来说，由于存在氢键作用，分子的化学位移将移向低场方向。同样地，当同一个分子在测试时使用不同的溶剂，也会使化学位移发生变化，这就是溶剂化效应。如果某一取代基团与核的间距比范德华半径还要小的话，那么该取代基附近的电子云将会受到核周围电子云的影响从而产生排斥作用，进而导致核周围的电子云密度降低，使得屏蔽效应降低，由此就会造成化学位移向低场方向移动，这称为范德华效应。

6.3.2　^1H NMR

利用核磁共振谱图，能够得到积分曲线、化学位移、峰形以及偶合常数等相关信息，通过对上述信息进行深入分析和推理，可以得出与谱图对应的化合物的结构。下面是详细的解析步骤：

① 辨别无意义的干扰峰。在研究 ^1H NMR 谱的过程中，可能会遇到一些与目标化合物没有关联的杂质和溶剂峰。为了避免误解，需要首先确定这些峰的存在。对于那些积分值不足以代表一个氢原子的峰，可以将其视为杂质峰来对待。例如，在使用常见的氘代试剂来测定样品时，可能会存在残留的未氘代的溶剂，从而导致溶剂峰的出现。$CDCl_3$ 作为常用的溶剂，其中含有微量的 $CHCl_3$，其特征峰出现在 $\delta=7.26$ 的位置。

② 在对未知的化合物进行分析时，应先求出该化合物的不饱和度。

③ 利用积分曲线来计算每组峰中的质子数量。该积分曲线的高低与它表示的质子数目

是成正相关关系。依据积分曲线的各相邻水平台阶的高度比，可以推算出各组峰中所含的质子的占比。如果知道了总质子数，那么就可以得出每组峰的质子数。

④ 通过分析峰的化学位移确定其归属。由于质子的化学位移值受到了它所处环境的影响，因此，对化学位移值进行分析，就可以推断出各组峰代表的质子种类。

⑤ 通过峰形以及偶合常数的值来判定各个基团间的偶合程度。偶合裂解源于相邻的分子之间的相互作用力，通过观察裂分峰的形状以及偶合常数来解析分子特性，并依据 $n+1$ 规则来判别哪些峰存在偶合关系，从而确定它们彼此的位置及其对应的各组化学等价质子的数目。

⑥ 利用重水交换技术来鉴别活泼氢。—OH、—NH_2 和—COOH 上存在的活泼氢是能够与重水进行交换的，从而导致活泼氢信号的消失。对重水交换前后的光谱图进行对比，可以判断分子中是否存在活泼氢。

⑦ 综合各种分析，推断分子的结构并对结论进行核查。

例： 某有机化合物的分子式为 $C_{10}H_{12}O$，^1H NMR 谱如下，推导出该分子式的结构。

解： 经过推算，确定了该分子的不饱和度为 5，这意味着该分子结构中可能存在苯环，C═C 键以及羰基等基团；该光谱图没有明显的干扰峰，且从低场到高场，其积分比为 4∶2∶3∶3，这些积分数字之和与分子中氢的数目一致。因此可以确认，积分比实际上等于质子数比。在 δ 为 6.5～7.5 的峰区范围内存在一个高度对称的多重峰，由此可见，该分子的主峰形态更接近于 AB 四重峰（4H），根据不饱和度为 5 来判断，可以得出化合物为 X, X（邻位二取代苯） 或者 Y—⟨苯环⟩—X 结构。此外，因为 2H 的 δ 小于 7，这就表明苯环是与给电子基团（—OR）相连接的。3.75 处的信号源于 CH_3O 的特征峰；而 $\delta=1.83$(d,3H)、$J=5.5$Hz 的位置则是 CH_3—CH═；在 $\delta=5.5$～6.5 的区间里出现的信号是一个双取代烯氢的 AB 四重峰，其中之一的氢还与 CH_3 邻位并发生了偶合，从而排除了═CH_2 基团的可能影响。综合以上信息，可以断定这个化合物的结构式为 —O—⟨苯环⟩—CH═CH—CH₃ 。

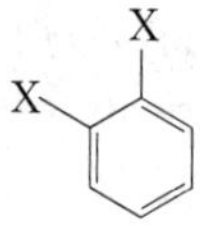

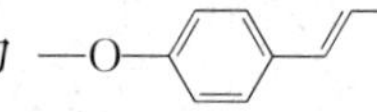

6.3.3 ^{13}C NMR

虽然^{12}C 不具有核素，但^{13}C 却具有，然而^{13}C 的天然含量却远远低于^{12}C，且它的核旋比只有^1H 的 1/4，这导致了^{13}C 的核灵敏度显著降低。因为这个原因，它在实际使用中的应用受到了很大程度的制约，不过，伴随着脉冲傅里叶变化（PFT）谱仪的发展，^{13}C NMR 已经成为一种实用的测试方法。碳谱的解析步骤如下：

① 通过化合物的分子式来计算不饱和度。

② 利用质子宽带去偶谱来计算碳原子的数量。假如分子内没有对称元素，那么宽带去偶谱的谱线数量就等于碳原子的数量；反之，当分子内有对称元素时，宽带去偶谱的数目就少于碳原子数目。

③ 通过偏共振去偶谱的方法，来计算碳原子的级数，这样就能确定物质中与碳原子相连的氢原子的数量。如果分子式中氢原子的数量小于物质中氢原子的数目，那么二者之间的差值便是化合物中活泼氢原子的数量。

④ 利用化学位移对比表 6-5 可以确认碳原子的种类。若 $\delta_C<100$ 的碳谱区域存在的信

号是饱和脂肪族碳，而 δ_C 在 70～100 之间的炔烃碳被视为该区域的特殊情况。δ_C 位于100～150 之间的区域代表烯碳和芳碳原子。δ_C>150 的低场信号是羰基碳的。

⑤ 通过对谱图中峰的归属来推断化合物结构，必要时可以结合其他谱图的数据。

表 6-5 各类碳核的化学位移范围

化学位移范围	各种类型的碳核	
8～30	RCH_3	饱和碳原子(sp^3) 无诱导效应
15～55	$R—CH_2—R$	
20～60	R_4C	
40～80	C—O	饱和碳原子(sp^3) 诱导效应
35～80	C—Cl	
25～65	C—Br	
65～90	C≡C	炔碳(sp)
100～150	C═C	不饱和碳原子(sp^2)
110～175		芳环
155～185	C═O	羧酸及其衍生物
185～220	C═O	醛、酮

6.3.4 核磁在生物学中的应用

在生物学中，核磁共振技术经常被用于生物大分子的结构研究，组织学以及病理学的诊断和生物信息学的分类研究等。比如，生物大分子是无法结晶的，无法通过结晶来观察蛋白质的三维结构，但是通过核磁共振技术就可以准确确定蛋白质的三维结构。除此之外，核磁共振技术还可以分析大分子之间的相互作用。正是由于这些特性，核磁共振技术在生物分子领域占有很重要的地位。

6.4 红外吸收光谱

6.4.1 基本原理

红外辐射指的是处于可见光区和微波区的电磁波，波数为 $4000\sim400\text{cm}^{-1}$。红外辐射对于有机化学来说是最有实际用途的。当试样分子在该波数范围内接收到红外光时，会引起振动能级跃迁以及转动能级跃迁，这种吸收光谱被称为红外吸收光谱，也就是常说的红外光谱。

在分子结构中，原子不是静止的，而是在持续振动，将两个成键的原子间的伸缩振动视为用弹簧相连的两个小球的简谐振动，依据 Hooke 定律即可计算出其振动频率为：

$$\nu=\frac{\sqrt{k\dfrac{m_1+m_2}{m_1m_2}}}{2\pi}$$

式中，m_1 和 m_2 为成键原子的质量；k 为化学键的伸缩振动力常数。根据公式可以得出，键的振动频率与力常数（与化学键强度有关）以及成键原子质量有关。力常数不仅取决于分子的内在结构，而且还受到周围环境因素的影响，从而导致同一类型的化学键的力常数存在不同，并且它们的吸收峰的位置会因此有所变动。此外，红外吸收峰只有在分子偶极矩发生变化的振动模式下才会存在。分子中化学键存在的两种振动方式为伸缩振动和弯曲振动。伸缩振动是指原子沿着键轴的方向进行伸缩，键长发生变化而键角不变化。与化学键垂直的振动称为弯曲振动，键角发生变化而键长不变化。相对于简单的双原子分子只存在伸缩振动。而对于多原子分子来说，存在多种振动方式。图 6-3 为多原子的几种振动方式。

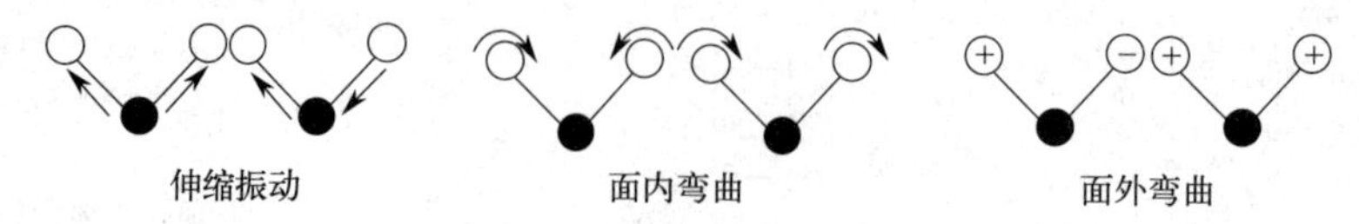

图 6-3　多原子的几种振动方式

圆圈代表的是原子，—表示键，→表示振动方向，⊕表示的是该原子从纸面向里运动，⊖表示的是该原子从纸面向外运动。

对同一种类的化学键或者官能团来说，它们的吸收频率总是出现在某个特定波数区间内。这种被特定基团激发的特殊的吸收峰被称为该基团的特征吸收峰，简称为特征峰。这个特征峰所代表的频率叫作该基团的特征频率。在研究分子结构的时候，把 4000～1300cm^{-1} 波数区间叫作特征频率区，在这个频率区生成的吸收峰都是由特征官能团的伸缩振动引起的。而 1300～400cm^{-1} 这一段则被称为指纹区，这里面存在很多吸收峰，但它们在不同的化合物中表现出很大的差别。特征频率区通常是用于判断化合物是否存在某些特殊官能团，而指纹区主要用来区分和确定具体化的化合物。因此，可以利用测量出的红外光谱与标准的谱图进行对比从而完成结构鉴定工作，在对比谱图的过程中，不仅要关注吸收峰的频率的一致性，还需要注意各吸收峰的相对强度以及峰形的一致性。表 6-6 列举了常见的有机官能团或键型的特征频率。

表 6-6　常见有机官能团或键型的特征频率

官能团或键型	化合物类型	波数/cm^{-1}
C—H	烷烃	3100～2850
C—C		1200～750
=C—H	烯烃	3100～3010
C=C		1680～1640
≡C—H	炔烃	3350～3200
C≡C		2260～2100
=C—H	芳香烃	3100～3010
C=C	芳香环	1600～1450(多重峰)
O—H	醇、酚	3650～3600(自由)
		3500～3200(分子间氢键)
	酸	3400～3250(分子间缔合)
OC—H	醛(羰基上的 C—H)	2900～2700(一般为 2820 和 2720)
C=O	酮、酸	1725～1700
	醛、酯	1750～1700
	酰胺	1680～1630
	酰氯	1815～1785
	酸酐	1850～1800 和 1780～1740
N—H	伯胺、仲胺	3500～3400
C—N	伯胺、仲胺、叔胺	1690～1640
—C≡N	腈	2260～2240
……	……	……

6.4.2 红外光谱图

对于红外光谱图的研究与解析依赖于理解影响振动频率的因素以及各类化合物的红外特征吸收谱带。首先，应从峰值区域入手，识别出某个特定谱带的可能性归属，然后参考与之相关的其他峰值区域，以确认其所属类别。接着，针对指纹区的相关波段进行分类，综合以上信息，推测化合物可能存在的结构。必要时还需要借助标准谱图以及其他谱图的配合，最后确定最终结构。红外谱图解析主要分为如下步骤：

① 了解样品来源以及测试的方法。

② 求分子式与不饱和度。

③ 分析红外谱图的特征峰。

④ 确定某种基团的存在。

⑤ 分析红外谱图的指纹区。

⑥ 综上提出化合物的可能结构。

接下来通过红外谱图实例来对红外谱图进行解析。

例： 以 C_6H_{14} 为分子式，红外光谱图如图 6-4 所示，推导出该分子的结构。

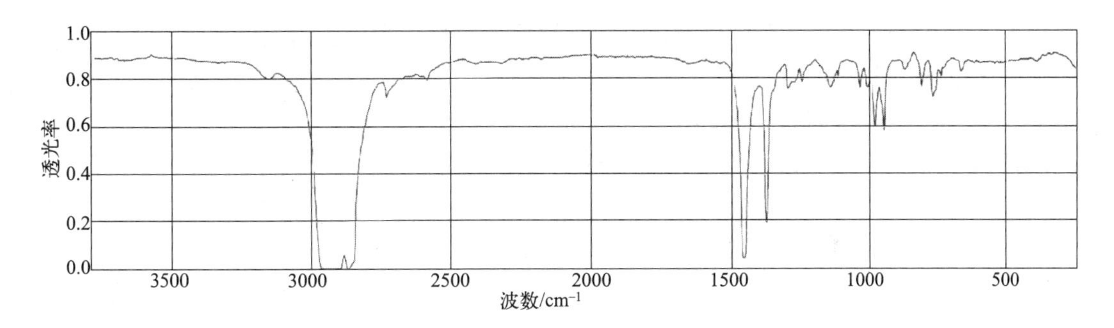

图 6-4　红外光谱图

解： 经过分析，发现该分子的不饱和度为 0，这意味着它是一个饱和的烃类物质。位于 3000～2800cm^{-1} 之间的波段代表了饱和的 C—H 伸缩振动。第二和第三峰区并未显示出特定的吸收带，而 1464cm^{-1} 对应于 δCH_2。同样地，1381cm^{-1} 也是如此。因为未观察到任何裂分现象，因此可以推断的三个甲基分别连在三个不同的碳上。777cm^{-1} 表示的是 CH_2 的平面摇摆振动，由此可知 CH_3CH_2 的存在。综上可得该分子的结构为：

$$
\begin{array}{c}
\quad\quad\quad\quad CH_3 \\
\quad\quad\quad\quad | \\
H_3C—CH_2—CH—CH_2—CH_3
\end{array}
$$

6.4.3 红外光谱的应用

在有机合成化学领域中，红外光谱常被用于有机化合物分子结构的测定，一般是为了鉴定官能团的存在。除此之外，红外光谱技术在生物学、医学、食品相关检测、石油化工等领域都有广泛的应用。在生物学领域，细胞的红外光谱是由生物大分子的振动光谱叠加构成的。这种方式能够准确地揭示出这些组分在细胞内的数量以及构象信息。除此之外，红外光谱还可以对动物提取物进行鉴定，它可以对不同胶类进行鉴定，可用于鉴别某种胶的真假。

6.5 紫外吸收光谱

6.5.1 基本原理

利用紫外吸收光谱可以探究分子中价电子的转移过程。当分子中的价电子在紫外光下辐射时，它们将会自低能级状态转变至高能级状态，从而导致对应波长的光被这些电子吸收，形成紫外吸收光谱，也称紫外光谱。在此过程中，使用的是紫外-可见光区的特定区域（其波长位于 10～400nm）来分析和确定有机化合物的结构。这个区间包括两个主要部分：第一部分为 10～190nm，被称为真空紫外区；第二部分则是 190～400nm，即通常所说的紫外光区。然而 O_2、N_2 在远紫外区具有非常强烈的吸收，严重影响有机化合物的测定，因此科学家们更倾向于关注并深入探讨 190～800nm 的紫外-可见光区。因此一般的紫外光谱仪工作范围为 200～800nm。

6.5.2 共轭体系

根据分子轨道理论，在有机化合物中的单键构建的过程中产生的电子被称为 σ 电子，而双键则由 π 电子构成，那些没有参与成键的孤对电子则被称为 n 电子。它们会在吸收能量之后转移至更高能级轨道上，在这种情况下，占据的是反键轨道。图 6-5 展示了电子跃迁常见的几种方式。

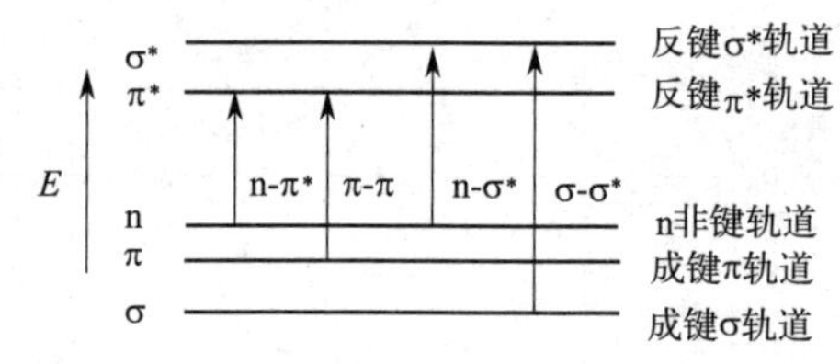

图 6-5　电子跃迁常见的几种方式

由于紫外光易于使有机化学物质中的 π 电子（尤其是共轭系统中的）跃迁到较高的能级轨道中，紫外光谱成为分析具有共轭结构的化合物的主要手段。通过对这些化合物 π-π^* 以及 n-π^* 跃迁所产生的吸收波长进行深入研究，可以更深入地理解并掌握共轭体系以及芳香体系的结构特征。比如 H_2C ═CH—CH ═CH—CH ═CH_2 的 $\lambda_{max}=217$nm（$\varepsilon=2100$），H_2C ═CH—CH ═CH—CH ═CH_2 的 $\lambda_{max}=257$nm（$\varepsilon=3500$）。1,3,5-己三烯在吸收了$\lambda=257$nm 的紫外光后发生了 π-π^* 跃迁，那么在紫外光谱中 $\lambda=257$nm 处也会产生相应的吸收峰。

6.5.3 紫外光谱图

紫外光谱图是以波长 λ 为横坐标，以吸光度 A 或者摩尔吸收系数 ε（或 lgε）为纵坐标组成的。它反映了分子中生色团或者生色团与助色团的相互关系，及分子内共轭体系的特征。通常来说，可以吸收紫外光的化合物主要分为三类，即共轭烯烃、共轭不饱和羰基化合物、芳香化合物。比如在共轭烯烃中，当其含有两个以上的双键共轭时，随着共轭系统的增长，$\pi\rightarrow\pi^*$ 跃迁的吸收带会向长波长方向进行移动，吸收强度也会随之增强。当共轭体系中的双键的数目超过四时，吸收带便进入可见光范围内。

在测定化合物紫外光谱时所用到的溶剂也会影响待测组分的吸收峰的位置与强度，强极性的溶剂会导致 π-π^* 跃迁向长波长方向移动，n-π^* 跃迁向短波长方向移动，所以在进行测试时应标明所用的溶剂。用得比较多的溶剂为甲醇、乙醇、环己烷、己烷等。芳香化合物具有特殊的共轭结构，其紫外吸收主要是由 π-π^* 跃迁产生的，它的紫外吸收光谱在从紫外到可见光范围内都可见到特征的吸收带，情况比较复杂，这部分内容在本章节中不再详述。

6.5.4 紫外光谱的应用

在有机化学中，通过紫外吸收光谱可以在一定的波长范围内对分子的结构特征进行判断。紫外吸收一致时，化合物有相同或者相似的发色团，由此可以得出未知化合物结构中的共轭体系部分。除了判定分子的共轭结构，还可以识别出顺反异构体。在共轭体系中，当所有的原子都位于一个平面上时，会产生最大的共轭效应，相比较而言，顺式异构体的取代空间位阻大，使得共轭体系的平面性能差，从而降低了共轭效应，使得 λ_{max} 和 ε_{max} 值低于反式的。同时，还可以确定特定官能团是否存在。某些基团如碱、酸以及两性化合物，会在不同的 pH 条件下转化为阴离子或阳离子，进而影响共轭体系长度的变化，这会导致测量过程中紫外吸收峰的位置发生变化。

在生物学领域，紫外吸收光谱常用于含有卟啉和芳香族氨基酸的 DNA、RNA、寡核苷酸以及蛋白质的测定。这是因为这些化合物结构中存在环状结构部分，该部分具有紫外吸收的特征。

课外拓展

(1) 红外光谱的发展

1964 年第一代热红外成像装置又称红外前视系统（FLIR）由美国得克萨斯仪器公司发明。60 年代中期第二代红外成像装置，又称热像仪由瑞士 AGA 公司以及瑞士国家电力局合作发明。70 年代，不需要制冷的红外热电视产品由法国汤姆荪公司发明。在 90 年代末期，新型的红外电视产品如致冷型以及非致冷型的焦平面红外热成像产品开始出现。如今的红外热成像仪拥有极高的灵敏度，这使得它们能够广泛地用于军事方面，比如探测隐藏在植被中的敌方人员，追踪海上的走私物品等。除了对这种实时的目标进行观测外，还能追踪轨迹的“热痕迹”，因此红外光谱仪在军事、生物、化学等多领域的运用都至关重要。

(2) 核磁共振谱的发展

在无线电微波电子技术以及固体微观量子理论的基础上，磁共振效应被揭示。这种影响最早于 1945 年的实验中被观察到，顺磁共振首次在顺磁性的 Mn 盐的水溶液中被发现。随后的一年内，人们又通过吸收以及感应的方法检测出了水中以及石蜡中的质子核磁共振；此外，通过波导谐振腔的方法检测出 Co、Ni 以及 Fe 薄片中的铁磁共振。1950 年，固体 Cr_2O_3 的反铁磁共振在室温附近被发现。1953 年，在理论上预言了亚铁磁共振的存在。1955 年，通过实验观测到了亚铁磁共振的存在。1957 年和 1958 年先后发现了静磁型共振和自旋波共振。随着这些磁共振的发现，其在化学、物理、生物等基础学科以及微波技术、量子电子学等方面得到了广泛的应用。

习 题

1. 名词解析。

(1) IR　(2) UV　(3) MS　(4) 伸缩振动

(5) 电子屏蔽效应　(6) 质荷比　(7) n-σ^* 跃迁　(8) 助色团、生色团

2. 问答题。

(1) 含有 C═C、C≡C、C═O、C═N、C≡N 的有机化合物会发生哪些电子跃迁？

(2) 在极稀的 CCl_4 溶液中，1,2-环戊二醇的立体异构体在 3626cm^{-1} 处呈现出红外吸收带，而只有一种异构体在 3572cm^{-1} 处有吸收带。那么是哪种异构体在 3572cm^{-1} 处有吸收带？请解释原因。

(3) 在 1060cm^{-1}、1250cm^{-1}、1740cm^{-1} 处有机化合物 $C_6H_{12}O_2$ 表现出较强的红外吸收峰。然而，其在 2950cm^{-1} 处并没有出现任何红外吸收峰。此外，该物质的 ^1H NMR 中存在两个单峰 $\delta=1.0(9H)$，$\delta=3.4(3H)$。对该分子结构进行推断。

(4) 列举几种适用于测量紫外光谱的溶剂，并阐明原因。

(5) 在红外光谱图中，高能量的吸收峰应该位于谱图的左侧还是右侧？

3. 解析题。

某有机化合物（$M=154$）的各元素含量如下：C=7.14%，H=7.14%，Cl=22.72%，该分子的紫外吸收光谱的最大吸收波长为 258nm，通过如下谱图来推测它的结构。

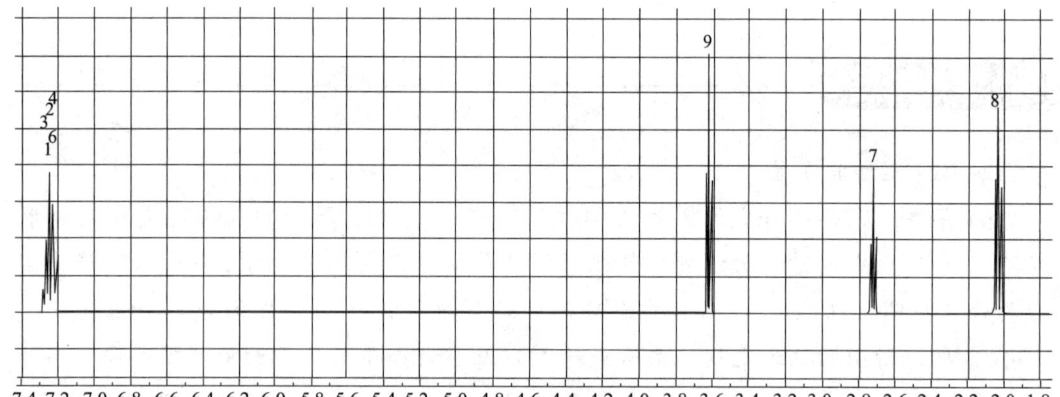

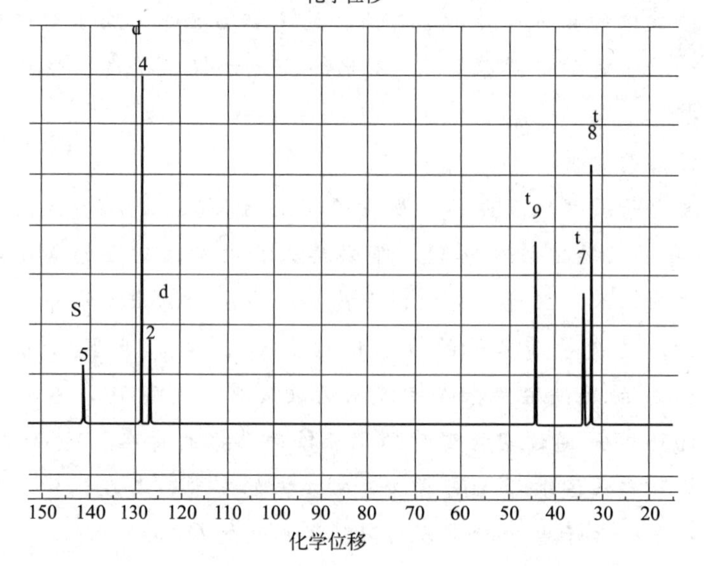

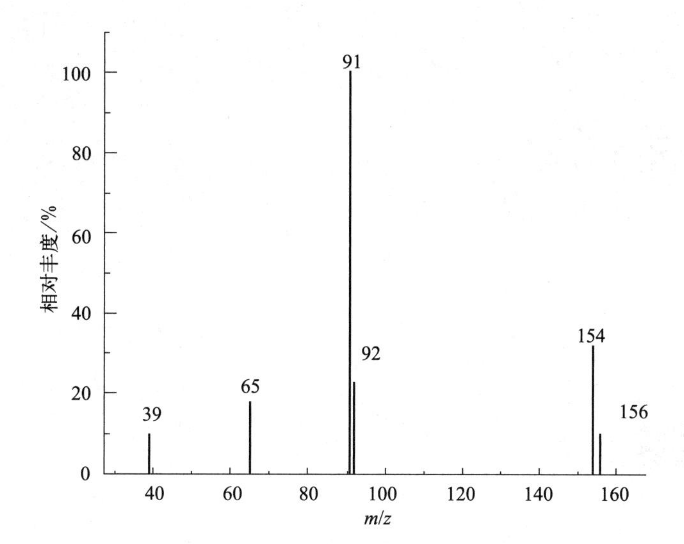
相对丰度/%
100
80
60
40
20
0
91
92
154
156
65
39
40
60
80
100
120
140
160
m/z

第7章 卤代烃

思维导图

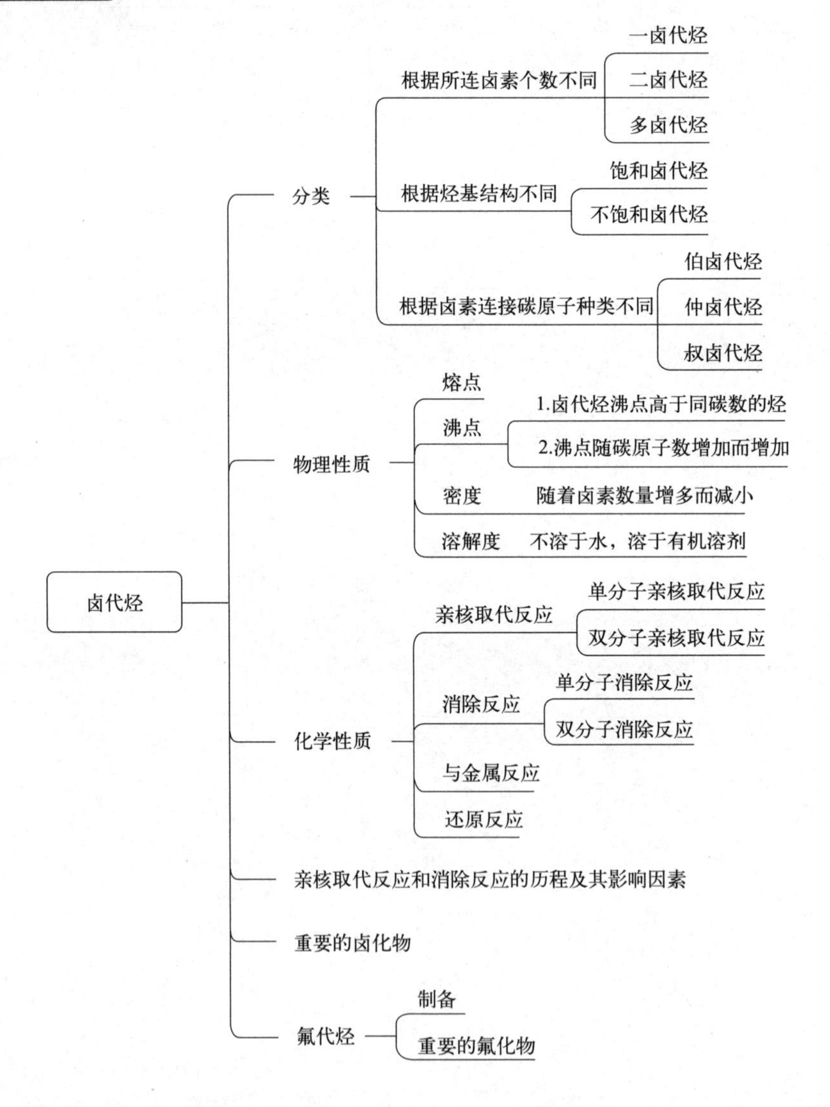

卤素原子取代烃分子中的一个或多个氢原子后生成的新化合物，称为卤代烃（haloalkane）。一般用 RX 表示卤代烃，X 表示卤素原子（F、Cl、Br、I），其中卤素原子是卤代烃的官能团。本章重点介绍了卤代烃的物理性质和化学性质，并深入阐述了亲核取代反应和消

除反应的历程及影响因素，包括烃基结构、溶剂和亲核试剂等方面的影响。氟代烃与其他卤代烃相比，具有特殊的性质和用途。所以，本章前面主要介绍氯代烃、溴代烃和碘代烃的相关知识，而氟代烃则在本章后面单独介绍。

在自然界中，天然的卤代烃数量极少，大部分是人工合成的。卤代烃在有机合成和高分子工业领域占据着关键地位，被广泛应用于医药、化学溶剂、农药、制冷剂、麻醉剂和防腐剂等多个方面。

7.1 卤代烃的分类

① 根据卤代烃分子中所含卤素原子个数的不同，可将卤代烃分为一卤代烃、二卤代烃和多卤代烃。例如：

CH_3Cl	CH_2Cl_2	$CHCl_3$、CCl_4
一卤代烃	二卤代烃	多卤代烃

② 根据卤代烃分子中烃基结构的不同，可将其分为卤代烷烃、卤代烯烃、卤代炔烃和卤代芳烃。例如：

卤代烷烃	卤代烯烃	卤代炔烃	卤代芳烃
CH_3CH_2Cl	$H_2C{=}CHBr$	$CH_3C{\equiv}CBr$	C_6H_5—F
$(CH_3)_3CBr$	$H_2C{=}CHCH_2Cl$	$CH_3C{\equiv}CCH_2Cl$	C_6H_5—CH_2Br

③ 根据卤代烃分子中卤素原子连接的碳原子种类的不同，可将其分为伯卤代烃（一级卤代烃）、仲卤代烃（二级卤代烃）和叔卤代烃（三级卤代烃）。例如：

CH_3CH_2Cl	$CH_3CHClCH_3$	$(CH_3)_3CBr$
伯卤代烃	仲卤代烃	叔卤代烃

一般来说，与卤素原子连接的碳处于碳碳双键和苯环的 α 位的卤代烃称为烯丙型卤代烃或苄型卤代烃。

7.2 卤代烃的命名

在卤代烃的命名中，主要通过普通命名法和系统命名法对卤代烃进行命名。

7.2.1 普通命名法

普通命名法是按与卤素原子相连的烃基名称来命名的，称为“某某基卤”或“卤某某烃”，有时省去“烃”字，此方法适用于简单的卤代烃命名。例如：

CH_3Cl	$CH_2{=}CHCl$	C_6H_5—Cl
一氯甲烷或甲基氯	氯乙烯或乙烯基氯	氯苯

有些卤代烃有其常用俗名或商品名。例如：

$CHCl_3$	CHI_3	CCl_4
氯仿	碘仿	四氯化碳

7.2.2 系统命名法

对于结构较为复杂的卤代烃，采用系统命名法。该方法将卤代烃视作烃的衍生物，卤素原子作为取代基，相应的烃基作为母体，其命名的基本规则与烃类命名相似。

一般情况下，选择含有卤素原子最长的碳链作为主链，并根据该碳链上碳原子的个数称为“某某烷”，而其他的支链和卤素原子则视为取代基，从距离支链最近的一端给主链碳原子逐一编号。若卤代烃分子中含有不饱和键，如双键、三键等，编号时要尽可能保证不饱和键的序号最小。例如：

$CH_3CH_2CH(CH_2Br)CH_2CH_3$ 2-乙基-1-溴丁烷

$CH_3CHClCH_2I$ 2-氯-1-碘丙烷

$CH_3CH{=}CH{-}CH_2Cl$ 1-氯-2-丁烯

7.3 卤代烃的制备

7.3.1 由醇制备

卤素原子取代醇分子中的羟基生成卤代烃。常用的卤化剂有氢卤酸、卤化磷、亚硫酰氯等。这是实验室和工业上常用的制备一元卤代烃的方法。例如：

$$ROH + HX \xrightleftharpoons{\text{恒沸}} RX + H_2O$$

$$CH_3CH_2CH_2CH_2OH + HBr \longrightarrow CH_3CH_2CH_2CH_2Br + H_2O$$

$$ROH + SOCl_2 \longrightarrow RCl + SO_2 + HCl$$

7.3.2 由烃的卤代制备

在高温或光照条件下，烷烃与卤素原子发生卤化反应生成卤代烷烃。例如：

$$\text{环己烷} + Cl_2 \xrightarrow{h\nu} \text{氯代环己烷(Cl)} + HCl$$

芳环上的卤代，例如：

$$\text{苯} + Cl_2 \xrightarrow{\text{Fe 或 }FeCl_3} \text{氯苯(Cl)} + HCl$$

通常，烷烃的卤化过程会产生复杂的混合物，只有在少数情况下才能利用卤化法制备出纯度较高的一卤代物。因此该方法只适用于一些结构较为特殊的烷烃制备一卤代物。

7.3.3 烯烃和炔烃的加成

① 烯烃与卤素原子加成反应生成二卤代烃。例如：

$$RHC{=}CH_2 + X_2 \longrightarrow RHC(X){-}CH_2(X)$$

② 烯烃与卤化氢加成反应生成一卤代烃，加成遵循 Markovnikov 规则。例如：

$$RHC{=}CH_2 + HX \longrightarrow RHC(X){-}CH_3$$

工业上常使用此方法制备氯乙烷。例如：

$$H_2C{=}CH_2 + HCl \xrightarrow[0.3\sim0.4MPa]{AlCl_3, 30\sim40℃} H_3C{-}CH_2Cl$$

③ 炔烃与卤素原子加成反应生成二卤代烃或四卤代烃。例如：

$$RC{\equiv}CR \xrightarrow{X_2} RC(X){=}C(X)R \xrightarrow{X_2} RCX_2{-}CX_2R$$

④ 炔烃与卤化氢加成反应生成一卤代烃或二卤代烃。例如：

$$RC{\equiv}CH + HX \longrightarrow RC(X){=}CH_2$$

$$RC{\equiv}CH + 2HX \longrightarrow RCX_2CH_3$$

7.3.4 氯甲基化

氯甲基化反应，全称为布兰克（Blanc）氯甲基化反应。它是指在无水氯化锌溶剂中，芳香族化合物与甲醛和氯化氢反应，生成氯甲基芳香化合物。例如：

$$C_6H_6 + H{-}\overset{\overset{\displaystyle O}{\|}}{C}{-}H + HCl \xrightarrow{ZnCl_2} C_6H_5CH_2Cl$$

7.4 卤代烃的物理性质

在常温常压条件下，低级卤代烃（如氯甲烷、氯乙烷、氯乙烯、溴甲烷等）是气态，而其余卤代烃则是液态或固态。所有纯净的卤代烃都是无色的。然而，加热或光照会导致碘代烷分解脱去碘，经过长期的放置后，变为红棕色，例如：

$$CH_3I + HI \xrightarrow{光照} CH_4 + I_2$$

卤代烃无论极性大小，都不溶于水，但是它们可以溶解在醇、醚、烃类等多数有机溶剂中。一些卤代烃本身就具备优秀的有机溶剂性质，如二氯甲烷、氯仿等。

随着卤代烃分子中碳原子的个数增多，沸点也会升高，卤代烃的沸点比相同碳原子个数的烷烃高，这是因为C—X键具有极性，从而提高了分子间的引力。在烃基相同的卤代烃中，它们的沸点顺序为：碘代烷＞溴代烷＞氯代烷。

常见卤代烃的物理常数见表7-1。卤代烃分子的相对密度会因为卤素原子数量的增多而减小，这也意味着其可燃性下降。如：甲烷能够当作燃料，然而四氯化碳具有良好的灭火性能，它被广泛用作灭火剂。

表7-1 几种常见的卤代烃的物理常数

化合物	熔点/℃	沸点/℃	相对密度
氯甲烷(CH_3Cl)	−97.0	−24.2	—
溴甲烷(CH_3Br)	−94.0	4.0	—
碘甲烷(CH_3I)	−64.0	42.4	2.279
氯乙烷(CH_3CH_2Cl)	−139.0	12.5	0.898

续表

化合物	熔点/℃	沸点/℃	相对密度
溴乙烷(CH_3CH_2Br)	−119.0	38.0	1.440
碘乙烷(CH_3CH_2I)	−108.0	72.0	1.933
1-氯丙烷($CH_3CH_2CH_2Cl$)	−122.8	47.0	0.890
1-溴丙烷($CH_3CH_2CH_2Br$)	−110.0	71.0	1.335
1-碘丙烷($CH_3CH_2CH_2I$)	−101.0	102.0	1.747
二氯甲烷(CH_2Cl_2)	−97.0	40.0	1.327
三氯甲烷($CHCl_3$)	−63.5	61.7	1.483
四氯化碳(CCl_4)	−23.0	290.0	1.587
氯苯(C_6H_5Cl)	−45.0	132.0	1.106
溴苯(C_6H_5Br)	−30.7	156.0	1.495

7.5 卤代烃的化学性质

卤代烃由于C—X键的强极性和易断裂性，因此具有较活泼的化学性质，可进行多种反应转变为其他化合物。这使得卤代烃在有机合成中具有广泛的应用价值。

7.5.1 卤代烃的亲核取代反应

由于卤素原子电负性较强，C—X键之间的电子云偏向卤素原子，使卤素原子带有部分负电荷。因此，α-C容易受到负离子或具有未共用电子对的分子（H_2O、NH_3、NaCN、NaOR等）的进攻，卤素基团带着电子离去，其他基团发生取代反应生成相应的有机化合物。这种卤代烃的基本反应称为亲核取代反应。卤代烃的亲核取代反应可用下列通式表示：

$$\underset{\text{亲核试剂}}{Nu^-} + \underset{\text{底物}}{R—CH_2—X} \longrightarrow \underset{\text{产物}}{R—CH_2—Nu} + \underset{\text{离去基团}}{X^-}$$

1. 水解反应

卤代烃水解生成醇，例如：

$$R—X+H_2O \rightleftharpoons R—OH+HX$$

卤代烃的水解是可逆反应，反应速率较慢。若将氢氧化钠或氢氧化钾加入水溶液中共热，会促进反应向正向进行。例如：

$$R—X+NaOH \xrightarrow[\triangle]{H_2O} R—OH+NaX$$

这是工业上制备醇的方法之一。

2. 醇解反应

卤代烃与醇钠在醇溶液中发生反应，其中卤素原子会被烷氧基（—OR）取代生成醚。

$$R—X+NaOR' \xrightarrow{ROH} R—OR'+NaX$$

这是一种关键的混合醚制备方法，也被称为威廉姆逊（Williamson）醚合成法。

3. 氰解反应

卤代烃与氰化钠或氰化钾在醇溶液中发生反应，其中卤素原子被氰基取代生成腈。

$$R—X+NaCN \xrightarrow[\triangle]{ROH} R—CN+NaX$$

腈水解可以生成羧酸，还原可生成伯胺。

$$R—CN \xrightarrow[\triangle]{H_2O/H^+} RCOOH$$

$$R—CN + 2H_2 \xrightarrow{Ni} R—CH_2NH_2$$

这是增长碳链常用的一种方法，其中氰化钠和氰化钾可以用作催化剂，促使碳链的增长，但是氰化钠和氰化钾是剧毒物质。因此，在实际应用中，使用氰化钠或氰化钾作为催化剂受到了很大限制。

4. 氨解反应

卤代烃与过量氨发生反应，卤素原子被氨基取代生成有机胺。

$$RX + 2NH_3(过量) \xrightarrow{\triangle} RNH_2 + NH_4X$$

由于生成的有机胺具有较强的活性，在氨不过量的情况下，生成的产物伯胺（RNH_2）会进一步与卤代烃反应生成仲胺（R_2NH）、叔胺（R_3N）及季铵盐（$R_4N^+X^-$）。

$$RX + NH_3 \longrightarrow RNH_2 \xrightarrow{RX} R_2NH \xrightarrow{RX} R_3N \xrightarrow{RX} R_4N^+X^-$$

5. 与硝酸银的醇溶液反应

在醇溶液中，卤代烃与硝酸银发生反应，生成硝酸酯和卤化银沉淀。

$$RX + AgNO_3 \xrightarrow{C_2H_5OH} \underset{硝酸酯}{RONO_2} + AgX$$

该反应可用于区别卤代烃分子中卤素原子的活泼性。

7.5.2 卤代烃的消除反应

卤代烃在氢氧化钠或氢氧化钾的醇溶液中加热时，会发生消除反应。在反应中，卤代烃分子脱去小分子 HX，同时生成不饱和化合物。这种从分子中脱去小分子 HX 形成不饱和键的反应，叫作消除反应，又称消去反应，用符号 E 表示。

$$R—\underset{\displaystyle H}{\underset{|}{CH}}—\underset{\displaystyle X}{\underset{|}{CH_2}} \xrightarrow[\triangle]{KOH/C_2H_5OH} R—CH{=}CH_2 + HX$$

卤代烃的消除反应有以下特点：

在卤代烃脱卤化氢过程中，通过增加碱的浓度，可以促进消除反应的进行，消除反应的主要产物是卤代烃分子中的卤素原子和 β-C 上的氢原子。此外，在消除反应中，生成的产物主要是碳碳双键上取代基较多的烯烃，这一规律被称为扎伊采夫（Saytzeff）规则。

对于卤素原子相同，但烃基不同的卤代烃，消除反应的活性顺序为：叔卤代烃＞仲卤代烃＞伯卤代烃。对于烃基相同，但卤素原子不同的卤代烃，消除反应的活性顺序为：碘代烷烃＞溴代烷烃＞氯代烷烃。这是因为不同卤素原子的键能差异导致反应活性不同。

7.5.3 卤代烃与金属的反应

卤代烃和一些金属元素（Li、Na、K 和 Mg 等）反应，生成有机化合物。

1. 与金属镁的反应

在无水乙醚中，卤代烃与金属镁发生反应，生成烃基卤化镁，也被称为格利雅（Grignard）试剂，简称为格氏试剂。

$$RX + Mg \xrightarrow{\text{无水乙醚}} RMgX$$

格氏试剂在制备和使用时要求非常严格，需要隔绝氧气，因为格氏试剂能与空气中的氧气发生反应，生成烷氧基卤化镁，烷氧基卤化镁可以进一步与水反应生成醇，从而降低格氏试剂的活性。

$$2RMgX + O_2 \longrightarrow 2ROMgX$$
$$ROMgX + H_2O \longrightarrow ROH + Mg(OH)X$$

同时，格氏试剂非常活泼，能够与含活泼氢的化合物、环氧化合物、羰基化合物等物质发生反应而被降解。

2. 与金属钠的反应

在乙醚等惰性溶剂中，卤代烃可以与金属钠发生反应，烃基偶联生成烷烃和卤化钠，这个反应称为武尔茨（Wurtz）反应。

$$2RX + 2Na \longrightarrow R{-}R + 2NaX$$

通过这个反应可以利用较低级的卤代烷烃合成较高级的烷烃。但是该方法产率较低，在实际生产中应用很少。

3. 与金属锂的反应

在乙醚等惰性溶剂中，卤代烃与金属锂发生反应，生成烷基锂。这个反应被称为烷基锂合成反应。

$$CH_3CH_2CH_2CH_2Br + 2Li \xrightarrow[N_2,\ -10℃]{n\text{-}C_6H_{14}} CH_3CH_2CH_2CH_2Li + LiBr$$

生成的烷基锂试剂比格氏试剂具有更高的活性，有机锂试剂的制备与保存方法与格氏试剂相似。

7.5.4 还原反应

卤代烃的还原反应是指卤代烃被还原剂还原成烃的反应。常用的还原剂有氢碘酸和氢化铝锂。

$$RX \xrightarrow{LiAlH_4} RH$$

氢化铝锂是一种被广泛应用的还原剂，它可以处理各类卤代烃（包括乙烯型卤代烃）。然而，氢化铝锂与水反应生成氢气，因此必须在无水环境中进行。为了提供无水条件，可选择在四氢呋喃、乙醚等溶剂中进行反应。这些溶剂具有较低的含水量，可以有效地降低氢化铝锂与水反应的可能性。

$$LiAlH_4 + 4H_2O \longrightarrow LiOH + Al(OH)_3 + 4H_2$$

7.6 亲核取代反应历程及其影响因素

大量的实验证明，卤代烃的亲核取代反应主要有两种历程，这两种历程是根据亲核试剂（nucleophile）的进攻与离去基团（leaving group）离去的先后顺序划分的，分别是单分子亲核取代反应历程（S_N1）和双分子亲核取代反应历程（S_N2）。

7.6.1 单分子亲核取代反应历程

S_N1 的整个历程分为两步，第一步是卤代烃在溶剂作用下异裂生成卤素负离子和碳正离子（carbenium ion）。碳正离子既作为第一步的反应产物又作为第二步的反应原料，故称为中间体（intermediate）。第二步是亲核试剂从碳正离子中间体两边进行进攻，形成产物醇。

第一步：

$$(CH_3)_3C-Br \xrightarrow{慢} (CH_3)_3C^+ + Br^-$$

第二步：

$$(CH_3)_3C^+ + OH^- \xrightarrow{快} (CH_3)_3C-OH$$

第一步是慢反应，决定了整个反应的反应速率。碳正离子中间体仅是卤代烃的一种分子，因此称为单分子亲核取代反应。

7.6.2 双分子亲核取代反应历程

在 S_N2 的整个历程中，亲核试剂从离去基团的背面进攻，沿着碳原子和卤素原子连接的中心线进攻。

$$Nu^- + R^1R^2R^3C-X \longrightarrow \left[\overset{d^-}{Nu}\cdots C(R^1)(R^2)(R^3)\cdots \overset{d^-}{X} \right] \longrightarrow Nu-C(R^1)(R^2)(R^3) + X^-$$

过渡态

S_N2 反应只有一步，是一个协同过程。由于反应是一步完成的，反应速率与两种化合物的浓度都有关系，因此称为双分子亲核取代反应。

从化合物的构型考虑，亲核试剂从离去基团背面进攻中心碳原子，生成产物后，亲核基团处于原来卤素原子的对面，导致产物具有相反的构型，这种现象称为构型反转，也被称为瓦尔登（Walden）反转。

7.6.3 影响亲核取代反应的因素

1. 亲核试剂的影响

在 S_N1 反应中，卤代烃的解离是决定反应速率的关键步骤，该步骤只与卤代烃的浓度有关。这是因为在 S_N1 反应中，离去基团的离去是慢步骤，决定了整个反应的速率。亲核试剂是在碳正离子形成后才参与反应的，所以亲核试剂的差别对 S_N1 反应速率影响较小。

在 S_N2 反应中，反应是一步完成的，亲核试剂的进攻与离去基团的离去同时进行。因此，亲核试剂的亲核性和浓度对 S_N2 反应有重要的影响。亲核试剂浓度越大，参与反应的亲核试剂分子数越多，反应速率越快。同时，亲核试剂的亲核性强弱也影响过渡态的形成和稳定性，进而影响反应速率。亲核试剂的浓度和亲核性增大，会增加反应速率，使反应更加趋向于 S_N2 历程。

2. 溶剂的影响

溶剂对化学反应过程中反应物和过渡态的稳定性和溶解性起着重要的作用。通常把溶剂分为质子溶剂、非极性溶剂和极性非质子溶剂。三种类型的溶剂对反应的影响是不同的。溶剂的极性对卤代烃及亲核试剂的反应活性有不同程度的影响。

在 S_N1 反应中，溶剂的极性大有利于卤代烃解离成碳正离子。卤代烃在转化为过渡态时，电荷有所增加，溶剂的极性大会使过渡态溶剂化更稳定，有利于反应进行。

在 S_N2 反应中，亲核试剂和过渡态都带有一个负电荷，电荷变化不大，只是由原来电荷比较集中转变为电荷比较分散。所以溶剂极性对 S_N2 反应的速率影响不大。但是质子溶剂和非质子溶剂对 S_N2 反应却有很大影响。由于极性质子溶剂能与亲核试剂形成氢键显示出较好的溶剂化作用，亲核试剂必须脱去溶剂才能与卤化物接触，使得亲核试剂的亲核能力大大降低，导致反应速率变慢。而极性非质子溶剂因为溶剂化作用小而对反应影响不大。

3. 烃基结构的影响

卤代烃分子中的烃基结构对亲核取代反应的速率有很大的影响。主要影响因素有电子效应（诱导效应和共轭效应）和空间效应。

在 S_N1 反应中，反应速率的决定步骤是 C—X 键的断裂，生成碳正离子中间体。因此，碳正离子的稳定性对反应速率有重要影响。碳正离子的稳定性主要受电子效应和空间效应的影响。从电子效应角度考虑，碳正离子的稳定性可以被烃基的电子效应影响，一般来说，碳正离子的稳定性顺序为：叔卤代烃＞仲卤代烃＞伯卤代烃＞卤代甲烷。从空间效应角度考虑，叔卤代烃的中心碳原子连有三个烃基，由于烃基较多，导致空间位阻较大。然而，中心碳原子由 sp^3 杂化的四面体结构转变为碳正离子 sp^2 杂化的平面型结构，减小了空间位阻，使反应速率加快。因此，叔卤代烃的反应速率相比于其他卤代烃更快。

在 S_N2 反应中，反应是一步完成的，反应速率主要取决于过渡态的稳定性。从电子效应角度考虑，卤代烃分子中的烃基对亲核试剂的进攻产生很大的阻碍作用，从而降低反应活性。然而，从反应物卤代烃到过渡态阶段，中心碳原子的电荷没有明显的变化，因此卤代烃分子中所连的不同结构对过渡态稳定性影响不大。从空间效应角度考虑，亲核试剂主要从背后进攻中心 α-C 原子，卤代烃的烃基越多、体积越大，越会阻碍亲核试剂与 α-C 接近，从而降低反应速率，不利于亲核取代反应的发生。

4. 离去基团性质的影响

一般来说，离去基团的碱性越弱，它的离去能力越强，越容易从分子中离开。相反，离去基团碱性越强，离开中心碳原子的倾向越小，越难从分子中离开，这使得亲核取代反应变得越困难。

在 S_N1 反应中，离去基团离去生成碳正离子是反应的速率控制步骤，所以离去基团的离去能力对反应速率有重要影响。

在 S_N2 反应中，离去基团的离去能力对反应速率影响较小。这是因为 S_N2 反应是一步完成的，亲核试剂直接替代离去基团，因此离去基团的离去能力不会过多影响反应速率。

7.7 消除反应历程及其影响因素

卤代烃的消除反应与亲核取代反应类似，卤代烃的消除反应也有两种不同的历程，它们分别为单分子消除反应历程（E1）和双分子消除反应历程（E2）。

7.7.1 单分子消除反应历程

E1 反应与 S_N1 反应机理相似，该反应也是分两个步骤进行的。在反应的第一步中，卤代烃在溶液中断裂 C—X 键，并经过过渡态，最后解离生成碳正离子和卤素负离子。在第二步中，碱攻击 β-C 上的氢原子，使 C—H 键断裂，并经过过渡态，最后生成烯烃和 H^+。先发生的 C—X 键断裂和生成碳正离子的步骤是比较缓慢的，它决定了反应的速率。因此，E1 反应速率与卤代烃的浓度有关，与亲核试剂浓度无关。

第一步：

$$H_3C-\overset{\displaystyle CH_3}{\underset{\displaystyle CH_3}{\overset{|}{\underset{|}{C}}}}-X \xrightarrow{\text{慢}} H_3C-\overset{\displaystyle CH_3}{\underset{\displaystyle CH_3}{\overset{|}{\underset{|}{C^+}}}} + X^-$$

第二步：

$$H_3C-\overset{\displaystyle CH_3}{\underset{\displaystyle CH_3}{\overset{|}{\underset{|}{C^+}}}} + OH^- \xrightarrow{\text{快}} H_2C=\overset{\displaystyle CH_3}{\underset{\displaystyle CH_3}{\overset{|}{\underset{|}{C}}}} + H_2O$$

7.7.2 双分子消除反应历程

E2 反应与 S_N2 反应机理相似，都是旧键的断裂和新键的生成同时进行。在 E2 反应中，碱会攻击卤代烃中 β-C 上的氢原子，与之形成新键，同时卤素原子带着一对电子逐渐离开碳原子，形成一个过渡态。整个反应是一步完成的，不涉及碳正离子的生成。与 E1 反应不同，E2 反应的速率不仅与卤代烃浓度有关，还与碱的浓度有关。

7.7.3 影响消除反应的因素

1. 亲核试剂的影响

亲核试剂对 E1 的反应速率没有显著影响。然而，对 E2 反应来说，碱性强的亲核试剂有更强的夺取 β-C 上氢原子的能力，因此促进 E2 反应的进行。亲核试剂的浓度越高，对 E2 反应越有利。此外，亲核试剂体积大小也会影响 E2 反应，亲核试剂的体积越大，越难进攻中间立体位阻大的 α-C，但更容易夺取周围立体阻碍小的 β-C 上的氢原子，因此体积较大的亲核试剂有利于 E2 反应的进行。

2. 溶剂的影响

一般来说，极性较大的溶剂有利于取代反应，不利于消除反应。极性较小的溶剂有利于消除反应，不利于取代反应。在消除反应中，一般选用极性较小的溶剂，醇作为溶剂可以促进消除反应，生成的产物主要是烯烃。相反，选择水作为溶剂会促进取代反应，主要的产物是醇。这是因为溶剂极性与反应中间态的稳定性有关。在极性较小的溶剂中，亲核试剂更容易攻击卤代烃 β-C 上的氢原子，形成中间态，对消除反应更有利，在极性较大的溶剂中，溶剂分子更容易与亲核试剂反应，使得对取代反应更有利。

3. 烃基结构的影响

卤代烃分子中 α-C 上所连的烃基越多，对于消除反应越有利。亲核试剂进攻 α-C 上连有支链的卤代烃的中心原子时，受到支链的空间阻碍作用较大，不利于亲核取代反应；α-C 上连有支链的卤代烃，有较多 β-H 时，有利于亲核试剂进攻 β-H 进行消除反应。不同的烃基结构发生消除反应的活性顺序为：叔卤代烃＞仲卤代烃＞伯卤代烃。

4. 温度的影响

消除反应同时涉及 C—H、C—X 键的断裂，需要较高的活化能，所以在消除反应中，提高反应温度有利于消除反应的进行。例如：

$$(CH_3)_3CBr \xrightarrow{C_2H_5OH} (CH_3)_2C{=}CH_2 + HBr$$

25℃	19%
55℃	28%

综上所述，对于一个卤代烃的消除反应，亲核试剂的碱性强、浓度大、体积大，溶剂的极性小，反应的温度高，都利于反应的顺利进行。

7.8 重要的卤化物

7.8.1 二氯甲烷

二氯甲烷是一种常用的溶剂，它具有透明且容易挥发的特性，沸点为39.8℃。在常温下，这种液体具有类似于醚的刺激性气味。不溶于水，但可以与绝大多数常用的有机溶剂互溶。

二氯甲烷在通常条件下不易燃烧，但如果将少量的二氯甲烷溶于易燃的溶剂中，可以提高溶剂的着火点。同时，二氯甲烷的毒性较小，仅为四氯化碳的0.11%。

二氯甲烷是一种优良的有机溶剂，常用来替代易燃的石油醚、乙醚等。此外，它还具有强氧化性，能够有效保护有机物不被氧化。

7.8.2 三氯甲烷

三氯甲烷，又称氯仿、三氯化碳，是制备四氟乙烯和氟利昂的原料。常温下，三氯甲烷为无色透明易挥发的重质液体，有特殊气味，沸点为61.2℃，能与苯、石油醚、乙醚、乙醇等互溶，是常用的有机溶剂。氯仿具有麻醉性，有毒，在光照条件下，能被空气中的氧气氧化为有剧毒的光气和氯化氢。

$$2CHCl_3 + O_2 \xrightarrow{日光} 2Cl{-}\overset{\overset{\displaystyle O}{\|}}{C}{-}Cl + 2HCl$$

光气

光气是窒息性毒剂，过量吸入光气可引起非心源性肺水肿、窒息或死亡。所以氯仿要保存在棕色瓶内。

7.8.3 四氯甲烷

四氯甲烷，又称四氯化碳，为无色澄清易流动液体，易挥发，和氯仿的气味相似，沸点为76.8℃。它本身是一种良好的溶剂，不溶于水，可与乙醚、乙醇、氯仿等互溶。它的麻醉性比氯仿低，但毒性较大。可用作灭火剂、有机物的氯化剂、纤维的脱脂剂。但由于毒性的关系现在很少使用。四氯化碳作为灭火剂时，会在高温条件下与水反应生成光气和氯化氢，因此，在灭火的同时，要注意通风。避免与氧化剂、活泼性金属粉末接触。

$$CCl_4 + H_2O \xrightarrow{500℃} COCl_2 + 2HCl$$

7.8.4 氯乙烯

氯乙烯，又称乙烯基氯，是一种无色、易液化、具有刺激性气味的气体，沸点为−13.9℃。它具有良好的溶解性，微溶于水，易溶于四氯化碳、乙醚、二氯乙烷等有机溶剂。与空气形成爆炸性混合物，爆炸极限为3.6%～33%（体积分数），广泛用于工业、医药等领域，可由乙炔或乙烯制得，也是制备聚氯乙烯的单体。

$$H_2C{=}CH_2 + Cl_2 \xrightarrow[40℃]{FeCl_3} CH_2ClCH_2Cl \xrightarrow{500℃} H_2C{=}CHCl + HCl$$

当氯乙烯不充分燃烧时会产生较多的二噁英和一氧化碳；在充分燃烧时会产生氯原子中间体；在高温和光照的条件下会生成光气。

7.9 氟代烃

氟代烃是指分子中含有一个或多个氟原子的有机化合物。氟代烃与其他卤代烃相比差别较大，具有特殊的物理、化学性质，许多氟代烃具有非凡的功能。例如：俗称为塑料王的聚四氟乙烯具有耐热、耐寒、耐酸、耐碱、耐各种化学试剂的优点，可用作高中低压管道、阀门、排气管等；氟橡胶与一般的橡胶相比，具有耐高温、耐油和耐多种化学品侵蚀的优良性能；有机氟药物具有特殊的生物活性和生物体适应性，含氟的药物疗效比一般药物均强好几倍，这使得有机氟药物在医药领域得到了极大的发展。有机氟化物产品广泛应用在医药、材料、生命、航天等多个行业，拥有极大的经济价值。

7.9.1 氟代烃的命名

1. 少氟有机化合物的命名

氟代烃分子中含有少数氟原子的化合物采用系统命名法命名。例如：

1,1-二氟环己烷　　　1,1-二氟-2-碘乙烷

2. 多氟有机化合物的命名

氟代烃分子中氟原子的个数超过碳链上其他原子个数时，即氢原子没有完全被氟取代的化合物称为多氟有机化合物，命名时按全氟化合物命名，然后在全氟词头前加上“氢代”，例如：

$CF_3CHF—(CF_2)_4CHF_2$　　　$CF_3CF_2CF_2CH_2OH$

1,6-二氢全氟庚烷　　　1,1-二氢代全氟-1-丁醇

3. 全氟有机化合物的命名

氟代烃分子中不含氢及其他卤素原子，母体碳原子上的氢（官能团中的除外）全部被氟原子取代的化合物称为全氟有机化合物。命名时在名称前加上“全氟”。例如：

$CF_3—CF_2—CF_2—CF_3$　　　$CF_3—CF_2—CF_3$

全氟丁烷　　　全氟丙烷

7.9.2 氟代烃的制备

由于氟的特殊性质，氟代烃与其他卤代烃在制备方法、物理性质、化学性质和应用领域有很大不同。

1. 氟化氢加成

无水氟化氢与烯烃或炔烃反应生成氟化物。然而，氟化氢并不与芳香化合物加成。在加成反应中，遵循马氏规则。对于烯烃的加成有两种方式，在低温条件下有利于加成反应的进

行，而在高温条件下更有利于聚合反应的进行。当烯烃的双键碳上已经存在卤素原子时，加成反应比较困难，需要加入三氟化硼等试剂促进反应的进行，并且还可能发生取代反应。

$$\text{环己烯} \xrightarrow{HF} \text{氟代环己烷}$$

$$CH_3—CH═CH_2 \xrightarrow{HF} CH_3—\underset{\large F}{\underset{|}{C}H}—CH_3$$

炔烃与氟化氢加成在常压、低温时即可进行，但乙炔非常特殊，常压时，300℃以下不与氟化氢反应。在高压条件下，乙炔与氟化氢反应主要会生成两分子的加成产物。但在使用 $HgCl_2$ 和 $BaCl_2$ 等催化剂的情况下，乙炔与氟化氢反应主要生成一分子的加成反应。

$$CH≡CH + HF \xrightarrow{20℃, 1.3MPa} \underset{35\%}{CH_2═CHF} + \underset{65\%}{CH_3—CHF_2}$$

$$CH≡CH + HF \xrightarrow[97\sim104℃]{BaCl_2, HgCl_2, C} \underset{82\%}{CH_2═CHF} + \underset{4\%}{CH_3—CHF_2}$$

2. 无机氟化物对有机卤素原子的取代

通常用氟化钾或氟化钠取代饱和碳上的卤素原子，这是一种常用的方法。同时，该方法也可取代具有吸电子基团的苯环上的卤素原子。例如：

$$CH_3(CH_2)_4CH_2Br + KF \xrightarrow{乙二醇} CH_3(CH_2)_4CH_2F$$

$$O_2N—C_6H_3(NO_2)—Cl \xrightarrow[DMF]{KF} O_2N—C_6H_3(NO_2)—F$$

在工业上，为了降低成本，常采用氟化氢代替金属氟化物进行氟化反应。然而，氟化氢本身具有极强的腐蚀性，因此在使用时需要采取安全措施。例如：

$$C_6H_5CH_3 \xrightarrow[Cl_2]{光照} C_6H_5CCl_3 \xrightarrow{HF} C_6H_5CF_3$$

3. 电化学氟化

电化学氟化是利用电极反应将氟原子直接引入有机物的一种方法，主要包括电化学全氟化和电化学选择氟化两种制备方法。

（1）电化学全氟化

电化学全氟化是将有机物溶解于无水氟化氢中，形成具有导电性的溶液，在有必要时需要添加少量的导电物质，然后在低压下进行电化学全氟化。这种氟化方法无选择性，会将全部的 C—H 键转化为 C—F 键。

（2）电化学选择氟化

电化学选择氟化则不同，它是在有机溶剂中进行的，阳极一般采用铂，溶剂采用腈类、砜类。这种方法可以选择性地将氟原子引入有机物中。

7.9.3 重要的氟化物

有机氟化物主要包括基本的氟碳化合物、氟聚合物和有机氟精细化学品。

1. 氟利昂

氟利昂是一种低碳多卤代烃，分子内含有氟和氯，常见的有氟氯甲烷和氟氯乙烷。氟利昂在常温常压下是无色气体，但在低温加压下形成透明的液体。氟利昂具有一定的香味，不易燃烧，并且不具有毒性和腐蚀性。氟利昂化学稳定性和热稳定性较强，微溶于水，可以与一元醇、卤代烃或其他有机溶剂任意比例互溶。

然而，当氟利昂被释放到大气中，从对流层进入平流层后，氟利昂会解离并释放出氯原子。氯原子与臭氧发生链反应，进而导致臭氧层被破坏，即使进入极少量的氟利昂也会对臭氧层产生负面影响，破坏臭氧层的稳定性。臭氧层被破坏后，吸收紫外线辐射的能力减弱，导致大量紫外线照射到地球表面，给生态环境和人类健康造成严重的伤害，例如患白内障的人群比例大大增加，农作物减产和增加人们患皮肤癌的风险。

链引发：
$$CF_2Cl_2 \xrightarrow{\text{紫外线}} CF_2Cl\cdot + Cl\cdot$$

链传递：
$$O_3 + Cl\cdot \longrightarrow O_2 + ClO\cdot$$
$$O_3 + ClO\cdot \longrightarrow 2O_2 + Cl\cdot$$

为了避免臭氧层的破坏加重给人类造成的伤害，一些国家已经开展了环保相关工作，开发一些无氯的氟利昂替代品，例如：在制冷方面可用氢氟烃类制冷剂等代替。

2. 四氟乙烯和聚四氟乙烯

四氟乙烯是一种无色气体，沸点为-76.3℃。它不溶于水，溶于有机试剂。制备四氟乙烯的方法是使用氯仿与干燥的氟化氢，在催化剂五氯化锑作用下，首先生成一氯二氟甲烷，然后一氯二氟甲烷在600～800℃热解，生成四氟乙烯。

$$CHCl_3 + 2HF \xrightarrow{SbCl_5} CHClF_2 + 2HCl$$
$$2CHClF_2 \xrightarrow{600\sim800^\circ C} CF_2{=}CF_2 + 2HCl$$

在水介质中，通过使用引发剂过硫酸铵等，四氟乙烯在高温加压条件下可聚合生成聚四氟乙烯。

$$nCF_2{=}CF_2 \xrightarrow[500^\circ C,\ 490.5\,kPa]{(NH_4)_2S_2O_8,\ H_2O,\ HCl} {-}\!\!\left[CF_2{-}CF_2\right]\!\!_n{-}$$

聚四氟乙烯是一种白色粉末，无味，被称为“塑料王”。其最大特点是稳定，耐高温、耐低温、绝缘性好、不燃烧，不受任何物质侵蚀，耐酸、耐碱且耐各种有机溶剂腐蚀，甚至在“王水”中也无变化。

3. 氟橡胶

氟橡胶（fluororubber）是一种有机高分子弹性体。由于氟原子的存在，氟橡胶具有出色的耐热性、耐氧化性、耐药品性。它主要应用于航空、石油、汽车工业和国防尖端工业。

在氟橡胶的发展过程中，尽管最初与丁橡胶、氯橡胶相比，氟橡胶性能稍显不足，但随着不断地研究开发，人们对氟橡胶进行了深入的研究，逐渐改进了其性能。比如，美国杜邦公司在20世纪50年代后期推出了Viton A型和Viton B型橡胶，它们具有出色的耐化学腐蚀性和耐油性，但耐寒性相对较差。此后，技术的改进使得氟橡胶的性能进一步提升，特别是在耐寒性方面。

随着科技的进步，各种新型氟橡胶不断被开发出来，中国也研发了多种型号的氟橡胶，主要包括聚烯烃类氟橡胶和亚硝类氟橡胶。这些氟橡胶广泛应用于航空、航天等国防领域，例如用于制造高性能密封材料和耐腐蚀材料。随着技术的不断进步和推广，氟橡胶也逐渐应用于化工、机械制造等民用工业部门，以满足不同领域对高性能材料的要求。

7.10 林学和生物学相关的卤化物

7.10.1 氯甲烷

氯甲烷是一种无色液体，具有特殊气味。氯甲烷的沸点为61.2℃，密度为$1.49g \cdot cm^{-3}$，可溶于大多数有机溶剂和非极性溶剂，但难溶于水。

在林学中，氯甲烷可以用于防治林木病虫害。例如，当森林中的树木受到昆虫、真菌或其他害虫的侵袭时，可以喷洒氯甲烷进行杀虫或杀菌，以保护树木的健康，促进其生长。

在生物学中，氯甲烷可用于从植物中提取目标化合物。许多草本植物，如树叶、花和果实，含有活性成分，这些活性成分可以通过溶剂提取的方式进行提取和分离。

7.10.2 溴甲烷

溴甲烷，又称甲基溴、一溴甲烷或溴代甲烷，是一种无色无味气体，但在浓度较高时略有甜味。其沸点为3.6℃，微溶于水，易溶于乙醚、乙醇、四氯化碳、苯等有机溶剂。

在林学中，溴甲烷是一种天然的植物信号物质。研究发现，某些植物在受到机械伤害或昆虫咬食时会释放出溴甲烷，通过空气中散发的溴甲烷来吸引天敌昆虫，从而协调植物与害虫之间的相互作用。

在生物学中，溴甲烷可用作杀菌剂，用于对实验器具、培养皿等进行消毒，以防止细菌和其他微生物污染。

7.10.3 氯乙烷

氯乙烷常温常压下是无色气体，有类似醚样的气味。其沸点为−42℃，密度为$1.20g \cdot cm^{-3}$。氯乙烷可溶于醇、醚、酮等有机溶剂，微溶于水。氯乙烷具有较高的化学反应活性，可参与多种化学反应。

在林学中，氯乙烷可用于土壤消毒，以去除土壤中的病原体、虫卵和杂草种子，从而减少病害和杂草对林木的威胁。此外，氯乙烷也可以用于种子的消毒处理，以杀灭种子表面的病原菌和真菌，防止它们在播种时传播病害。

在生物学中，氯乙烷可以用作一种常见的实验室试剂，可用于细胞破碎和膜溶解。由于其疏水性，氯乙烷能够破坏细胞膜，释放细胞内的分子和物质。氯乙烷也可以用于沉淀蛋白质，通过在低温下添加氯乙烷，可以使蛋白质凝聚并沉淀，从而分离和纯化蛋白质。

课外拓展

近年来，工业发展和人类活动对环境造成的负面影响越来越严重，其中之一就是大气中的温室气体浓度增加和大面积的森林被砍伐，与此相对应的则是全球变暖导致的极端天气增加，两极冰山融化，海平面上升等。各种类型的森林资源与气候条件紧密相关，我们有必要认识森林资源与全球气候变化相互依存的关系，这对于保护我们的生存环境具有重要意义。

森林是地球上最大的陆地生态系统之一，能吸收和储存大量二氧化碳。通过光合作用，植物在生长过程中吸收二氧化碳并释放氧气，这样可以缓解大气中过量的二氧化碳，有助于缓解地球气候变暖的速度。

森林通过植物的蒸腾作用有助于保持水循环。树木的根系吸收地下水，蒸腾过程中释放水蒸气到大气中，形成云和降水。这有助于保持地球的水分平衡，减轻全球气候变暖对水资源的影响。

森林是许多生物物种的栖息地。维持健康的森林生态系统有助于保护许多植物和动物的栖息地，维持生物多样性。生态系统的稳定性对抵抗气候变化的影响至关重要。

森林破坏是一个严重问题，尤其是伐木、森林火灾和森林转化为农田等。这些活动导致碳储存的流失，并释放大量的二氧化碳。森林破坏不仅损害了生态系统的稳定性，还加速了全球气候变暖的进程。

因此，保护和可持续管理森林资源对于应对全球气候变暖至关重要。这包括实施可持续的林业管理、保护森林资源不受破坏、恢复受损的森林等措施。同时，通过植树造林等方式增加森林覆盖率也是减缓气候变暖的有效方法之一，对于推动和促进人类社会的可持续发展至关重要，且任重而道远。

习题

1. 用系统命名法命名下列化合物。

(1) $CH_3CH_2CH_2Cl$　(2) $CH_3CHClCH_2CH_2Br$　(3) $CF_2=CF_2$

(4) $CH_3CH_2CHBrCH(CH_3)CH=CH_2$　(5) $CH_3CHBrCH=CHCH_3$　(6) (环己烯基)—Cl

2. 写出下列化合物的结构式。

(1) 二氯二氟甲烷　(2) 氯环己烷　(3) 1-溴-3-苯基丙烷

(4) 1-溴-2-戊炔　(5) 5-氯戊炔　(6) 6,7-二甲基-1-氯二环[3.2.1]辛烷

3. 完成下列反应式。

(1) $CH_3CH_2CH_2CH_2Br \xrightarrow[\triangle]{KOH, C_2H_5OH}$

(2) $CH_3CH=CH_2 \xrightarrow{Cl_2/H_2O}$

(3) $CH_3C\equiv CCH_3 \xrightarrow{Lindlar\ Pd/H_2} \xrightarrow{Br_2/CCl_4}$ (Fischer 投影式)

(4) (甲苯，$C_6H_5CH_3$) $\xrightarrow[FeCl_3]{Cl_2} \xrightarrow[h\nu]{Cl_2}$

(5) $C_6H_5-CH_2-\overset{O}{\overset{\|}{C}}-C_6H_5 \xrightarrow[\triangle]{HNO_3, H_2SO_4}$

(6) (甲苯，$C_6H_5CH_3$) $+ CH_3CH(CH_3)CH_2Cl \xrightarrow{AlCl_3} \xrightarrow[H^+]{KMnO_4}$

4. 下列的每组反应，哪个反应更快？请说明原因。

(1) $(CH_3)_3CBr + H_2O \xrightarrow[S_N1]{\triangle} (CH_3)_3COH + HBr$

$$CH_3CH_2CH(CH_3)Br + H_2O \xrightarrow[S_N1]{\triangle} CH_3CH_2CH(CH_3)OH + HBr$$

(2) $$CH_3CH_2CH_2Br + NaSH \xrightarrow[S_N2]{H_2O} CH_3CH_2CH_2SH + NaBr$$

$$CH_3CH_2CH_2Br + NaOH \xrightarrow[S_N2]{H_2O} CH_3CH_2CH_2OH + NaBr$$

(3) $$(CH_3)_2CHCH_2Cl \xrightarrow[NaOH]{C_2H_5OH} (CH_3)_2CHCH_2OC_2H_5 + NaCl$$

$$(CH_3)_2CHCH_2Br \xrightarrow[NaOH]{C_2H_5OH} (CH_3)_2CHCH_2OC_2H_5 + NaBr$$

(4) $(CH_3)_2CHCH_2Br + NaCN \longrightarrow (CH_3)_2CHCH_2CN + NaBr$

$CH_3CH_2CH_2Br + NaCN \longrightarrow CH_3CH_2CH_2CN + NaBr$

5. 用简单方法鉴别下列各组化合物。

(1) 烯丙基溴，1-溴戊烷　　(2) 1-氯丁烷，三级氯丁烷　　(3) 己烷，环己烯

(4) 苄基溴，间氯甲苯　　(5)

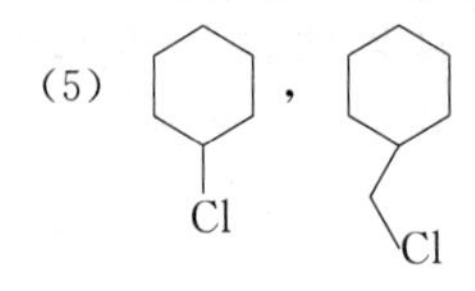

6. 给出下列各题的正确答案。

(1) 下列化合物中，可用于制备格氏试剂的是（　　）。

A. $CH_3\overset{O}{\overset{\|}{C}}CH_2CH_2Br$　　B. $CH{\equiv}CCH_2Br$

C. $CH_2{=}CHCH_2Cl$　　D. CH_2BrCH_2OH

(2) 下列碳正离子最不稳定的是（　　）。

A. $CH_2{=}CHCH_2\overset{+}{C}H_2$　　B. $CH_2{=}CH\overset{+}{C}HCH_3$

C. $CH_3\overset{+}{C}HCH_2CH_3$　　D. 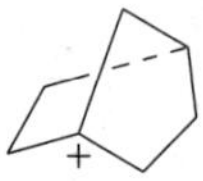 +

(3) 下列化合物中最稳定的是（　　）。

A. 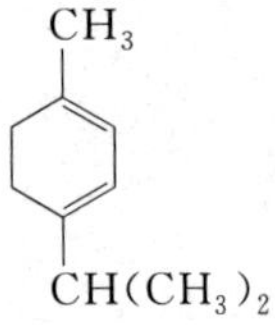 CH_3 / $CH(CH_3)_2$　　B. 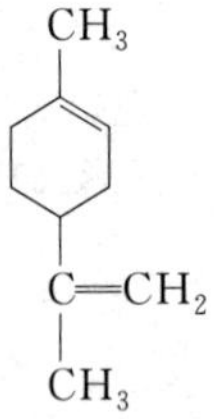 CH_3 / $C{=}CH_2$ / CH_3　　C. $CH(CH_3)_2$ / CH_3

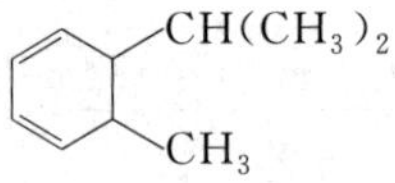

(4) 下列烯烃进行亲电加成反应活性最高的是（　　）。

A. $CH_3CH{=}CH_2$　B. $PhCH{=}CH_2$　C. $CH_2{=}CHCl$　D. $CH_3OCH{=}CH_2$

(5) 下列基团的亲核性顺序：________________。

A. SH^-　　B. PhO^-　　C. H_2O　　D. OH^-

(6) 下列物质发生 S_N2 反应的速率大小顺序：________________。

A. 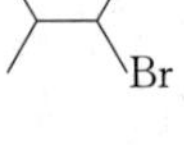 Br　　B. 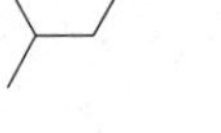 Br　　C. 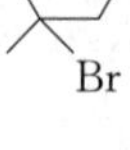 Br　　D. 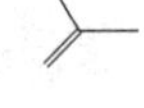 Br

第8章 醇、酚、醚

思维导图

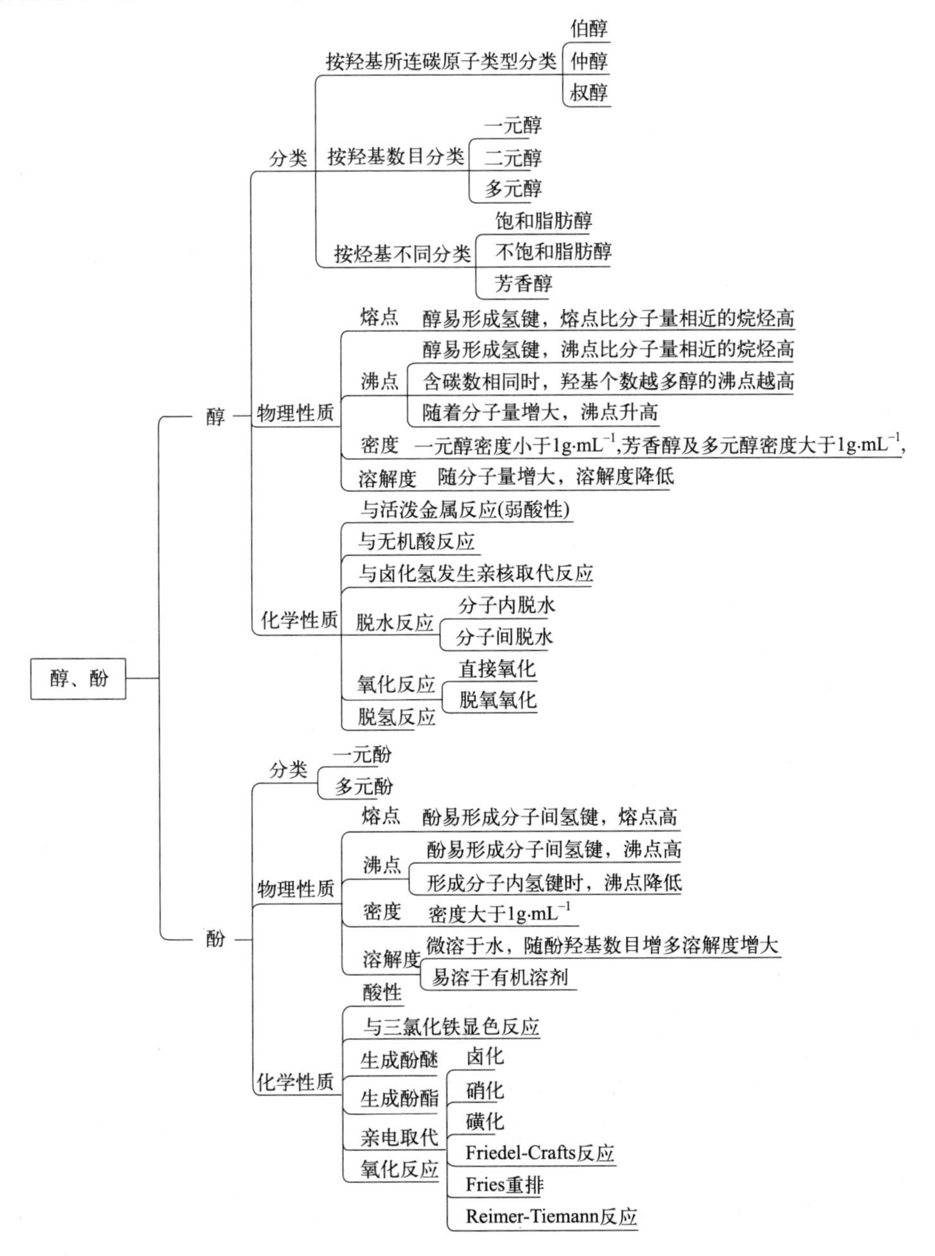

醇、酚
醇
分类
按羟基所连碳原子类型分类
伯醇
仲醇
叔醇
按羟基数目分类
一元醇
二元醇
多元醇
按烃基不同分类
饱和脂肪醇
不饱和脂肪醇
芳香醇
物理性质
熔点
醇易形成氢键，熔点比分子量相近的烷烃高
沸点
醇易形成氢键，沸点比分子量相近的烷烃高
含碳数相同时，羟基个数越多醇的沸点越高
随着分子量增大，沸点升高
密度
一元醇密度小于1g·mL⁻¹,芳香醇及多元醇密度大于1g·mL⁻¹,
溶解度
随分子量增大，溶解度降低
化学性质
与活泼金属反应(弱酸性)
与无机酸反应
与卤化氢发生亲核取代反应
脱水反应
分子内脱水
分子间脱水
氧化反应
直接氧化
脱氧氧化
脱氢反应
酚
分类
一元酚
多元酚
物理性质
熔点
酚易形成分子间氢键，熔点高
沸点
酚易形成分子间氢键，沸点高
形成分子内氢键时，沸点降低
密度
密度大于1g·mL⁻¹
溶解度
微溶于水，随酚羟基数目增多溶解度增大
易溶于有机溶剂
化学性质
酸性
与三氯化铁显色反应
生成酚醚
生成酚酯
亲电取代
卤化
硝化
磺化
Friedel-Crafts反应
Fries重排
Reimer-Tiemann反应
氧化反应

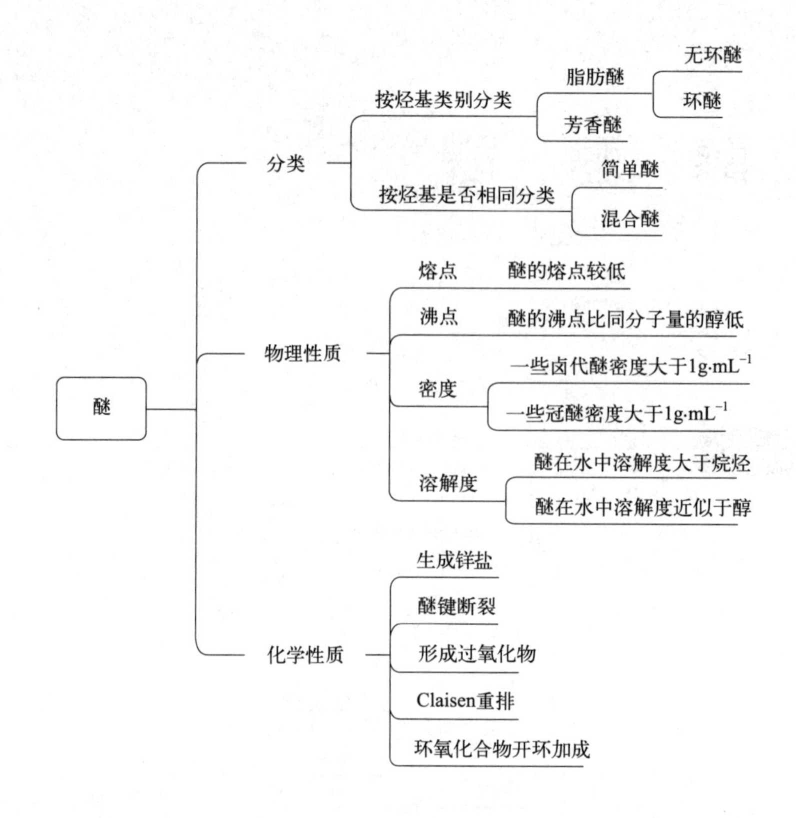

8.1 醇

在烃分子中，羟基取代了饱和碳原子（sp^3）中的一个氢原子所形成的化合物称为醇。醇的官能团为羟基（—OH），根据羟基所连接的碳原子的类型不同可分为伯醇、仲醇和叔醇，分别表示为 RCH_2—OH、R_2CH—OH、R_3C—OH；按所含羟基数量不同可分为一元醇、二元醇和多元醇；按羟基所连接的烃基的不同可分为饱和醇、不饱和醇、脂肪醇、芳香醇等。

五环三萜，包括桦木醇，结构如图 8-1 所示，它主要从桦树的外皮中分离出来，是广泛存在的具有多种药理作用的天然产物。它具有广泛且对人类生命健康具有重要意义的生物活性，包括抗癌、抗炎、抗病毒和抗菌等特性。

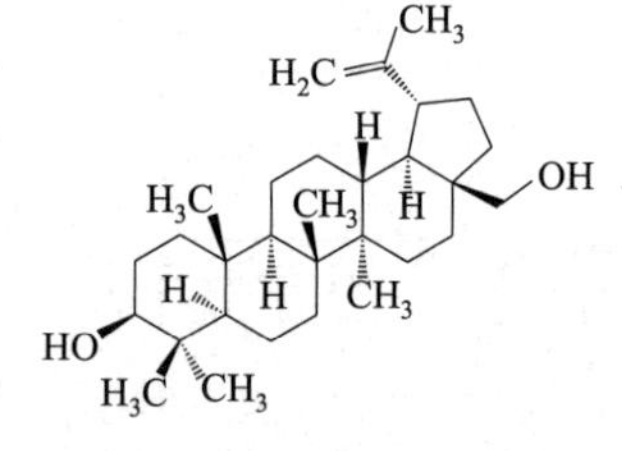

图 8-1 桦木醇的结构

8.1.1 醇的结构

醇的结构通式表示为 R—OH。羟基直接与不饱和碳原子（sp^2 或 sp）相连的形态被称为烯醇形态，但由于其具有高度不稳定性，它们往往转变为更为稳固的酮形态。然而，多元醇中常含有多个氧原子，这些氧原子并不会同时存在于同一个碳原子上，因为它们的性质极为不稳定，容易发生脱水反应，形成对应的醛类、酮类或者羧酸类化合物。本节内容以饱和醇作为重点。

对于甲醇来说，醇羟基中的氧原子直接与以 sp^3 杂化的 C 相连，因此通常被视为具有

sp^3 不等性的杂化形式。同时，由于 O—H 键及氧上未成对的电子与甲基的三条 C—O 键形成了交叉式的优势结构，使得 C—O 键与 O—H 键之间的角度达到了 108.9°。甲醇的球棍模型如图 8-2 所示。

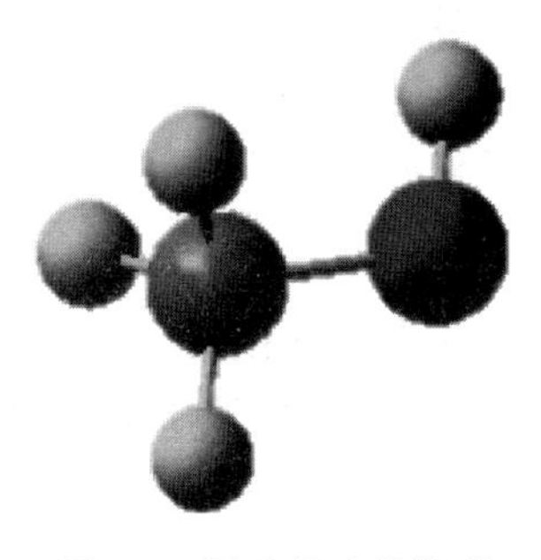

图 8-2 甲醇的球棍模型

8.1.2 醇的物理性质

一元醇是无色且带有刺激性、酒精味道的液体。当碳链中的碳原子数量为 4～11 时，一元醇是一种油状并带有刺激性气味的液体，部分能溶解在水中；但当碳原子数达到 12 时，一元醇会转化为无色无味的蜡状固体，不能溶解于水中。

一些常见的醇的物理性质如表 8-1 所示。

表 8-1 常见醇的物理性质

化合物	熔点/℃	沸点/℃	相对密度	溶解度/g
甲醇(CH_3OH)	−97.0	64.5	0.792	无限
乙醇(CH_3CH_2OH)	−115.0	78.4	0.789	无限
正丙醇[$CH_3(CH_2)_2OH$]	−126.0	97.2	0.804	无限
正丁醇[$CH_3(CH_2)_3OH$]	−90.0	117.2	0.810	7.9
正戊醇[$CH_3(CH_2)_4OH$]	−79.0	138.0	0.817	2.4
正己醇[$CH_3(CH_2)_5OH$]	−52.0	155.8	0.820	0.6
正庚醇[$CH_3(CH_2)_6OH$]	−34.0	176.0	0.822	0.2
环戊醇(环 C_5H_9OH)	−78.5	140.0	0.949	
环己醇(环 $C_6H_{11}OH$)	−24.0	161.5	0.962	3.6
苯甲醇($C_6H_5CH_2OH$)	−15.0	205.0	1.046	4
乙二醇($HOCH_2CH_2OH$)	−16.0	197.0	1.133	无限
丙三醇($HOCH_2CHOHCH_2OH$)	18.0	290.0	1.261	无限

对于一元饱和醇来说，随着分子量增大，醇的物理性质与烷烃的性质类似，沸点也会逐渐升高且高于分子量近似的烷烃。这主要是因为一元饱和醇之间会通过分子间氢键（见图 8-3）相互缔合，要使液体醇汽化，不仅要破坏分子间的范德华力，还要破坏氢键，这个过程会需要大量的能量，所以醇的沸点会比烷烃要高。随着分子量增加，醇羟基与水形成氢键的能力会减弱，溶解度也会随之降低。对于直链醇和支链醇来说，直链醇的沸点相对来说更高。

图 8-3 醇的分子间氢键

8.1.3 醇的化学性质

1. 酸碱性

尽管醇的解离常数比水小，但醇可以解离出 H^+ 并呈现酸性。此外，氧原子上有孤对电子存在，其与质子结合形成盐，因此，醇也是一种路易斯碱。所以，当醇接触到强碱时会显示酸性，而当醇遇到强酸时则表现为碱性。

（1）醇的酸性

因为醇具有一定的酸性，这就使得醇有能力与活跃金属或其氢化物（例如：Na、K、Mg、Al、NaH 等）进行化学反应，释放出氢气形成盐，并且可以和格氏试剂、炔钠发生化学反应，从而产生比醇更弱的烃。

$$ROH + Na \longrightarrow RO^- Na^+ + \frac{1}{2}H_2$$

$$ROH + R'MgX \longrightarrow Mg(OR)X + R'H$$

$$ROH + NaC \equiv CR' \longrightarrow RONa + R'C \equiv CH$$

醇与金属钠的化学反应相对较为平缓，这表明醇中的—OH 解离出 H^+ 的能力要比水弱，也就是说，醇的酸性比水更弱。随着醇中烃基增大，醇与金属钠的反应速率反而会减慢，即醇的活性顺序为：

CH_3OH>伯醇>仲醇>叔醇

醇类形成的盐如醇钠、醇钾、醇镁和醇铝等，可作为强碱性试剂和强亲核试剂，在实验中具有重要应用价值。这种物质通常是由各种金属物质与醇进行反应生成的。相较于 NaOH 和 KOH，醇钠、醇钾的碱性更强，接触水分后会转化为氢氧化物和醇，并且存在以下平衡状态：

$$RONa + H_2O \rightleftharpoons NaOH + ROH$$

所以，通常不能通过 NaOH 或 KOH 与醇的反应来制备醇盐，除非能够移除可逆反应中的水分，从而使平衡向左偏移。

（2）醇的碱性

醇作为路易斯碱，只有在强酸中才能接受质子，生成质子化的醇。

$$R—\ddot{\underset{\cdot\cdot}{O}}—H + H_2SO_4 \rightleftharpoons [R—\underset{\underset{H}{|}}{\ddot{O}}—H]^+ HSO_4^-$$

对于不能溶于水的醇类物质来说，它们能够在高浓度的硫酸环境下溶解并生成盐。通过这种特性，可以有效地识别和分离那些无法用水来处理的醇类物质，同时也能去除这些醇类物质中存在的微量烷烃或卤代烷。此外，因为醇类物质经过质子化后其碳氧键的极性增强了，从而加速了碳氧键的分解，所以使用强酸作为醇类的催化剂能促使其完成取代或者消除反应。

2. 亲核性——氢氧键断裂

由于醇分子内存在孤对电子，它不仅具备一定程度的碱性，还拥有一定的亲核特性。因此，醇能够作为一种亲核试剂进行反应，最终导致醇中的氢氧键断裂。

酯化反应是指醇与羧酸或含氧无机酸发生的酸去羟基醇去氢的反应，生成酯和水。

$$RCH_2O—H + HO—NO_2 \longrightarrow RCH_2O—NO_2 + H_2O$$

反应过程如下所示：

$$ROH + HO—\overset{\overset{O^-}{\|}}{N^+}=O \longrightarrow \underset{\underset{H}{|}}{RO^+}—\overset{\overset{OH}{|}}{\underset{\underset{O^-}{|}}{N^+}}—O^- \longrightarrow RO—\overset{\overset{OH}{|}}{\underset{\underset{O^-}{|}}{N^+}}—OH \xrightarrow{H^+}$$

$$RO—\overset{\overset{OH}{|}}{\underset{\underset{O^-}{|}}{N^+}}—\overset{+}{O}H_2 \xrightarrow{H_2^+O} \xrightarrow{-H^+} RONO_2$$

硝酸酯是一种极其不稳定的物质，它在高温下会迅速分解甚至爆炸。多元醇的硝酸酯属于强烈的炸药。

硝化甘油，又名丙三醇三硝酸酯，因其具有强烈的爆炸性能被用作炸药，同时也具备舒缓血管、减轻心绞痛的药理效果。

$$\begin{array}{l} H_2C-ONO_2 \\ \quad | \\ \ HC-ONO_2 \\ \quad | \\ H_2C-ONO_2 \end{array}$$

3. 羟基被卤素取代生成卤代烷——碳氧键断裂

醇容易与卤化氢反应，生成卤代烃和水。

$$ROH+HX \rightleftharpoons RX+H_2O$$

通常，使用干燥的卤化氢气体作为试剂，这样可以有效地推动可逆反应平衡向右移动，从而增加卤代烃的产出。

卤化氢的化学反应难易程度，与醇的构成和种类有直接关系。烯丙型醇、苄基型醇的化学反应活性最高，其次是叔醇，然后是仲醇和伯醇。HX的化学反应活性为：HI＞HBr＞HCl。

$$H_3C-\underset{OH}{\overset{CH_3}{C}}-CH_3 \xrightarrow[\text{常温}]{\text{浓 HCl}} H_3C-\underset{Cl}{\overset{CH_3}{C}}-CH_3$$

如果采用不活泼的浓盐酸作为试剂，只有烯丙型醇、苄基型醇或叔醇才能将反应进行下去，而对于伯醇和仲醇来说，比较难甚至不发生反应。所以可以选择在干燥状态下用高浓度的盐酸配制新的氧化锌混合液——也就是常用的卢卡斯（Lucas）试剂，根据反应时间和现象的差别来鉴别伯醇、仲醇、叔醇。

$$(CH_3)_3COH+HCl \xrightarrow[20℃,1min]{ZnCl_2} \underset{\text{分层}}{(CH_3)_3C-Cl}$$

$$\underset{OH}{CH_3CH_2\underset{|}{C}HCH_3}+HCl \xrightarrow[20℃,1min]{ZnCl_2} \underset{\text{浑浊}}{\underset{Cl}{CH_3CH_2\underset{|}{C}HCH_3}}$$

$$CH_3CH_2CH_2CH_2OH+HCl \xrightarrow[20℃,1min]{ZnCl_2} CH_3CH_2CH_2CH_2OH$$

不反应　　长时间不浑浊 加热后浑浊

4. 酸催化醇脱水生成烯烃和醚

在不同反应条件下，醇可以通过分子内脱水产生烯烃，同时也能通过分子间脱水产生醚。

（1）生成烯烃

在硫酸、磷酸等强酸存在的条件下，醇经过受热后会脱水形成烯烃。不同构造的醇脱水产生烯烃的难度排序如下：

叔醇＞仲醇＞伯醇

$$CH_3CH_2OH \xrightarrow[170℃]{\text{浓 }H_2SO_4} H_2C=CH_2$$

$$\underset{OH}{CH_3CH_2\underset{|}{C}HCH_3} \xrightarrow[90℃]{60\%\ H_2SO_4} CH_3CH_2CH=CH_2 + \underset{\text{主要产物}}{CH_3CH=CHCH_3}$$

$$H_3C-\underset{OH}{\overset{CH_3}{C}}-CH_3 \xrightarrow[90℃]{20\%\ H_2SO_4} H_3C\overset{CH_3}{C}=CH_2$$

$$\text{环己醇} \xrightarrow[135℃]{1:1\ H_2SO_4} \text{环己烯}$$

醇脱水反应主要产生的是含有较多支链的烯烃，即脱水取向符合 Saytzeff 规则。环烷基醇化合物经过碳正离子重排后，可能会出现环外扩。

$$\text{环戊基}-CH_2OH \xrightarrow[\triangle -H_2O]{H^+} \text{环戊基}-\overset{+}{C}H_2 \xrightarrow{\text{重排}} \text{环己基正离子}(-H) \xrightarrow{-H^+} \text{环己烯}$$

（2）生成醚

在醇分子之间进行脱水反应会生成醚，而这类反应的温度要比分子内脱水过程低得多。例如：

$$2CH_3CH_2OH \xrightarrow[140℃]{H_2SO_4} CH_3CH_2OCH_2CH_3 + H_2O$$

醇的分子间脱水过程，是一种亲核取代反应。当醇被酸溶解时，羟基上的氧原子会接受质子成为盐。由于氧原子带有正电荷，因此 α-碳也会拥有更多的正电荷的作用，因而使其更易受到另一分子醇（用作亲核试剂）的攻击。

$$CH_3CH_2\underset{H}{\ddot{O}}: + CH_3CH_2\overset{+}{O}H_2 \longrightarrow CH_3H_2C-\underset{H}{\overset{+}{O}}-CH_2CH_3$$

$$CH_3H_2C-\underset{H}{\overset{+}{O}}-CH_2CH_3 \xrightarrow{-H^+} CH_3H_2C-O-CH_2CH_3$$

5. 邻二醇酸催化脱水——频哪醇重排

当在催化剂氧化铝的作用下，温度在 420～470℃之间时，2,3-二甲基-2,3-丁二醇能够脱去两分子的水并形成副产品 2,3-二甲基-1,3-丁二烯；但在有酸参与的情况下，反而是频哪醇更容易消除掉一分子的水，产生的结果是经过重新排列的产品——甲基叔丁基酮。

$$H_3C-\underset{OH}{\overset{CH_3}{C}}-\underset{OH}{\overset{CH_3}{C}}-CH_3 \xrightarrow[420\sim470℃]{Al_2O_3} H_2C=\overset{CH_3}{C}-\overset{CH_3}{C}=CH_2 + 2H_2O$$

$$H_3C-\underset{OH}{\overset{CH_3}{C}}-\underset{OH}{\overset{CH_3}{C}}-CH_3 \xrightarrow{H_2SO_4} (CH_3)_3CCOCH_3 + H_2O$$

类似于后一反应的重排称为频哪醇重排。机理如下：

$$(CH_3)_2\underset{OH}{C}-\underset{OH}{C}(CH_3)_2 \xrightarrow[-H_2O]{H^+} \underset{1}{H_3C\underset{OH}{\overset{CH_3}{C}}-\overset{+}{C}(CH_3)_2} \xrightarrow{\text{重排}}$$

$$\underset{2}{\left[CH_3\underset{OH}{\overset{+}{C}}CH_2(CH_3)_3 \longleftrightarrow CH_3\underset{^+OH}{\overset{}{C}}CH_2(CH_3)_3\right]} \xrightarrow{-H^+} CH_3\underset{O}{\overset{\|}{C}}C(CH_3)_3$$

在酸催化的影响下，频哪醇分子中的一个羟基经过质子化后，脱水形成碳正离子 1，随即进行重排形成 2。这种重排产生的 2 能量比原来的 1 更低且稳定，是推动重排反应持续发展的主要因素。

对构建非对称性的邻二醇重排过程而言，首要的问题在于确定邻二醇分子的两组羟基哪个为离去基团。通常情况下，第一个离去的基团是其中一组羟基被质子化所产生的，而这个基团往往会生成较为稳固的碳正离子。如下所示，由于苯环能有效地与碳正离子结合，形成稳定的共轭体系，所以 C^1 形成了碳正离子，并通过从 C^2 上转移氢来实现重排，从而产生主要的产品。

$$Ph-\underset{OH}{\overset{Ph}{C^1}}-\underset{OH}{\overset{H}{C^2}}-H \longrightarrow \begin{cases} Ph_2\overset{+}{C}-\underset{OH}{CH_2} \xrightarrow{\text{氢迁移重排}} Ph_2CH\underset{O}{\overset{}{C}}-H \\ \text{能量低，稳定} \qquad\qquad \text{主要产物} \\ Ph_2\overset{+}{C}-\underset{OH}{CH_2} \xrightarrow{\text{苯迁移重排}} Ph\underset{O}{C}CH_2Ph \\ \text{能量高，不稳定} \qquad\qquad \text{次要产物} \end{cases}$$

在生成的碳正离子中，如果相邻碳上的两种烃基有所不同，一般会优先向能供给电子、具有较多稳定正电荷的烃基的方向进行迁移。苯基的迁移难度大于烃基，但通常可以得到两种截然不同的重排产物。例如：

$$H_3C-\underset{OH}{\overset{Ph}{C}}-\underset{OH}{\overset{Ph}{C}}-CH_3 \xrightarrow{H^+} \underset{\text{主要产物}}{H_3C-\underset{O}{\overset{\|}{C}}-\underset{Ph}{\overset{Ph}{C}}-CH_3} + \underset{\text{次要产物}}{Ph-\underset{O}{\overset{\|}{C}}-\underset{CH_3}{\overset{Ph}{C}}-CH_3}$$

在频哪醇的重排步骤中，如果离去基团羟基和迁移基团烃基处在反式的位置，那么重排化学反应将会迅速进行；相反，则反应速率会变慢。例如：

顺-1,2-二甲基-1,2-环己二醇 $\xrightarrow[\text{快}]{H^+}$ 2,2-二甲基环己酮

反-1,2-二甲基-1,2-环己二醇 $\xrightarrow[\text{慢}]{H^+}$ 1-甲基-1-乙酰基环戊烷（$H_3C\underset{O}{\overset{\|}{C}}$—）

在频哪醇的重排过程中，分子内部并未发生交叉重排。此外，迁移基团的烃基结构始终保持稳定。

6. 醇的氧化与脱氢

羟基的存在使得醇分子中的 α-H 原子变得更加活跃，这使得它们更易于被氧化或者脱去。

（1）氧化反应

伯醇、仲醇、叔醇在与氧化剂反应过程中，会表现出很大的差异性，因此得到的氧化产物也常常不同。常见的氧化剂包括 $K_2Cr_2O_7$-H_2SO_4、$KMnO_4$ 或 HNO_3 等。

伯醇被氧化会首先生成醛，但醛比醇更容易被氧化，因此醛可以继续被氧化为羧酸。例如：

$$CH_3CH_2OH + KMnO_4 \xrightarrow[OH^-]{H_2O} CH_3COOK + MnO_2\downarrow + KOH$$

$$CH_3COOK \xrightarrow{H^+} CH_3COOH$$

对于含有 C═C 键或 C≡C 键的化合物而言，$K_2Cr_2O_7$-H_2SO_4、CrO_3-H_2SO_4 等氧化剂通常不会使不饱和键产生任何变化；而 $KMnO_4$-H_2SO_4 和 HNO_3 则能引发不饱和键的氧化断裂。要想使伯醇氧化反应停留在醛这一步，需要立即分离出产生的醛并停止进一步的氧化过程。

利用沙瑞特（Sarrett）试剂，即铬酐（CrO_3）的吡啶溶液，这种试剂是最适合从伯醇定向制取醛的氧化剂。该试剂可以有效地将伯醇转变为醛，并且对不饱和碳碳双键和三键没有任何影响。例如：

$$CH_3(CH_2)_6CH_2OH \xrightarrow[\text{吡啶}]{CrO_3} CH_3(CH_2)_6CHO \quad (90\%)$$

$$PhCH{=}CHCH_2OH \xrightarrow[\text{吡啶}]{CrO_3} PhCH{=}CHCHO$$

酮的生成可以通过仲醇氧化来实现，但是与醛有所不同，因为酮一般难以持续被氧化，因此对于抗氧化剂的需求并不高。常见的氧化剂包括铬酸（$K_2Cr_2O_7$-H_2SO_4）、$KMnO_4$ 和 CrO_3 的吡啶溶液（沙瑞特试剂）。这种化学反应通常被用来从仲醇制造酮。例如：

$$R_2CHOH \xrightarrow{[O]} R_2C{=}O$$

新制二氧化锰能够将 β 碳上具有不饱和键的伯醇、仲醇氧化为对应的醛和酮，而这种过程并未使不饱和键断裂。例如：

$$H_2C{=}CHCH_2OH \xrightarrow[25℃]{MnO_2} H_2C{=}CHCHO$$

在中性或碱性环境下，叔醇不容易被高锰酸钾氧化，但是在酸性环境下，它能够脱水形成烯烃，随后会导致碳碳双键断裂。例如：

$$(CH_3)_3C{-}OH \xrightarrow[H^+]{KMnO_4} \left[(H_3C)_2C{=}CH_2\right] + H_2O$$

$$\left[(H_3C)_2C{=}CH_2\right] \xrightarrow{[O]} (H_3C)_2C{=}O + CO_2 + H_2O$$

（2）脱氢反应

在高温和催化剂（例如铜或银）的作用下，伯醇与仲醇可以进行脱氢反应，从而产生对应的醛或酮。这也是工业中制造丙酮的一种途径。例如：

$$R{-}CH(H){-}O{-}H \xrightarrow[\triangle]{Cu} R{-}CH{=}O + H_2$$

叔醇无 α-H，因此不能发生脱氢反应。

（3）卤仿反应

只有拥有特殊结构的醇才能进行卤仿反应。在 NaOH 水溶液中，$CH_3CHOH{-}R$（R ═H 或烷烃）可以与卤素发生化学反应，从而产生羧酸和卤仿，这种反应被称为卤仿反应。例如：

$$CH_3CHOHR + X_2 + NaOH \xrightarrow{H_2O} CH_3COR \xrightarrow[OH^-]{X_2} CX_3COR$$

$$\xrightarrow{OH^-} RCOO^- + CHX_3$$

(4) 邻二醇的氧化

邻二醇可以被高碘酸和四乙酸铅氧化。

邻二醇被高碘酸（H_5IO_6）、偏高碘酸钾（KIO_4）和偏高碘酸钠（$NaIO_4$）氧化，碳碳键发生断裂，生成相应的醛。且反应是定量进行的，可以通过测定醛或 IO_3^-（加入 $AgNO_3$ 观察是否有 $AgIO_3$ 白色沉淀产生）的量来进行定量分析。

$$\underset{\large OH}{RCH}-\underset{\large OH}{CHR'} \xrightarrow[H_2O]{H_5IO_6} RCHO + R'CHO$$

四乙酸铅 $Pb(OCOCH_3)_4$ 能与邻二醇发生反应形成羰基化合物；且 $Pb(OCOCH_3)_4$ 有能力氧化 α-羟基酸或 α-羰基酸，但 HIO_4 却无法进行类似反应。

$$\underset{\large OH}{RCH}-\underset{\large OH}{CHR'} \xrightarrow{Pb(OCOCH_3)_4} RCHO + R'CHO$$

$$\underset{\large OH}{RCH}-COOH \xrightarrow{Pb(OCOCH_3)_4} RCHO + CO_2 + CH_3COOH$$

8.1.4 醇的制备

1. 烯烃的水合

工业上生产低级醇主要是利用烯烃水合的方法。烯烃水合的方法主要分为两种：直接水合法，即在磷酸催化作用下，先生成碳正离子，然后与水结合生成盐，再失去质子生成醇；间接水合法，即在烯烃与硫酸进行亲电加成后，水解得到醇。详细过程如下所示：

$$H_2C=CH_2 \xrightarrow{H_3PO_4} CH_3\overset{+}{C}H_2 \xrightarrow{H_2O} CH_3CH_2\overset{+}{O}H_2 \xrightarrow{-H^+} CH_3CH_2OH$$

直接水合法

$$RHC=CH_2 \xrightarrow{H_2SO_4} \underset{\large OSO_2OH}{RCHCH_3} \xrightarrow{H_2O} \underset{\large OH}{RCHCH_3}$$

间接水合法

2. 由醛、酮、酸、酯还原

醛、酮、酸、酯在一定条件下可被还原为相应的醇，并已经被用于工业生产。

在工业生产中，通过铜催化反应，能够利用巴豆醛来制造出正丁醇。具体过程如下所示：

$$CH_3CH=CHCHO \xrightarrow[\triangle,加压]{H_2,Cu} CH_3CH_2CH_2CHO \xrightarrow[\triangle,加压]{H_2,Cu} CH_3CH_2CH_2CH_2OH$$

高级脂肪醇可由天然产物脂肪酸酯氢解制备。

$$\begin{array}{l} CH_2O_2CR \\ | \\ CHO_2CR \\ | \\ CH_2O_2CR \end{array} + 3CH_3OH \xrightarrow{CH_3ONa} \begin{array}{l} CH_2OH \\ | \\ CHOH \\ | \\ CH_2OH \end{array} + 3RCOOCH_3$$

$$RCOOCH_3+2H_2 \xrightarrow[30MPa]{290\sim370℃} RCH_2OH+CH_3OH$$

由于脂肪和油是不同脂肪酸的混合甘油酯，氢裂解后得到的是混合物，需要经过分馏提纯供工业使用。

3. 由 Grignard 试剂与环氧乙烷制备

Grignard 试剂可与醛、酮反应生成相应的醇。

$$HCHO+R'MgX \longrightarrow R'CH_2OMgX \xrightarrow{H_2O} R'CH_2OH$$

$$RCHO+R'MgX \longrightarrow RCH(R')OMgX \xrightarrow{H_2O} RCH(R')OH$$

$$R-\overset{O}{\overset{\|}{C}}-R+R'MgX \longrightarrow R-\overset{R}{\overset{|}{\underset{R'}{\underset{|}{C}}}}-OMgX \xrightarrow{H_2O} R-\overset{R}{\overset{|}{\underset{R'}{\underset{|}{C}}}}-OH$$

由甲醛制备伯醇，其他的醛可以生成仲醇，而酮则可以制出叔醇。使用 Grignard 试剂来制备醇是实验室合成醇的重要操作。

4. 由卤代烃水解

通常来说，醇比卤代烃更易于获取，因此，通常使用醇来制备卤代烃。只有在卤代烃易于获取的情况下，这种方法才会被采用。例如：

$$H_2C=CHCH_2Cl \xrightarrow[H_2O]{Na_2CO_3} H_2C=CHCH_2OH$$

$$C_6H_5-CH_2Cl \xrightarrow[H_2O]{Na_2CO_3} C_6H_5-CH_2OH$$

8.1.5 硫醇

硫醇的通式为 RSH，与醇的通式 ROH 类似。

1. 酸性

硫醇具有一定的弱酸性。这是因为 S-H 键的解离能力较小，而硫原子的半径较大。

2. 氧化反应

醇主要是在 α-H 上发生氧化反应，硫醇则是在 S 上发生氧化反应，这是因为 S 的还原性更强且电负性更小的缘故。

$$R-SH \underset{[H]}{\overset{[O]}{\rightleftharpoons}} R-S-S-R$$

生物体内重要的生化反应就需要这种相互转换。

硫醇或二硫化合物可以与 $KMnO_4$、HNO_3 等强氧化剂进行反应，从而生成磺酸。例如：

$$\left.\begin{array}{l}R-SH\\R-S-S-R\end{array}\right\} \xrightarrow{[O]} R-SO_3H$$

3. 与重金属络合

重金属进入生物体内，会导致酶失去其生理活性，从而诱发中毒症状，如汞中毒等。考虑到二硫基丙醇能够与酶结合形成稳定的络合物这一特殊性质，通常将其用作人、畜在重金属汞中毒时的解毒剂。

8.2 酚

柑橘属芸香科，最常食用的柑橘类水果之一是柠檬。其中含有大量有价值的生物活性化合物，包括酚类化合物，如酚酸、黄烷酮和聚甲氧基黄酮、抗坏血酸（维生素 C)、萜类、类胡萝卜素、膳食纤维和精油，纤维素 C、胡萝卜素的结构如图 8-4 所示。柑橘类水果的抗高血压、抗糖尿病、抗炎、抗高胆固醇血症和抗氧化活性等生物活性通常与它们所含的酚酸和类黄酮有关。

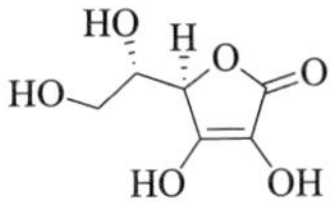

图 8-4　维生素 C、胡萝卜素的结构

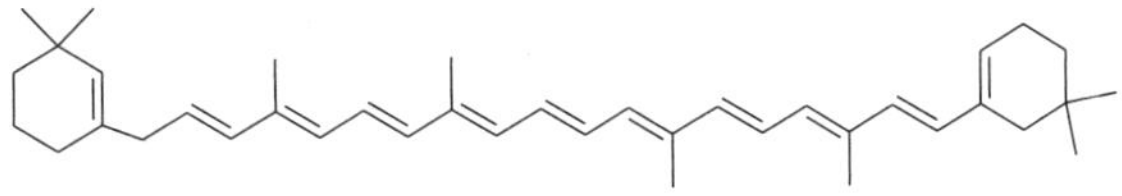

8.2.1 酚的结构与物理性质

苯酚是一种无色的针状晶体，有特异味道，也常被称作石炭酸，其熔点为 41℃，并能微溶于水。因其含有可产生分子间氢键的羟基基团，所以它有着相对高的沸点。然而，当苯环上两个相邻的羟基之间产生了分子内氢键时，它的沸点会下降。此外，酚类物质能够与水结合生成氢键，从而使它们能在一定程度上溶解于水中。

酚是指羟基与苯环直接相连的化合物，其标识为 Ar—OH。酚具有与醇相同的官能团，即羟基（—OH)，但它们之间存在着一定的区别，这种区别可以归因于它所连接的烷烃或芳烃的不同，因此酚也被称作芳醇。

酚可以根据芳环上羟基的数量进行分类，分为一元酚和多元酚。常见酚的物理性质如表 8-2 所示。

表 8-2　常见酚的物理性质

化合物	熔点/℃	沸点/℃	溶解度/g
苯酚	41	182	9.3
邻甲苯酚	31	191	2.5
间甲苯酚	12	202	2.6
对甲苯酚	35	202	2.3
邻氯苯酚	9	173	2.8
间氯苯酚	33	214	2.6
对氯苯酚	43	217	2.6
邻硝基苯酚	45	214	0.2
间硝基苯酚	96	194(9.3×10^3 Pa)	1.4
对硝基苯酚	114	279(分解)	1.7
邻苯二酚	105	245	45.1
间苯二酚	111	276	111
对苯二酚	173	285	8

酚一般都是无色的，但会因氧化而在表面产生红色或褐色固体。

8.2.2 酚的化学性质

由于酚和醇拥有相同的官能团，因此它们在化学性质上表现出一些相似之处。然而，酚分子中，羟基上氧的孤对电子 p 轨道参与芳环 π 键的共轭作用，这使得酚具备了与醇不同的特殊性质：

① 增强了碳氧键，碳氧键不易发生断裂，氧氢键相对比而言更易断裂，使得酚的酸性大于醇，且难以像醇一样发生取代反应。

② 碱性和亲核性减弱。

③ 羟基共轭能够增加芳环上的电子云密度，这使得芳环上发生亲电取代的化学反应更为便利。

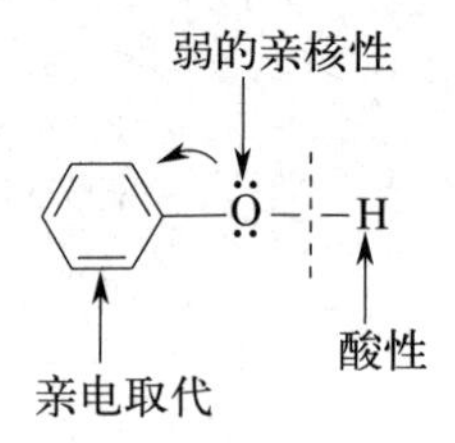

1. 酚羟基的反应

（1）酚的酸性

酚的化合物呈现出微弱的酸性，其酸性甚至超过了醇和水，但相较于碳酸和醋酸来说，其酸性较为微弱。此外，酚与氢氧化钠水溶液之间的反应也证实了酚具有一定的酸性。例如：

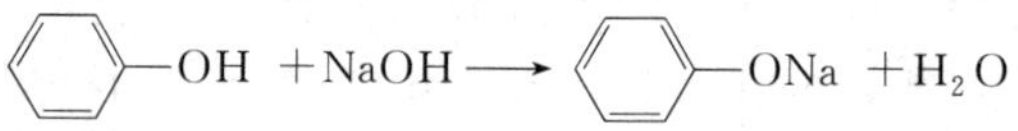

$$C_6H_5OH + NaOH \longrightarrow C_6H_5ONa + H_2O$$

酚和醇的酸性对比。例如：

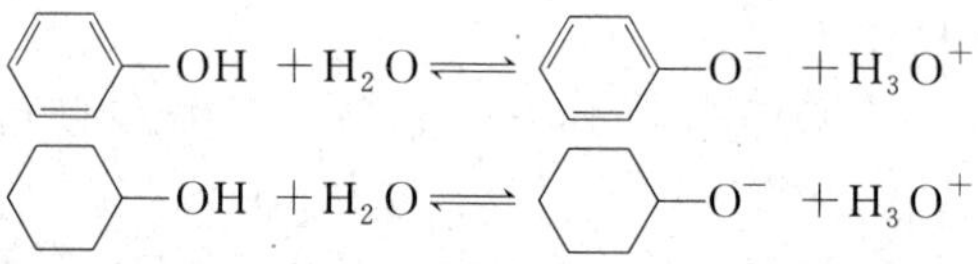

$$C_6H_5OH + H_2O \rightleftharpoons C_6H_5O^- + H_3O^+$$

$$C_6H_{11}OH + H_2O \rightleftharpoons C_6H_{11}O^- + H_3O^+$$

在环己醇中，氧负离子的负电荷主要分布在氧上，且稳定性差难以生成。然而，在苯酚中由于氧负离子的 p 轨道与苯环的 π 轨道共轭，使得负电荷能够离域到苯环上，从而保持稳定并易于形成。

根据共振理论，苯基氧负离子可以被视为以下极限结构的共振杂化体：

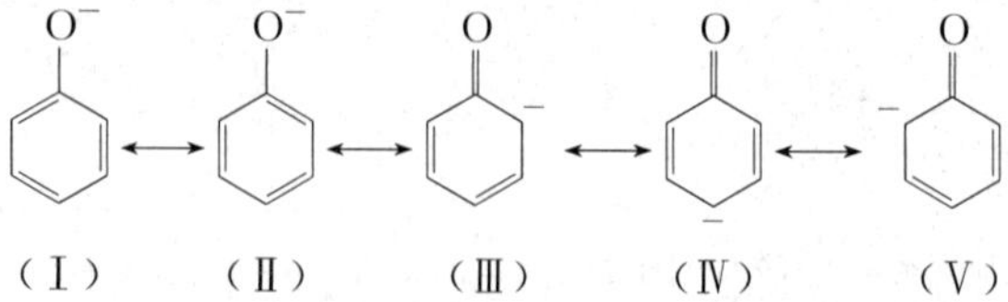

（Ⅰ） ⟷ （Ⅱ） ⟷ （Ⅲ） ⟷ （Ⅳ） ⟷ （Ⅴ）

由于极限结构（Ⅲ）～（Ⅴ）的贡献，负电荷可以离域到苯环上（酚羟基的邻对位），从而确保共振杂化体的稳定性。

对于酚类化合物而言，其苯环上特定位置的取代基对其酸度有着重要的影响。例如，如果酚羟基的邻位或者对位存在较强的吸电子基团，那么它的酸性会增强；而随着吸电子基团数量增加，酸度也会相应地提高。反之，若酚羟基对位是给电子基团，则酸性会有所降低。至于环状取代基位于中间位置的情况，因为所受到的诱导效应对酸性的影响较为微弱，所以对酸性的影响并不明显。部分酚类不同取代基影响酸性的结果如表 8-3 所示。

表 8-3 取代基对苯酚酸性的影响

取代基	pK_a(25℃)			取代基	pK_a(25℃)		
	邻位	间位	对位		邻位	间位	对位
—H		9.95		$—NO_2$	7.22	8.39	7.15
$—CH_3$	10.29	10.09	10.19	2,4-二硝基		4.09	
$—OCH_3$	9.98	9.65	10.21	3,5-二硝基		6.70	
—Cl	8.48	9.02	9.38	2,4,6-三硝基		0.25	

酚能溶于氢氧化钠水溶液，并且可以被酸从碱性的水溶液中分离出来，利用这一特性，可以进行酚的分离、纯化或鉴定。

(2) 与三氯化铁的颜色反应

酚与三氯化铁作用能够发生颜色反应，生成的酚氧负离子会与高价铁离子形成络合物。例如：

$$6Ar—OH + FeCl_3 \rightleftharpoons [Fe(OAr)_4]^{3-} + 6H^+ + 3Cl^-$$

不同的酚与 $FeCl_3$ 溶液反应表现出不同的颜色，据此可以鉴别不同的酚。例如：

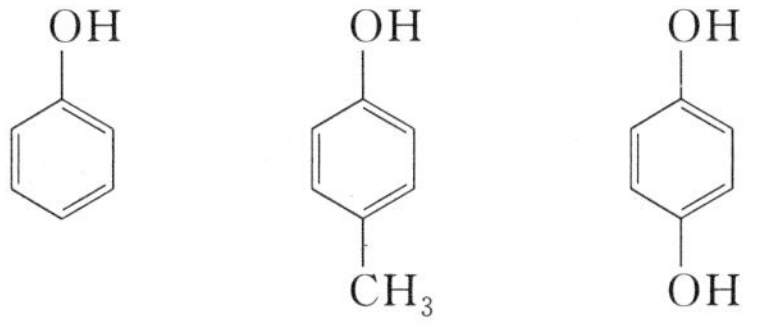

OH　　　　OH　　　　OH

　　　　　CH_3　　　OH

蓝紫　　　蓝　　　　暗绿

酚并非唯一与 $FeCl_3$ 溶液产生颜色反应的化合物，含有烯醇式结构的芳香族化合物也能表现出类似的性质，可用于鉴别。

(3) 酚醚的生成

酚羟基上的氧的 p 轨道与苯环上的 π 轨道共享，这导致碳氧键无法断裂。因此，酚难以进行脱水过程，也无法和卤化氢发生反应。通常酚醚是苯酚在碱性环境下与卤代烃或硫酸二甲酯相互作用而产生的。

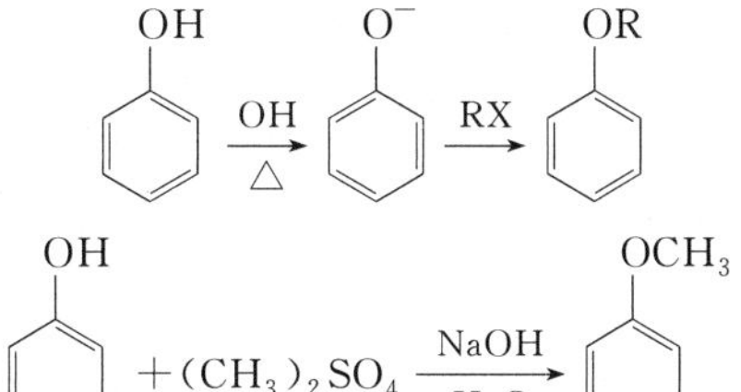

OH $\xrightarrow[\triangle]{OH}$ O^- $\xrightarrow{RX}$ OR

OH $+(CH_3)_2SO_4 \xrightarrow[H_2O]{NaOH}$ OCH_3

(4) 酚酯的生成

酚酯并不是苯酚直接与羧酸进行酯化反应而生成的，这是因为在酚羟基中，氧原子的 p 轨道和苯环上的 π 键共轭，导致酚的亲核性下降。因此，反应所需要的平衡常数十分小。酚与酸酐或酰卤作用才可以生成酚酯。

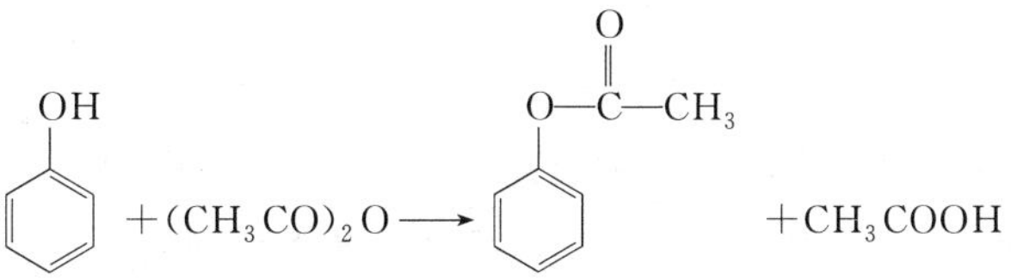

OH $+(CH_3CO)_2O \longrightarrow$ $O—\overset{O}{\overset{\|}{C}}—CH_3$ $+CH_3COOH$

2. 芳环上的反应

羟基是强邻、对位定位基。当羟基在碱的作用下变成氧负离子后，苯环的活性进一步提高。因此，酚很容易在苯环上发生亲电取代。酚不仅可在芳环上发生一般芳烃的取代反应，如卤化、硝化、磺化、烷基化和酰基化等反应，而且还可以发生一些芳烃所不能发生的取代反应。

（1）卤化

酚在室温下与溴水反应可以产生 2,4,6-三溴苯酚白色沉淀。由于反应异常灵敏，因此反应不会停留在一取代阶段，这是因为苯酚在水中电离为酚氧负离子时，O^- 是一种强活化剂和邻、对位定位基。反应极为灵敏，而且是定量完成的，可用于定性和定量分析苯酚。

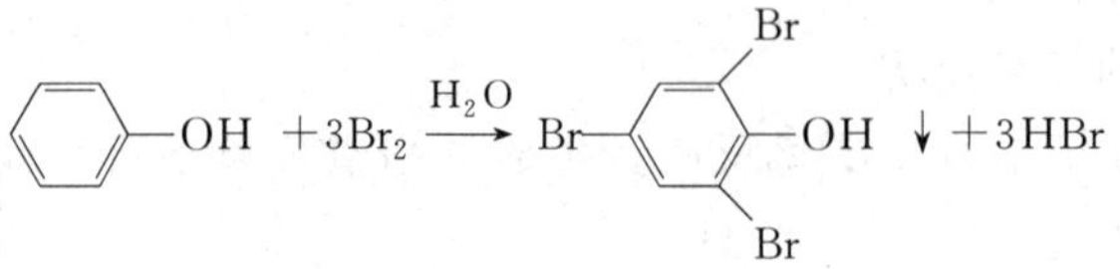

（2）硝化

在常温条件下，酚与稀硝酸发生化学反应会产生邻硝基苯酚和对硝基苯酚的混合物，当与浓硝酸反应时，这两种化学物质可以进一步转化为 2,4,6-三硝基苯酚。

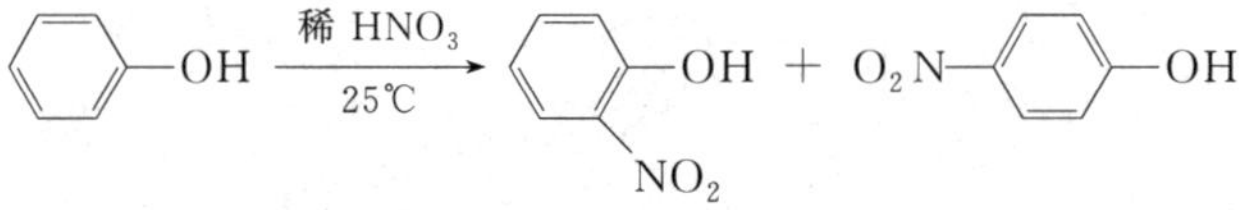

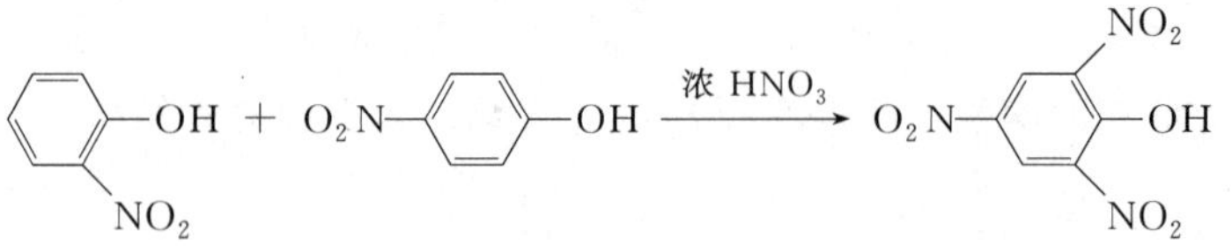

苯酚与稀硝酸在室温下就能反应得到邻硝基苯酚和对硝基苯酚。此反应的产率低，但邻位和对位的硝基苯酚异构体可通过水蒸气蒸馏进行分离提取。邻硝基苯酚由于分子内氢键沸点较低，容易被水蒸气带出，而对硝基苯酚则由于存在分子间氢键沸点较高，不易被蒸出。

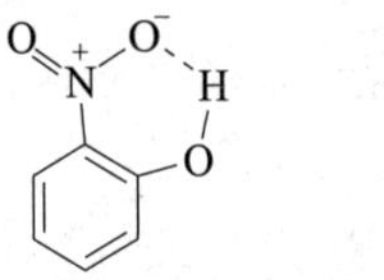

邻硝基苯酚分子内氢键

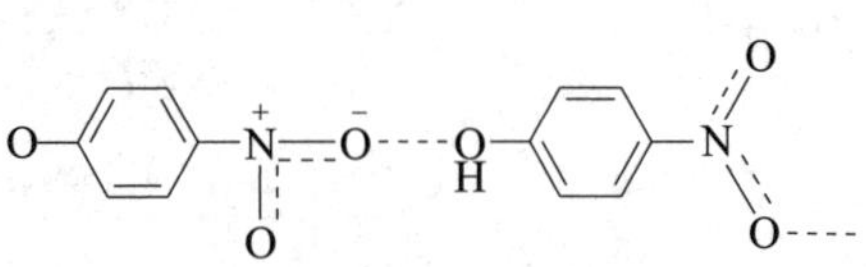

对硝基苯酚分子间氢键

（3）亚硝化

苯酚与亚硝酸反应，能够产生对亚硝基苯酚。这种物质能够被稀硝酸氧化为对硝基苯酚，从而获得一个不含邻位异构体的产品。

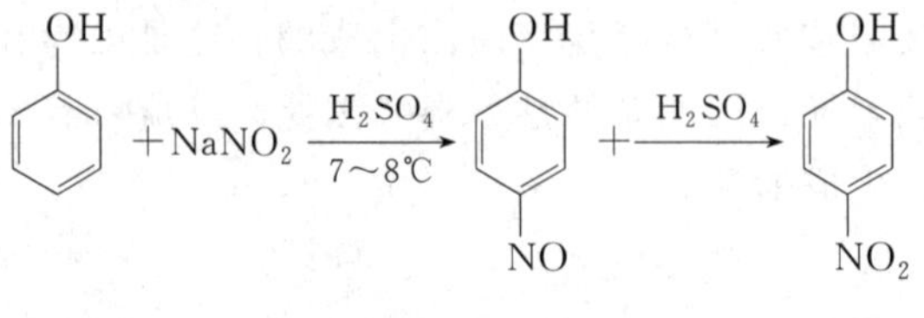

（4）磺化

苯酚和浓硫酸反应能够产生邻羟基苯磺酸和对羟基苯磺酸，但是它们的化学反应温度并不相同。当将邻羟基苯磺酸升温至 100℃时，就可以转化为对羟基苯磺酸。

$$\text{C}_6\text{H}_5\text{OH} \xrightarrow{H_2SO_4} \begin{cases} \xrightarrow{25℃} \text{邻羟基苯磺酸 (OH, SO}_3\text{H)} \\ \xrightarrow{100℃} HO-C_6H_4-SO_3H \end{cases}$$

(5) 傅-克（Friedel-Crafts）反应

受到羟基的影响，酚比芳烃更容易进行傅-克反应。苯酚的酰基化反应活性也大于芳烃，用 BF_3、$ZnCl_2$ 等催化，可以直接与羧酸反应。苯酚能直接与 $AlCl_3$ 发生络合作用生成 $ArOAlCl_2$，这个过程需要使用过量的 $AlCl_3$ 作催化剂。

$$C_6H_5OH + CH_3COOH \xrightarrow{BF_3} p\text{-}HOC_6H_4COCH_3 + o\text{-}HOC_6H_4COCH_3$$

(6) 傅瑞斯（Fries）重排

羧酸苯酯可以通过酚与酰氯或酸酐反应产生。在 $AlCl_3$ 的影响下，酰基会从酚的氧原子转移到芳环上酚羟基的邻位和对位上，从而产生酚酮，这个过程被称为傅瑞斯重排。

$$C_6H_5OH \xrightarrow{CH_3COCl} C_6H_5O-\overset{O}{\overset{\|}{C}}-CH_3 \xrightarrow{AlCl_3} o\text{-}HOC_6H_4-\overset{O}{\overset{\|}{C}}-CH_3 + p\text{-}HOC_6H_4COCH_3$$

(7) 与羰基化合物的缩合反应

在碱性条件下，酚羟基的邻位和对位氢能够与羰基化合物进行缩合反应。例如，酚醛树脂的生成：

$$C_6H_5OH \xrightarrow[NaOH]{HCHO(过量)} p\text{-}HOC_6H_4CH_2OH + o\text{-}HOC_6H_4CH_2OH \xrightarrow[-H_2O]{C_6H_5OH}$$

$$o\text{-}HOC_6H_4-CH_2-C_6H_4OH\text{-}o + HO-C_6H_4-CH_2-C_6H_4-OH\ (p,p') + o\text{-}HOC_6H_4-CH_2-C_6H_4-OH\text{-}p$$

(8) 瑞默-梯曼（Reimer-Tiemann）反应

在氢氧化钠水溶液中，苯酚与氯仿能够进行化学反应，并在芳环的邻位上引入一种醛基。这种酸化过程会产生邻羟基苯甲醛（水杨醛）。该化学反应被称为瑞默-梯曼反应，是制备醛尤其是水杨醛的主要方法。

$$C_6H_5O^- + CHCl_3 \xrightarrow[H^+]{NaOH} o\text{-}HOC_6H_4CHO$$

水杨醛

3. 氧化反应

酚类化合物因其羟基的强给电子能力，易于发生氧化反应，特别是在碱性环境中，氧化反应更易发生。在适宜的条件下，可以通过酚的氧化反应制备醌类化合物。

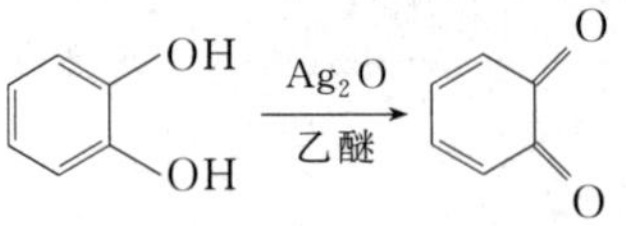

因为苯酚具有这种特殊的性质，所以很多酚及其衍生物可作为抗氧化剂。如在生物体内维生素 E 就是一种良好的抗氧化剂。在生物体内的一些分子的氧自由基可以在细胞膜类脂中引发连锁反应，使其分解出有毒物质，影响生物体的正常生理代谢功能。维生素 E 是一种酚类衍生物，它可与体内的氧自由基发生氧化还原反应，使体内的氧自由基转化为更为稳定的化合物，自身生成较稳定的酚氧自由基，该酚氧自由基由于共轭，具有较高的稳定性，再加上氧相邻的两个甲基的空间位阻效应，使其反应能力大大减弱，从而阻止了连锁反应的进行。因此维生素 E 可以保护生物体内细胞膜中的类脂，使生物体免受侵害。

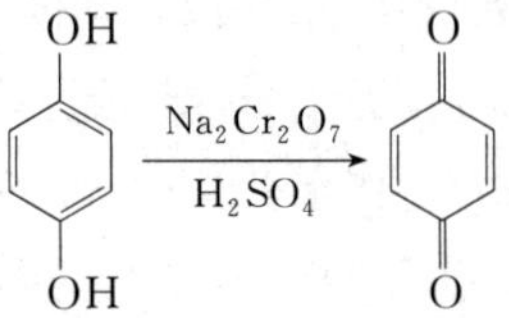

8.2.3 酚的制备

在自然界中，可以从植物的香精油中提取一些酚类物质，比如丁香酚、百里酚和香草醛等，具体结构如图 8-5 所示。同样地，苯酚也能够从煤焦油中被提取出来，只需要用 NaOH 水溶液对煤焦油中的重油部分进行萃取，再通入 CO_2，就能成功将其分离出来。

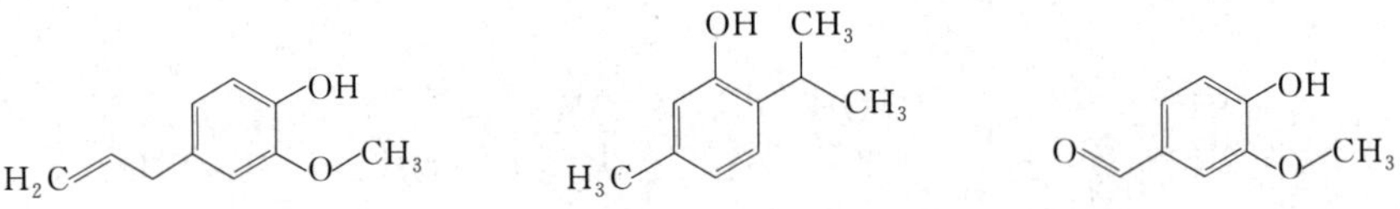

图 8-5 丁香酚、百里酚、香草醛的结构

1. 重氮盐水解

在实验室中，制造酚的常用方法是使用重氮盐水解。具体方法如下：

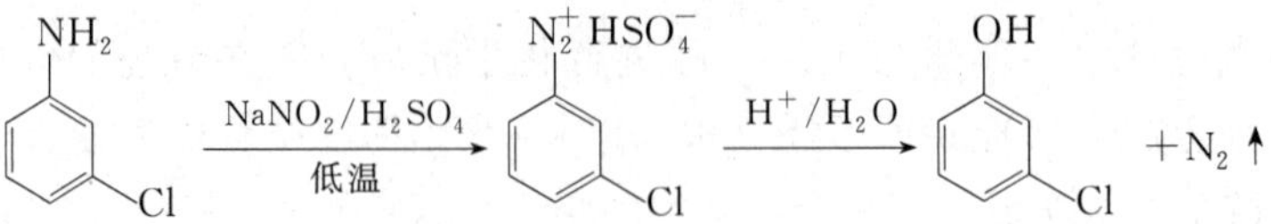

2. 氯苯水解

氯苯在高温高压、碱性条件下可以生成相应的醇钠盐，醇钠盐在酸性条件下即可得到相应的苯酚。当氯原子的邻位存在吸电子基团时，水解反应较为容易并且不需高温高压条件，即可生成酚类衍生物。

$$C_6H_5Cl + NaOH \xrightarrow[20MPa]{350\sim400℃} C_6H_5ONa + Cl^-$$

$$C_6H_5ONa \xrightarrow{H^+} C_6H_5OH$$

$$o\text{-}ClC_6H_4NO_2 \xrightarrow{NaOH} o\text{-}NaOC_6H_4NO_2 \xrightarrow{H^+} o\text{-}HOC_6H_4NO_2$$

3. 异丙苯法

当异丙苯被加热至100～120℃并经过催化氧化产生过氧化氢异丙苯时，它会进一步地与稀硫酸发生化学反应，从而生成苯酚及丙酮这两种重要的化工原料。这种工艺的主要优势在于其使用了相对容易获得的原料（如通过苯或丙烯合成），并且除了能制造出主要的产品苯酚之外，还能额外获取到另一个关键的化工原料：丙酮。因此，理论上这是一种十分理想的方法，用来大规模生产苯酚，然而，这个过程需要处理过氧化物，这就使得技术的复杂性和设备的要求变高。

$$C_6H_5\text{—}CH(CH_3)_2 + \cdot O\text{—}O\cdot \longrightarrow C_6H_5\text{—}\dot{C}(CH_3)_2 + HO\text{—}O\cdot$$

$$C_6H_5\text{—}\dot{C}(CH_3)_2 + \cdot O\text{—}O\cdot \longrightarrow C_6H_5\text{—}C(CH_3)_2\text{—}O\text{—}O\cdot \xrightarrow{C_6H_5CH(CH_3)_2} C_6H_5\text{—}\dot{C}(CH_3)_2 + C_6H_5\text{—}C(CH_3)_2\text{—}O\text{—}OH$$

$$H_3C\text{—}C(C_6H_5)(CH_3)\text{—}O\text{—}OH \xrightarrow{H^+} H_3C\text{—}C(C_6H_5)(CH_3)\text{—}O\text{—}\overset{+}{O}H_2 \xrightarrow{-H_2O}$$

$$(CH_3)_2\overset{+}{C}\text{—}O\text{—}C_6H_5 \xrightarrow{H_2O} (CH_3)_2C(\overset{+}{O}H_2)\text{—}O\text{—}C_6H_5 \rightleftharpoons$$

$$(CH_3)_2C(OH)\text{—}\overset{+}{O}H\text{—}C_6H_5 \xrightarrow{-H^+} CH_3\overset{O}{\overset{\|}{C}}CH_3 + C_6H_5OH$$

8.3 醚

醚是一种有机化合物，被广泛应用于污水厂生化池，可以减少水中的氨和氮含量，从而改善水质，醚也被认为具有潜在毒性，其污染底泥会影响微生物的生长和代谢。当醚污染底泥时，其中的醚可能会从底泥扩散到水中，并对微生物的生长和代谢产生影响，这会导致大肠菌群的产酸产气能力下降，醚会抑制大肠菌群中的细菌合成发酵酸。

醚是水分子中的两个氢原子都被烃基取代的化合物，其中的C—O—C被称为醚键，同时也构成了醚的官能团。

8.3.1 醚的分类与物理性质

1. 分类

两个烃基相同的醚称为对称醚，也叫作简单醚。两个烃基不相同的醚称为不对称醚，也叫作混合醚。依据两种烃基的类型差异，醚又可细分成脂肪醚与芳香醚两大类。在脂肪醚这一范畴下，如果存在环形构造，那么它就被划归到环醚之中，而在环醚中，有一种特殊的构型被称为冠醚。

$H_3C—O—CH_3$ 对称醚　　$H_3C—O—CH_2CH_3$ 不对称醚　　芳香醚

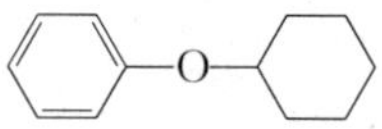

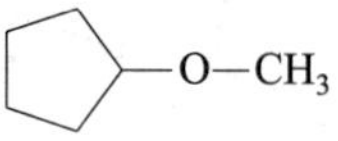

$—O—CH_3$ 环醚 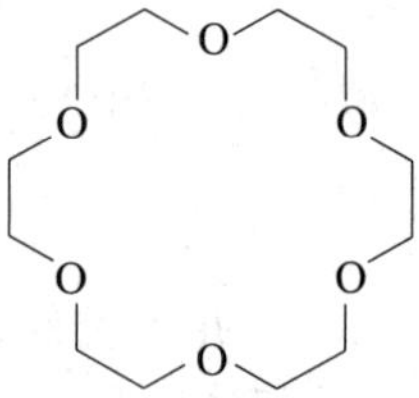　　冠醚

2. 物理性质

大多数醚是可挥发的、可燃的液体，因为醚无法形成分子间氢键，因此醚的沸点比相同分子量的醇的沸点要低得多。但醚键中的氧原子能与水分子的羟基上的氢形成氢键，即分子间氢键，因此醚在水中的溶解度比烷烃大，与分子量相同的醇近似。一些常见醚的物理性质如表 8-4 所示。

表 8-4　常见醚的物理性质

化合物	沸点/℃	相对密度	化合物	沸点/℃	相对密度
甲醚	−24.9	0.661	苯甲醚	155.0	0.996
甲乙醚	7.9	0.679	苯乙醚	170.0	0.966
乙醚	34.9	0.714	环氧乙烷	10.7	0.871
正丙醚	90.5	0.736	四氢呋喃	65.4	0.888
正丁醚	143.0	0.769	1,4-二氧六环	101.3	1.034

醚键的 C—O—C 夹角为 110°，与水相似，氧原子以 sp^3 杂化方式存在，所以醚分子中有一定的偶极矩，且有弱极性。

8.3.2　醚的化学性质

1. 盐的生成

由于醚的氧原子上具有孤对电子，它被视为一种碱，能与浓硫酸或路易斯酸（例如 BF_5、$AlCl_3$ 等）生成𬭩盐。例如：

$$R—O—R + H_2SO_4 \rightleftharpoons R—\overset{+}{O}(H)—R + HSO_4^-$$

$$R—O—R + BF_3 \longrightarrow R—\overset{+}{O}(BF_2)—R$$

实验室中利用这种性质来分离醚和卤代烷或烷烃的混合物。

2. 醚键断裂

在高温下，醚与氢碘酸反应会发生碳氧键断裂，先形成𬭩盐，再发生 S_N1 或 S_N2 反应形成相应的碘代烷和醇。一级烷烃容易发生 S_N2 反应，而三级烷烃则会发生 S_N1 反应。

$$CH_3OCH_3 + HI \longrightarrow (CH_3)_2\overset{+}{O}H + I^-$$

$$I^- + (CH_3)_2\overset{+}{O}H \xrightarrow{S_N2} CH_3I + CH_3OH \xrightarrow{过量 HI} CH_3I + H_2O$$

$$(CH_3)_3COCH_3 + HI \longrightarrow (CH_3)_3C\overset{+}{O}HCH_3 + I^- \xrightarrow{S_N1} (CH_3)_3C^+ + CH_3OH$$

$$(CH_3)_3C^+ \xrightarrow{I^-} (CH_3)_3CI \qquad CH_3OH \xrightarrow{过量 HI} CH_3I + H_2O$$

对于混合醚，其碳氧键的断裂次序是：三级烷烃＞二级烷烃＞一级烷烃。因为芳基与氧的孤对电子形成共轭作用，所以使得碳氧键具有双键的部分性质，因此难以断裂。

环醚与酸进行反应，会开环并生成卤代醇。如果酸的浓度超过一定程度，则会产生二卤代烷。另外，不对称性的环醚开环将会形成两种不同的化合物。例如：

$$\text{(四氢呋喃)} + HBr \longrightarrow BrCH_2CH_2CH_2CH_2OH \xrightarrow{过量 HBr} BrCH_2CH_2CH_2CH_2Br$$

$$RCH(-O-)CH_2CH_2 \xrightarrow{HBr} RCH(Br)CH_2CH_2OH + RCH(Br)CH_2CH_2Br$$

3. 过氧化物的形成

在长期暴露于空气或光照的环境下，醚的 α-C 上的碳氢键会断裂并被进一步氧化。这将首先形成氢过氧化醚，然后再转化为过氧化醚。由于过氧化醚是易爆的高聚物，因此在蒸馏过程中，不能完全蒸发掉，以避免引发爆炸事故。为防止过氧化醚的生成，可在醚中加入抗氧化剂，如锌粉、铁粉等。

$$CH_3CH_2OCH_2CH_3 \xrightarrow{O_2} CH_3CH(O-OH)OCH_2CH_3 \xrightarrow{-CH_3CH_2OH}$$

氢过氧化醚

$$CH_3\dot{C}H(O-O\cdot) \xrightarrow{聚合} -\!\!\left[CH(CH_3)-O-O\right]_n\!\!-$$

过氧化醚

4. 克莱森重排

在高温加热条件下，烯丙基芳基醚可以被重新分解为邻位取代的酚，这一过程被称为克莱森重排。假设两个邻位都存在取代基，则会产生对位重排物质。例如：

(烯丙基苯基醚，烯丙基末端带 R) $\xrightarrow{\triangle}$ (邻位取代苯酚：OH，R)

大量实验结果显示，重排是分子内部的反应过程，通常在环状过渡态中进行。

(烯丙基苯基醚) $\longrightarrow$ [环状过渡态] $\longrightarrow$ (环己二烯酮中间体，O:，H) $\longrightarrow$ (邻烯丙基苯酚，OH)

5. 环氧化合物的反应

环氧化合物能够进行一般醚无法实现的化学反应。例如，由于环氧乙烷是三元环醚，其分子内部有显著的张力，并且氧原子具备吸电子的诱导效应，这使得环氧乙烷拥有较高的活性，能够在酸或碱的催化剂作用下发生开环加成反应。

$$\text{环氧乙烷}\xrightarrow[H^+ \text{或} OH^-]{H_2O} HOCH_2CH_2OH \xrightarrow[SnCl_4]{n\,\text{环氧乙烷}} HOCH_2CH_2\text{-}(OCH_2CH_2)_{n-1}\text{-}OCH_2CH_2OH$$

$$\text{环氧乙烷}\xrightarrow[OH^-]{ROH} HOCH_2CH_2OR \xrightarrow[SnCl_4]{n\,\text{环氧乙烷}} R\text{-}(OCH_2CH_2)_{n+1}\text{-}OH$$

$$\text{环氧乙烷}\xrightarrow{ArONa} HOCH_2CH_2OAr$$

$$\text{环氧乙烷}\xrightarrow{HX} HOCH_2CH_2X$$

$$\text{环氧乙烷}\xrightarrow{NaCN} HOCH_2CH_2CN$$

$$\text{环氧乙烷}\xrightarrow{NH_3} HOCH_2CH_2NH_2 \xrightarrow{\text{环氧乙烷}} (HOCH_2CH_2)_2NH \xrightarrow{\text{环氧乙烷}} (HOCH_2CH_2)_3N$$

$$\text{环氧乙烷}\xrightarrow{RMgX} RCH_2CH_2OMgX \xrightarrow{H_3^+O} RCH_2CH_2OH$$

以环氧乙烷为例，在酸性条件下，首先发生质子化过程，导致碳氧键被削弱。这将使得较弱的离去基团—CH_2O^- 转变成更易于离去的基团—CH_2OH。水作为一种亲核试剂对碳正离子进行攻击，从而破坏了碳氧键。具体过程为：

$$\text{环氧乙烷} \underset{}{\overset{H^+}{\rightleftharpoons}} \text{质子化环氧乙烷} \xrightarrow{H_2\ddot{O}:} H_2C(OH)\text{—}CH_2\overset{+}{O}H_2 \xrightarrow{-H^+} H_2C(OH)\text{—}CH_2OH$$

在碱性条件下，环氧乙烷无法进行质子化过程，导致碳氧键难以断裂，但碱本身就是一种较强的亲核试剂，其对碳正离子的进攻也达到了同样的开环效果。

$$\text{环氧乙烷} + \bar{O}CH_3 \longrightarrow [\text{过渡态}] \longrightarrow H_2C(O^-)\text{—}CH_2OCH_3 \xrightarrow{CH_3OH} H_2C(OH)\text{—}CH_2OCH_3$$

8.3.3 醚的制备

1. 分子间脱水

在酸催化作用下，醇之间发生分子间脱水生成对称醚。

$$R\text{—}OH + H\text{—}OR \xrightarrow[\triangle]{\text{浓}\ H_2SO_4} R\text{—}O\text{—}R + H_2O$$

2. 威廉森合成

威廉森合成法是用醇钠或酚钠与卤代烷在无水的条件下进行反应。

$$RONa + R'X \longrightarrow ROR' + NaX$$

除了使用卤代烷，还可以利用磺酸酯和硫酸酯来制造醚。例如：

$$(CH_3)_3CCH_2ONa + C_6H_5SO_2OCH_3 \longrightarrow (CH_3)_3CCH_2OCH_3 + C_6H_5SO_2ONa$$

芳香醚可用苯酚与卤代烷或硫酸酯在碱性条件下制备：

$$C_6H_5-OH + CH_3OSO_2OCH_3 \xrightarrow[H_2O]{NaOH} (CH_3)_3CCH_2OCH_3 + C_6H_5-SO_2ONa$$

威廉森合成法已经被广泛应用于实验室中制备醚。这个反应是 S_N2 反应，烷氧（或酚氧）离子则用作强亲核试剂从卤代烷中置换出卤素离子。这种方法可以用来合成单醚或混醚，尤其是混醚。

$$RO^- + R'-X \xrightarrow{S_N2} R-O-R' + X^-$$

需要注意的是，生产不对称烷基醚，应该选用伯卤代烷。这是因为醇钠或酚钠既是亲核试剂又具有强碱性质，仲、叔卤代烷在强碱条件下极易发生消除反应。

3. 醇与烯烃的加成

在酸性条件下，伯醇能够与烯烃反应产生醚，这种反应通常伴随着二聚物和多聚物的形成。这一反应常用于羟基的保护。

$$(CH_3)_2C{=}CHCH_3 + CH_3OH \xrightarrow{H_2SO_4} (CH_3)_2C(OCH_3)CH_2CH_3$$

4. 烯烃的溶剂汞化反应

类似于烯烃的羟汞化反应，使用醇作为溶剂，进行还原反应生成醚，这被称为溶剂汞化反应，其产物的流向遵循马尔可夫尼科夫定律。

$$(CH_3)_2C{=}CH_2 + CH_3OH \xrightarrow[NaBH_4OH^-]{Hg(OAc)_2} CH_3C(CH_3)(OCH_3)CH_3$$

8.3.4 硫醚

1. 物理性质

低级硫醚是无色且带有臭味的液体。由于其不能与水形成分子间氢键，因此它的沸点比相应的醚的沸点高，并且不易溶解在水中。

2. 化学性质

(1) 硫醚的氧化

在常温条件下，硫醚能被氧化剂转变为亚砜；而当温度升高时，硫醚可以被发烟硝酸、H_2O_2-冰醋酸、$KMnO_4$ 和有机过酸等氧化，从而产生砜。

$$\underset{\text{硫醚}}{R-S-R} \xrightarrow{[O]} \underset{\text{亚砜}}{R-\overset{\overset{O}{\|}}{S}-R} \xrightarrow{[O]} \underset{\text{砜}}{R-\overset{\overset{O}{\|}}{\underset{\underset{O}{\|}}{S}}-R}$$

(2) 硫醚的亲核性

硫醚可以与卤代烷进行反应生成相应的硫鎓盐，能够稳定存在。

硫鎓盐也可以与亲核试剂进行 S_N2 反应，使亲核试剂烷基化。

$$RSR + R'X \longrightarrow R_2\overset{+}{S}-R'X^-$$

$$Br^- + H_3C-\overset{+}{S}(CH_3)_2 \xrightarrow{\triangle} CH_3Br + (CH_3)_2S$$

3. 硫醚的制备

单硫醚可以用 K_2S 与卤代烷等烷基化试剂进行亲核取代反应制备。例如：

$$2CH_3I + K_2S \longrightarrow H_3C{-}S{-}CH_3 + 2KI$$

在碱性环境中，硫醇与卤代烷等烃基化试剂相互作用产生硫醚。这种合成方式和威廉森制备醚的过程有很多共同点，既可以生成单硫醚也可以生成混硫醚。比如：

$$CH_3CH_2SH + BrCH_2CH(CH_3)_2 \xrightarrow{OH^-} CH_3CH_2SCH_2CH(CH_3)_2$$

$$CH_3(CH_2)_3SH + H_3C{-}C_6H_4{-}CH_3CH_2OSO_2 \xrightarrow{OH^-} CH_3(CH_2)_3SCH_2CH_3 + H_3C{-}C_6H_4{-}SO_3H$$

8.3.5 冠醚

冠醚的环形构造中存在大量空隙，这些空隙被称为空穴。由于氧原子上有孤对电子，所以冠醚能与各种金属离子发生络合。由此衍生出金属离子的识别与分离提纯的应用。例如：

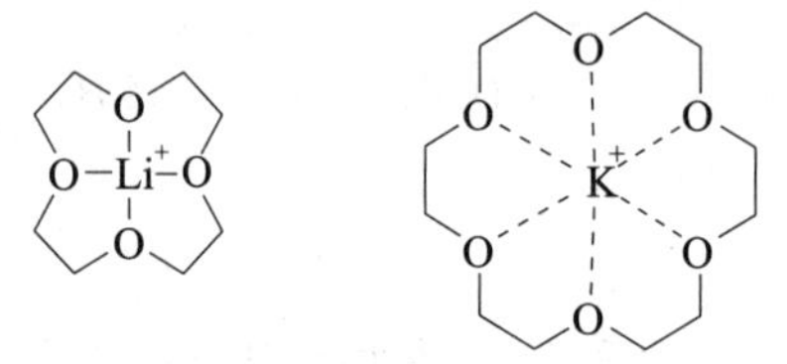

冠醚的这种特性，可以用来分离金属离子。

冠醚有较大的毒性，使用时需小心，以免吸入气体或与人体接触。而且冠醚价格昂贵，使用后难以回收，因此在实际应用中受到了一定的限制。

课外拓展

银杏叶是一种拥有巨大生物活性的物质，具有抗菌、抗氧化、抗癌和免疫刺激等特性，全球销售额超过 100 亿美元。迄今为止，萜烯三内酯（银杏内酯 A、B 和 C）和黄酮类化合物在银杏叶研究中受到了特别关注，而其他生物活性化合物，例如银杏酚（结构如图 8-6 所示），具有多种生物活性，例如抗病毒、抗氧化和抗肿瘤作用，但是它受到的关注较少。

OH

OH

银杏酚

图 8-6　银杏酚的结构

2023 年 Boateng 等人的报道叙述了银杏酚的生物活性，例如抗肿瘤活性等。这也为银杏酚作为营养保健品、功能性食品、药品和药妆品的原料提供了理论依据。未来的研究可以探讨其他生物应用（例如抗氧化剂、抗毒素、抗辐射、抗微生物和抗寄生虫）及其在制药、化妆品和营养食品行业中的应用。此外，应重点研究开发绿色有效的银杏酚的制备方法，并充分利用其药理活性。这也将为有效利用这些生物活性化合物提供新途径。

习 题

1. 试比较1-丁醇、2-丁醇以及2-甲基-2-丙醇与金属钠反应的活性顺序，并说明这三种醇钠的碱性强弱（排列顺序）。

2. 区分下列化合物。

（1）$CH_2=CHCH_2OH$、$CH_3CH_2CH_2OH$、$CH_3CH_2CH_2Cl$

（2）$CH_3CH_2CH(OH)CH_3$、$CH_3CH_2CH_2CH_2OH$、$(CH_3)_3COH$

3. 完成下列反应。

（1）$CH_3CH_2C(OH)(CH_3)_2 \xrightarrow[\triangle]{Al_2O_3}$

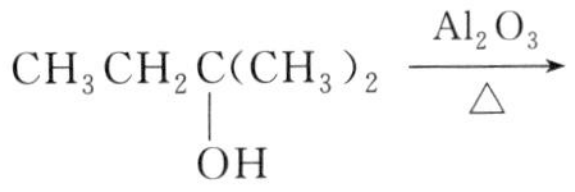

（2）$\text{环己基}-CH_2OH \xrightarrow[\triangle]{H^+}$

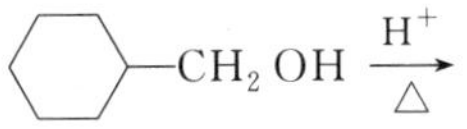

（3）OH OH $\xrightarrow{\text{新制 } MnO_2}$

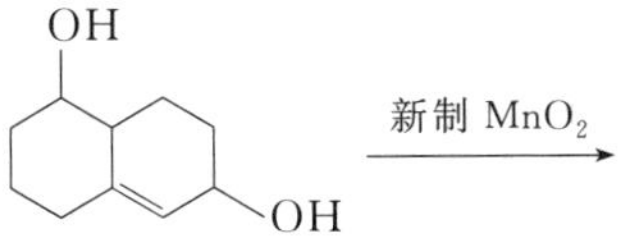

（4）OH OH —CH— $\xrightarrow{H^+}$

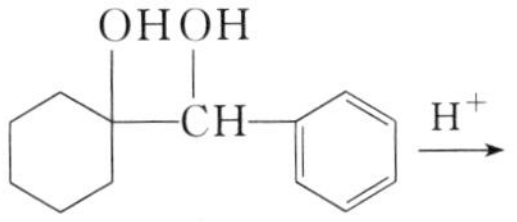

（5）OH Br $\xrightarrow[\text{吡啶}]{C_2H_5COCl}$? $\xrightarrow[\triangle]{Al_2O_3}$? $\xrightarrow{Br_2}$

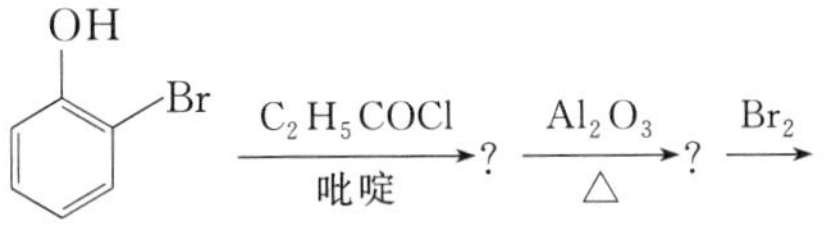

（6）—OH $+CH_3CH_2CH_2Br \longrightarrow$

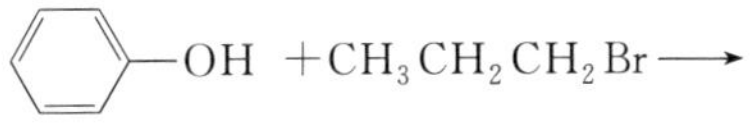

（7）? $\xrightarrow[\text{乙醚}]{Ag_2O}$ O O

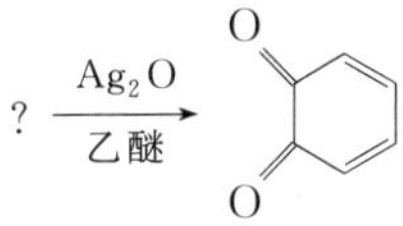

（8）O CH_3 $\xrightarrow[\triangle]{Br_2}$

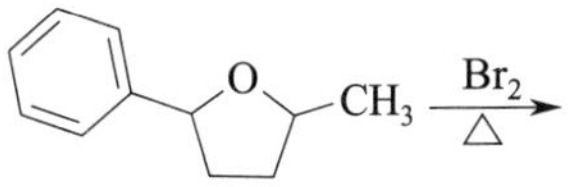

（9）$\xrightarrow{\text{稀 } KMnO_4 \text{ 溶液}}$

$\xrightarrow[CH_2Cl_2]{PhCO_3H}$? $\xrightarrow[H_2O]{OH^-}$

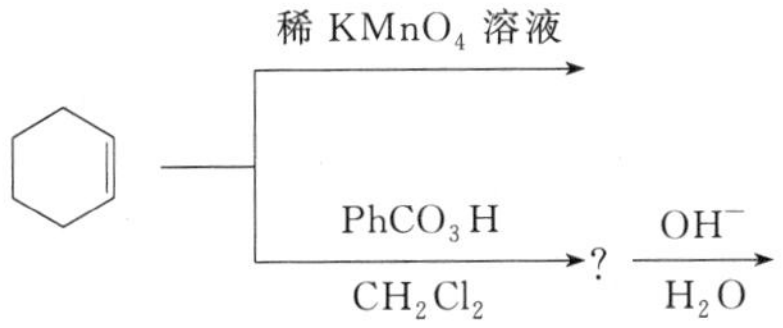

4. 醇和酚有什么不同之处？怎样区分醇和酚？

5. 为什么乙醚沸点比正丁醇沸点低得多？

6. 在加热条件下，下列各种醚和过量的浓氢碘酸反应会生成什么？

甲乙醚、3-甲氧基戊烷、2-甲基-1-甲氧基己烷

7. 下列化合物中哪些能够形成分子内氢键？哪些能形成分子间氢键？

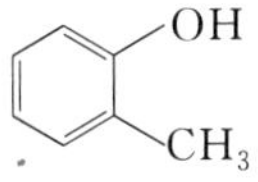

（1）OH CH_3　（2）OH OH　（3）OH OH　（4）OH F　（5）OH OCH_3　（6）OH $COCH_3$

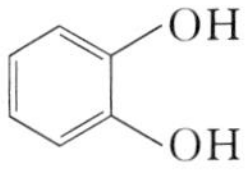

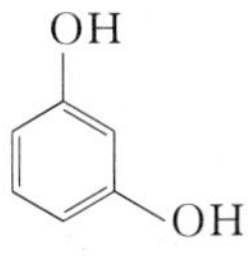

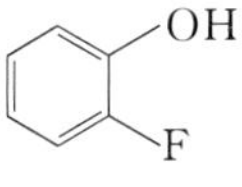

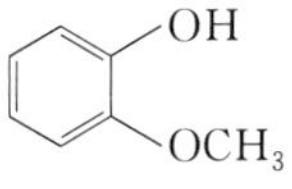

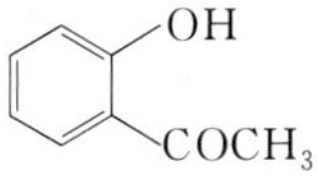

8. 鉴别环己醇、苯酚、环己烷、苯甲醚。

第9章 醛、酮、醌

思维导图

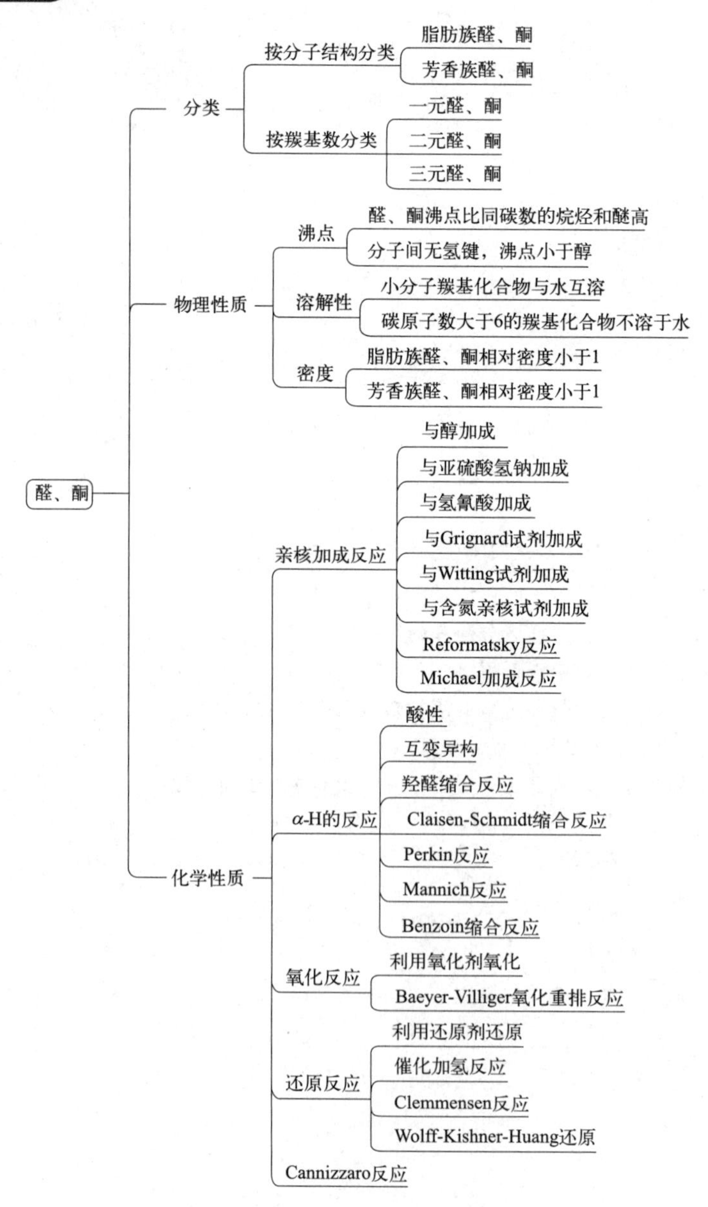

醛、酮
分类
按分子结构分类
脂肪族醛、酮
芳香族醛、酮
按羰基数分类
一元醛、酮
二元醛、酮
三元醛、酮
物理性质
沸点
醛、酮沸点比同碳数的烷烃和醚高
分子间无氢键，沸点小于醇
溶解性
小分子羰基化合物与水互溶
碳原子数大于6的羰基化合物不溶于水
密度
脂肪族醛、酮相对密度小于1
芳香族醛、酮相对密度小于1
化学性质
亲核加成反应
与醇加成
与亚硫酸氢钠加成
与氢氰酸加成
与Grignard试剂加成
与Witting试剂加成
与含氮亲核试剂加成
Reformatsky反应
Michael加成反应
α-H的反应
酸性
互变异构
羟醛缩合反应
Claisen-Schmidt缩合反应
Perkin反应
Mannich反应
Benzoin缩合反应
氧化反应
利用氧化剂氧化
Baeyer-Villiger氧化重排反应
还原反应
利用还原剂还原
催化加氢反应
Clemmensen反应
Wolff-Kishner-Huang还原
Cannizzaro反应

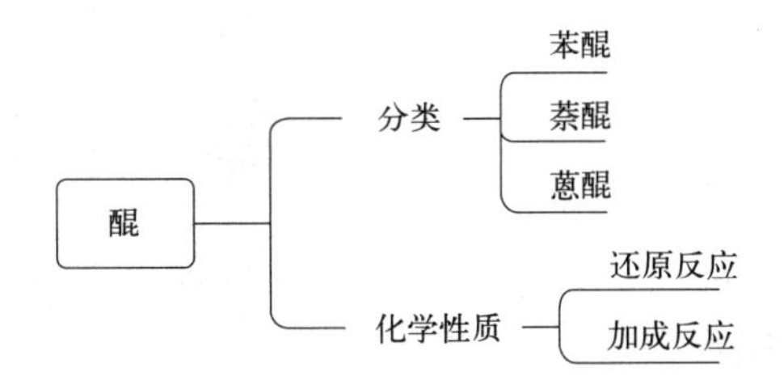

醇的氧化产物醛和酮以及酚的氧化产物醌，在自然界中广泛存在。它们不仅是参与生物代谢过程的不可或缺的化合物，还是有机化学合成中必不可少的原材料。醛、酮、醌三者中均含有同一种官能团羰基（$-\overset{O}{\overset{\|}{C}}-$），所以它们常被统称为羰基化合物。其中，羰基与氢原子相连所组成的化合物被称为醛（aldehyde），且醛分子中的官能团 $-\overset{O}{\overset{\|}{C}}-H$ 被称为醛基，简写为—CHO；羰基不与氢原子相连仅与两个烃基相连时组成的化合物被称为酮（ketone），出现在酮分子中的羰基被称作酮基；醌（quinone）则是一类特殊的不饱和环状二酮的统称。挥发性醛、酮是许多植物精油的重要成分，如柠檬醛、香茅醛、紫罗兰酮、麝香酮等。通常根据羰基所连的烃基将醛、酮类化合物分为脂肪族醛、酮和芳香族醛、酮；根据分子中的羰基数目将醛、酮类化合物分为一元醛、酮，二元醛、酮，三元醛、酮等；醌则分为苯醌、萘醌、蒽醌等。

9.1 醛和酮

9.1.1 醛和酮的结构与命名

1. 醛和酮的结构

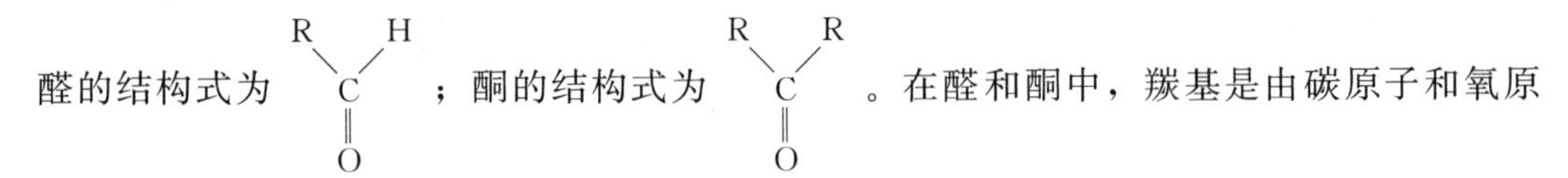
醛的结构式为 ；酮的结构式为 。在醛和酮中，羰基是由碳原子和氧原子通过双键结合而形成的官能团，羰基中的碳原子发生 sp^2 杂化，其中 3 个 sp^2 杂化轨道与其他原子形成 3 个 σ 键，这些成键原子在同一平面上，且键角接近 120°。羰基中碳原子的一个未参与杂化的 p 轨道与氧原子的一个 p 轨道重叠，形成了一个 π 键。

因为氧原子在羰基中的电负性较高，所以 π 电子云会倾向于向氧原子偏移，导致羰基中氧原子上的电子云密度增加，呈负电荷，而羰基中的碳原子上的电子云密度减小，呈正电荷。羰基中的碳原子带有部分正电荷，因此羰基能够被亲核试剂进攻，从而发生亲核加成反应。

醛、酮中的 α-H 在羰基的电子吸引下，呈现出较低的酸性，可以发生 α-H 的卤代反应。此外，羰基可以经历氧化和还原反应，从而发生醛和酮的转化。此外，醛和酮中的羰基可以进一步被氧化和还原。

甲醛和丙酮的球棍模型如图 9-1 所示。

2. 醛和酮的命名

简单的醛和酮可以采用普通命名法，而结构复杂的醛和酮需要采用系统命名法。

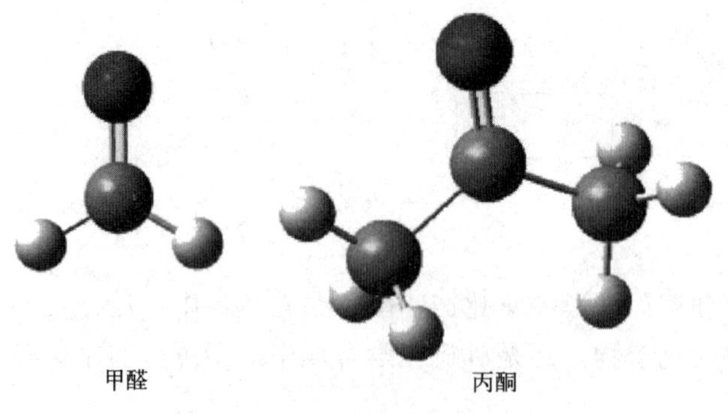

图 9-1 甲醛、丙酮的球棍模型

(1) 普通命名法

醛的普通命名法与醇类似。通过醛中含有的碳原子数，利用天干符号以及数字可以将醛命名为“某醛”，并且酮的命名也有所类似，按照羰基两头连接的烃基命名，被称作“某基某基酮”，同时，醛还有一些常用商品名，例如：

$CH_3CH_2CH_2CH_2CHO$ 正戊醛

$CH_3CH(CH_3)CHO$ 异丁醛

$CH_3C(=O)CH_2CH_3$ 甲基乙基酮

HCHO 甲醛(蚁醛)

$CH_3CH{=}CHCHO$ 2-丁烯醛(巴豆醛)

$C_6H_5CH{=}CHCHO$ 3-苯丙烯醛(肉桂醛)

(2) 系统命名法

那些碳数目相对多、结构相对复杂的醛、酮化合物，常采用系统命名法，其命名原则为：选择含官能团羰基的最长链为主链，并从靠近羰基的一端开始编号。此时，在醛、酮化合物中，醛基通常位于链端，因此不必注明位置，而酮基通常位于链中，所以需要标明酮基的位置。剩余官能团和基团命名则参考本书其他章节 IUPAC 命名法。例如：

$H_2C{=}C(CH_3)CH_2CHO$ 3-甲基-3-丁烯醛

2-甲基环己基甲醛（环己烷环上带 CH_3 和 CHO）

OHC—CHO 乙二醛

1,4-环己二酮（环己烷环上两个 =O）

$CH_3C(=O)CH_2CH_3$ 2-丁酮

$H_3CO-C_6H_4-C(=O)CH_3$ 4-甲氧基苯乙酮

9.1.2 醛和酮的物理性质

常温下，除甲醛呈气态外，碳原子数量小于 12 的脂肪醛、酮通常为液体，而高级脂肪醛、酮和芳香酮大多以固体形式存在。低级醛有强烈的刺激性气味，而低级酮气味清爽，中级醛具有果香气味，中级酮和芳香醛具有令人愉快的气味。通常，我们所见的开花植物都含有一些醛、酮化合物，可以吸引一些昆虫来帮助它们传递花粉。除此之外，碳原子数量为

8～13 的醛可用于配制香料。

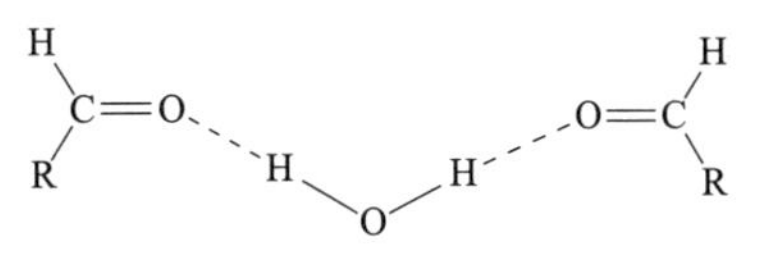

图 9-2　醛与水形成氢键

羰基具有极性，分子的偶极矩较大，这使得醛和酮的沸点相对于同碳数的烷烃和醚更高，但分子间无氢键导致其沸点小于醇。同时，因为羰基中的氧原子与水之间形成氢键，如图 9-2 所示，故而小分子的羰基化合物，如甲醛和丙酮易溶于水，但随着分子中的疏水性烃基的增大，羰基化合物在水中的溶解度下降，碳原子数量大于 6 的羰基化合物不溶于水。脂肪族醛、酮相对密度小于 1，芳香族醛、酮的相对密度大于 1。常见醛和酮的物理性质如表 9-1 所示。

表 9-1　常见醛和酮的物理性质

化合物	熔点/℃	沸点/℃	相对密度	溶解度/g
甲醛(HCHO)	−92.0	−21	0.815	55
乙醛(CH_3CHO)	−121.0	21	0.784	16
丙醛(CH_3CH_2CHO)	−81	49	0.8070	20
丁醛[$CH_3(CH_2)_2CHO$]	−99	75.7	0.8170	4
戊醛[$CH_3(CH_2)_3CHO$]	−91.5	103	0.8095	不溶
丙酮(CH_3COCH_3)	−95	56	0.7899	溶解
2-丁酮($CH_3COCH_2CH_3$)	−86	80	0.8054	35.3
2-戊酮[$CH_3CO(CH_2)_2CH_3$]	−78	102	0.8089	6.3
3-戊酮($CH_3CH_2COCH_2CH_3$)	−40	102	0.8107	4.7
苯甲醛(C_6H_5CHO)	−26	178	1.0415	0.33
环己酮($C_6H_{10}O$)	−45	155	0.9478	2.4
苯乙酮($C_6H_5COCH_3$)	21	202	1.0281	微溶

羰基的红外光谱在 1680～1750 cm^{-1} 范围内有一个非常强的伸缩振动吸收峰，这是鉴别羰基的重要依据。醛基上的 C—H 键在 2720 cm^{-1} 附近有一个伸缩振动吸收峰，是强度中等或较弱的尖峰，也是区别醛基和酮基的重要特征吸收峰。

在 ^1H NMR 谱中，醛基上的氢原子由于羰基的去屏蔽效应，化学位移向低场移动，为 9～10。与羰基相连的烷基，α-C 上的氢原子的化学位移为 2.0～2.5。

9.1.3　醛和酮的化学性质

可以通过结构首先得到的醛、酮的化学性质，如下所示：

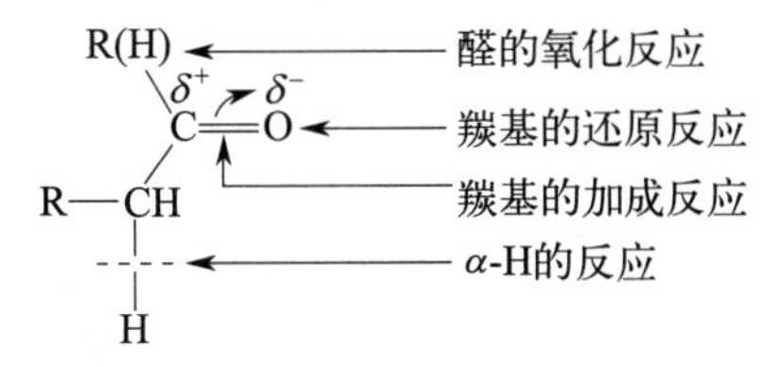

1. 醛和酮的亲核加成反应

醛和酮能与很多亲核试剂进行亲核加成反应，其亲核加成反应历程分为在酸性条件下的亲核加成以及在碱性条件下的亲核加成两类。

酸性条件下的亲核加成反应历程是指酸产生的质子（H^+）先与羰基中的氧结合从而使羰基活化，然后较弱的亲核试剂完成亲核加成：

$$\underset{R'}{\overset{R(H)}{>}}C=\ddot{O}: \xrightarrow{H^+} \underset{R'}{\overset{R(H)}{>}}C=\overset{+}{O}H \xrightarrow[Nu-H]{慢} R'-\underset{Nu-H}{\overset{R(H)}{C}}-\overset{+}{O}H_2 \xrightarrow{-H^+} R'-\underset{Nu}{\overset{R(H)}{C}}-OH$$

碱性条件下的亲核加成反应历程则是指亲核试剂在进攻羰基后产生氧负离子中间体，中间体再与正离子相结合：

$$\mathrm{R(H)(R')C{=}O} + \mathrm{Nu^-} \xrightarrow{\text{慢}} \mathrm{R'{-}C(R(H))(Nu){-}O^-} \xrightarrow{\mathrm{H{-}Nu}} \mathrm{R'{-}C(R(H))(Nu){-}OH}$$

（1）与醇加成

醇是一种相对较弱的亲核试剂，在酸性条件下，醛和酮的羰基与一分子的醇发生加成反应时，生成的产物是半缩醛或半缩酮，但通常半缩醛或半缩酮并不稳定，如果这些半缩醛或半缩酮继续与另一分子醇进行分子间脱水反应，就会形成缩醛或缩酮。缩醛和缩酮的化学稳定性相对较高，可以被视为具有相同碳原子数的二元醇的醚，其化学性质与醚类似。并且，生成的缩醛和缩酮可以水解为反应前的酮，故而此反应为可逆反应。如下为醛和一元醇的反应以及酮与二元醇的反应：

$$\mathrm{R(H)C{=}O} + \mathrm{R'{-}OH} \overset{\mathrm{H^+}}{\rightleftharpoons} \mathrm{R{-}CH(OR'){-}OH} \underset{\mathrm{R'{-}OH}}{\overset{\mathrm{H^+}}{\rightleftharpoons}} \mathrm{R{-}CH(OR'){-}OR'} + \mathrm{H_2O}$$

$$\mathrm{RR'C{=}O} + \mathrm{HO{-}CH_2{-}CH_2{-}OH} \overset{\mathrm{H^+}}{\rightleftharpoons} \mathrm{RR'C(OH){-}O{-}CH_2{-}CH_2{-}OH} \overset{\mathrm{H^+}}{\rightleftharpoons} \mathrm{RR'C(O{-}CH_2{-}CH_2{-}O)} + \mathrm{H_2O}$$

根据化学平衡移动原理，在反应过程中使用过量的醇或者及时除去生成的水均能使该化学反应向正向即产生缩醛或缩酮的方向移动。反之，加入过量水能使所生成的缩醛或缩酮水解，由此，我们得到一种能够保护反应中醛羰基及酮羰基的办法，即先生成缩醛或缩酮，再对缩醛或缩酮进行水解脱保护。

（2）与 $\mathrm{NaHSO_3}$ 加成

并非所有醛、酮化合物都能够与 $\mathrm{NaHSO_3}$ 进行亲核加成反应，只有醛、脂肪甲基酮以及碳原子数小于 8 的环酮才能与 $\mathrm{NaHSO_3}$ 的饱和溶液进行亲核加成，生成 α-羟基磺酸钠，如下是反应通式。反应中，α-羟基磺酸钠会作为白色晶体析出，但它与稀酸或稀碱共热可以分解，最后将原本的醛、酮析出，故该反应为可逆反应，并且可以用来鉴别、提纯一些醛、酮。

$$\mathrm{R(R'(H))C{=}O} + \mathrm{HO{-}\ddot{S}(=O){-}\bar{O}Na^+} \rightleftharpoons \mathrm{R{-}C(\bar{O}Na^+)((H)R'){-}SO_3H} \rightleftharpoons \mathrm{R{-}C(OH)((H)R'){-}SO_3Na}$$

（3）与 HCN 加成

在碱性环境中，醛和酮能与 HCN 反应，生成 α-羟基腈。同样地，这个反应也属于可逆反应。同时，α-羟基腈可以进一步水解成 α-羟基酸，这是有机合成中重要的增碳方式。不同结构的醛和酮化合物的反应活性也有差异，受到电子效应以及空间效应两种因素的影响。

$$\mathrm{R(R'(H))C{=}O} + \mathrm{HCN} \rightleftharpoons \mathrm{R{-}C(OH)((H)R'){-}CN} \overset{\mathrm{H_2O/H^+}}{\rightleftharpoons} \mathrm{R{-}C(OH)((H)R'){-}COOH}$$

（4）与 Grignard 试剂加成

醛、酮在无水乙醚中与格利雅试剂即 Grignard 试剂进行亲核加成反应，并且加成产物通过水解可以得到醇。例如：

$$R''(R'(H))C{=}O + RMgX \xrightarrow{\text{无水乙醚}} R''R'(H)C(OMgX)R \xrightarrow{H_2O} R''R'(H)C(OH)R$$

Grignard 试剂即格氏试剂，是含有卤化镁的有机金属化合物，是一种强亲核试剂。在该反应中，R 基即烷基带着一对电子转移到羰基碳原子上，MgX 则加到羰基氧原子上。这类反应亦能在分子内进行，例如：

$$H_3C-\overset{O}{\overset{\|}{C}}-(CH_2)_3Br \xrightarrow[\text{四氢呋喃}]{Mg\text{、微量 }HgCl_2} \text{(环丁基, OMgX, }CH_3) \xrightarrow{H_2O} \text{(环丁基, OH, }CH_3)$$

（5）与 Wittig 试剂加成

Wittig 反应即惟蒂希反应，而 Wittig 试剂为磷叶立德试剂，也称作磷内鎓盐试剂。惟蒂希反应是醛、酮化合物与磷叶立德试剂进行亲核加成生成烯的反应，该反应在有机合成中可以用于制备烯烃。例如：

$$R_2CHBr \xrightarrow{P(C_6H_5)_3} R_2CH\overset{+}{P}(C_6H_5)_3\overset{-}{Br} \xrightarrow{n\text{-}C_4H_9Li} R_2\overset{-}{C}\overset{+}{P}(C_6H_5)_3 \xrightarrow{R'_2C{=}O} R'_2C{=}CR_2$$

$$R_2C{=}O + R'R''\overset{-}{C}-\overset{+}{P}Ph_3 \longrightarrow \left[R''-\underset{R-C-O^-}{\overset{R'}{C}}-\overset{+}{P}Ph_3\right] \longrightarrow \left[\begin{array}{c}R' \\ R''-C-PPh_3 \\ R-C-O \\ R\end{array}\right]$$

$$\left[\begin{array}{c}R' \\ R''-C\text{---}PPh_3 \\ R-C\text{---}O \\ R\end{array}\right]^{\ddagger} \longrightarrow R''R'C{=}CR_2 + PPh_3{=}O$$

其中，磷叶立德试剂与羰基化合物发生反应时，与醛反应最快，酮其次，酯最慢。

（6）与含氮亲核试剂加成

① 醛、酮与氨衍生物反应。氨衍生物中的氮带有一对孤电子，电子进攻羰基碳再进一步脱水生成含氮化合物，例如：

$$R(R'(H))C{=}O + H_2\ddot{N}-Y \rightleftharpoons R-\underset{R'(H)}{\overset{OH}{C}}-\overset{H}{N}-Y \xrightarrow{-H_2O} R(R'(H))C{=}N-Y$$

其中，Y 基团代表—OH、—NH_2 等，并且加成后产物在酸性条件下可以水解成原先的醛、酮。醛、酮与氨衍生物亲核加成后，加成产物具有已知熔点，可以用于醛、酮的鉴别。其中，羰基化合物和羟胺反应生成肟，和肼反应生成腙。例如：

$$R(R'(H))C{=}O + \underset{\text{羟胺}}{H_2N-OH} \longrightarrow \underset{\text{肟}}{R(R'(H))C{=}N-OH}$$

$$\underset{}{R(R'(H))C{=}O} + H_2N{-}NH_2 \longrightarrow R(R'(H))C{=}N{-}NH_2$$

肼　　　　腙

其中，肟在酸性环境下可以进行重排反应产生新物质酰胺，该反应为 Beckmann 重排，即贝克曼重排。

$$R'RC{=}N{-}OH \xrightarrow{H^+} R'{-}\overset{O}{\overset{\|}{C}}{-}NHR$$

该重排的反应历程如下：

$$R'RC{=}N{-}\ddot{O}H \xrightarrow{H^+} R'RC{=}N{-}\overset{+}{O}H_2 \xrightarrow[-H_2O]{\text{重排}} R'\overset{+}{C}{=}\ddot{N}{-}R \rightleftharpoons R'{-}C{\equiv}\overset{+}{N}{-}R$$

$$\xrightarrow{H_2O} R'(\overset{+}{O}H_2)C{=}N{-}R \xrightarrow{-H^+} R'(HO)C{=}\ddot{N}{-}R \xrightleftharpoons{\text{互变异构}} R'{-}\overset{O}{\overset{\|}{C}}{-}NHR$$

② 醛、酮与伯胺亲核加成。醛酮与伯胺先加成再脱水，生成具有亚胺基团的化合物即希夫碱（Schiff base），例如：

$$R'R''C{=}O + H_2\ddot{N}{-}R \rightleftharpoons R'{-}\underset{R''}{\underset{|}{\overset{OH}{\overset{|}{C}}}}{-}\overset{H}{\overset{|}{N}}{-}R \xrightarrow{-H_2O} R'R''C{=}N{-}R$$

羟胺　　　　亚胺

（7）Reformatsky 反应

Reformatsky 反应即瑞弗尔马斯基反应，即醛、酮与 α-卤代羧酸酯在锌催化作用下产生 β-羟基羧酸酯，例如：

$$RR'C{=}O + XCH_2COOC_2H_5 \xrightarrow{Zn} RR'C(OZnX)CH_2COOC_2H_5 \xrightarrow[\text{水解}]{H_2O,H^+} RR'C(OH)CH_2COOC_2H_5$$

β-羟基羧酸酯

（8）Michael 加成反应

迈克尔（Michael）加成反应是一种在碱性环境下进行的反应，其中存在一个能提供亲核碳负离子的化合物作为给体，以及一个能提供亲电共轭体系的化合物作为受体，通常为 α,β-不饱和醛、酮、酯、腈、硝基等。在这个反应中，给体与受体发生亲核 1,4-共轭加成反应。例如：

$$\text{2-甲基环己酮}(CH_3) + CH_2{=}CH{-}CO{-}CH_3 \xrightarrow{EtO^-} \underset{64\%}{\text{产物}} + \underset{36\%}{\text{产物}}$$

其中，迈克尔反应的反应机理如下：

$$EtO-CO-CH_2-CO-OEt \xrightleftharpoons{-OEt} EtO-C(O^-)=CH-CO-OEt \xrightleftharpoons{H_2C=HC-CO-CH_3} EtOOC-CH(COOEt)-CH_2-CH=C(O^-)-CH_3$$

$$\xrightleftharpoons{EtOH} EtOOC-CH(COOEt)-CH_2-CH=C(OH)-CH_3 \xrightleftharpoons{互变异构} EtOOC-CH(COOEt)-CH_2-CH_2-CO-CH_3$$

2. α-H 的反应

(1) α-H 的酸性

在醛、酮化合物中，与它们官能团羰基直接相连的碳上的氢被称为 α-H，由于羰基上的 π 电子云与周围 C—H 键的 σ 电子云相互叠加，形成了 σ-π 超共轭效应，导致周围 C—H 键的强度减弱，这使得 α-H 具有更容易失去质子的倾向，因此使化合物的酸性增强。

(2) 互变异构

酸碱均可以促使羰基化合物烯醇化。烯醇式是醛、酮的另一种存在形式，与酮式结构有如下平衡：

$$\underset{酮式}{\overset{|}{H_2C}-\overset{O}{\overset{\|}{C}}-} \rightleftharpoons \underset{烯醇式}{\overset{|}{HC}=\overset{OH}{\overset{|}{C}}-}$$

酮式结构和烯醇式结构之间存在的转变动态平衡被称为互变异构现象。

(3) 羟醛缩合反应

在稀碱环境中，含有 α-H 的两分子醛相互之间的反应，生成含有羟基和醛基的 β-羟基醛，这类反应被称为羟醛缩合反应。例如：

$$H_3C-\overset{O}{\overset{\|}{C}}-H + \underset{H}{\underset{|}{H_2C}}-CHO \xrightarrow{10\%NaOH} H_3C-\underset{OH}{\underset{|}{CH}}-H_2C-CHO$$

其反应机理为：

$$\overset{H}{\overset{|}{H_2C}}-\overset{O}{\overset{\|}{C}}-H + OH^- \rightleftharpoons H_2\bar{C}-\overset{O}{\overset{\|}{C}}-H + H_2O$$

$$H_3C-\underset{H}{\underset{|}{\overset{\delta^+}{C}}}=\overset{\delta^-}{O} + H_2\bar{C}-\overset{O}{\overset{\|}{C}}-H \rightleftharpoons H_3C-\underset{H}{\underset{|}{\overset{O^-}{\overset{|}{C}}}}-CH_2CHO$$

$$H_3C-\underset{H}{\underset{|}{\overset{O^-}{\overset{|}{C}}}}-CH_2CHO + HOH \rightleftharpoons H_3C-\underset{H}{\underset{|}{\overset{OH}{\overset{|}{C}}}}-CH_2CHO + OH^-$$

下述反应生成 β-羟基丁醛即 3-羟基丁醛：

$$H_3C-\overset{O}{\overset{\|}{C}}-H + \underset{H}{\underset{|}{H_2C}}-CHO \xrightarrow{10\%NaOH} H_3C-\underset{OH}{\underset{|}{CH}}-H_2C-CHO$$

作为一种增长碳链的方式，羟醛缩合在有机合成中至关重要。尤其是一种含有 α-H 的醛与另一种不含有 α-H 的醛进行化学作用，发生的反应称为交叉羟醛缩合反应，该反应只有一种主要产物，在有机合成中具有重大意义。

(4) Claisen-Schmidt 缩合反应

Claisen-Schmidt 缩合反应，即克莱森-施密特反应。芳香醛与含有 α-H 的醛和酮在碱性环境中发生交叉羟醛缩合反应，生成 α,β-不饱和醛、酮。例如：

$$C_6H_5CHO + CH_3CHO \xrightarrow[50℃]{NaOH} C_6H_5CH(OH)CH_2CHO \xrightarrow{-H_2O} C_6H_5CH{=}CHCHO$$

肉桂醛

(5) Perkin 反应

Perkin 反应即普尔金反应，指芳香醛与脂肪族酸酐，在对应酸的碱金属盐环境下共热，发生的缩合反应。在有机合成中，作为 α,β-不饱和酸的制备方法。例如：

$$C_6H_5CHO + (CH_3CH_2CO)_2O \xrightarrow[130\sim135℃]{CH_3CH_2COONa} C_6H_5CH{=}C(CH_3)COOH + CH_3CH_2COOH$$

需要注意的是，脂肪醛不发生 Perkin 反应。

(6) Mannich 反应

Mannich 反应即曼尼希反应，指含有 α-H 的羰基化合物与醛和一些含氮化合物如伯胺和氨等发生的缩合反应，也称为曼氏反应。该反应是一种胺甲基化反应，一般在酸性环境下进行，产生 β-氨基酮，同时也称为曼氏碱（Mannich base）。曼氏反应在有机合成中常用作间接合成 α,β-不饱和酮的重要方法。例如：

$$R'COCH_2R + HCHO + (H_3C)_2NH \xrightarrow{H^+} R'CO{-}CH(R){-}CH_2N(CH_3)_2$$

(7) Benzoin 缩合反应

Benzoin 缩合反应即安息香缩合反应，是芳香醛在氰离子催化下，发生双分子缩合生成 α-羟基酮即安息香的反应，例如：

$$C_6H_5CHO \xrightarrow[H_2O/EtOH]{CN^-} C_6H_5CO{-}CH(OH){-}C_6H_5$$

其反应机理如下，其中—Ar 为芳香基团的缩写：

$$ArCHO \xrightarrow{CN^-} Ar{-}CH(O^-){-}CN \rightleftharpoons Ar{-}\overset{-}{C}(OH){-}CN + Ar{-}CHO$$

H 给体　　　　H 受体

$$\longrightarrow Ar{-}C(OH)(CN){-}CH(O^-){-}Ar \rightleftharpoons Ar{-}C(O^-)(CN){-}CH(OH){-}Ar \xrightleftharpoons{-CN^-} Ar{-}CO{-}CH(OH){-}Ar$$

该反应中的 CN^- 首先与羰基进行亲核加成，加成后具有的吸电子作用使得原来醛基中的质子转移到氧原子上，最后氰离子离去。并且这种开始时碳呈现正电性而与氰离子加成后碳呈现负电性的现象称为极性翻转。

3. 氧化反应

(1) 利用氧化剂进行氧化

由于醛基中存在一个氢原子，因此醛容易被氧化为相同碳数的羧酸，空气中的氧气就能够将醛氧化。相反地，酮基不直接与氢原子相连，这使得酮不容易被氧化剂氧化。可以利用这一特性来区分醛和酮，通常用的试剂是托伦（Tollens）试剂以及斐林（Fehling）试剂。

其中托伦试剂是氢氧化二氨合银溶液，其与醛反应时，醛被氧化成同碳数的羧酸，银离子则变成黑色沉淀，同时，如果器壁干净，生成的银可以附着成为光亮的银镜，故而该反应称为银镜反应。

$$R—CHO + 2Ag(NH_3)_2OH \xrightarrow{\triangle} R—COONH_4 + 2Ag\downarrow + 3NH_3 + H_2O$$

而斐林试剂为碱性酒石酸钾钠铜试剂，包括硫酸铜溶液以及酒石酸钾钠的氢氧化钠溶液。醛与斐林试剂作用被氧化成同碳数的羧酸，铜离子则被还原成砖红色氧化亚铜沉淀。

$$R—CHO + 2Cu^{2+} + 5OH^- \xrightarrow{\triangle} R—COO^- + Cu_2O\downarrow + 3H_2O$$

并且，托伦试剂和斐林试剂均只氧化醛基不氧化双键，可以在有机合成中进行选择性氧化反应，例如：

$$H_3CHC=CHCHO \xrightarrow[\text{或 } Cu^{2+}]{Ag(NH_3)_2OH} H_3CHC=CHCOOH$$

酮虽然不能被托伦试剂和斐林试剂此类弱氧化剂氧化，但可以在浓硝酸或重铬酸钾和浓硫酸作用下，羰基两侧断裂形成小分子，例如：

$$H_3C—\overset{\overset{O}{\|}}{C}—CH_2CH_3 \xrightarrow[\triangle]{HNO_3} CH_3COOH + CH_3CH_2COOH + CO_2 + H_2O$$

(2) Baeyer-Villiger 氧化重排反应

对于醛、酮的氧化反应，除了采用化学氧化剂对其进行氧化，还可以用过氧酸对醛、酮化合物进行氧化。酮类化合物被过氧酸氧化生成酯的反应被称为 Baeyer-Villiger 反应，即拜尔-维利格反应。常用的过氧酸有过乙酸、过苯甲酸等。例如：

$$R—\overset{\overset{O}{\|}}{C}—R' + CH_3COOOH \xrightarrow[40℃]{CH_3COOEt} R—\overset{\overset{O}{\|}}{C}—O—R' + CH_3COOH$$

4. 还原反应

醛、酮化合物可以被还原成醇或烃，利用不同还原方法可以得到不同的还原产物。

(1) 催化加氢

在催化加氢反应中，通常选用的催化剂有 Pt、Pd 等，在催化剂环境下，醛、酮加氢可以生成伯醇和仲醇。例如：

$$\begin{matrix} R \\ \quad\diagdown \\ \quad C=O \\ \quad\diagup \\ R'(H) \end{matrix} + H_2 \xrightarrow{Ni} \begin{matrix} R—CHOH \\ \quad | \\ \quad (H)R' \end{matrix}$$

若化合物中含有官能团，如双键、三键、硝基、氰基等，官能团将同时被还原。

（2）利用还原剂还原

除了催化加氢，醛和酮还可以在化学还原剂环境下被还原成同碳数的醇。其中，化学还原剂包括硼氢化钠（$NaBH_4$）、氢化铝锂（$LiAlH_4$）等。并且，硼氢化钠只针对羰基进行还原而不能还原其他不饱和基。例如：

$$\underset{\underset{CH_2}{\|}}{HC}-\overset{\overset{O}{\|}}{C}-CH_3 \xrightarrow[\text{乙醇}]{NaBH_4} \underset{\underset{CH_2}{\|}}{HC}-\overset{\overset{OH}{|}}{C}HCH_3$$

同样地，氢化铝锂对碳碳双键和碳碳三键也没有还原能力，但其还原性比硼氢化钠强，不仅能够还原羰基，还能还原羧基、酯基、硝基、氰基等基团。并且由于对酸和空气中的水蒸气敏感，氢化铝锂需要和无水乙醚、四氢呋喃或吡啶溶液共用。例如：

$$\underset{\underset{CHCH_3}{\|}}{CHCH_2CHO} \xrightarrow{LiAlH_4} \underset{\underset{CHCH_3}{\|}}{CHCH_2CH_2OH}$$

（3）Clemmensen 反应

Clemmensen 反应即克莱门森反应，指在锌汞齐以及浓盐酸作用下，醛、酮中的羰基直接被还原成亚甲基的过程。例如：

$$R-\overset{\overset{O}{\|}}{C}-(H)R' \xrightarrow[Zn\text{-}Hg,HCl]{[H]} RCH_2(H)R'$$

克莱门森反应也十分重要，该反应可用于制备直链烷基苯，即先将芳烃进行酰基化得到酮，再利用克莱门森还原法得到直链烷基苯。例如：

$$C_6H_6 \xrightarrow[AlCl_3]{CH_3CH_2CH_2COCl} C_6H_5-COCH_2CH_2CH_3 \xrightarrow{Zn\text{-}Hg,HCl} C_6H_5-CH_2CH_2CH_2CH_3$$

（4）Wolff-Kishner-Huang 还原

Wolff-Kishner-Huang 还原即沃尔夫-凯惜纳-黄鸣龙还原反应，首先被德国化学家沃尔夫和俄国化学家凯惜纳提出，再由我国化学家黄鸣龙于 1946 年进行改进。该反应利用醛、酮和肼反应生成腙，然后在氢氧化钾或者乙醇钠作用下进行分解，得到烃和氮气。此反应与克莱门森反应相辅相成，分别适用于对酸碱敏感的醛、酮类化合物的还原。例如：

$$Ph-\overset{\overset{O}{\|}}{C}-CH_2CH_2COOH \xrightarrow{Zn\text{-}Hg,HCl} PhCH_2CH_2CH_2COOH$$

$$\text{2-}NH_2C_6H_4-\overset{\overset{O}{\|}}{C}-(CH_2)_4CH_3 \xrightarrow[(HOCH_2CH_2)_2O]{N_2H_4,NaOH} \text{2-}NH_2C_6H_4-(CH_2)_5CH_3$$

5. Cannizzaro 反应

Cannizzaro 反应即康尼扎罗反应，该反应类似于歧化反应，无 α-H 的醛在浓碱环境中可以发生分子间氧化还原反应，即两分子醛羰基中一分子氧化成羧基，另一分子还原成醇羟基。例如：

$$2HCHO+(\text{浓})NaOH \xrightarrow{\triangle} HCOONa+CH_3OH$$

$$2(CH_3)_3C-CHO+(\text{浓})NaOH \xrightarrow{\triangle} (CH_3)_3C-COONa+(CH_3)_3C-CH_2OH$$

需要注意的是酮不发生康尼扎罗反应。

9.1.4 醛和酮的制备

1. 醇的氧化和脱氢

在有机合成中，伯醇和仲醇氧化可以分别得到相对应的醛和酮。并且常见的氧化剂有重铬酸钾、高锰酸钾等。然而，若醇分子中含有易被氧化的基团，则需要选择一些更加温和的氧化剂，例如，三氧化铬-吡啶络合物、重铬酸吡啶盐等等。

2. 芳香化合物制备羰基化合物

在 Lewis 酸催化下，芳香族化合物与酰氯或酸酐发生酰基化反应是制备芳香酮最常用的方法之一。

（1）Reimer-Tiemann 反应

Reimer-Tiemann 反应即瑞默-梯曼反应，是酚与氯仿在碱性溶液中加热生成邻羟基醛及对羟基醛的反应。例如：

$$C_6H_5\text{—}OH + CHCl_3 \xrightarrow[\triangle]{10\%NaOH/H_2O} o\text{-}OHC\text{—}C_6H_4\text{—}OH + OHC\text{—}C_6H_4\text{—}OH$$

（2）Gattermann-Koch 反应

Gattermann-Koch 反应即加特曼-科赫反应，在 Lewis 酸环境中，芳香化合物与等物质的量的一氧化碳和氯化氢气体加热发生作用可以生成对应的芳香醛。例如：

$$C_6H_6 + CO + HCl \xrightarrow[\triangle]{AlCl_3, CuCl} C_6H_5\text{—}CHO$$

（3）Vilsmeier 反应

Vilsmeier 反应即维斯梅尔反应，活性大的芳香族化合物可以用 *N*-取代甲酰胺进行甲酰化，常用三氯氧磷为催化剂。例如：

$$C_6H_5\text{—}OH + H\text{—}\overset{O}{\overset{\|}{C}}\text{—}N(CH_3)_2 \xrightarrow{POCl_3} OHC\text{—}C_6H_4\text{—}OH$$

9.1.5 α, β-不饱和醛、酮

不饱和羰基化合物的 α 和 β 位的碳以双键形式连接，其中碳碳双键与羰基组成共轭体系，因此可能发生 1,2-加成或 1,4-加成，其中 1,4-加成又称为共轭加成。

$$H_2C{=}CH\text{—}\overset{O}{\overset{\|}{C}}H + Nu:^- \begin{cases} \xrightarrow{1,2\text{-加成}} H_2C{=}CH\text{—}CH(OH)(Nu) \\ \xrightarrow{1,4\text{-加成}} H_2C(Nu)\text{—}CH_2\text{—}CHO \end{cases}$$

强碱性试剂，如 RMgX 和 RLi 等金属有机试剂，主要发生 1,2-加成。

$$(CH_3)_2CH\text{—}CH{=}CH\text{—}\overset{O}{\overset{\|}{C}}H + CH_3CH_2Li \xrightarrow[\text{无水乙醚}]{H_3O^+} \underset{\text{主}}{(CH_3)_2CH\text{—}CH{=}CH\text{—}CH(OH)CH_2CH_3} + (CH_3)_2CH\text{—}CH(CH_2CH_3)\text{—}CH_2\text{—}\overset{O}{\overset{\|}{C}}H$$

弱碱性试剂，如 CN^- 主要生成 1,4-加成产物。

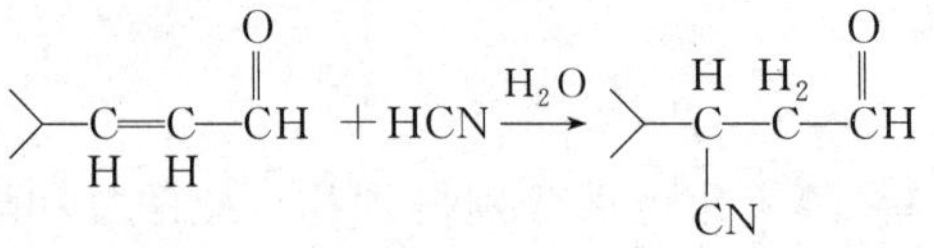

$$(CH_3)_2CH-CH=CH-CHO + HCN \xrightarrow{H_2O} (CH_3)_2CH-CH(CN)-CH_2-CHO$$

活泼亚甲基化合物也能与之发生 1,4-加成，即迈克尔加成。

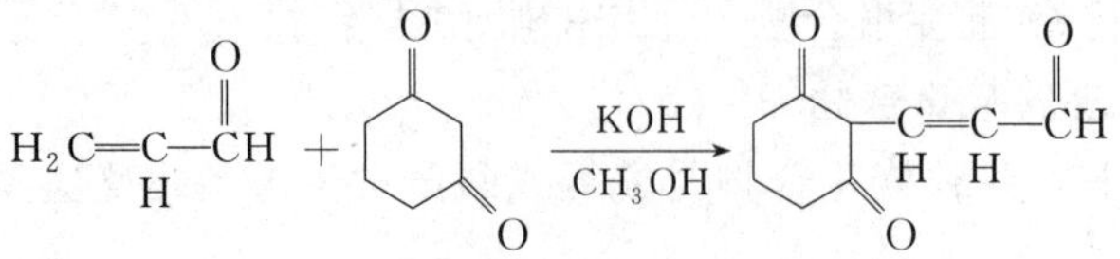

$$H_2C=CH-CHO + \text{1,3-环己二酮} \xrightarrow[CH_3OH]{KOH} \text{2-(CH=CH-CHO)-1,3-环己二酮}$$

上述产物还可以进一步发生分子内的羟醛缩合反应。

9.2 醌

9.2.1 醌的结构与命名

醌是一种具有共轭体系的环己二烯二酮类化合物，不具有方向性，有苯醌、萘醌等。

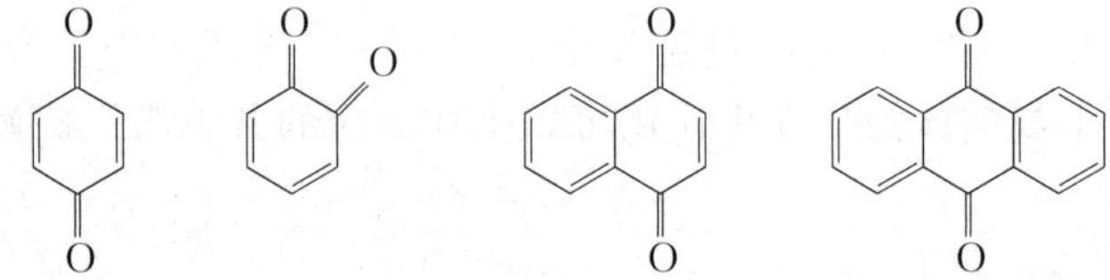

对苯醌　邻苯醌　萘醌　蒽醌

醌为结晶固体，一般有颜色，对苯醌为黄色结晶，邻苯醌为红色结晶，蒽醌为黄色固体。醌类物质是染料的一大分支。

醌类化合物要根据醌羰基所在位置和相应母体进行命名。

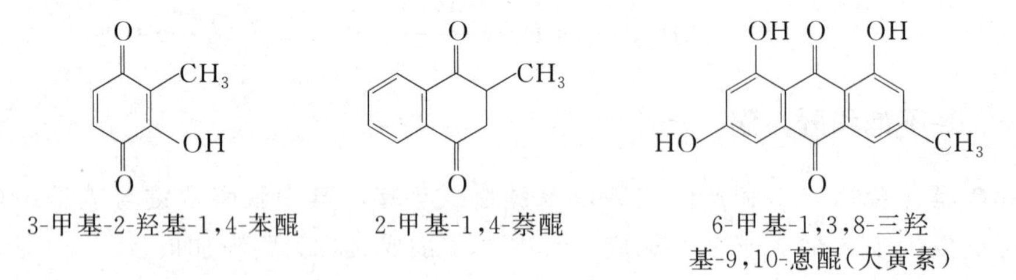

3-甲基-2-羟基-1,4-苯醌　2-甲基-1,4-萘醌　6-甲基-1,3,8-三羟基-9,10-蒽醌(大黄素)

9.2.2 醌的化学性质

1. 还原反应

对苯醌在亚硫酸钠水溶液中容易被还原成氢醌，即对苯二酚，对苯二酚也可被氧化为对苯醌。

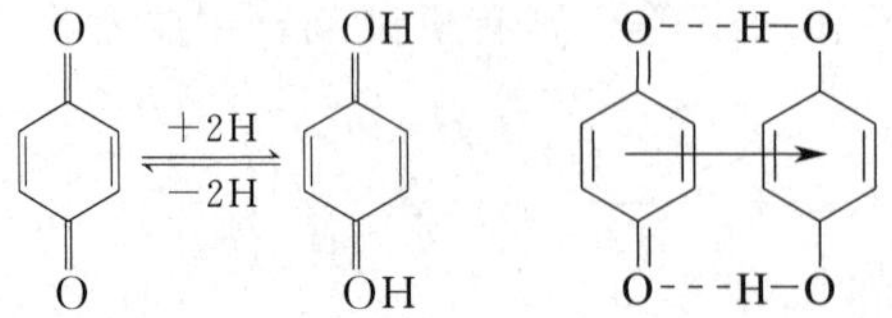

$$\text{醌} \underset{-2H}{\overset{+2H}{\rightleftharpoons}} \text{氢醌}$$

醌　氢醌　醌氢醌

该反应两个方向都会出现一个中间产物——醌氢醌，是由醌与氢醌配合得到的。

这种氧化还原过程在生物体内十分重要，通过醌氢醌的氧化还原可以调控生物体中以脱氢加氢形式进行的氧化还原反应。

2. 加成反应

双键本身就可以发生相应的亲电加成反应：

$$\text{对苯醌} + Br_2 \xrightarrow{\text{冰醋酸}} \text{2,3-二溴代物} \xrightarrow{\text{冰醋酸}} \text{2,3,5,6-四溴代物}$$

而 α,β-不饱和醛、酮的结构使得苯醌可以具有相应的性质，如1,4-加成：

$$\text{对苯醌} + HCl \xrightarrow{\text{1,4-加成}} \text{中间体} \xrightarrow{\text{异构}} \text{2-氯对苯二酚}$$

由于碳碳双键受到两边羰基的影响，又成为一种亲双烯试剂，可以发生 Diels-Alder 反应。

$$\text{对苯醌} + \text{丁二烯} \longrightarrow \text{单加成产物} \xrightarrow{\text{丁二烯}} \text{双加成产物}$$

课外拓展

中国科学院大连化学物理研究所张涛研究员、王爱琴团队在生物质基醛、酮小分子还原氨化方面取得新进展，相关研究成果发表在《德国应用化学》上，并被选为该杂志当期的热点文章。

目前，绝大多数含氮化合物仍然依赖于化石资源获取。由于生物质的主要成分是碳、氢、氧三种元素，因此在催化转化生物质时，产生的化学物质主要是富含氧的化合物，如醇、醛、酮、酸、酯等。这种情况导致了生物质基化学物质的多样性和适用性受到了一定的限制。在特定条件下，通过还原氨化的方法，可以将含氧官能团有选择地转化为氨基官能团，为合成胺类化合物提供可持续的新路径，同时也具有拓展生物质资源应用的重要意义。研究小组首先采用乙醇醛作为反应底物，在温和的反应条件下，使用氨水作为氨源，并以 Ru/ZrO_2 作为催化剂，高度选择性地合成乙醇胺，收率达到94%。再通过“纤维素-乙醇醛-乙醇胺”的两步反应路线，直接以纤维素为原料获得乙醇胺。这个催化系统在广泛应用中表现出优秀的适应性，能够高效地将各种不同结构的生物质基醛、酮小分子转化为相应的伯胺，为生物质提供了一种有效的制造含氮化学物质的途径。

醌类染料的发展

醌类染料是一类以醌结构为基础的有机染料。它们在纺织、印刷和油墨等领域得到了广泛应用，因为它们能吸收更广泛的光谱，并且能保持色彩稳定性。

醌类染料的历史可以追溯到19世纪末。最古老的醌类染料是从天然醌染料中提取而来的，例如用于染色的鲜叶蓝。然而，它们的色泽不稳定且不易溶解。随着有机合成化学的进步，科学家们开始尝试合成全新的醌类染料。通过在醌分子上引入不同的取代基团，可以改变染料的吸收光谱和颜色。近些年来，由于对环境友好染料的需求不断增长，科研人员一直在努力研发更加可持续和环保的醌类染料。他们通过对分子结构进行调整和改变染料的合成方法，使得醌类染料在溶解性、色牢度和抗褪色性能方面得到了显著提升。随着环保产品需求的上升和合成化学技术的进步，醌类染料在染色应用领域得到了持续改良和广泛推广。

习 题

1. 命名下列物质。

(1) 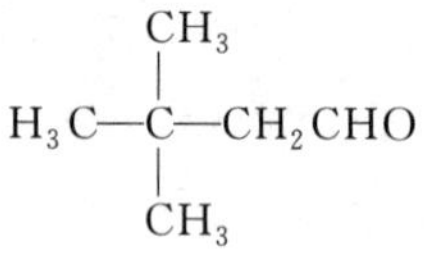 $H_3C-C(CH_3)_2-CH_2CHO$

(2) O

(3) O, CH_3, CH_3, O

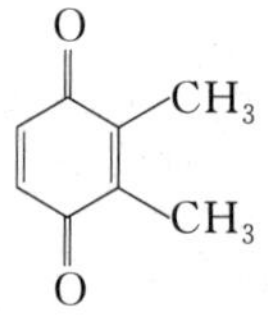

(4) 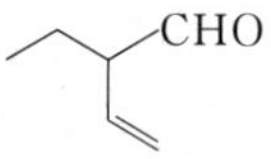 CHO

(5) 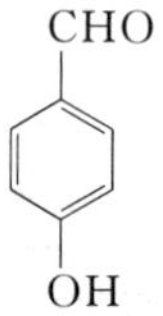 CHO, OH

(6) 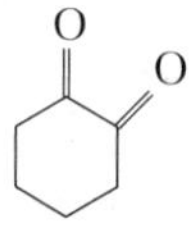 O, O

(7) 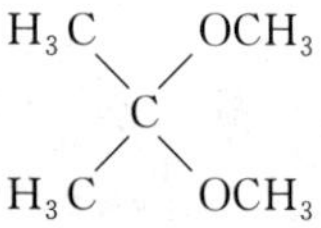 H_3C, OCH_3, C, H_3C, OCH_3

2. 完成下列反应。

(1) 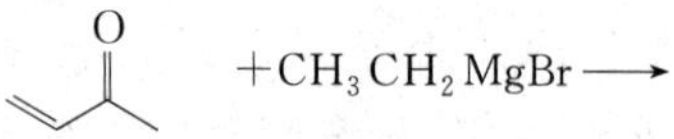 O $+CH_3CH_2MgBr \longrightarrow$

(2)  $=O + CH_3CH_2MgBr \longrightarrow$

(3) 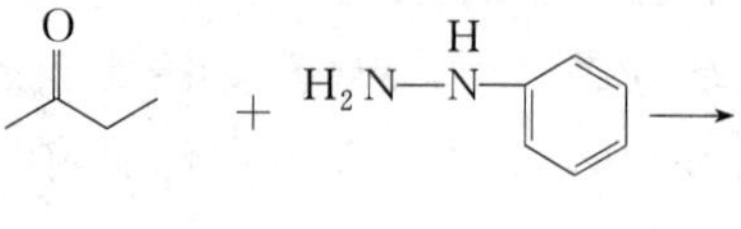 O $+ H_2N-N$(H)$- \longrightarrow$

(4) CHO $\xrightarrow[NaOH]{NaBH_4}$

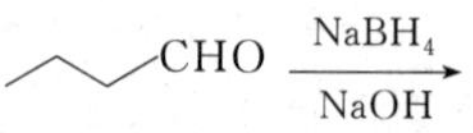

(5) 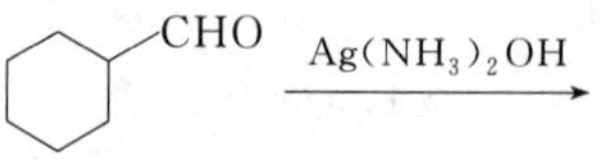 CHO $\xrightarrow{Ag(NH_3)_2OH}$

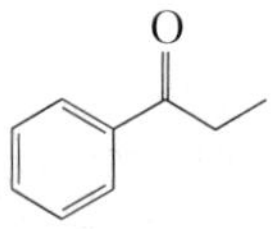

(6) 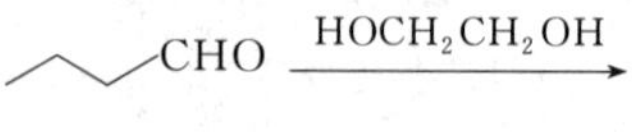 CHO $\xrightarrow{HOCH_2CH_2OH}$

(7) 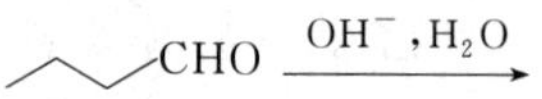 CHO $\xrightarrow{OH^-, H_2O}$

(8) 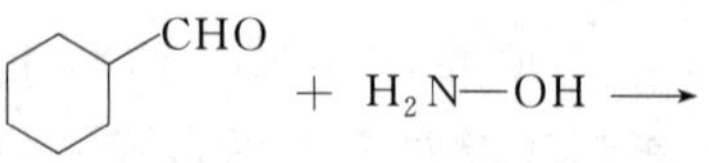 CHO $+ H_2N-OH \longrightarrow$

3. 设计方案区分鉴别下列各组化合物。

(1) 环己酮、环己醇、环己烯

(2)

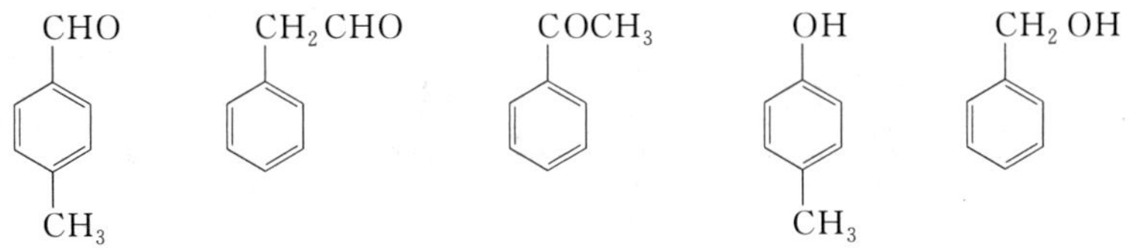

A: 4-methylbenzaldehyde (CHO, CH_3) B: CH_2CHO C: $COCH_3$ D: 4-methylphenol (OH, CH_3) E: CH_2OH

A B C D E

4. 完成下列反应过程。

(1)  CH₃CH=CHCHO ⟶ CH₃CH₂CH₂CHO

(2) 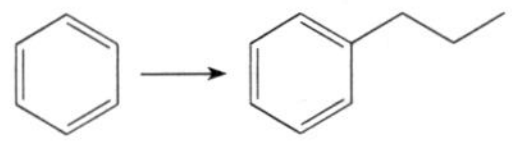 苯 ⟶ 丙苯

5. 简述下列反应的机理。

(1) 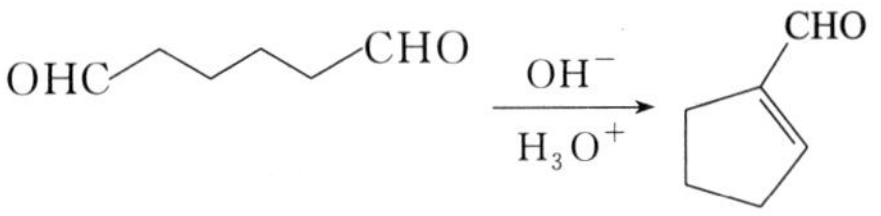 $OHC(CH_2)_4CHO \xrightarrow[H_3O^+]{OH^-}$ 1-环戊烯甲醛（CHO）

(2) 4,4-二甲基-2,5-环己二烯酮（O） $\xrightarrow{H_3O^+}$ 3,4-二甲基苯酚（OH）

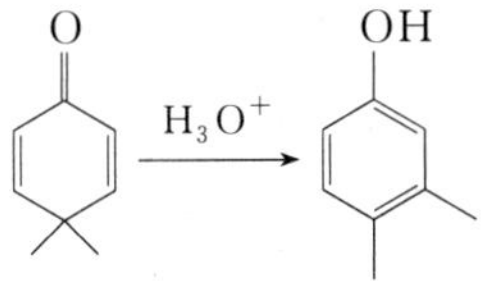

6. 请列举本章所学到的能发生碘仿反应的物质（不考虑其他基团的影响）。

7. 某化合物的分子式为 $C_6H_{14}O$（A），氧化后得到 $C_6H_{12}O$（B），B 能与苯肼反应生成腙，也能发生碘仿反应，A 与浓硫酸共热可得到 C_6H_{12}（C），C 被氧化后得到甲基乙基酮和乙酸。推测 A、B、C 的结构。

8. 化合物 A（$C_{12}H_{18}O_2$）不与苯肼作用，将 A 用稀硝酸处理得到 B（$C_{10}H_{12}O$），B 与苯肼作用生成黄色沉淀，B 用 I_2/NaOH 处理，酸化后得到 C（$C_9H_{10}O_2$）和碘仿，B 用 Zn/HCl 处理得 D（$C_{10}H_{14}$）。四种物质用 $KMnO_4$ 氧化均得到对苯二甲酸。试推测 A、B、C、D 的结构。

第10章 羧酸及其衍生物

思维导图

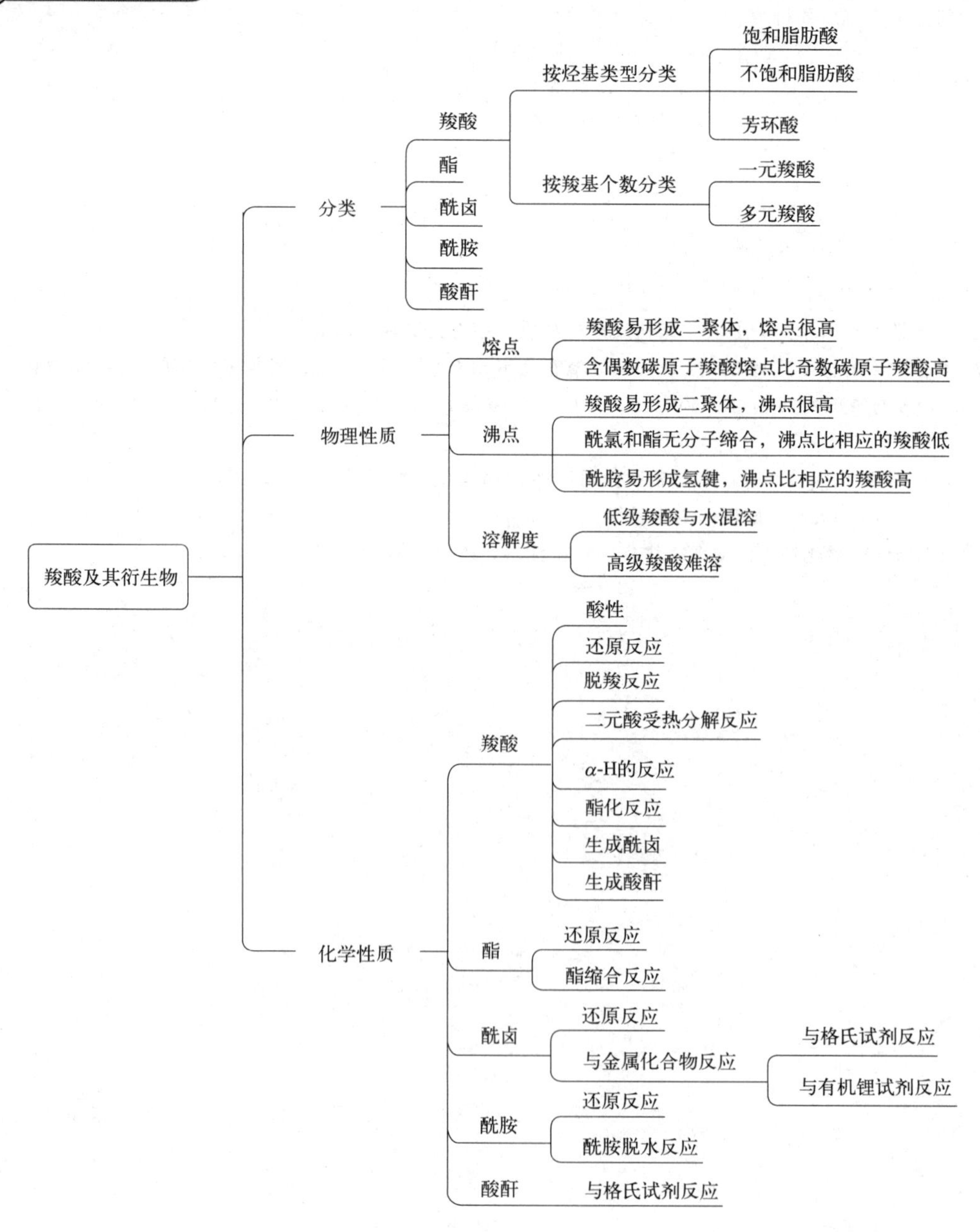

化合物中含有羧基（—COOH）的分子，称为羧酸（carboxylic acid）。羧基是羧酸的主要官能团，与醛、酮类化合物一样，分子中都含有C═O双键，且碳原子为sp^2杂化。从其结构来看，也可以将羧基视为一个羰基与一个羟基均连接在同一个碳原子上。然而，羧基中的羰基与羟基和醛、酮的羰基和醇的羟基在性质上有明显的差异，羧酸及其衍生物和醛、酮一样，无论在有机合成中还是生物合成中都有着非常重要的作用。羧酸的通式可以用RCOOH表示。

10.1 羧酸的结构

在导言中提到，羧酸分子中含有的羧基上的碳原子为sp^2杂化，其中三个sp^2杂化轨道分别与一个烃基或氢原子及两个氧原子形成三个σ键，键角约为120°，碳原子中的未参与杂化的p轨道与氧原子中的p轨道“肩并肩”形成一个π键。羧基中的羰基上的π键与羟基的氧中的一对未共用电子存在p-π共轭作用，其共轭结构如图10-1所示。

羧基中的C═O键键长（123pm）相较于醛、酮中的C═O键键长（120pm）略长，而羧基中的C—O键的键长（136pm）相较于醇中的C—O键的键长（143pm）略短。羧酸的这种现象，是由于羧酸分子中的C═O键和—OH因为p-π共轭产生了相互影响，使其中的C═O键与C—O键变成了介于单、双键之间的键。羧基的共振式如图10-2所示。

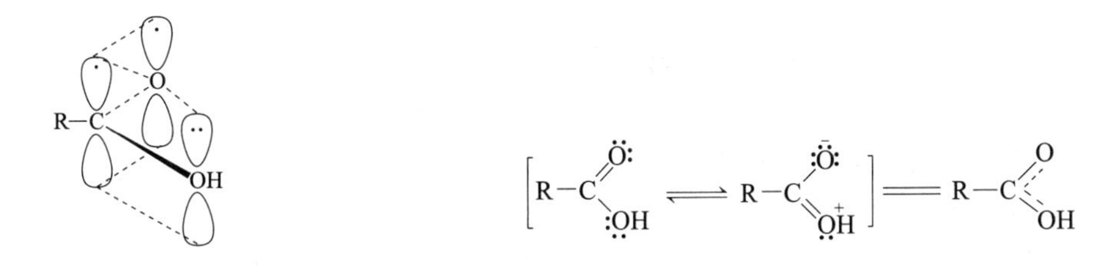

图10-1　羧酸的共轭结构　　图10-2　羧基的共振式示意图

当氢原子从羧基上被解离之后，氧原子上则会带有负电荷，其给电子能力会得到增强，并能够更容易与羰基上的π键发生共轭，因此在形成羧基负离子时，O—C—O中的三个原子各提供了一个p轨道，三个轨道相互作用，相互影响，形成了一个具有三中心四电子的π分子轨道，$—COO^-$中的负电荷则分散在三个原子上，这样形成的羧基负离子更加稳定。以甲酸钠为例，在X射线衍射测试与电子衍射测试中均有数据证明，甲酸钠分子中两个碳氧键的键长相等，均为0.127pm。

H—C(═O)—OH　0.124pm　0.136pm　　Na—C(═O)—OH　0.127pm　0.127pm

10.2 羧酸的命名

羧酸及其衍生物的命名一般被分为两种，一种是根据其出处命名为一种俗名，另一种则是IUPAC命名法。

10.2.1 俗名法

CH_3COOH　　　　$HCOOH$
乙酸(醋酸)　　　　甲酸(蚁酸)

10.2.2 IUPAC 命名法（系统命名法）

羧酸是一类氧化态较高的物质，与醛的命名大致相同，都是以特征官能团所在的最长碳链为主链，从靠近特征官能团一端开始编号，例如：

$CH_3CH_2CH_2COOH$　　　　$CH_3(CH_2)_4COOH$
丁酸(酪酸)　　　　己酸(羊油酸)

对于脂环酸和芳香酸，则应该将脂环或芳香环看作取代基来命名。例如：

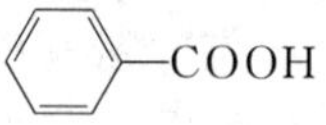

COOH　　　　HOOC　COOH　HOOC

苯甲酸 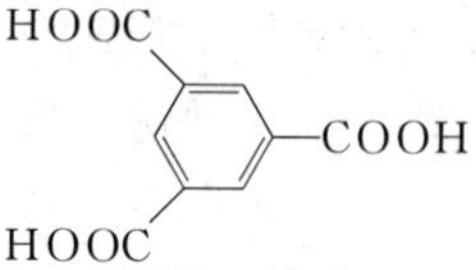　　　　均苯三甲酸

还有一些二元酸的命名，如：

$HOOCCH_2COOH$　　　　$HOOC(CH_2)_4COOH$
丙二酸　　　　己二酸

10.3 羧酸的来源与制取

羧酸广泛存在于自然界之中，人类的生产生活中都出现过很多羧酸的身影。例如，柠檬酸存在于柠檬、柑橘和橙子等水果中；大部分植物中都含有草酸（以盐的形式存在）；松香中含有松香酸；丹宁中含有没食子酸；食用醋中含有 6%～8%的醋酸。

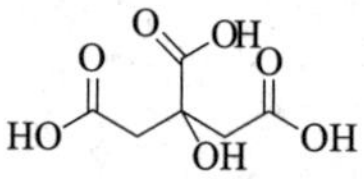

柠檬酸 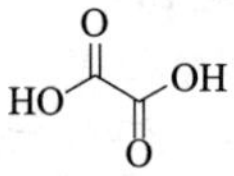　　　　草酸

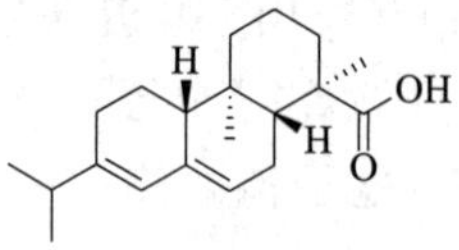

松香酸

10.3.1 水解反应

羧酸可以由羧酸衍生物的水解反应产生，部分反应式如下所示：

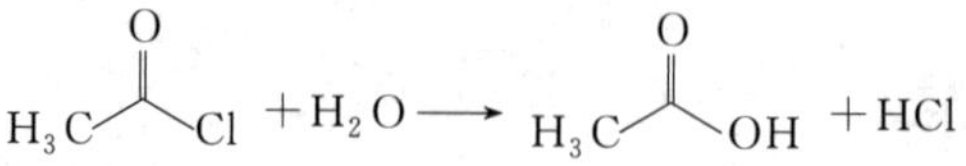

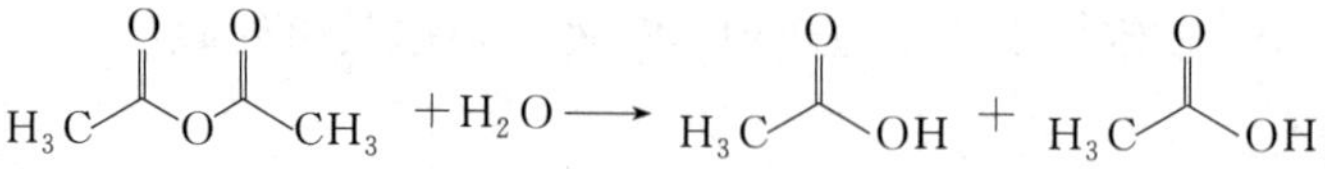

$$H_3C-C(=O)-Cl + H_2O \longrightarrow H_3C-C(=O)-OH + HCl$$

$$H_3C-C(=O)-O-C(=O)-CH_3 + H_2O \longrightarrow H_3C-C(=O)-OH + H_3C-C(=O)-OH$$

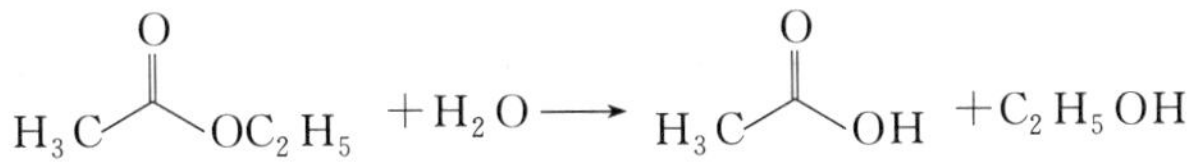

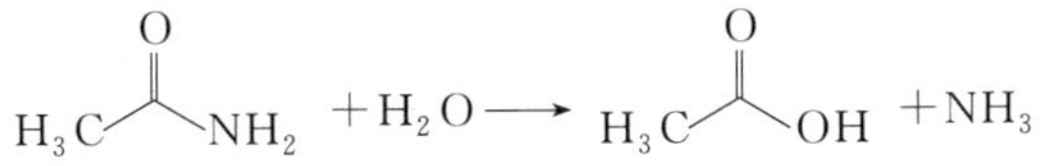

$$H_3C-\overset{O}{\overset{\|}{C}}-OC_2H_5 + H_2O \longrightarrow H_3C-\overset{O}{\overset{\|}{C}}-OH + C_2H_5OH$$

$$H_3C-\overset{O}{\overset{\|}{C}}-NH_2 + H_2O \longrightarrow H_3C-\overset{O}{\overset{\|}{C}}-OH + NH_3$$

1. 酯的水解反应

酯的水解是酯化反应的逆反应，但由于酯活性不高，一般需要加入酸或者碱作为催化剂。酯的碱催化水解可以将羧酸转化为羧酸钠盐从体系中除去，使得水解反应正向进行。

$$R^1COOR^2 + H_2O \longrightarrow R^1COOH + R^2OH$$

大多数位阻较低的酯的水解反应主要通过 LiOH-MeOH-H_2O 体系在室温下即可进行，氢氧化锂的当量为 2～5 当量，甲醇与水的比例为（3∶1）～(5∶1)。若水解反应不能正常进行，可以适当地提高反应体系温度，甚至回流，直至水解反应能够正常进行。

相对于位阻较大的酯类水解，需要用到碱性更强的物质，例如 NaOH、KOH 的水溶液或者水-甲醇体系下的混合溶液，部分机理如图 10-3 所示。

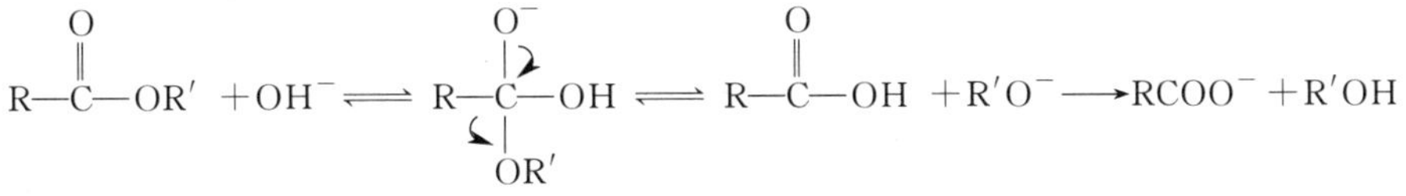

$$R-\overset{O}{\overset{\|}{C}}-OR' + OH^- \rightleftharpoons R-\underset{OR'}{\underset{|}{\overset{O^-}{\overset{|}{C}}}}-OH \rightleftharpoons R-\overset{O}{\overset{\|}{C}}-OH + R'O^- \longrightarrow RCOO^- + R'OH$$

图 10-3　酯的水解反应示意图

2. 酰卤的水解反应

酰卤作为一种羧酸衍生物，是一类水解速率较高的物质，因为其中的卤素离子能够被水作为亲核试剂进攻，是一种活性很高的离去基团，在大多数情况下不需要催化剂就能够发生水解反应。特别是低分子量的酰卤（乙酰氯在空气中遇到水分子会发生分解，形成盐酸，产生发烟现象）。随着分子量的提升，其相应的酰卤物质在水中的溶解度也随之下降，反应速率也由于与水分子的接触较差变得缓慢。此时，就需要寻找能够将酰卤与水都溶解的某种溶剂，使二者能够得到充分的接触，反应才能够顺利进行。

3. 酸酐的水解反应

由于酸酐溶解性较差，亲水能力不强，所以与水进行相互作用的能力也较差，在室温条件下，酸酐的水解速率很慢。与酰卤的水解相同，如果选用一种合适的溶剂将酸酐与水同时溶解，或者通过加热等能够促进二者进行相互接触的改变反应体系条件的手段，也可以使酸酐的水解反应速率提高。例如：

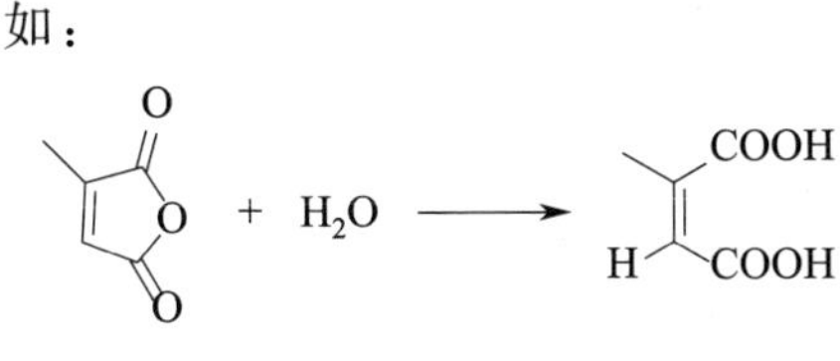

$$\text{(甲基马来酸酐)} + H_2O \longrightarrow \underset{H}{}C(CH_3)(COOH)=CH(COOH)$$

4. 酰胺的水解反应

酰胺的水解反应与酸酐的水解反应相比更不容易进行，需要更加苛刻的反应条件，例如强酸、强碱或较长的时间、较高的温度等，反应式如下：

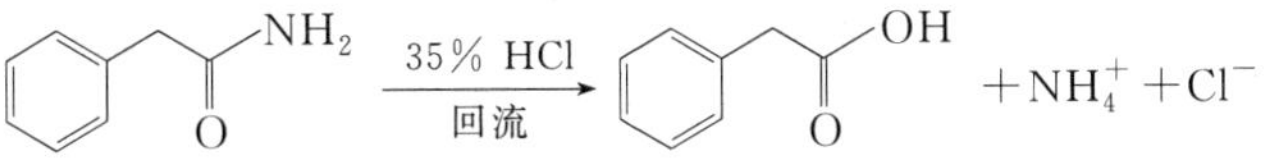

$$C_6H_5CH_2CONH_2 \xrightarrow[\text{回流}]{35\%\ HCl} C_6H_5CH_2COOH + NH_4^+ + Cl^-$$

$$H_3CO-C_6H_3(NO_2)-NHCOCH_3 \xrightarrow[\text{回流}]{KOH, H_2O} H_3CO-C_6H_3(NO_2)-NH_2 + CH_3COO^- + K^+$$

在酸性条件下进行水解反应时，酸性物质不仅能够将酰胺的羰基进行质子化，使反应能够进行，还可以将反应过程中产生的氨（胺）类物质进行有效中和，使它们生成相应的铵盐类物质，使水解反应能够正向进行，提高反应速率及反应产率。

当在碱性条件下进行酰胺的水解反应时，碱性物质也具有两种作用，一是提供 OH^- 进攻酰胺的羰基上的碳，使水解反应能够发生；二是碱性物质能够与反应过程中产生的羧酸中和生成盐，提高反应效率。

有些酰胺类物质由于其空间位阻较大，水解反应不容易发生，可以利用某些物质进行活化后再通过酸或碱进行催化，即可在室温条件下进行水解得到羧酸，这类反应的产率也较高，但危险系数较大，因为反应过程中会用到亚硝酸这类较为危险的物质。例如：

$$(CH_3)_3C-CONH_2 + HNO_2 \xrightarrow[35^\circ C]{H_2SO_4, H_2O} (CH_3)_3C-COOH$$

反应机理：首先由 HNO_2 中的 $\overset{+}{N}O$ 与酰胺中的—NH_2 反应获得—$\overset{+}{N}\equiv N$，然后 N 离去，酰基正离子与水相结合，最后失去质子制得羧酸，过程如下：

$$R-CO-NH_2 \overset{HNO_2}{\rightleftharpoons} R-CO-\overset{+}{N}\equiv N \longrightarrow R-CO-\overset{+}{O}H_2 \rightleftharpoons R-CO-OH + H^+$$

5. 腈的水解反应

腈类物质能够在酸性或碱性条件下进行水解反应，可以制取羧酸，但对于反应条件有一定要求，例如将反应体系进行加热，甚至进行溶剂回流等。腈类物质是由酰胺脱去一分子水得到，合理地控制反应条件，可以将腈类物质水解为相应的羧酸。

$$R-C\equiv N + 2H_2O \longrightarrow R-COOH + NH_3$$

在此类反应的过程中，氰基中的碳氮三键容易与水发生亲核加成反应，生成一分子羧基及一分子氨。

10.3.2 由格氏试剂制备羧酸

羧酸也可以由格氏试剂和有机锂化合物与二氧化碳加成后发生水解反应生成。一般情况下，可以将二氧化碳气体通入处于低温下的格氏试剂的乙醚溶液中，此方法用于将伯、仲、叔或芳香卤代烷制备成多一个碳原子的羧酸。具体反应式如下：

$$(CH_3)_3CCl \xrightarrow[\text{干 } Et_2O]{Mg} (CH_3)_3CMgCl \xrightarrow[Et_2O]{CO_2} (CH_3)_3CCOOMgCl \xrightarrow{H_3O^+} (CH_3)_3CCOOH$$

$$C_{10}H_7Br \xrightarrow[Et_2O]{Mg} C_{10}H_7MgBr \xrightarrow[Et_2O]{CO_2} C_{10}H_7COOMgBr \xrightarrow{H_3O^+} C_{10}H_7COOH$$

$$\triangleright\!-Br \xrightarrow[Et_2O]{Li} \triangleright\!-Li \xrightarrow[Et_2O]{CO_2} \triangleright\!-COOLi \xrightarrow{H_3O^+} \triangleright\!-COOH$$

此方法可以替代以卤代烃制备的腈类物质，无法水解成羧酸的过程。但是利用格氏试剂来制备羧酸对于某些物质来说仍然有一定的限制。

10.3.3 氧化制备羧酸

1. 高锰酸钾、重铬酸钾等氧化制备羧酸

$$R\text{–}CH_2OH \xrightarrow{KMnO_4/CrO_3/K_2Cr_2O_7/RuO_4} RCOOH$$

醇类、醛类、烃类化合物都能通过氧化制得羧酸类化合物。

$$(CH_3)_3CCHC(CH_3)_3(CH_2OH) \xrightarrow{K_2Cr_2O_7, H_2SO_4} (CH_3)_3CCHC(CH_3)_3(COOH)$$

对于醇类物质来说，α-H 比较活泼，这是由于羟基对其的影响，容易被氧化和脱氢。在醇类物质的氧化反应中，一般使用 Cr(Ⅵ) 或锰作为氧化剂，常用的物质有 $K_2Cr_2O_7$、CrO_3、$KMnO_4$ 和 MnO_2 等。对于不同的醇类物质，由于其结构不同，其氧化反应的难易程度和产物均不同。

例如，伯醇氧化首先会生成醛类物质，醛经由进一步氧化作用会生成相应的羧酸，这是常用的实验室制备羧酸的方法之一，例如：

$$CH_3CH_2CH_2OH \xrightarrow[\triangle]{K_2Cr_2O_7,\text{稀 }H_2SO_4} CH_3CH_2COOH$$

中间产物醛会与伯醇产生相互作用生成半缩醛类物质，半缩醛性质不稳定，容易在反应体系中经过氧化形成相应的酯类化合物，影响羧酸氧化反应的产率。

由醇类物质氧化制备羧酸是最为常用的办法。但在工业制备羧酸方面，通常以乙醛作为反应底物，加入适当的催化剂，利用氧气进行氧化反应生成乙酸，此氧化过程能够大规模生产乙酸。

对于某些带有碳碳双键的醛类物质来说，使用 Ag^+ 作为氧化剂不仅可以保护其双键不受影响，同时还能够获得相应的酸，虽然此类金属离子价格较高，但相对来说此类合成方法对于制取特定的羧酸类物质仍有一定应用价值。

$$(H)(H_3CH_2C)C{=}C(CHO)(CH_3) + Ag_2O \xrightarrow{H_2O, HCl} (H)(H_3CH_2C)C{=}C(COOH)(CH_3) + 2Ag$$

烃类物质的氧化一般采用芳香烃物质为原料，以下为常见的烃类物质经氧化形成相应的羧酸的反应：

$$RHC{=}CHR \xrightarrow{KMnO_4} 2RCO_2H$$

$$H_3C\text{–}C_6H_4\text{–}CH_3 \xrightarrow{KMnO_4} HO_2C\text{–}C_6H_4\text{–}CO_2H$$

$$\text{萘} \xrightarrow[O_2]{V_2O_5} \text{邻苯二甲酸酐} \xrightarrow{H_2O} C_6H_4(CO_2H)_2$$

2. TEMPO 氧化制备羧酸

Fe-TEMPO-MCl 氧化也被称为麻生明氧化反应，是由麻生明课题组研究发现。大致反

应条件如下：以氧气（空气）为氧化剂，$Fe(NO_3)_3 \cdot 9H_2O$、2,2,6,6-四甲基氮氧化合物（TEMPO）、NaCl（可用 KCl 代替）作为催化剂，在室温下以伯醇为反应物，使其被氧化为羧酸。该反应普适性较好，但产率不高，只在一些实验室及课题组内被采用，并未在工业生产中得到运用。

由于羧酸在人类生活中极为常见，至今，研究人员已经开发出了多种制取羧酸的方法，本章只给出几种方法的简单介绍。

10.4 羧酸的物理性质

羧酸中的特征官能团羧基中含有两个氧原子及一个氢原子，能够与多种物质形成氢键，水也是其中之一，因此，一部分酸具有很好的水溶性，但随着羧酸分子量的增加，溶解度急剧减小。同时，由于氢键的作用，羧酸分子之间也会产生较强的分子间作用力而形成羧酸二缔合体，所以相较于分子量较为接近的醇类其沸点较高（例如：乙酸的沸点为 118℃，正丙醇的沸点为 97℃，丙酸的沸点为 141℃，正丁醇的沸点为 118℃），不仅如此，分子量较小的羧酸在气态下羧酸分子仍然以二缔合体的形式存在，羧酸二缔合体如图 10-4 所示。

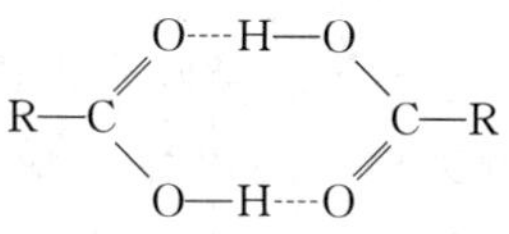

图 10-4　羧酸二缔合体示意图

一些常见羧酸的熔点和沸点如表 10-1 所示。

表 10-1　一些羧酸的熔点及沸点

羧酸	熔点/℃	沸点/℃
HCOOH	8.4	100.5
CH_3COOH	16.6	118
$CH_3(CH_2)_2COOH$	−22	152
$CH_3(CH_2)_3COOH$	−6	164
$CH_3(CH_2)_{16}COOH$	70	361
苯甲酸	122	250
水杨酸	159	211
邻甲苯甲酸	106	259
间甲苯甲酸	112	263
对甲苯甲酸	180	275
邻氨基苯甲酸	146	312
对氨基苯甲酸	188	340
邻苯二甲酸	213	378
间苯二甲酸	348	412
对苯二甲酸	300(升华)	392
草酸	189	365
柠檬酸	155	175(分解)
琥珀酸	185	236.1
丙二酸	136	387
戊二酸	98	302
己二酸	151	330.5(分解)
反丁烯二酸	302	355
顺丁烯二酸	136	355

10.5 羧酸的化学性质

羧酸中的羧基是由羰基和羟基复合而成，使羧酸具有了独特的化学性质。羧酸的反应可能会发生在羧基的四个部位，如下所示：

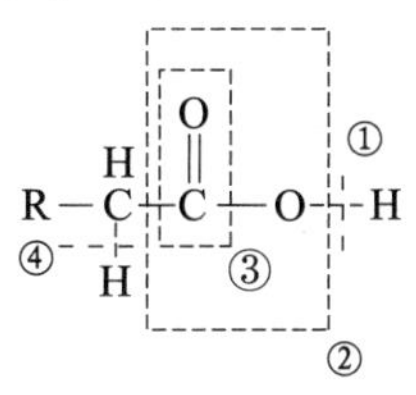

① 羧酸解离产生质子，氢氧键断裂。

② 脱羧反应，碳碳键断裂，生成 R—CH_3。

③ 羰基还原及羰基上的亲核取代反应。

④ α-氢原子的取代反应。

10.5.1 羧酸的酸性及羧酸盐的生成

前文中提到，羧基中的羟基氧原子上含有一对未共用电子与羰基所带的 π 电子共轭，使 $RCOO^-$ 具有较强的稳定性，羧基中的氢可以在水溶液中解离为氢离子，使其溶液呈酸性。羧酸水溶液可以使蓝色石蕊试纸变为红色，具体解离过程如下：

$$R-COOH \rightleftharpoons R-COO^- + H^+$$

1. 酸性强度

羧酸与碳酸氢钠能够进行相互作用产生二氧化碳气体及羧酸钠，这表明羧酸的酸性相较于碳酸略强。羧酸在一些常见的有机化合物中是酸性较强的一种物质。羧酸的酸性强度也可以用电离常数 K_a 或者其负对数 pK_a 来表示。

因此，对于羧酸来说，K_a 越大（或 pK_a 越小）羧酸的电离程度越大，也意味着其酸性越强。羧酸的 pK_a 一般在 3.5～5 的范围内，属于弱酸。部分有机酸的酸性的强弱关系如下：

三氟乙酸＞丙酸＞甲酸＞醋酸＞苯甲酸＞氨基乙酸＞柠檬酸

注意：羧酸类物质的酸性强弱还受到温度、离子强度等影响，因此在不同的环境体系中，羧酸的酸性强弱可能会有所不同。

2. 酸性受取代基的影响

羧酸类物质的结构决定了其酸性的强弱，$RCOO^-$ 的稳定性是羧酸的酸性强度的主要体现，而其稳定性主要受取代基 R 性质（吸电子性质或给电子性质）的影响。

若取代基 R 为吸电子基（卤素原子或硝基等），则会使 $RCOO^-$ 的电子的分散能力提高，其性质会变得更加稳定，从而导致羧酸的酸性增强，由吸电子基团取代的羧酸的酸性强弱与吸电子基和羧基之间的距离、取代基的吸电子能力的强弱以及吸电子基的数目有关，例如：

$$FCH_2COOH > ClCH_2COOH > BrCH_2COOH > ICH_2COOH > CH_3COOH$$

pK_a	2.66	2.86	2.90	3.18	4.75

$$CH_3CH_2COOH < CH_3COOH < ClCH_2COOH < Cl_2CHCOOH < Cl_3CCOOH$$

若取代基 R 为给电子基（甲基或叔丁基等），则会使 $RCOO^-$ 的稳定性下降，使其酸性减弱。

	HCOOH>	CH_3COOH>	CH_3CH_2COOH>	$(CH_3)_2CHCOOH$>	$(CH_3)_3CCOOH$
pK_a	3.75	4.76	4.87	4.86	5.05

一般来说，以给电子基团作为取代基时，会降低羧酸的酸性，但也有一些例外情况存在。如下所示：

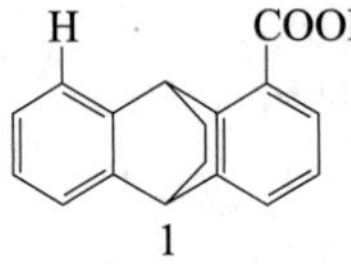

H COOH

1

6.04

Cl COOH

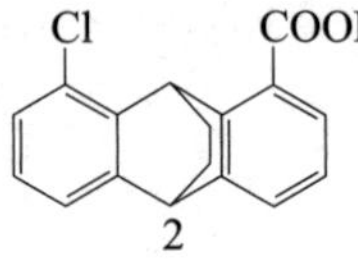

2

6.25

化合物 1 和化合物 2，按照一般的诱导效应与酸性的关系判断，羧酸中含有吸电子氯元素的化合物 2 应该酸性更强，但实际测量的 pK_a 值却与之相反，这是场效应的影响。

化合物 2 中的碳氯键中含电子较多的一侧（负端）相较于含电子较少的一侧（正端）距离羧基的距离更近，则负端对氢的静电力的作用要大，这样使羧基很难发生解离产生质子，最终使物质的酸性减弱。场效应（field effect）是指通过空间传递静电力作用的效应。

脂肪族二元或多元羧酸中有两个或两个以上的羧基，具有多个酸性常数 pK_{a1}、pK_{a2}、pK_{a3}、pK_{an}。

$$HOOC(CH_2)_nCOOH \xrightleftharpoons{K_{a1}} HOOC(CH_2)_nCOO^- + H^+$$

$$HOOC(CH_2)_nCOO^- \xrightleftharpoons{K_{a2}} {}^-OOC(CH_2)_nCOO^- + H^+$$

可以认为羧基具有较弱的吸电子诱导效应，所以二元羧酸进行第一步解离时的 pK_{a1} 要比一元饱和羧酸（如乙酸、丙酸或丁酸）的小。但当第一个羧基进行解离后，则会形成 $HOOC(CH_2)_nCOO^-$，其具有推电子效应，使第二个羧基进行解离变得更加困难，因此 $pK_{a1} < pK_{a2}$。但这种差别会随着两个羧基之间的距离增大而减小。例如：

	HOC(=O)—C(=O)OH	HOC(=O)CH₂C(=O)OH	HOC(=O)(CH₂)₂C(=O)OH	HOC(=O)(CH₂)₃C(=O)OH
pK_{a1}	1.27	2.85	4.21	4.43
pK_{a2}	4.27	5.70	5.64	5.41

对于丁烯二酸来说，存在两种异构体，分别是顺丁烯二酸及反丁烯二酸，二者均符合上述所说规律，即 $pK_{a1} < pK_{a2}$，但是对于第一步解离来说，即 pK_{a1}，则是顺式<反式，顺丁烯二酸的第一步解离更容易发生，对于第二步解离，即 pK_{a2}，则是反式<顺式。

这是由于顺式的丁烯二酸在进行第一步解离之后，形成的羧酸根负离子会和剩下的 H 原子形成分子内的氢键，增强了分子内作用力，使进行一级解离后的羧酸根负离子的性质更加稳定，反观反式丁烯二酸则不会发生这种情况，故顺式 pK_{a1}<反式 pK_{a2}；但对于第二步解离来说，顺式丁烯二酸所形成的羧酸根负离子在氢键的作用下很难将第二个质子进行解离。

3. 取代基对芳香羧酸酸性的影响

苯甲酸的 pK_a 值为 4.20，除甲酸外，相比于一般的脂肪酸酸性较强。这是因为苯甲酸在进行解离时，形成的羧酸根负离子会与苯环产生共轭效应，使其负电荷离域，较为均匀地分散在整个羧酸根负离子结构当中，使其稳定性增强，进而导致酸性增强。图 10-5 为芳香酸共轭结构示意图。

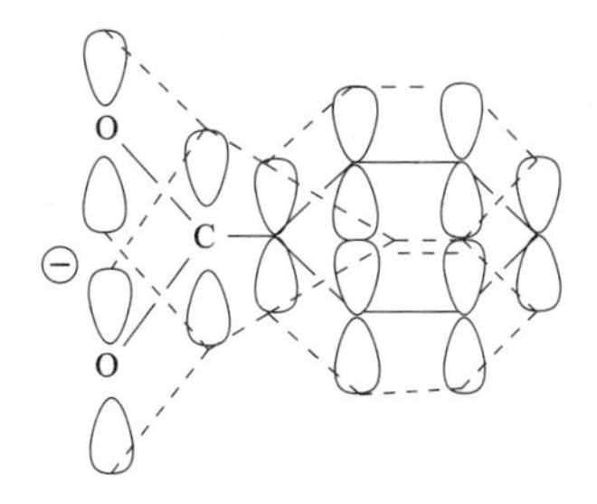

图 10-5 芳香酸共轭结构示意图

当苯环上的氢被一些其他基团取代时，其酸性也会随之变化。取代芳香酸的酸性会因为取代基团的性质及所取代的位置不同而不同，这是由于芳香化合物中不仅要考虑诱导效应，同时也要考虑共轭效应。

如表 10-2 所示，在对位和间位上被给电子基团取代时，会使苯甲酸的酸性减弱，当取代基团为吸电子基团时，情况则相反。以甲氧基为例，在间位时使苯甲酸酸性增强，在对位时使其酸性减弱，这是因为在对位时共轭效应和诱导效应同时影响苯甲酸的稳定性，甲氧基又具有共轭给电子和诱导吸电子作用，但是由于距离羧基较远，共轭效应起主要作用，使整个化合物的电荷更集中，相应的羧酸根负离子不如苯甲酸根负离子稳定，即酸性减弱；在间位进行取代时，吸电子诱导效应占主导地位，使相应的羧酸根负离子更加稳定，即酸性增强。

在取代芳香酸中，最特殊的位置是邻位。从表格中的数据可以看出，取代基团处在邻位时，无论是吸电子基团还是给电子基团，都展现出了酸性增强的现象。目前，大多数理论都无法确切地解释这类复杂的现象，可以将其看作氢键作用、诱导效应及共轭效应等的共同作用而产生的结果，但对于其中的某些例子可以进行说明。例如，邻羟基苯甲酸的酸性要强于对羟基苯甲酸的酸性，这与前文解释的顺丁烯二酸大致相同：在邻羟基苯甲酸解离之后，羧酸根负离子会与邻位的羟基形成分子内氢键，从而使整体更加稳定，即酸性增强。

表 10-2 部分取代基及不同位置下的 pK_a

取代基	pK_a		
	邻位	间位	对位
—H	4.20	4.20	4.20
$—CH_3$	3.91	4.27	4.38
—Cl	2.92	3.83	3.97
—CN	3.14	3.64	3.55
—OH	2.98	4.08	4.57
$—OCH_3$	4.09	4.09	4.47
$—NO_2$	2.21	3.49	3.42

4. 羧酸盐的生成

羧酸可以与 NaOH、Na_2CO_3、$NaHCO_3$ 进行相互作用生成羧酸钠，也能与大部分碱反应生成羧酸盐类物质。

$$RCOOH + NaOH \longrightarrow RCOONa + H_2O$$
$$2RCOOH + Na_2CO_3 \longrightarrow 2RCOONa + CO_2 + H_2O$$

羧酸盐与大部分盐的性质相同。羧酸钠、羧酸钾及羧酸铵能够溶解在水中，但重金属的羧酸盐不溶于水。

羧酸钠盐与无机强酸作用可以游离出羧酸，具体反应式如下：

$$RCOONa + HCl \longrightarrow RCOOH + NaCl$$

在实验室中，可以利用这一化学性质来分离和提纯羧酸。

从结构上来看羧酸盐也是一种亲核试剂，可以与伯卤代烷类物质反应生成相应的酯，也可以与仲卤代烷和叔卤代烷在反应过程中进行消除反应生成相应的烯烃，具体反应式如下：

$$C_6H_5COONa + C_6H_5CH_2Cl \xrightarrow[110℃,1h]{三乙胺} C_6H_5COOCH_2C_6H_5$$

$$H_2C{=}CCH_2COOAg + ClCH_3 \longrightarrow H_2C{=}CCH_2COOCH_3 + AgCl$$

此外，羧酸钠盐也可以和酰氯发生反应，其中，羧酸钠盐作为亲核试剂。

$$RCOONa + Cl{-}COR' \longrightarrow RCOOCOR'$$

5. 还原反应

羧酸由于其性质结构，难以被还原，需要在具有催化剂的条件下将羧酸还原为伯醇。

$$RCOOH \xrightarrow[干醚]{LiAlH_4} RCH_2OH$$

例如：

$$(CH_3)_3CCOOH \xrightarrow[干醚]{LiAlH_4} (CH_3)_3CCH_2OH$$

6. 脱羧反应

对于脂肪酸类物质来说，脱羧反应难以发生，只有特定的羧酸类物质才能够发生脱羧反应。通常，这类物质含有能够对脱羧反应进行促进作用的官能团，同时此类官能团处在羧酸中的特定位置（α-C 上有吸电子基时），在加热条件下即可进行脱羧。例如，在加热条件下，丙二酸更容易脱羧，反应如下：

$$HO_2CCH_2COOH \xrightarrow{\triangle} CH_3COOH + CO_2$$

$$RCOCH_2COOH \xrightarrow{\triangle} [\text{六元环过渡态}] \longrightarrow CO_2 + R{-}CO{-}CH_3$$

同理，β-酮酸的脱羧反应不需要加热至特别高的温度即可发生。观察丙二酸与 β-酮酸的结构，二者都具有相同的特点，即一个碳原子上面都连着两个吸电子基团，使碳碳单键特别不稳定，其发生断裂是非常有优势的，并且，在进行加热反应时，脱去羧基后形成的分子从热力学角度来看是一种非常稳定的物质，所以二者的脱羧反应非常容易发生。以此类推，在同一个碳上连接一个吸电子基团及一个羧基的化合物，相比于其他化合物更加容易发生脱羧反应。例如：

$$RCH_2COOH \xrightarrow{\triangle} RCH_3 + CO_2$$

相反，在连接羧基的碳上连接另一分子的给电子基团时，会使碳碳单键更加稳定，不易发生脱羧反应，需要加入相应的催化剂或者提高反应体系的反应温度，甚至回流。

脱羧反应也包括羧酸盐的反应，例如，电解羧酸盐溶液，在阳极生成烃类物质。

$$CH_3(CH_2)_{12}COONa \xrightarrow[\triangle]{电解} CH_3(CH_2)_{24}CH_3$$

此方法也被称为 Kolbe 合成法，是应用电解法制备有机化合物的一个实例，此方法也适用于二元酸单酯盐电解制备长链的二元酸酯。

$$HOOC(CH_2)_8COOCH_3 \xrightarrow[电解]{NaOCH_3,CH_3OH} CH_3OOC(CH_2)_{16}COOCH_3$$

10.5.2 二元酸的受热反应

1. 酸性

在之前介绍羧基的酸性一节提到过，二元酸具有两个解离常数。具体比较可参考羧酸的酸性，其中对二元酸的酸性具有详细的说明。

2. 热分解反应

$$HO_2CCOOH \xrightarrow{\triangle} CO_2 + HCOOH$$

$$HO_2CCH_2COOH \xrightarrow{\triangle} CO_2 + CH_3COOH$$

$$\begin{array}{l} CH_2COOH \\ | \\ CH_2COOH \end{array} \xrightarrow{\triangle} H_2O + \text{(丁二酸酐)}$$

$$H_2C\begin{array}{l} \diagup CH_2COOH \\ \diagdown CH_2COOH \end{array} \xrightarrow{\triangle} H_2O + \text{(戊二酸酐)}$$

$$\begin{array}{l} CH_2CH_2COOH \\ | \\ CH_2CH_2COOH \end{array} \xrightarrow{\triangle} CO_2 + H_2O + \text{(环戊酮)}$$

$$H_2C\begin{array}{l} \diagup CH_2CH_2COOH \\ \diagdown CH_2CH_2COOH \end{array} \xrightarrow{\triangle} CO_2 + H_2O + \text{(环己酮)}$$

$$HOOC(CH_2)_nCOOH \xrightarrow{\triangle} \text{聚酸酐} \quad (n<5)$$

二元羧酸具有羧酸的基本性质，例如，能够与碱类物质进行反应，能够进行酯化反应、脱羧反应等，与一元羧酸反应类似。对于二元酸来说，其具有的特殊反应为热分解反应，不同的二元酸进行加热可以得到不同类型的产物。例如，丁二酸和戊二酸进行加热会发生脱水反应形成相应的酸酐，前文提到，β-酮酸和丙二酸通过加热会发生脱羧反应，长链的二酸受热则会生成聚酸酐类物质。

其中，己二酸和庚二酸加热脱去二氧化碳和水生成环酮类物质，Blanc 对上述反应进行大量的实验研究后发现，当反应有可能形成环状化合物时，一般容易生成五元环及六元环，这一规律也被称为二元酸中的 Blanc 规律。

10.5.3 α-H 的反应

羧酸类物质中的 α-H 能够在少量红磷或三溴化磷的存在下与溴发生相互作用，制备 α-溴化酸。此反应被称为 Hell-Volhard-Zelinsky 反应。例如：

$$CH_3CH_2CH_2COOH + Br_2 \xrightarrow[\text{或 P}]{PBr_3} CH_3CH_2\underset{\underset{Br}{|}}{C}HCOOH + HBr$$

$$CH_3COOH \xrightarrow{P, Cl_2} ClCH_2COOH \xrightarrow{P, Cl_2} Cl_2CHCOOH \xrightarrow{P, Cl_2} Cl_3CCOOH$$

第二个反应式是工业生产氯乙酸的主要方法。该反应可以通过控制反应条件使某一种产物作为主要产物，其主要反应过程如下：

$$2P + 3X_2 \longrightarrow 2PX_3$$

$$3RCH_2COOH + PX_3 \longrightarrow 3RCH_2COX + H_3PO_3$$

$$RCH_2COX + X_2 \longrightarrow RCHXCOX + HX$$

$$RCHXCOX + RCH_2COOH \longrightarrow RCHXCOOH + RCH_2COX$$

红磷的作用是使羧酸与卤素反应生成酰卤类物质，相比于羧酸类物质，酰卤容易发生 α-H 的卤化反应，得到 α-卤代酰卤；其次，α-卤代酰卤能够与另一分子的羧酸进行相互作用生成 α-卤代酸。与常规反应不同的是，通过红磷制备的酰卤类物质是该反应的主要催化剂。通常在实验室中，也可以利用前文提到的 Hell-Volhard-Zelinsky 反应合成卤代酰卤，然后酰卤发生水解反应生成 α-卤化羧酸。综上所述，α-卤代酸也可以通过羧酸的卤化进行制备。

这类卤代羧酸类物质中的卤原子相对比较活泼，容易进行反应，例如亲核取代反应和消除反应。例如：

$$BrCH_2COOH + 2NH_3 \longrightarrow H_2NCH_2COOH + NH_4Br$$

$$\begin{matrix} H_2C\text{—}CHBrCOOH \\ | \\ H_2C\text{—}CHBrCOOH \end{matrix} \xrightarrow{KOH, CH_3OH} \begin{matrix} HC{=}CHOOH \\ | \\ HC{=}CHOOH \end{matrix}$$

10.5.4 羧酸衍生物

羧基中由于含有羟基，其可以被烷氧基（RO—）、卤原子（X）、羧酸根（$RCOO^-$）及氨基（$—NH_2$）取代，分别生成酯、酰卤、酸酐及酰胺，它们被统称为羧酸衍生物。

1. 羧酸衍生物的命名

从结构上看，羧酸的衍生物都含有共同的基团——酰基（$R\text{—}\overset{\overset{O}{\|}}{C}\text{—}$）。酰卤和酰胺以酰基来命名：

$H_3C\text{—}\overset{\overset{O}{\|}}{C}\text{—}Cl$ 乙酰氯　　$C_6H_5\text{—}\overset{\overset{O}{\|}}{C}\text{—}Cl$ 苯甲酰氯　　$H_3C\text{—}\overset{\overset{O}{\|}}{C}\text{—}NH_2$ 乙酰胺　　$C_6H_5\text{—}\overset{\overset{O}{\|}}{C}\text{—}NH_2$ 苯甲酰胺

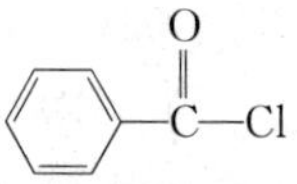

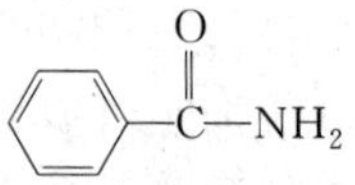

若 N 上具有取代基，需要在名称前标出：

$$H\text{—}\overset{\overset{O}{\|}}{C}\text{—}N(CH_3)_2$$

N,*N*-二甲基甲酰胺(DMF)

酸酐则由相应的酸加“酐”字组成：

$CH\overset{\overset{O}{\|}}{C}O\overset{\overset{O}{\|}}{C}CH_3$ 乙酸酐　　$CH_3\overset{\overset{O}{\|}}{C}O\overset{\overset{O}{\|}}{C}CH_2CH_3$ 乙丙酐　　$C_6H_5\text{—}\overset{\overset{O}{\|}}{C}\text{—}O\text{—}\overset{\overset{O}{\|}}{C}\text{—}C_6H_5$ 苯甲酸酐

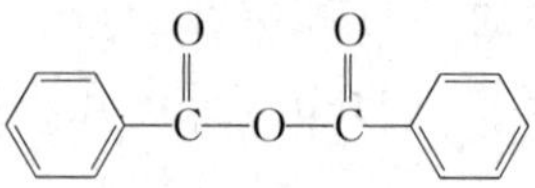

酯则由形成它的相应的酸和醇来命名：

$CH_3\overset{\overset{O}{\|}}{C}OC_2H_5$ 乙酸乙酯　　$CH_3\overset{\overset{O}{\|}}{C}OCH_2CH_2\underset{}{\overset{\overset{CH_3}{|}}{C}}HCH_3$ 乙酸异戊酯

2. 羧酸衍生物的结构

酯中的羰基能够与结构中所含的烷氧基的孤电子对产生共轭效应，相较于醇类物质中的C—O单键，酯类物质中的C—O单键较短：

$$\underset{133.4}{\mathrm{H{-}\overset{\overset{\displaystyle O}{\|}}{C}{-}OCH_3}} \qquad \underset{143.0}{\mathrm{H_3C{-}OH}}$$

酯类物质中的碳氧单键较短主要有两个原因：

① 酯类物质中的碳氧单键上的碳是sp^2杂化，与醇类物质中碳氧单键上的碳的sp^3杂化相比较，sp^2杂化轨道中的s轨道含量较多，所以键长较短；

② 羰基与烷氧基具有共轭效应，使电子云的分布更加均匀。

所以，从键长的角度来分析，酯中的碳氧单键也具有一部分碳氧双键的性质。

同理，酰胺类物质中，其羰基与氨基相连，氨基中氮上的孤电子对能够与羰基产生共轭效应，所以酰胺类物质中的碳氮单键也比胺类物质中的碳氮单键稍短一些。

$$\underset{137.6}{\mathrm{H{-}\overset{\overset{\displaystyle O}{\|}}{C}{-}NH_2}} \qquad \underset{147.4}{\mathrm{H_3C{-}NH_2}}$$

相反，氯具有较强的电负性，在酰氯类物质中具有较强的吸电子诱导效应，相比于羰基的共轭效应要强很多，所以，酰氯中C—Cl键的键长与氯代烷中的C—Cl键的键长相当。

3. 羧酸衍生物的物理性质

与羧酸性质不同，酸酐类物质与酰氯类物质几乎不溶于水，分子量较低的遇水易分解；酯类物质几乎不溶于水；分子量较低的酰胺类物质能溶于水，例如*N*,*N*-二甲基甲酰胺和*N*,*N*-二甲基乙酰胺两种常见的非质子极性溶剂，能够以任意比例与水互溶。羧酸类衍生物大部分都能够溶于有机溶剂，其中也有一部分能够作为有机溶剂使用，例如，乙酸乙酯用于柱色谱分离及油漆工业，乙酸正丁酯应用于塑料加工、石油加工及制药工程中。

部分酰氯与酸酐是具有刺鼻气味的液体，结构更加复杂，空间位阻效应较大的酰氯及酸酐类物质在常温常压下为固体状态。而酯类物质具有芳香气味，大部分可在水果中被发现，能被用来制作香料等物质。十四碳以下的甲酯、乙酯均为液体。而酰胺类物质除甲酰胺及乙酰胺外，均为固体，这是因为在分子中形成了氢键，分子间的作用力得到增强，随着氮上的氢被取代，其状态逐渐转变为液体。相比于羧酸，酰氯和酯类物质由于分子中的相互作用，其沸点降低，而酸酐与酰胺的沸点则会升高。

4. 羧酸衍生物的生成

大部分羧酸衍生物都能够由羧酸类物质直接生成。

(1) 羧酸成酯

羧酸和醇在酸性条件（如硫酸、苯磺酸等）下生成酯和水的反应，被称为酯化反应，反应式如下：

$$\mathrm{RCOOH + HOR' \overset{H^+}{\rightleftharpoons} RCOOR' + H_2O}$$

在之前的羧酸的来源及制取部分，提到过酯可以进行水解从而生成羧酸，为此反应的可逆反应，并且需要在碱的催化条件下进行。由于该反应是可逆反应，在反应进行到一定程度时，将会达到平衡。其反应的平衡常数表达式如下：

$$K=\frac{[RCOOR'][H_2O]}{[RCOOH][R'OH]}$$

在反应进行时，可以利用一些分离装置不断将反应体系中的水或酯进行去除，使反应能够一直正向进行，从而提高酯的产率（需要注意，当反应生成的酯比反应物中的羧酸类物质和醇类物质的沸点高很多时才能将酯类物质蒸出）；也可以提高反应物的浓度来使反应正向进行。例如，工业上生产乙酸乙酯的时候会将乙酸过量，合理运用蒸馏塔等大型设备将乙酸乙酯和水的恒沸混合物（水 6%，乙酸乙酯 94%，恒沸点 70.4℃）蒸出，使平衡不断右移，同时，不断加入乙酸和乙醇，实现连续化生产。

此外，也有一些反应条件较为温和、操作简单且产率较高的羧酸成酯反应，例如，使用强酸性阳离子交换树脂作为酸催化剂，具体反应式如下：

$$CH_3COOH+CH_3(CH_2)_3OH \xrightarrow[\text{室温}]{\text{树脂-}SO_3H,CaSO_4\text{(干燥剂)}} CH_3CO(CH_2)_3CH_3+H_2O$$

羧酸成酯的反应机理：醇类物质作为亲核试剂进攻羧酸的羰基，并提供形成酯基的烷氧基，羧酸则脱去羟基生成水，酯化反应是在酸性条件的催化下通过形成四面体中间体而完成的（为了验证羧酸提供的是羟基还是氢，研究人员曾使用带有同位素标记的伯醇和仲醇与羧酸进行反应，结果发现生成的酯中含有^{18}O，而生成的水中则未发现^{18}O，这个实验结果可以强有力地证明羧酸在与伯醇和仲醇反应时，提供了羟基）。

$$R-\overset{\overset{O}{\|}}{C}-OH \xrightleftharpoons{H^+} R-\overset{\overset{OH^+}{\|}}{C}-OH \xrightleftharpoons{\text{亲核加成}} R-C(OH)_2-\overset{+}{O}HR'$$

$$\xrightleftharpoons{\text{质子转移}} R-C(OH)(OR')-\overset{+}{O}H_2 \xrightleftharpoons{\text{去质子化}} R-\overset{\overset{O}{\|}}{C}OR'$$

有些酯化反应的平衡常数小于 1，正向反应则难以进行，必须采用酰氯或酸酐醇解法制备相应的酯。

酯化反应的活性与反应的羧酸和醇的结构相关联，其反应活性的顺序如下：

$$CH_3OH>RCH_2OH>R_2CHOH>R_3COH$$

$$HCOOH>CH_3COOH>RCH_2COOH>R_2CHCOOH>R_3CCOOH$$

由上述顺序，我们可以发现其中的规律：无论是醇类衍生物还是羧酸类衍生物，其酯化反应的活性，都会随着其结构中的烃基体积增大而减小。这是因为，烃基的存在不利于亲核试剂醇进攻羧酸中羰基的原子，使反应难以进行。相对于脂肪族羧酸的酯化反应，芳香族羧酸类物质的酯化反应更加难以进行。

其中，较为特殊的一类反应是：羧酸类物质与叔醇类物质的酯化。这种反应过程由于在羧酸的作用下，叔醇更容易形成碳正离子和羧酸类物质结合生成质子化的相应的酯，然后再脱去质子，最后获得相应的酯。此反应与其他酯化反应的不同点是：叔醇类物质提供羟基，羧酸类物质提供氢。

但由于此类反应过程涉及了碳正离子的稳定性问题，一般来说酯化产率较低。

(2) 酰氯的生成

羧酸与无机酸的酰氯（例如，PCl_3 与 $SOCl_2$ 等）反应，羧基中的羟基被氯原子取代生成酰氯。

$$3RCOOH+PCl_3 \longrightarrow 3RCOCl+P(OH)_3$$

$$RCOOH+PCl_5 \longrightarrow RCOCl+POCl_3+HCl$$

$$RCOOH+SOCl_2 \longrightarrow RCOCl+HCl+SO_2$$

$$3CH_3COOH+PCl_3 \longrightarrow 3CH_3COCl+H_3PO_3$$

$$PhCOOH+PCl_5 \longrightarrow PhCOCl+POCl_3+HCl$$

一般情况下，在实验室制备酰氯类物质，常用的溶剂为氯化亚砜，但其与羧酸类物质进行相互作用生成酰氯时会产生氯化氢及二氧化硫气体，具有一定毒性，但对酰氯的生成来说，气体易于分离，酰氯的产率较高。对于某些特定的生成酰卤的反应，其产物可以使用蒸馏的方法进行提纯，因此根据反应中参与的物质和产物的差别来筛选溶剂，能够使产率大幅度提高。

（3）酸酐的生成

酸酐由两分子饱和一元羧酸脱水生成（反应过程中需要加入一定量的脱水剂、低级羧酸酐），反应过程需要一定的温度条件。

$$R-\overset{\overset{\displaystyle O}{\|}}{C}-O-H + HO-\overset{\overset{\displaystyle O}{\|}}{C}-R \xrightarrow{P_2O_5} R-\overset{\overset{\displaystyle O}{\|}}{C}-O-\overset{\overset{\displaystyle O}{\|}}{C}-R + H_2O$$

乙酸酐常被当作工业脱水剂，反应过程中可以控制温度将乙酸不断蒸出：

$$2RCOOH+(CH_3CO)_2O \overset{\triangle}{\rightleftharpoons} (RCO)_2O+2CH_3COOH$$

甲酸在脱水时（浓硫酸中加热）会被分解成一氧化碳和水，这种方法可以在实验室中制取较高纯度的一氧化碳气体：

$$HCOOH \xrightarrow[\triangle]{H_2SO_4} H_2O+CO$$

（4）酰胺的制备

酰氯、酸酐、酯及酰胺与氨作用都能够生成酰胺类物质。

① 酰卤的氨（胺）解

酰氯很容易与氨、一级胺或二级胺进行相互作用形成酰胺，例如，在低温条件下，酰氯能够与氨水进行反应，生成酰胺类物质，这是因为氨的亲核性比水强。

酰化反应最常用的酰化试剂是苯甲酰氯与乙酰氯。通常，酰化反应要在碱性条件下进行，常用的碱性物质有 NaOH、三乙胺、吡啶、*N*,*N*-二甲苯胺等，根据不同的实验条件及反应底物需选择不同的碱性物质来形成碱性环境，同时，加入碱性物质之后，反应过程中产生的能够消耗反应底物（胺类物质）的酸会被迅速中和，能够使反应产率提高。

② 酸酐的氨（胺）解

乙酸酐为氨（胺）解制备酰胺的实验室常用试剂，与乙酰氯等物质相比，乙酸酐不易在水中分解。例如：

$$(CH_3CO)_2O+H_2NCH_2CH_2OH \xrightarrow{H_2O} CH_3CONHCH_2COOH+CH_3COOH$$

酸酐与胺反应，主要应用于各种胺类的乙酰化反应，反应体系多为中性条件（也有一小部分为弱酸或弱碱情况）。在反应过程中，不仅能够产生酰胺，还会有一分子的羧酸产生，为了中和反应过程中这一分子羧酸，通常会在反应体系中加入能够中和羧酸的胺，以控制反应体系的 pH，提高反应产率。

③ 酯的氨（胺）解

酯类化合物可以在特定条件下进行氨（胺）解，但由于大多数酯类化合物都不溶于水，此类反应一般在有机溶剂中进行。在此反应过程中，氨（胺）作为亲核试剂，进攻酯类化合物的羰基碳。一小部分氨（胺）的衍生物也能够进攻酯上的羰基碳，并发生特定反应。

④ 酰胺的氨（胺）解

在一些特定情况下，一部分酰胺可以发生氨（胺）解，生成新的酰胺，这类反应也被称为酰胺的交换反应。

$$RCONH_2 + CH_3NH_3Cl \xrightarrow{\triangle} RCONHCH_3 + NH_4Cl$$

5. 羧酸衍生物的反应

（1）还原反应

羧酸衍生物相较于羧酸来说更容易被还原。

① 酰氯的还原

酰氯加入催化剂进行催化加氢即可被还原为醛类物质，但反应过程中加入的催化剂往往带有部分毒性，例如：

$$R-\overset{O}{\overset{\|}{C}}-Cl \xrightarrow[S\text{-喹啉}]{H_2, Pd\text{-}BaSO_4} R-\overset{O}{\overset{\|}{C}}-H$$

若将催化剂体系中的 S-喹啉除去，单纯使用钯催化剂来催化反应，会使反应活性得以提高，能直接将酰氯类物质还原为一级醇。此类方法被称为罗森蒙德（Rosenmund）还原法，具有较高的选择性，若反应物分子中具有硝基、卤素、酯基等基团，则还原反应不会发生。

具有更高还原性的 $LiAlH_4$ 和 $NaBH_4$ 都可以将酰氯还原为一级醇类物质。

$LiAlH_4$ 中的氢能够被烷氧基取代，烷氧基的取代程度及空间位阻的大小不同，其活性也不同，被越多的烷氧基取代，空间位阻越大，则还原性越差，反应则越困难。

$$LiAlH_4 + 2CH_3CH_2OH \xrightarrow{\text{醚}} H_2 + LiAlH_2(OC_2H_5)_2$$

$$2LiAlH_4 + 6t\text{-}BuOH \xrightarrow{\text{醚}} 3H_2 + 2LiAlH(OBu^t)_3$$

$$O_2N-C_6H_4-\overset{O}{\overset{\|}{C}}-Cl \xrightarrow{LiAlH(OBu^t)_3} O_2N-C_6H_4-CHOH + LiCl + Al(OBu^t)_3$$

② 酯的还原。在催化剂的作用下酯类物质能够被还原为两分子的醇，反应式如下：

$$RCOOR' + H_2 \xrightarrow[\text{高温高压}]{Cu/Cr\ \text{催化剂}} RCH_2OH + R'OH$$

此反应由于产率较高，且容易发生，具有很好的经济效益，通常被用于高级脂肪酸工业制取高级脂肪醇。

上述的强还原剂 $LiAlH_4$ 也能够将酯类物质还原为一级醇。例如：

$$C_6H_5-CH_2COOC_2H_5 \xrightarrow[LiAH_4]{\text{醚}} C_6H_5-CH_2CH_2OH + C_2H_5OH$$

Bouveault-Blanc 还原是指，利用金属钠-醇类催化剂（具有一定碱性且同时具有还原性）将酯类物质还原为一级醇，此反应过程能够保留反应底物的双键结构。

$$H_3CHC{=}CHCH_2COOC_2H_5 \xrightarrow[\triangle]{Na\text{-}C_2H_5OH} CH_3CH{=}CHCH_2CH_2OH + C_2H_5OH$$

③ 酰胺的还原。强还原剂 $LiAlH_4$ 也能够将一级或二级酰胺还原为相应的醇类物质。

对于三级酰胺来说，需要较为精确地控制强还原剂 $LiAlH_4$ 的用量，若用量过少则反应会将酰胺类物质进行水解得到相应的醛，但反应的产率不高。只有当 $LiAlH_4$ 过量时，才能够将三级酰胺进行还原形成三级胺，例如：

$$Cl\text{—}C_6H_4\text{—}CON(CH_3)_2 \xrightarrow[H_2O]{LiAlH_2(OCH_2CH_3)_2,\text{乙醚}} Cl\text{—}C_6H_4\text{—}CHO$$

在较为苛刻的反应条件下酰胺类物质能够进行氢化还原，得到相应的胺类物质。

$$RCONH_2 \xrightarrow[\text{高温高压}]{H_2,Cu/Cr\ \text{催化剂}} RCH_2NH_2$$

(2) 酯缩合反应

酯类物质中的 α-H 较为活泼，能够在碱性环境下，与另一分子酯类物质相互作用失去一分子醇，得到相应的 β-酮基酯，此类反应被称为克莱森（Claisen）酯缩合反应。

$$NaCH(COOC_2H_5)_2 \xrightarrow{RX} RCH(COOC_2H_5)_2 \xrightarrow[\triangle]{H_3O^+,NaOH} RCH_2COOH + CO_2$$

$$RCH(COOC_2H_5)_2 \xrightarrow[RX]{C_2H_5Na\ \text{或}\ Na\text{-}C_2H_5OH} R_2C(COOC_2H_5)_2 \xrightarrow[\triangle]{H_3O^+,NaOH} R_2CHCOOH + CO_2$$

在某些情况下不能使用醇钠进行酯缩合反应。例如，酯中只含有一个 α-H 时，在反应过程中产生的 β-酮酯酸性较差无法和反应体系中的碱性物质进行酸碱反应，使反应平衡向右移动，反应难以进行；并且，在只含有一个 α-H 的酯类化合物中由于其中的羟基的给电子诱导效应会使 α-H 的酸性减弱，无法把相应的酯变成负离子。

当两种含有不同类型的 α-H 的酯类化合物在适当的碱性条件下进行 Claisen 酯缩合反应时，将会产生 4 种产物。

当反应体系为强碱性环境时，含有 α-H 的酯类化合物与酮进行亲核加成消除反应，形成相应的 α-羰酰化物质。

从热力学角度分析，生成的 β-二酮是三种物质中酸性最强的，会使反应平衡向正向移动，使反应能够顺利进行。

(3) 脱水反应

酰胺类物质中与氮相连的氢原子具有较高的活性，在高温条件下或加入 P_2O_5、$SOCl_2$、$POCl_3$ 等强吸水剂时，能够发生脱水反应生成相应的腈类物质，此方法多被用于实验室制取腈。

$$R\text{—}\overset{\overset{\displaystyle O}{\|}}{C}\text{—}NH_2 \xrightarrow[\triangle]{P_2O_5} R\text{—}C{\equiv}N + H_2O$$

在酸性或碱性反应体系中，酰胺都能够进行水解生成羧酸和铵盐或羧酸盐和氨。

(4) 与有机金属化合物进行反应

羧酸衍生物中的酰基碳能够发生亲核取代反应，根据亲核试剂的用量不同会生成相应的酮类物质或者某些特定的醇。特定的有机金属化合物能够与酮进行相互作用得到相应的叔醇，且反应过程不可逆。

① 酰氯与有机金属化合物进行反应。酰氯能够与格氏试剂、有机锂试剂进行相互作用首先生成酮，在格氏试剂或有机锂试剂过量的情况下，能够进一步反应得到叔醇。

$$CH_3COCl \xrightarrow{CH_3MgI} CH_3COCH_3 \xrightarrow[H_2O,H^+]{CH_3MgI} (CH_3)_3C—OH$$

酰氯上的酰基碳活性较高，在低温下就能够与格氏试剂进行反应。因此，通过控制反应温度及反应过程中格氏试剂的用量即可制备酮类化合物。

② 酸酐与格氏试剂进行反应。酸酐与格氏试剂进行相互作用也能够得到相应的酮类物质，例如：

$$\text{(丁二酸酐)} + CH_3CH_2MgBr \longrightarrow CH_3CH_2\overset{O}{\overset{\|}{C}}CH_2CH_2\overset{O}{\overset{\|}{C}}OH$$

当格氏试剂或有机锂试剂过量时，能够制取三级醇类物质。

③ 酯与格氏试剂进行反应。酯类物质与格氏试剂的反应和酰氯类似，当格氏试剂适量时，能够生成酮类物质，当格氏试剂过量时，会生成三级醇。

④ 酰胺与格式试剂反应。酰胺与格氏试剂进行相互作用时比较特殊，酰胺中含有的活泼氢活性较高，能够将格氏试剂分解，所以要想制取相应的三级醇则需要更多的格氏试剂(是酯和酰胺与格氏试剂反应的二倍当量)。

10.6 生物体中的羧酸物质

前文提到，羧酸及其衍生物广泛存在于我们的日常生活中，本节将介绍几种生物体内的羧酸物质。

10.6.1 丙二酸

在脱羧反应一节，简单介绍过丙二酸的一些性质。丙二酸又称缩苹果酸，在甜菜根中发现以钙盐形式存在的丙二酸物质，在利用甜菜制糖时，容器中会产生大量水垢，这些水垢其实就是丙二酸钙。

丙二酸是一种无色片状固体，有一定的结晶度；其熔点与乙酸的熔点相近，为135.6℃，由于其结构特点，导致其热稳定性较差，在140℃时会分解为乙酸等物质；其能溶于水、醇、丙酮和吡啶等溶剂中。丙二酸由于含有连接两个羧基的亚甲基，其活性较高能够发生多种反应。在工业合成中，丙二酸主要是由氰乙酸和丙二酸二乙酯的水解产生。

丙二酸衍生物中具有较高利用价值的是丙二酸二乙酯，具体反应式如下：

$$NaCH(COOC_2H_5)_2 \xrightarrow{RX} RCH(COOC_2H_5)_2 \xrightarrow[\triangle]{H_3O^+,NaOH} RCH_2COOH+CO_2$$

$$RCH(COOC_2H_5)_2 \xrightarrow[RX]{C_2H_5Na\text{ 或 }Na\text{-}C_2H_5OH} R_2C(COOC_2H_5)_2 \xrightarrow[\triangle]{H_3O^+,NaOH} R_2CHCOOH+CO_2$$

$$CH_2(COOC_2H_5)_2 \xrightarrow[PhCOCl]{[(CH_3)_2CH]_2Mg} PhCOCH(CH_3)COOC_2H_5$$

10.6.2 单宁酸

单宁酸，又称没食子鞣酸、鞣酸、鞣质等，是一种分子量较大的羧酸类物质，结构式如下：

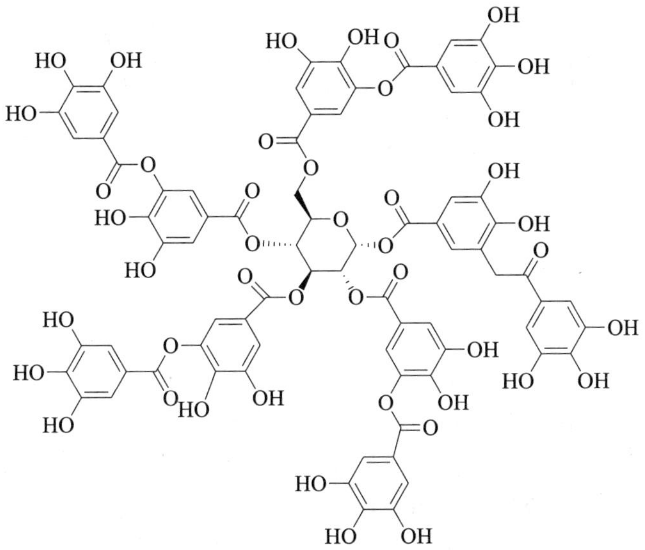

从其结构式中可以看出，单宁酸是一种具有较多羟基的化合物，属于多羟基酸，其广泛存在于植物体中。单宁酸的颜色为黄色或棕黄色，根据合成工艺的不同及后处理方式的不同可以获得无定形粉末或具有光泽的鳞片状或海绵状固体，其水溶液能够与铁盐溶液进行相互作用形成蓝黑色溶液，其熔点较高（218℃）并且能够自燃，自燃点为 526.6℃，能溶于水、乙醇、丙酮等溶剂，微溶于苯、氯仿、乙醚以及石油醚。

五倍子植物体中含有较多的单宁酸，在医疗行业中，单宁酸是一种比较常见的物质，其能够发挥很多作用，例如，将其涂抹在皮肤表面，可以对破损的皮肤进行有效的修复，单宁酸也可以用于治疗烫伤烧伤，肠胃的应激反应，过敏性水泡，甚至对于中和特定的蛇毒也有作用，在植物的发酵过程中，单宁酸往往不会被除去，所以在品尝红酒时，会感觉到涩的口感，这就是由于单宁酸的存在。

课外拓展

在之前的内容中，已经讲述了许多羧酸及羧酸衍生物的制备及应用，除此之外，羧酸类物质也能够作为金属有机骨架材料（metal organic frameworks，MOFs）的配体，不同的羧酸类物质合成的 MOFs 材料也不同，功能也不同，下面简单介绍一篇关于羧酸类物质应用于 MOFs 材料的研究工作。

金属有机骨架已被证明是去除废水中磷酸盐的有效吸附剂，但粉状 MOFs 的加工和回收困难限制了其实际应用。将 MOFs 塑造成面向应用的形式，同时保持其固有属性是一个重要且具有挑战性的工作。该研究团队采用对苯二甲酸及氯化锆作为合成 MOFs 材料的底物，通过溶剂热法快速合成具有良好晶体结构的 UiO-66 材料，同时也通过原位生长法将此种 MOFs 材料负载在玉米秸秆的微观孔道中。

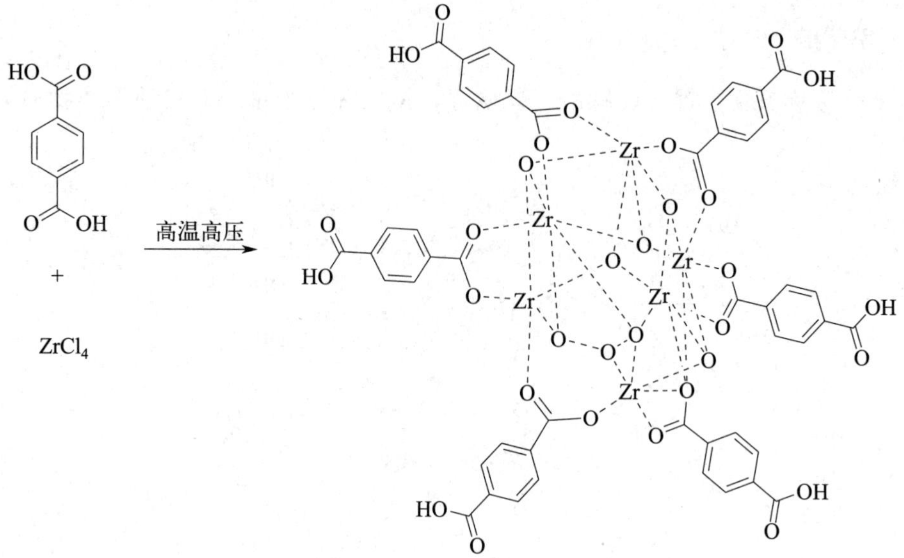

玉米秸秆独特的生物结构提供了发育良好的传质通道，UiO-66 纳米颗粒均匀地固定在细胞壁上形成单层膜，促进了吸附位点的暴露。由于这些结构优势，UiO-66/MS 过滤器比 UiO-66 颗粒从水中去除磷酸盐的效率更高。通过串联 UiO-66/MS 过滤器，制作了一套一体化装置，使出水中残余磷含量（初始磷含量为 3.0mg/L）在 300L/(m^2·h) 时仍能满足一级（＜0.5mg/L）和二级［800L/(m^2·h) 时＜1.0mg/L］标准。

习 题

1. 写出苯甲酸与下列试剂反应的主要产物。

（1）氢氧化钠　　　　（2）碳酸钠

（3）氧化钙　　　　　（4）二氯亚砜

（5）氯化磷　　　　　（6）溴气、铁单质

2. 用化学方法鉴别下列各组物质。

（1）甲酸、乙酸、乙酸乙酯

（2）丙酸、草酸、丙二酸

3. 写出苯甲酰氯与氨类物质反应的过程。

4. 某酯 $C_8H_{12}O_4$ 的 ^1H NMR 谱如下：δ6.83（s，2H），4.27（q，4H），1.32（t，6H），试推测该化合物的结构。

5. 某化合物 A（$C_5H_6O_3$）与乙醇作用得到两个异构体 B、C，B 和 C 都溶于 $NaHCO_3$ 溶液，二者分别与 $SOCl_2$ 作用后再加入乙醇，得到同一个化合物 D。试推测 A、B、C、D 的结构式。

6. 某化合物 A（$C_7H_{13}O_2Br$），不溶于碳酸氢钠也不与苯肼类物质发生相互作用，其红外光谱在 2950～2850cm^{-1} 范围内有吸收，在 1740cm^{-1} 处有强吸收峰。^1H NMR 有：δ1.0（t，3H），1.3（d，6H），2.1（m，2H），4（t，1H），4.6（m，1H）。推测化合物 A 可能的结构。

7. 苯乙酮与氯乙酸乙酯在 $NaNH_2$ 作用下制备化合物 A（$C_{12}H_{14}O_3$），A 在室温下碱性水解得固体化合物 B（$C_{10}H_9O_3Na$），B 用盐酸酸化并加热得化合物 C（$C_9H_{10}O$），C 可发生银镜反应。试推测 A、B、C 的结构。

第11章 含氮化合物

思维导图

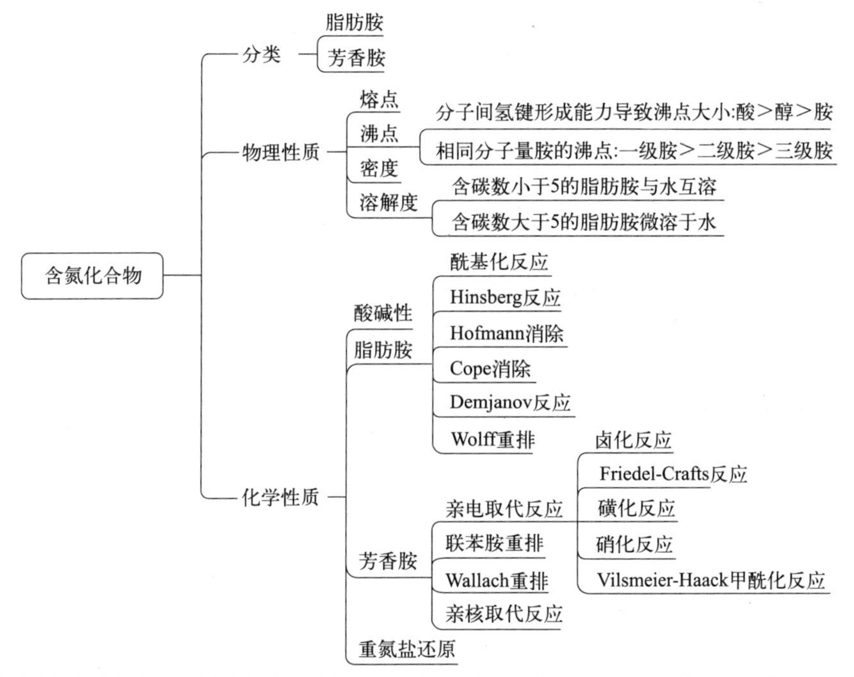

氮元素是自然界中最常见的元素之一，在大气中氮气（N_2）约占78%，与氧气相比，氮气的化学性质不太活泼，不易参与化学反应，因此常对其还原产物氨（NH_3）及其衍生物进行改性研究。含氮化合物在自然界中分为无机铵盐（如NH_4Cl、NH_4NO_3等）和有机胺。根据取代烃种类的不同，有机胺可分为脂肪胺和芳香胺。由于胺的氮原子上存在一对孤对电子，其常被用作亲核试剂，具有一定的碱性，能形成氢键。与醇、醚中的氧原子相比，胺的氮原子拥有较强的亲核性能。这是因为氮的电负性小于氧原子的电负性。此外，根据胺被取代的程度不同，其化学性质也会存在一定的差异。

为了充分了解含氮化合物的性质，首先应该了解氮原子的基本组成和其孤对电子的性质，即碱性和亲核性。本章主要介绍有机胺的基本性质及其制备，由于脂肪胺和芳香胺在分子结构、物理性质和化学性质上存在显著差异，所以它们在化学反应中通常表现出不同的性质。随着科学技术的发展，有机胺类化合物在生命科学、化学工业、环境保护等领域得到了广泛的应用。

11.1 有机胺的分类、命名和结构

11.1.1 有机胺的分类

胺（amine）是氨（NH_3）上的氢被烃基取代后的物质，是氨的衍生物。根据取代烃基种类的不同，有机胺可分为脂肪胺（aliphatic amine）和芳香胺（aromatic amine）。也可根据氨上氢被取代的个数（或取代烃基的个数）将有机胺分为一级胺（伯胺，primary amine）、二级胺（仲胺，secondary amine）、三级胺（叔胺，tertiary amine）和四级胺盐（季铵盐，quaternary ammonium salt）。

① 脂肪胺：氨上的氢被脂肪烷烃取代。例如：

$H_2N-CH_2CH_3$ 乙胺（一级胺）　$H_3C-CH_2-NH-CH_2-CH_3$ 二乙胺（二级胺）　$N(CH_2CH_3)_3$ 三乙胺（三级胺）

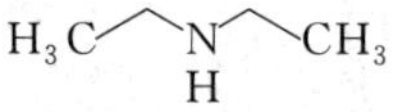

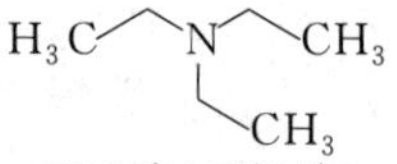

② 芳香胺：氨上的氢被芳香烃取代。本章只讨论苯胺及其衍生物。例如：

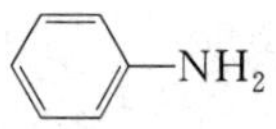

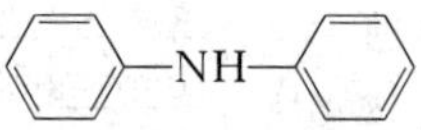

$C_6H_5-NH_2$ 苯胺（一级胺）　$C_6H_5-NH-C_6H_5$ 二苯胺（二级胺）　$N(C_6H_5)_3$ 三苯胺（三级胺）

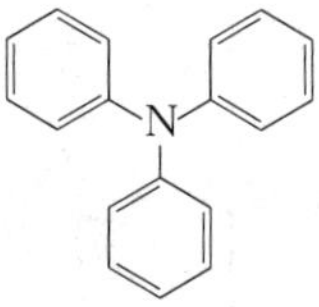

11.1.2 有机胺的命名

1. 普通命名法

脂肪胺的命名方式与烷烃基本类似，常称为某烷胺（alkanamine）。芳香胺命名时通常将芳基作为取代基。

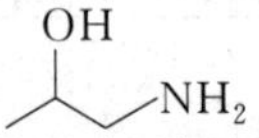

2-羟基丙胺（异丙醇胺） 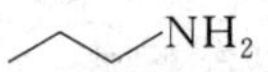　丙胺 　1,4-苯二胺（对苯二胺）

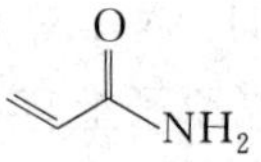

丙烯酰胺 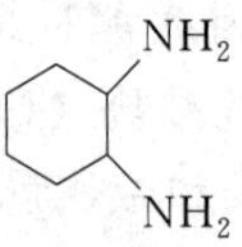　1,2-二氨基环己烷（环己二胺） 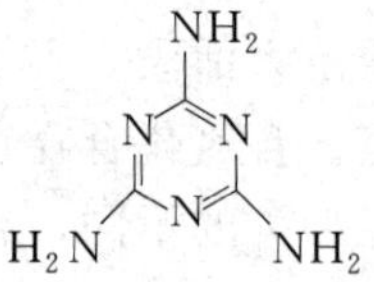　1,3,5-三嗪-2,4,6-三胺（三聚氰胺）

2. 系统命名法

脂肪胺的系统命名法与醇相似，常以氨基相连碳所在的最长碳链作为主链，前缀数字表示氨基在碳链中的具体位置，氨基上若还有其他取代基用斜体 *N*-后加取代基的名称命名此类化合物，如 *N*,*N*-二甲基-1-氨基丙烷。

含氮饱和杂环以环烷烃的方式来命名，一般将杂环中氮原子的位置定义为 1 位。当氮原子上既有芳香烃基又有脂肪烃基取代时，常以芳香胺为主体，脂肪烃基作为取代基。对于四级季铵盐，命名方法与无机铵相似，如溴化铵，对胺进行烃基取代，将取代的烃基置于最前面，如四丁基溴化铵。

N,N-二甲基甲酰胺(DMF)

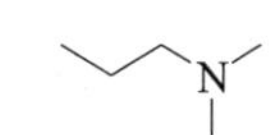

N,N-二甲基-1-氨基丙烷

N-(1-甲基乙基)-2-丙烯酰胺
(N-异丙基丙烯酰胺)

N,N′-二环己基碳二亚胺

4,4′-二氨基二苯甲酮

4-氨基-2-羟基苯甲醛

11.1.3 胺的结构

胺的结构与氨相似。胺中氮原子三个 sp^3 杂化轨道与氢原子的轨道或别的基团的碳原子的杂化轨道重叠，在空间排布上，具有锥形的结构，孤对电子占据一个 sp^3 杂化轨道，胺仍可视为是四面体构型，氮原子处于四面体中心。

芳香胺中的氮原子的孤对电子占据的 sp^3 杂化轨道比氨中氮原子的孤对电子占据的 sp^3 杂化轨道有更多的 p 轨道成分，可与芳环的 π 电子轨道发生重叠，形成包括氮原子和芳环在内的共轭离域分子轨道。

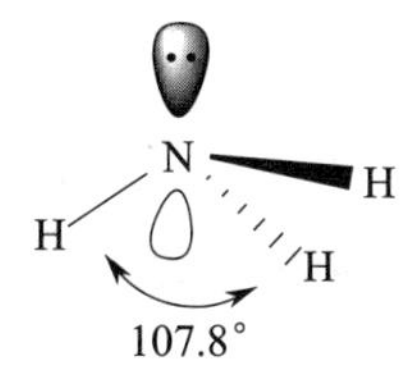

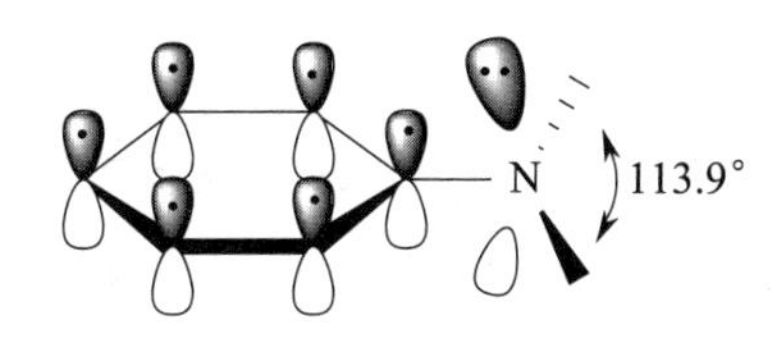

11.2 胺的物理性质

胺与氨的物理性质类似，低级胺以气体（甲胺、二甲胺、三甲胺和乙胺）或易挥发的液体（丙胺）的形式存在，有与氨类似的气味，较易溶于水；高级胺以固体的形式存在，不易溶于水，但易与酸性水溶液形成铵盐，从而溶解度得到提高。芳香胺以液体或固体的形式存在，沸点高，熔点低，有特殊气味。

常见胺类化合物的物理性质可见表 11-1。胺大多能溶于醇、醚、苯等有机溶剂。除了季铵盐，一级胺、二级胺和三级胺可以形成氢键。然而，由于氮原子的电负性低于氧原子，所以胺形成的氢键弱于醇形成的氢键，因此，胺的沸点高于具有相同分子量的非极性化合物，低于分子量相同的醇。其较弱的氢键决定了胺的水溶性介于烷烃和醇之间。

表 11-1 常见胺类化合物的物理性质

化合物	熔点/℃	沸点/℃	溶解度/$g \cdot L^{-1}$
甲胺	−92	−7.5	易溶
乙胺	−80	7.5	易溶
正丙胺	−83	49	∞
二乙胺	−39	55	易溶
乙二胺	8	117	溶
三乙胺	−115	89	133

续表

化合物	熔点/℃	沸点/℃	溶解度/$g \cdot L^{-1}$
四氢吡咯	−63	88	易溶
六氢吡啶	11	134	∞
异丙醇胺	−2	160	易溶
丙烯酰胺	86	125	溶
苯胺	−6	184	36
1,4-苯二胺	143	267	47
N,*N*-二甲基甲酰胺	−61	153	可溶
N,*N*-二甲基乙酰胺	−20	166	∞

11.3 胺的化学性质

11.3.1 胺的酸碱性

胺（氨）既有酸性又有碱性。N—H 键中氮原子具有吸电子诱导效应使得其具有酸性。相比于胺的酸性，氮原子上的孤对电子引起的碱性和亲核性更为重要。氮原子的电负性弱于氧原子，导致胺的酸性要比相应的醇弱，而氮原子上的孤对电子比氧的更容易质子化，使得胺成为很好的有机碱。

1. 胺的酸性

胺的酸性比相应的醇弱得多，因此氨或胺的负离子 R_2N^- 常被用于脱除醇或酸性较强的 C—H 中的质子。这说明了 R_2N^- 具有很强的碱性，与胺的弱酸性是一致的。

$$RNH_2 + HA \underset{}{\overset{K_b}{\rightleftharpoons}} RNH_3^+ + :A^-$$

$$RNH_2 + :B^- \underset{}{\overset{K_a}{\rightleftharpoons}} RNH^- + HB$$

2. 胺的碱性

当胺溶于水中时，孤对电子可和水分子作用获得一个质子，形成稳定的铵离子和氢氧根负离子，因此胺的碱性比相应的醇强。电子诱导效应和溶剂化效应也会影响胺碱性的强弱。

随着胺的氮原子上的取代烷基增多，氮原子上的电子云密度增加，电子诱导效应增强，碱性也逐渐增强；当取代烷基过多时，由于溶剂化效应，生成的铵正离子不容易溶剂化，碱性就会减弱。即当氮原子上还存在氢原子时，取代烷基的增加会导致胺的碱性增强，但当烷基将氮原子上的氢全部取代时，胺的溶剂化效应减弱，形成的铵正离子无法溶剂化，导致胺的碱性减弱。脂肪胺（不包括季铵盐）碱性的强弱是电子诱导效应与溶剂化效应共同作用的结果。此外，空间位阻也会影响胺的碱性。随着取代烷基逐渐增大，占据的空间也增大，质子不易与氨基结合，导致胺的碱性减弱。

$$H_2N—R + H_2O \rightleftharpoons H_3N^+—R + HO^-$$

$$H_3N^+—R + H_2O \rightleftharpoons H_2N—R + H_3O^+$$

芳香胺中氮原子上的孤对电子与苯环的 π 电子存在相互作用，形成了一个大的共轭体系，产生了电子的离域，降低了氮原子的电子云密度，减弱了其去质子化的能力，导致苯胺的碱性比脂肪胺弱。芳香胺的碱性还与芳香环上的取代基的电子效应有关。具有吸电子效应的取代基会导致相应的苯胺衍生物碱性减弱，具有给电子效应的取代基会导致对应苯胺衍生物的碱性增强。当取代基既有吸电子诱导效应，又有给电子共轭效应时，若给电子共轭效应大于吸电子诱导效应，给电子共轭效应还可以通过共轭体系交替传递，能使邻、对位电子云密度增高。因此，当这类取代基位于氨基的邻、对位时，一般以给电子共轭效应为主，会使氨基的碱性增强；当这类基团处于间位时，以吸电子诱导效应为主，导致芳香胺的碱性减弱。

11.3.2 胺的制备

1. 含氮化合物还原

在含氮化合物中，硝基化合物、腈、酰胺和肟均可以通过还原的方法转化为胺。一级酰胺、二级酰胺和三级酰胺可通过氢化铝锂还原为对应的一级胺、二级胺和三级胺。硝基化合物可通过不同的条件还原成一级胺。

在酸性条件下，常用铁、锌、锡等金属作还原剂。工业上，通常采用铁屑和盐酸还原硝基化合物，实验室通常采用锡或氯化亚锡和盐酸还原硝基化合物，也可以用铁粉和硫酸亚铁还原脂肪族的硝基化合物。

$$R—N^+(=O)—O^- \xrightarrow[H_2SO_4]{Fe/FeSO_4} R—NH_2$$

在碱性条件下，常用试剂有硫化铵（$H_2S/NH_3 \cdot H_2O$）、硫氢化钠（NaHS）、硫化钠（Na_2S）等。可通过调控反应条件将二硝基化合物进行部分还原，但无法预测哪一个硝基先被还原。

在中性条件下，可用催化加氢的方法还原硝基。常用的金属催化剂有 Ni、Pt、Pd 等，工业上常用 Raney Ni 或铜在加压条件下氢化。对酸性或碱性条件敏感的硝基化合物可用此法还原。肟也可通过催化加氢的方法还原成对应的胺。

$$R—CH=N—OH \xrightarrow[6.8\text{MPa}, 75\sim80^\circ\text{C}]{H_2/\text{Raney Ni}} R—CH_2—NH_2$$

2. 胺（氨）的烷基化和 Gabriel 伯胺合成法

由于胺（氨）的氮原子上的孤对电子具有较强的亲核性，所以胺（氨）容易与卤代烷发生 S_N2 取代反应。胺（氨）和卤代烷反应，首先会生成铵盐。弱酸性的铵盐会与弱碱性的胺（氨）发生可逆的质子转移，生成一级胺。而一级胺上的氮原子仍有孤对电子，由于电子诱导效应的增强，其亲核能力通常较之氨的氮原子更加强。从而在后续的反应中，会与氨竞争与卤代烷的反应形成铵盐，再次与氨或已生成的一级胺进行质子转移，生成二级胺；二级胺的亲核能力又较之一级胺更强，当空间位阻较小时，会进一步反应生成三级胺；三级胺会进一步反应生成四级季铵盐。最终得到是多种产物和原料的混合物。卤代烷与氨（胺）的反应称为 Hofmann 烷基化。卤代烷的活性为 RI＞RBr＞RCl，一级卤代烷的活性最高，而卤代苯化合物的卤素不活泼，需高温高压及催化剂共同作用才能发生反应。

$$NH_3 + CH_3CH_2I \longrightarrow H_3N^+-CH_2CH_3 \xrightarrow{NH_3} H_2N-CH_2CH_3 \xrightarrow{CH_3CH_2I} HN(CH_2CH_3)_2 \xrightarrow{CH_3CH_2I} N(CH_2CH_3)_3$$

叠氮化合物制伯胺：在 S_N2 反应中，叠氮离子作为一个具有亲核性的基团，其亲核能力大于氨。可通过叠氮化钠与一级、二级卤代烃反应，生成烷基取代的叠氮化合物，叠氮化合物再通过还原剂还原成一级胺。常用的还原剂有氢化铝锂、三苯基膦等。

$$R-N_3 \xrightarrow{H_2,Pd/C \text{ 或 } LiAlH_4 \text{ 或 } PPh_3,THF} R-NH_2$$

Gabriel 伯胺合成法：在邻苯二甲酰亚胺中，由于亚胺受两个羰基的吸电子效应的影响，使得氮上的氢具有较强的酸性，能和碱反应生成盐，使得氮具有较强的亲核能力，可以同卤代烷发生 S_N2 反应。形成的三级胺的氮原子上的孤对电子由于受到两个羰基的共轭效应影响，其亲核能力下降，反应活性降低，不会继续与卤代烷反应，此时，通过水合肼水解可转化为一级胺。

$$\text{邻苯二甲酰亚胺(NH)} \xrightarrow[-H_2O]{KOH} \text{邻苯二甲酰亚胺负离子}(N^-) \xrightarrow{R-X} \text{N-R 邻苯二甲酰亚胺} \xrightarrow{H_2NNH_2} \text{邻苯二甲酰肼} + RNH_2$$

3. 醛、酮的还原胺化

胺（氨）可和醛、酮发生席夫碱反应生成亚胺。与醛、酮中的碳氧双键类似，亚胺中的碳氮双键可通过催化加氢或在氢化试剂的作用下还原成相应的一级胺、二级胺和三级胺，这个过程称作醛、酮的还原胺化。当同时存在碳氧双键和碳氮双键时，需对还原试剂进行选择，如催化加氢或氰基硼氢化钠（$NaBH_3CN$）与亚胺双键的反应速率比相应的碳氧双键快。

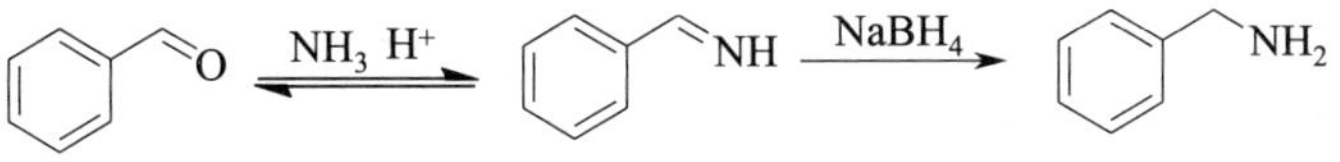

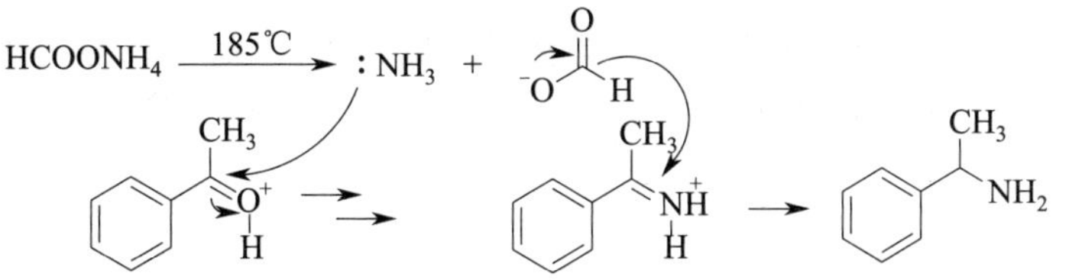

4. 酰胺重排制胺

伯酰胺衍生物与次卤酸盐的碱溶液（或卤素的氢氧化钠溶液）作用时，会释放二氧化碳，生成比伯酰胺衍生物少一个碳原子的一级胺，这类反应称为 Hofmann 重排反应，也称为 Hofmann 降解反应。

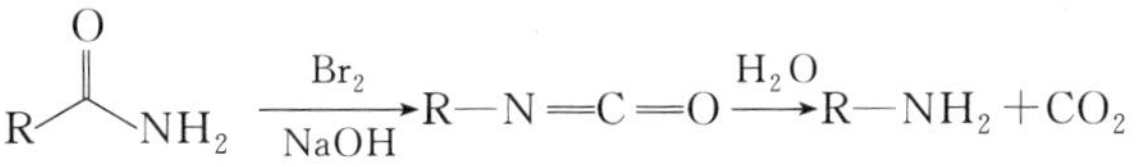

$$RCONH_2 \xrightarrow[NaOH]{Br_2} R{-}N{=}C{=}O \xrightarrow{H_2O} R{-}NH_2 + CO_2$$

机理如下：

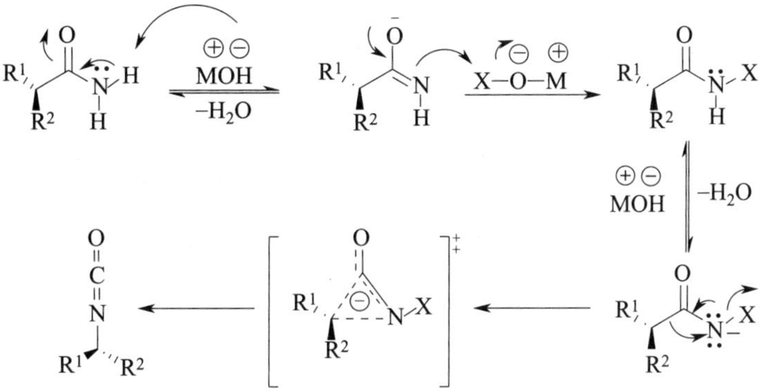

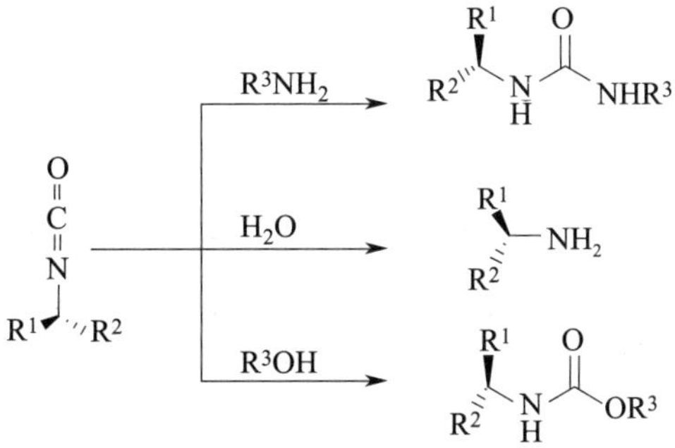

只有伯酰胺才能发生 Hofmann 重排。可通过 Hofmann 重排来制备一些不能直接通过亲核取代反应来合成的伯胺，这是由酰胺制备比底物少一个碳原子的伯胺的重要方法，适用范围很广。反应底物包括脂肪族酰胺、饱和环烷烃的酰胺以及芳香族酰胺。低级脂肪族酰胺通过 Hofmann 重排制备伯胺的产率较高。当酰胺羰基碳相邻的碳原子具有手性时，发生 Hofmann 重排构型保持不变。

11.3.3 胺的反应

1. 胺的酰基化与 Hinsberg 反应

胺可通过与酰氯和酸酐反应制备酰胺，也可通过与磺酰氯反应生成磺酰胺。当胺与磺酰氯试剂在碱金属氢氧化物（KOH、NaOH）溶液中混合均匀发生 Hinsberg 反应时，其产物的性质和氮原子上氢原子的数量有关。伯胺反应生成的磺酰胺可溶于碱溶液；仲胺与磺酰氯试剂发生反应生成不溶于碱溶液的磺酰胺沉淀，可通过加入稀酸，使不溶于碱溶液的胺转化为可溶性的铵盐；由于三级胺的氮原子上没有氢可以离去，三级胺发生 Hinsberg 反应只能生成盐，生成的铵盐很容易被水解转变为原来的三级胺，因此，可以认为三级胺与磺酰氯不能发生酰基化反应。

$$R^1NH_2 + H_3C-C_6H_4-SO_2-Cl \xrightarrow[H_2O]{NaOH} H_3C-C_6H_4-SO_2-NHR^1$$

$$H_3C-C_6H_4-SO_2-NHR^1 \xrightarrow{NaOH} H_3C-C_6H_4-SO_2-\overset{-}{N}R^1$$

$$H_3C-C_6H_4-SO_2-\overset{-}{N}R^1 \xrightarrow{R^2I} H_3C-C_6H_4-SO_2-NR^1R^2$$

$$H_3C-C_6H_4-SO_2-NR^1R^2 \xrightarrow[\triangle]{HO^-} H_3C-C_6H_4-SO_2-O^- + R^1R^2NH$$

$$R^1R^2NH + H_3C-C_6H_4-SO_2-Cl \longrightarrow H_3C-C_6H_4-SO_2-\overset{+}{N}HR^1R^2$$

$$H_3C-C_6H_4-SO_2-\overset{+}{N}HR^1R^2 \xrightarrow{NaOH} H_3C-C_6H_4-SO_2-NR^1R^2$$

$$H_3C-C_6H_4-SO_2-NR^1R^2 \xrightarrow{R^3I} H_3C-C_6H_4-SO_2-\overset{+}{N}R^1R^2R^3$$

$$H_3C-C_6H_4-SO_2-\overset{+}{N}R^1R^2R^3 \xrightarrow[\triangle]{HO^-} H_3C-C_6H_4-SO_2-O^- + R^1R^2R^3N$$

$$R^1R^2R^3N + H_3C-C_6H_4-SO_2-Cl \longrightarrow H_3C-C_6H_4-SO_2-\overset{+}{N}R^1R^2R^3$$

$$H_3C-C_6H_4-SO_2-\overset{+}{N}R^1R^2R^3 \xrightarrow{NaOH} R^1R^2R^3N + H_3C-C_6H_4-SO_2-ONa$$

2. Hofmann 消除

四级季铵盐在强碱（KOH 或 NaOH）作用下可转化为四级铵碱。四级铵碱的醇溶液或水溶液通过减压浓缩，100～200℃加热生成烯烃、水和三级胺。此反应称为 Hofmann 消除。中性胺不能发生 Hofmann 消除，$^{-}NH_2$ 或 ^{-}NHR 是一个强碱，不易离去。

$$R-NH_2 \xrightarrow{CH_3I} R-\overset{+}{N}(CH_3)_3\ I^- \xrightarrow[H_2O]{Ag_2O} R-\overset{+}{N}(CH_3)_3\ {}^-OH + AgI$$

生成四级铵碱的反应为一个平衡反应，四级铵碱与 KOH、NaOH 均属于强碱，若制备四级铵碱，可用湿的 Ag_2O 与四级季铵盐反应，生成卤化银沉淀，平衡右移，分离沉淀可得四级铵碱固体，该固体为易吸湿性物质。

Hofmann 消除可用来测定胺类化合物的结构。其过程可分为以下三个步骤：①氮原子彻底甲基化，含氮有机物的一级胺、二级胺或三级胺与过量的碘甲烷（CH_3I）反应生成对应碘化的四级季铵盐；②四级季铵盐与湿的 Ag_2O 反应生成四级铵碱；③四级铵碱发生 Hofmann 消除，生成烯烃、水和三级胺。在减压条件下，可在较低的温度下通过此反应获得高产率的烯烃。

Hofmann 规则：Hofmann 消除反应属于 E2 型的 β-消除反应。在反应过程中，底物的四级季铵盐被碱攫取的氢原子必须位于 β 位的碳原子上。反应的立体化学应符合反式消除，离去基团三级胺和 β 氢原子必须处于反式共平面。由于反应在强碱性条件下进行，酸性强的氢原子优先离去，若四级季铵盐的 β 位有多个可消去的氢原子，且酸性近似，位阻小的氢原子优先被碱进攻；当 β 氢原子的位阻太大时，则不能正常进行 Hofmann 消除。

CH₃I；Ag₂O，H₂O；△；CH₃I；Ag₂O，H₂O；△

当四级季铵盐的一个基团上有两个 β 位氢原子时，以消除 β 碳上取代基最少的氢为主要产物，即消除酸性最强的氢。Hofmann 消除受反应物的诱导效应的影响，即碱攻击的 β 碳上取代基较少，电子云密度较小，因而是酸性较强的氢，这个氢原子空间位阻也小，容易被碱夺取而生成 Hofmann 消除的产物，形成双键碳上取代基较少的烯烃，该过程受动力学控制。Zaitsev 消除受产物的共轭效应的影响，生成双键碳上取代基较多的稳定的烯烃，为热力学控制的产物。

3. Cope 消除

胺可被大多数氧化剂氧化，产物复杂。一级胺生成一系列的氧化产物；二级胺以羟胺的形式为主要氧化产物，也伴随较多的副产物；三级胺可通过过氧化氢或过氧酸氧化为氧化胺。氧化胺具有很大的偶极矩，因此这类化合物极性大，熔点高，不溶于乙醚、苯，易溶于水。由于氧化胺具有碱性，当其存在β氢原子时，加热条件下会发生热分解，生成烯烃基羟胺衍生物。该反应称为Cope消除，属于E2顺式消除，反应过程会形成一个平面的五元环的过渡态，氧化胺N—O基和β氢原子必须在同一侧，α和β位碳原子上取代的原子或基团呈重叠型。该过渡态需要较高的活化能，很不稳定，会发生消除反应。环状的氧化胺则需要形成稠环的过渡态。

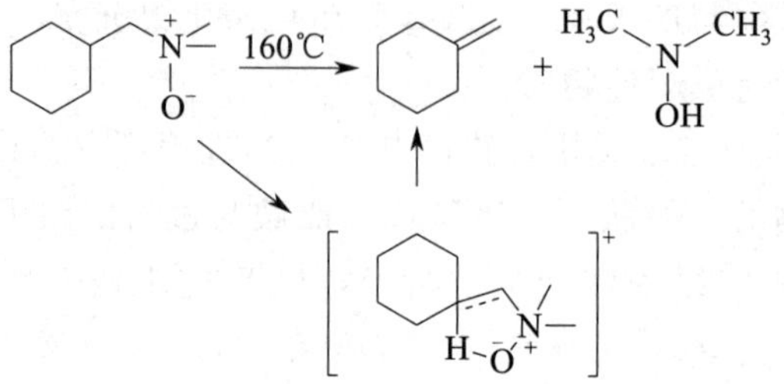

当氧化胺存在两个β氢原子时，主产物遵循Hofmann规则。生成的烯烃有顺反异构体，以反式异构体为主产物。

4. Demjanov反应

胺可与亚硝酸反应，氮原子上的孤对电子可进攻亚硝酰正离子（NO^+），最终的产物与胺的类别和产物的稳定性有关。亚硝酸可通过亚硝酸钠与盐酸反应制备，溶液中会有NO^+，氮原子上的孤对电子进攻NO^+，生成的产物与氮原子上的氢有关。三级脂肪胺生成*N*-亚硝铵盐，在低温下可稳定存在，加热易分解；二级脂肪胺生成*N*-亚硝铵盐后失去一个质子转化为稳定的黄色油状或固态的*N*-亚硝基胺；一级脂肪胺反应得到的产物不稳定，会互变异构转化为羟基偶氮化物，在酸性条件下失水生成重氮盐。

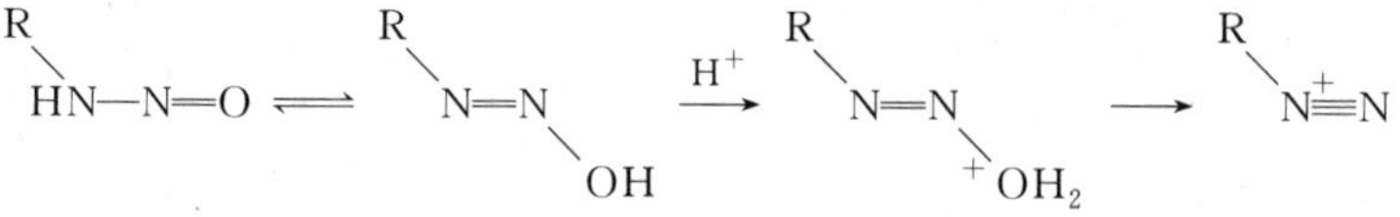

胺甲基取代的环烷烃可与亚硝酸反应生成环烷基醇，该反应称为Demjanov反应。烷基重氮盐非常不稳定，会分解释放N_2形成碳正离子，碳正离子会发生一系列反应转化为醇、烯等复杂产物，分解生成的N_2分子是一个非常稳定的化合物，这是导致重氮盐不稳定的驱动力。

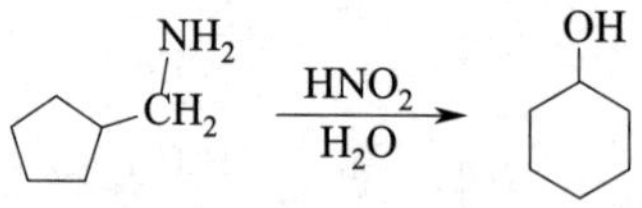

此反应可用于合成五元、六元和七元环的醇。涉及更大的环状化合物的扩环，产率会大幅度降低；对于三元环状化合物不仅会生成相应的醇，还有其他重排反应的产物。1-氨甲基环戊醇用亚硝酸处理会重排为环己酮。此扩环反应称为Tiffeneau-Demjanov重排。在该反应中，氨基与亚硝酸作用发生重氮化，并放出氮气形成一级碳正离子，然后羟基迁移生成更加稳定的氧鎓离子，最后去质子化生成酮。

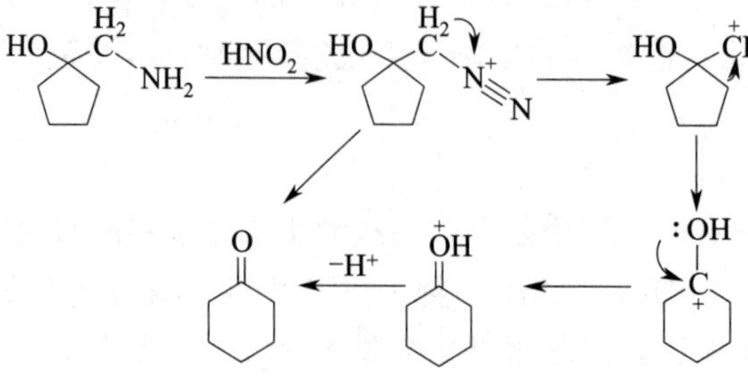

5. Wolff 重排与重氮甲烷

在 Ag_2O 和水的作用下，α-重氮酮可以发生重排反应，生成乙酸衍生物，此类反应称为 Wolff 重排。α-重氮酮可通过重氮甲烷制备。重氮甲烷是一种黄色有毒气体，气态或浓溶液状态下易爆炸，能溶于乙醚，可在乙醚的稀溶液中与酸发生甲基化反应，也可以在光照或暴露在催化量的铜下生成亚甲基卡宾。

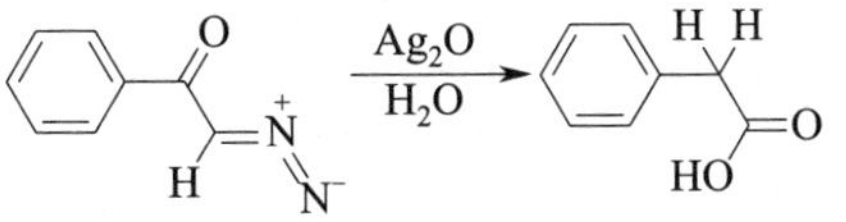

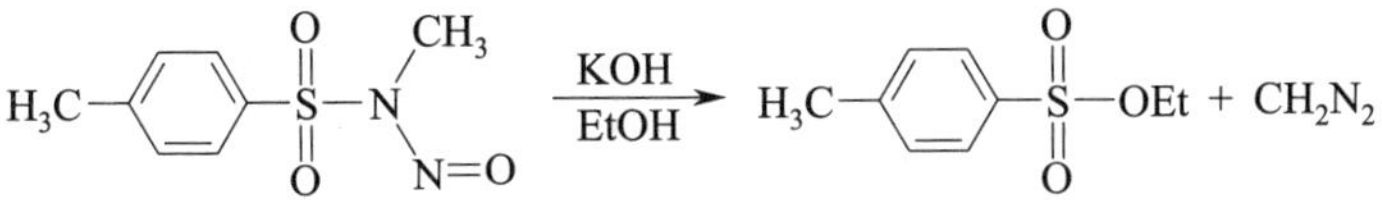

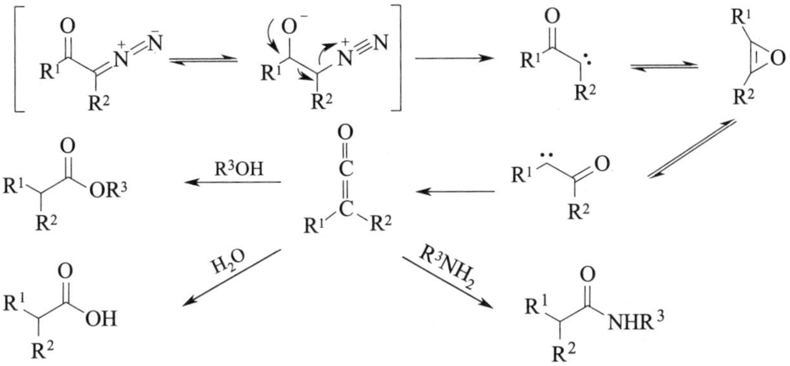

在合成 α-重氮酮的过程中，由 F. Arndt 和 B. Eistert 所开发的方法是使用羧酸及二氯亚砜来产生酰氯，通过酰氯与重氮甲烷之间的化学反应形成 α-重氮酮。在 Ag_2O 的协助下，α-重氮酮与水一起加热会生成酰基卡宾。最后，酰基卡宾在进一步反应发生重排，最终转化为乙烯酮衍生物。而这些乙烯酮衍生物可以与水接触并引发一系列的化学变化，进而生成比底物多一个碳原子的羧酸同系物。这一过程被称为 Arndt-Eistert 反应。

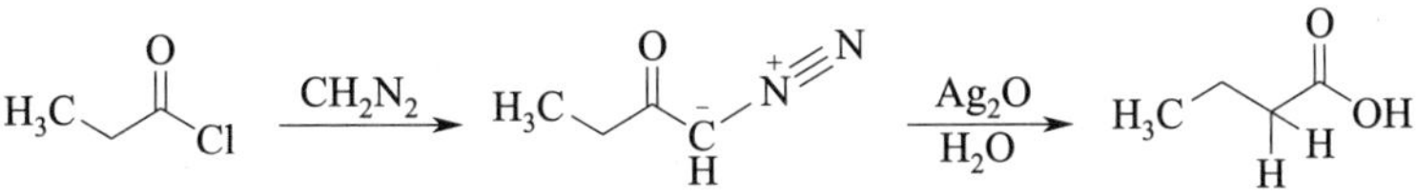

11.4 芳香胺的反应

11.4.1 氨基化合物的制备——硝基化合物的还原

苯环与硝基直接相连的化合物称为芳香硝基化合物。硝基为强吸电子基，既具有强的吸电子诱导效应，又具有强的吸电子共轭效应。与苯环相连，由于吸电子诱导效应的存在，降低了苯环的电子云密度，使得苯环不易发生芳香亲电取代反应，容易发生芳香亲核取代反应。

芳香胺可由芳香硝基化合物通过还原反应制备。常用的还原条件有：①酸性条件下的金属还原，如 Zn、Fe、Sn 和 $SnCl_2$ 等；②中性或弱酸条件下的金属还原，如 $In/NH_4Cl/CH_3CH_2OH$ 或 $In/H_2O/THF$；③零价金属催化加氢，如 Pd、Ni、Pt/H_2；④H_2NNH_2/H_2O 还原；⑤$Pd/C/HCOONH_4$，若芳香硝基化合物中含有羧基、酯基、氰基和酰氨基，可用此条件选择性还原硝基来制备芳香胺。

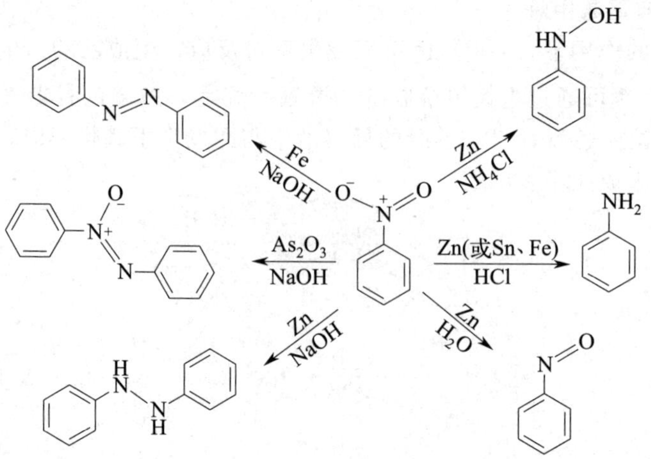

芳香胺也可以被氧化，但由于其氮原子上的孤对电子参与了苯环 π 体系的离域，与脂肪胺相比，其氧化条件更强。一级芳香胺可被氧化成亚硝基化合物，常用的氧化剂有 H_2SO_5 (Caro 酸)、H_2O_2/HOAc、$NaBO_3$ 等。一级芳香胺先被还原为芳香羟胺，然后被氧化为芳香亚硝基化合物，在强氧化条件下，可以接着被氧化成硝基化合物（如中性 $KMnO_4$ 或过氧酸）。二级芳香胺只能被氧化成芳香羟胺化合物，很难发生后续的氧化形成芳香亚硝基化合物和芳香硝基化合物。三级芳香胺会被氧化为氮氧化合物，四级季铵盐芳香化合物由于氮原子的孤对电子已经被占据，很难发生氧化反应。

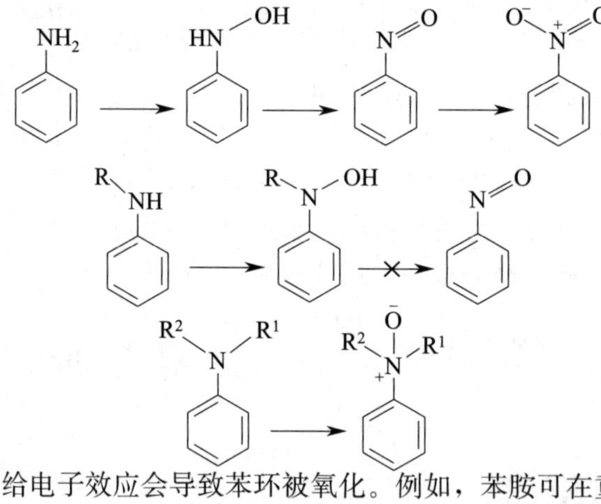

苯胺由于氨基的强给电子效应会导致苯环被氧化。例如，苯胺可在重铬酸的作用下被氧化为苯醌，重铬酸可用重铬酸钠和硫酸来制备；苯胺在盐酸和氯酸钾的作用下被氧化为四氯苯醌。

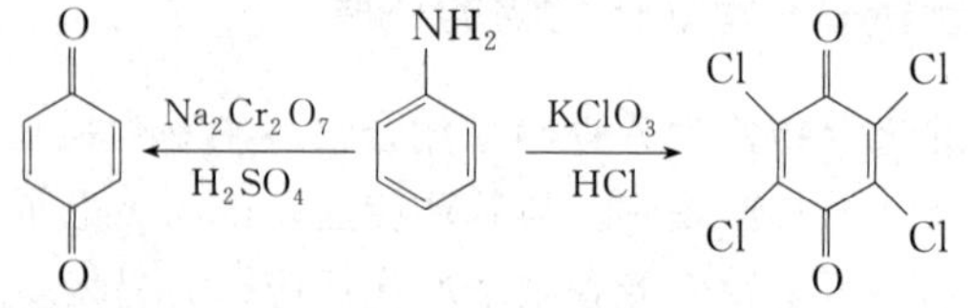

$$\text{苯醌} \xleftarrow[H_2SO_4]{Na_2Cr_2O_7} \text{苯胺} \xrightarrow[HCl]{KClO_3} \text{四氯苯醌}$$

11.4.2 芳香胺的亲电取代反应

1. 卤化

苯胺不需 Lewis 酸催化，极易发生芳香亲电取代反应。由于氨基是邻、对位定位基，一般进行芳香亲电取代首先发生在对位，其次是邻位。苯胺可被溴化或氯化生成 2,4,6-三溴苯胺或 2,4,6-三氯苯胺，产物很难停留在一取代，与碘反应只能形成对碘苯胺，无法继续进行取代反应。

在制备芳香胺一氯代或一溴代产物时，可通过乙酸酐将苯胺保护起来，使其酰基化，因为乙酰基的吸电子效应可减轻氮原子上孤对电子对苯环的离域，或者说引入了具有较大空间位阻的乙酰基基团，进行卤化的时候只能生成对位的取代产物。待制得一取代产物后，再将乙酰基水解，可获得一氯代或一溴代苯胺。

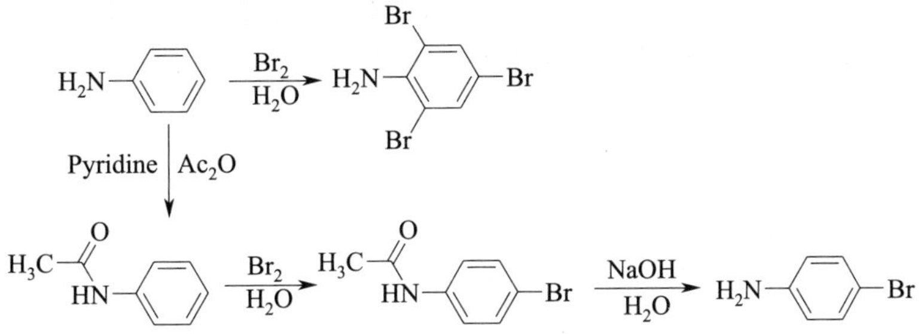

2. Friedel-Crafts 酰基化

在苯胺衍生物中，由于氮原子具有很强的亲核性和苯环自身的芳香特性的原因，当氮原子上存在氢原子时，苯胺的酰基化反应会存在氨基酰基化和芳环酰基化竞争的现象，而三级芳香胺的氮原子上不存在氢原子，故能直接进行 Friedel-Crafts 酰基化。若需制备一级、二级芳香胺的芳环酰基化产物，可采用制备一溴代或一氯代苯胺类似的方法，将氨基保护起来，再进行 Friedel-Crafts 酰基化，之后进行脱保护处理得到产物。

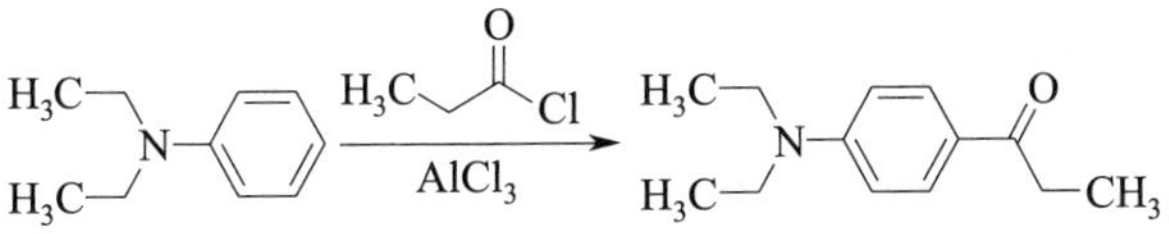

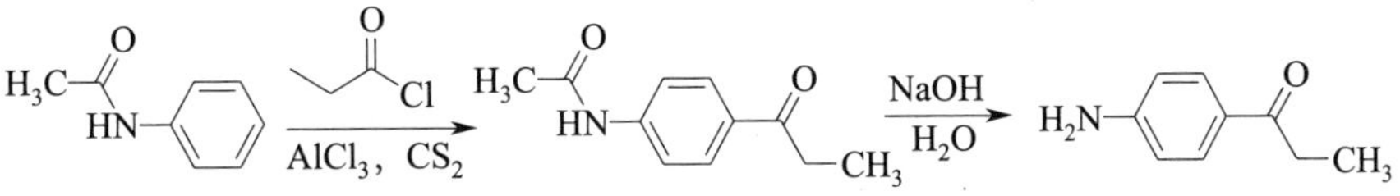

3. 磺化与硝化

苯胺可在加热条件下与浓硫酸发生磺化反应，形成对氨基苯磺酸。随着硫酸浓度的提高，如在发烟硫酸中，可形成间位取代的产物。由于胺是弱碱，磺酸是强酸，产物中会形成内盐分子，即强酸弱碱盐。

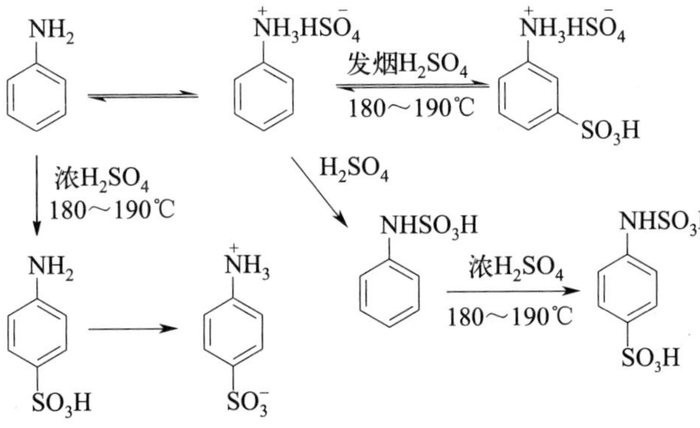

苯胺也可被硝酸氧化，当苯胺的氮原子上存在氢原子时，对苯胺进行硝化反应通常采用和卤化类似的保护措施。产物通常为邻硝基苯胺和对硝基苯胺的混合物，两者的比例与反应条件有关。具体控制条件如下：

① 90%的 HNO_3 反应温度为−20℃，邻、对位产物比例为 23∶77。提高反应温度，会增加邻位硝化产物的产率。

② HNO_3/Ac_2O，反应温度为 20℃，邻、对位产物比例为 68∶32。

若想控制只得到邻位的产物，可将苯胺对位进行磺化取代，占据对位上的位置，硝化反应就只能在氨基的邻位进行。最后可通过水解去掉磺酸基。

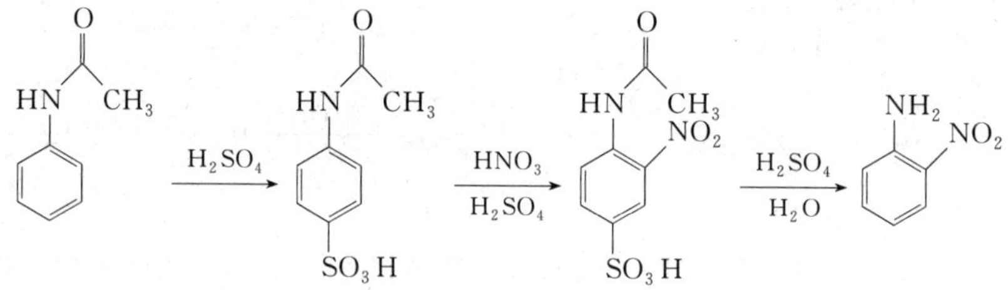

HN CH3 —H2SO4→ HN CH3 / SO3H —HNO3, H2SO4→ HN CH3 NO2 / SO3H —H2SO4, H2O→ NH2 NO2

4. Vilsmeier-Haack 甲酰化

N-甲基甲酰胺和 $POCl_3$ 反应可以得到一种氯代甲基亚胺盐（即 Vilsmeier 试剂），此试剂可以和富电子的芳烃反应得到苯甲醛。利用 Vilsmeier 试剂在富电子芳香化合物上引入甲酰基的反应被称为 Vilsmeier-Haack 甲酰化反应。Vilsmeier-Haack 甲酰化反应由于其条件温和、操作简便而被广泛用于加碳甲酰化反应。

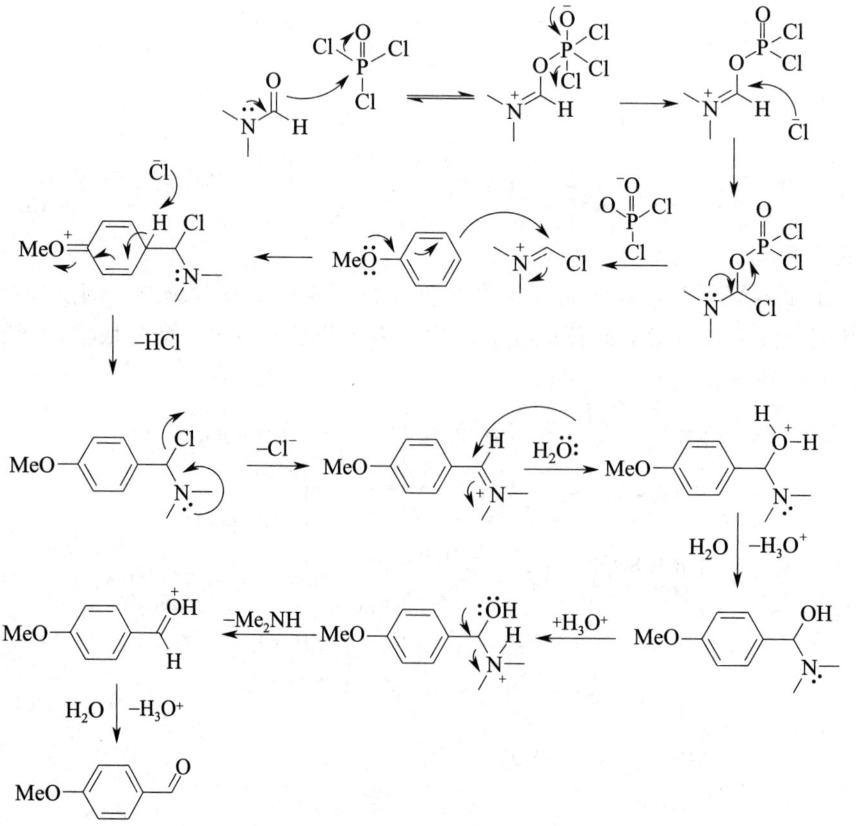

−HCl

−Cl⁻

$H_2\ddot{O}$:

H_2O $-H_3O^+$

$+H_3O^+$

$-Me_2NH$

H_2O $-H_3O^+$

反应特点：①反应速率快，Vilsmeier 甲酰化反应的反应速率通常较快，使得它在有机合成中非常有用；②亲电试剂的生成，Vilsmeier 试剂在反应中生成，它可以与芳香化合物发生反应，这种试剂中的亚砜对芳香化合物具有亲电性，因此能够完成甲酰化反应；③氧化还原性，Vilsmeier 试剂中的氯化亚砜或三氯氧磷可以作为氧化还原试剂，反应中，它们可以氧化芳香化合物中的氢原子，并将其取代为甲酰基；④生成中间体，Vilsmeier 甲酰化反应通常生成甲酰化的中间体，这些中间体对于进一步的有机合成反应是非常有用的。

Ph　O　N　H_3C　H　HO　O　O　OH

$POCl_3$/DCE,　80℃，5h

O　HO　O　O　OH

11.4.3 联苯胺重排与 Wallach 重排

在酸催化的条件下，氢化偶氮苯可发生重排反应，生成 4,4′-二氨基联苯和 2,4′-二氨基联苯，两者比例为 70∶30。这种氢化偶氮苯类衍生物进行的重排反应称为联苯胺重排。此外，该重排反应还伴有 2,2′-二氨基联苯、对氨基二苯胺和邻氨基二苯胺这三种副产物的生成。

H　N　N　H　H^+　H_2N　NH_2　+　NH_2　NH_2

NH_2　H_2N　H　N　NH_2　H　N　NH_2

对于氢化偶氮苯的衍生物，如果其对位存在取代基，进行重排反应的产物一般为邻位。当对位取代基为磺酸基和羧基时，由于磺化反应可逆，羧基容易脱去的原因，仍可以在对位发生重排反应。在无酸的条件下，该重排反应可在 80～130℃的惰性溶剂中进行。溶剂极性越大，重排反应的速率越快。但热重排的区域选择性比酸催化的重排差。

$\bar{O}$　$\overset{+}{N}$　N　H^+　N　N　OH

在硫酸或其他强酸的作用下，氧化偶氮苯可以进行重排，生成对羟基取代的偶氮苯，此重排反应称为 Wallach 重排。机理如下：

H^+　$\bar{O}$　$\overset{+}{N}$　N　→　H^+　:OH　$\overset{+}{N}$　N　→　$\overset{+}{O}H_2$　$\overset{+}{N}$　N

$H_2\ddot{O}$

$-H^+$ $-H^+$ OH

11.4.4 芳香胺亲核取代反应

1. 芳香自由基取代（$S_{NR}1Ar$）

在亲核试剂的作用下，芳香重氮盐能够被分解并形成相应亲核基团取代的芳环。然而，当亲核试剂的效力较弱时，这种亲核取代反应通常伴随着副反应的出现，从而使得产率下降。苯胺的碘化反应产率最高。

H_3C O NH_2 $\xrightarrow[HAc]{NaNO_2,\ HI}$ H_3C O I

HO—C₆H₄—$N^+\equiv N\bar{Cl}$ → (≡—Cu) HO—C₆H₄—Cl；(CuBr) HO—C₆H₄—Br；(CuCN) HO—C₆H₄—CN

Sandmeyer 反应是指在亚铜离子催化下，将芳香重氮盐转化为相应的取代苯化合物。苯基自由基与卤化铜反应，从而形成氯苯或溴苯。机理如下：亚铜盐的单电子转移将芳香重氮氯化盐还原为苯基重氮自由基，之后失去 N_2，形成苯基自由基，苯基自由基从卤化铜中夺取一个卤原子，生成氯苯或溴苯，同时卤化铜又被还原为卤化亚铜。此后，凡是苯基自由基参与的取代反应均统称为芳香自由基取代反应。

Gattermann 反应则是指用催化量的零价金属铜和盐酸或氢溴酸与芳香重氮盐反应，可以制得芳香氯代物或溴代物。这个反应是亲电取代反应，而不是通过亚铜离子催化下的自由基反应。Gattermann 反应的具体机理是芳香重氮盐与盐酸或氢溴酸发生反应，生成芳香底物中间体，然后通过金属铜的催化作用，在介质中进行亲电取代，得到相应的氯代或溴代芳香化合物。

$\overset{+}{N}\equiv N\ \bar{X}$ $\xrightarrow{Cu(I)X}$ $[\overset{+}{N}\equiv N]^{\cdot}$ $-N_2$ $\xrightarrow{Cu(II)X_2}$ —X

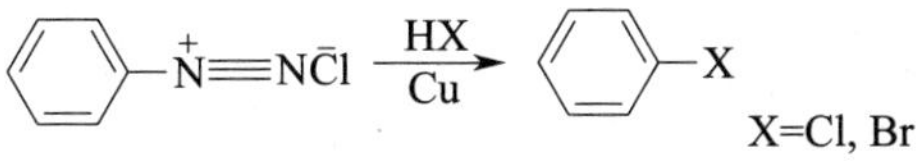

$$\text{C}_6\text{H}_5-\overset{+}{\text{N}}\equiv\text{N}\bar{\text{Cl}} \xrightarrow[\text{Cu}]{\text{HX}} \text{C}_6\text{H}_5-\text{X}$$

X=Cl, Br

由于反应生成的苯基自由基非常活泼，Sandmeyer 反应和 Gattermann 反应都存在联苯和偶氮苯或二者的衍生物等副产物。在碱性条件下，芳香重氮盐中的芳基与其他芳基化合物反应，偶联生成联苯或联苯衍生物。重氮盐中的芳基取代了其他芳基化合物芳环上的氢，实现了芳环的芳基化，这成为当时制备联苯和不对称联苯衍生物的重要方法，此反应称为 Gomberg-Bachmann 反应。

因重氮盐容易发生其他反应，产率一般较低，大部分不超过 40%。为提高反应产率，对该类反应做了许多改进：

在中性有机溶剂中反应：使用中性有机溶剂可以提供更适宜的反应条件，避免了酸碱条件下的副反应发生。例如，氟硼酸苯重氮盐在偶极非质子溶剂二甲基亚砜（DMSO）中与亚硝酸钠接触，会迅速分解释放氮气。当溶液中存在其他芳香化合物时，可进行偶联反应，从而得到联苯衍生物。

分子内的偶联反应：重氮盐在铜粉的催化下，可以发生分子内的芳基化反应。这种反应可以构建多环芳香化合物，例如 Pschorr 反应。在 Pschorr 反应中，α-苯基肉桂酸的两个芳香环上的苯基必须位于双键的同一侧，并通过自由基偶联反应进行转化。Pschorr 反应的反应条件温和，因此在金属催化偶联反应被发现之前，它曾是合成多环芳香化合物的重要反应。

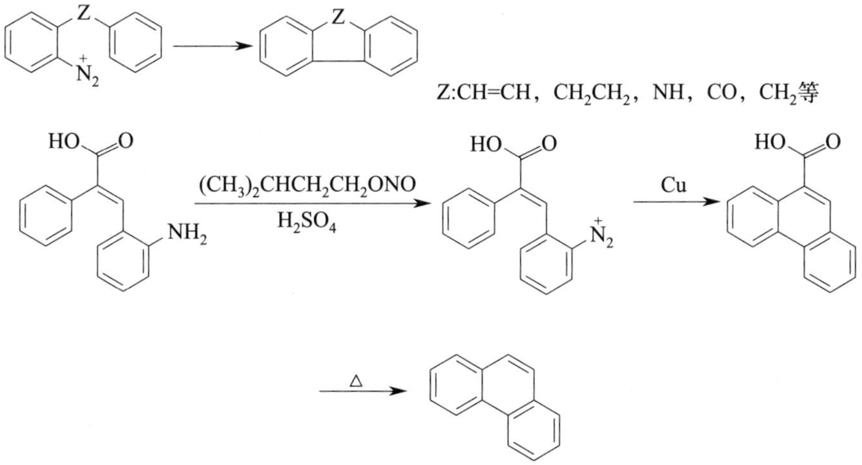

Z:CH=CH，CH_2CH_2，NH，CO，CH_2等

$$\xrightarrow[\text{H}_2\text{SO}_4]{(\text{CH}_3)_2\text{CHCH}_2\text{CH}_2\text{ONO}} \qquad \xrightarrow{\text{Cu}} \qquad \xrightarrow{\triangle}$$

Meerwein 反应是指在金属盐催化下，芳香重氮盐与 α,β-不饱和羰基化合物反应，此反应可在羰基化合物中引入芳基。在此反应中，金属盐通常是作为催化剂存在的，常用的催化剂包括 $CuCl_2$ 等。例如，香豆素和对氯苯基重氮氯化盐经过 Meerwein 反应，在 $CuCl_2$ 的催化下，生成 3-(4-氯苯基)香豆素。在这个反应中，芳香重氮盐通过催化剂的作用，与 α,β-不饱和羰基化合物发生反应，并在碳碳双键上引入芳基。需要注意的是，芳基重氮盐的电子效应会影响反应的产率。当芳基重氮盐带有吸电子基团时，产率通常会提高，因为吸电子基团的存在有助于稳定反应中的中间体，从而促进反应进行；相反，给电子基团的存在会导致产率降低，因为给电子基团的存在会减弱中间体的稳定性。

$$O_2N-C_6H_4-\overset{+}{N}\equiv N\bar{C}l + \text{香豆素} \xrightarrow[25\%HCl, CH_3COCH_3]{CuCl_2,\ AcONa} \text{3-(4-硝基苯基)香豆素}$$

2. 芳香正离子亲核取代（S_N1Ar）

在酸性水溶液中，重氮盐分解生成苯基正离子和氮气。苯基正离子具有很高的活性，可以与水分子发生取代反应生成酚。水解反应的速率常常取决于酸的浓度和反应温度。提高酸的浓度可以提高重氮盐分解的速率，因为酸可以促进重氮盐分解的反应。酸的浓度越高，重氮盐分解的速率越快。另外，提高反应温度也可以提高水解反应的速率。温度的增加会提高分子的热运动，增加分子碰撞的频率和能量，从而促进反应的进行。需要注意的是，重氮盐水解的反应属于单分子的芳香亲核取代反应，与亲核基团的浓度是无关的。反应速率只取决于重氮盐的浓度、酸的浓度和反应温度。

$$C_6H_5-\overset{+}{N}\equiv N\ H\overset{-}{H}SO_4 \xrightarrow{H_2O} C_6H_5-OH$$

重氮盐分解成苯基正离子的反应是可逆的，可以用同位素示踪法来证明。分解生成的苯基正离子和氮气重新结合，产物中存在^{15}N同位素与苯环相连和与苯环相离的两种重氮盐产物。

$$C_6H_5-{}^{15}\overset{+}{N}\equiv N \rightleftharpoons C_6H_5^+ + {}^{15}N\equiv N \rightleftharpoons C_6H_5-\overset{+}{N}\equiv{}^{15}N$$

$$C_6H_5^+ \xrightarrow{:Nu} C_6H_5-Nu$$

苯基正离子不具备通过苯环π电子离域的能力，所以十分活泼，苯基正离子是由一个与苯环相连基团通过σ键断裂离去后形成的，带负电的基团离去后，会形成一个sp^2杂化的空轨道，sp^2杂化的空轨道与形成π键的两个p轨道垂直，没有共轭效应，无法分散碳正离子的电荷，所以苯基正离子的稳定性差。

G. Schiemann和G. Balz发现芳香重氮与氟硼酸盐反应生成氟硼酸重氮盐，在加热或光照下释放出氮气并产生芳香氟化物。这个反应称为Schiemann反应或者Balz-Schiemann反应。该反应通常以芳香胺为原料，通过重氮反应之后加入冰冷的氟硼酸、氟硼酸铵或氟硼酸钠来制备难以溶解的氟硼酸重氮盐，经干燥、加热分解转化为氟化物，收率高。同样，在重氮盐中加入碘化钠，可以直接生成碘苯，其他卤素的负离子还原性不如碘离子，不能进行这种反应。

$$C_6H_5-\overset{+}{N}\equiv N\overset{-}{B}F_4 \xrightarrow{\triangle} C_6H_5-F$$

$$o\text{-}CH_3C_6H_4-\overset{+}{N}\equiv N\overset{-}{B}X_4 \xrightarrow{\triangle} o\text{-}CH_3C_6H_4-X$$

X=Cl,Br

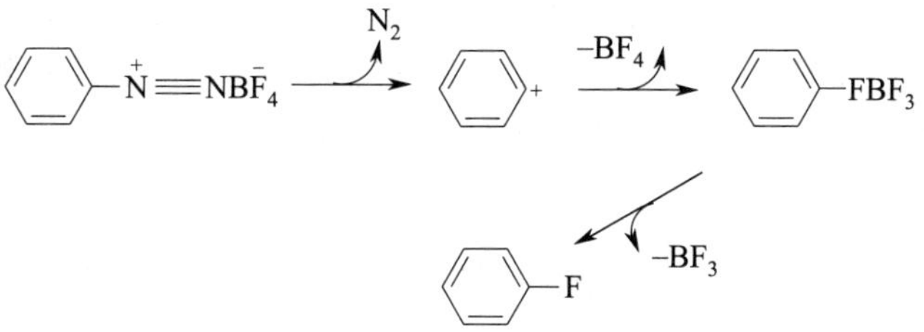

11.4.5 重氮盐还原

重氮盐作为含氮氮三键的正离子体系，很容易被还原。重氮盐的还原反应主要分为由氢给体作为亲核试剂对重氮基的取代反应以及重氮基团中氮氮三键被还原为氮氮单键等两类反应。

1. 去氨基还原反应

对于一级苯胺的衍生物，若想去除氨基，可以采用一种名为"氨基还原反应"的过程。在这个过程中，首先通过重氮化的手段使氨基转化为重氮盐，然后在水中使用适当的还原剂，使得重氮基被氢原子替换，最终实现去除氨基的目标。

常用的还原剂如下：

① 乙醇。会产生芳基乙基醚副产物，可加入少量的锌粉或其他还原剂来减少醚的生成。

② H_3PO_2。可加入 Cu_2O 来提高产率。

③ $NaBH_4$。该反应为单原子还原反应，芳基重氮盐失去氮气后得到一个电子生成苯基自由基。乙醇和 H_3PO_2 可作为氢原子的给体。

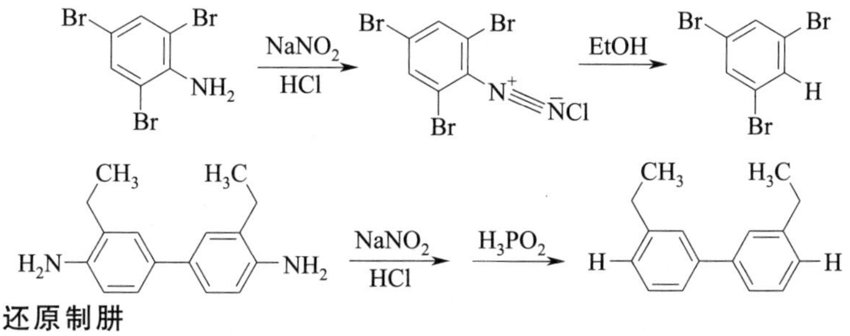

2. 重氮盐还原制肼

在某些还原剂的作用下，芳香重氮盐可转化成苯肼。常用的还原剂有 $HCl/SnCl_2$、亚硫酸氢钠、亚硫酸钠或硫代硫酸钠等。当使用硫代硫酸钠进行反应时，能够在碱性环境中一步生成苯肼。

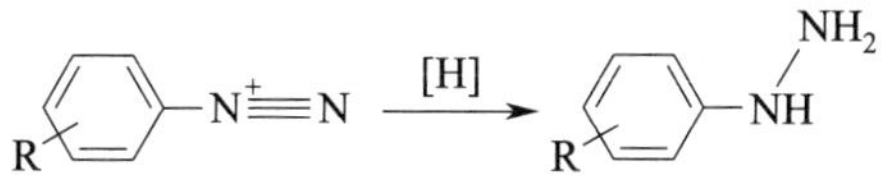

纯的苯肼是无色油状液体，易溶于水，毒性较强，经冷凝可结晶，熔点为 19.6℃，具有强还原性，在空气中，尤其是在光照下，会变成棕色。苯肼在强烈的条件下可还原成苯胺和氨。

11.4.6 重氮盐偶联制偶氮苯

重氮盐正离子可与酚、三级芳胺等活泼的芳香化合物进行芳环上的亲电取代反应，偶联生成偶氮化合物，此反应称为重氮偶联反应。反应与活泼芳香化合物芳环上的取代基的定位基效应有关。当重氮盐正离子与苯酚衍生物发生重氮偶联时，由于羟基为邻/对位定位基团，偶联一般发生在羟基的对位；当对位被其他取代基占据时，则生成邻位的偶联产物。

$$C_6H_5\overset{+}{N}\equiv N\overset{-}{Cl} + C_6H_5OH \xrightarrow[0℃]{NaOH, H_2O} C_6H_5-N=N-C_6H_4-OH$$

$$C_6H_5\overset{+}{N}\equiv N\overset{-}{Cl} + HO-C_6H_4-CH_2CH_3 \xrightarrow[0℃]{NaOH, H_2O} C_6H_5-N=N-C_6H_3(OH)-CH_2CH_3$$

在低温的弱酸溶液中，重氮盐可与一级胺和二级胺反应，生成重氮氨基苯。一级芳香胺反应完成后，由于胺上的氮原子上还存在氢原子，会发生互变异构，氢原子会重排到相连氮原子的 β 位的氮原子上，相连的氮原子和 α 位的氮原子会形成氮氮双键。二级芳香胺反应生成的重氮氨基苯也会发生重排，一部分会转化为偶氮化合物。

$$C_6H_5\overset{+}{N}\equiv N\overset{-}{Cl} + NH_2-C_6H_4-CH_2CH_3 \xrightarrow[0℃]{HOAc, H_2O} C_6H_5-N=N-NH-C_6H_4-CH_2CH_3 \rightleftharpoons C_6H_5-NH-N=N-C_6H_4-CH_2CH_3$$

$$C_6H_5-N=N-N(CH_2CH_3)-C_6H_5 \xrightarrow{H^+} C_6H_5-N=N-C_6H_4-NH-CH_2CH_3$$

在苯胺中，重氮氨基苯与少量苯胺盐酸盐共热，易发生重排，生成对氨基偶氮苯。此反应为分子间重排反应，通过质子转移，可分解成重氮盐和苯胺，苯胺的氨基对位的碳原子可以直接进攻重氮基，发生碳偶联反应。

$$C_6H_5-N=N-NH-C_6H_5 \xrightarrow{H^+} C_6H_5-N=N-\overset{+}{N}H_2-C_6H_5 \longrightarrow C_6H_5\overset{+}{N}\equiv N + C_6H_5-NH_2$$

$$\longrightarrow C_6H_5-N=N-\underset{H}{C_6H_4}=\overset{+}{N}H_2 \longrightarrow C_6H_5-N=N-C_6H_4-NH_2$$

11.5 生物界中的胺类化合物

在生物界中，存在许多天然的有机胺类化合物。如生物体内的氨基酸，大多数氨基酸由于手性碳的存在拥有不同的空间构型。而结构决定物质的性能，这使得这类氨基酸的性能存在一定的差异。下面介绍几种生物界中的胺类化合物。

11.5.1 多巴胺

多巴胺是儿茶酚类神经递质的一种，多巴胺可以调控神经元的释放和兴奋，从而对人身体的运动、情欲、认知等多个方面进行调节。2000 年，阿尔维德·卡尔森因确定多巴胺是人脑信息传递的角色获得了诺贝尔生理或医学奖。

多巴胺在中枢神经系统中扮演着重要的调节角色。多巴胺的功能主要依赖于神经细胞或者突触本身的生成过程，它是由酪氨酸在代谢过程中通过各种酶催化下产生的左旋多巴（二羟基苯丙氨酸）的副产品。多巴胺是去甲基肾上腺素的前体。多巴胺在中枢神经系统中的存在和功能对于维持身体正常运转和健康行为具有重要意义。对多巴胺的研究有助于了解神经系统的功能与疾病之间的关系。

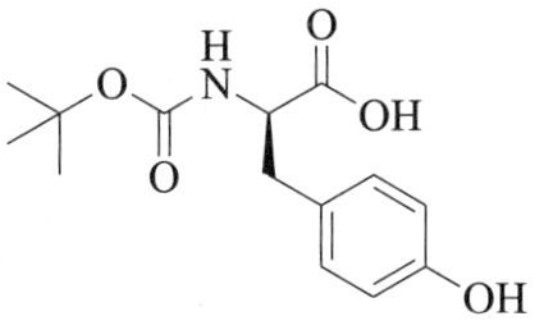

酪氨酸 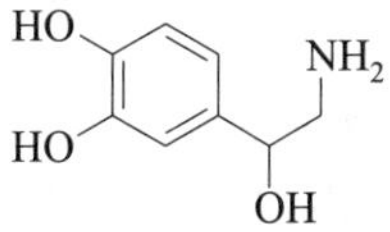　　去甲基肾上腺素

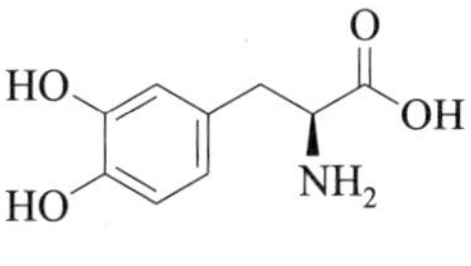

左旋多巴 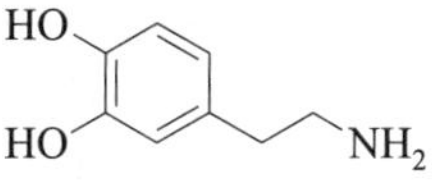　　多巴胺

11.5.2 毒芹碱

为了对抗动物、其他植物和微生物的侵害，植物在适应生态环境时会产出大量含氮的碱性次生代谢产品。这种含氮化合物被称作生物碱。一些动物和微生物也会产生生物碱，许多生物碱具备复杂的氮环形状，并且显示出强烈的光学和生物活性。

毒芹碱作为第一个人工合成的生物碱，在自然界中以右旋的形式存在（合成的为外消旋混合物），是代表毒参主要毒性作用的生物碱。毒芹碱是一种液体生物碱，不含氧，化学命名为(S)-2-正丙基哌啶。毒芹碱以盐的形式存在于毒芹、毒参等植物中，其盐也为剧毒品，小量可达到抗痉挛的效果。

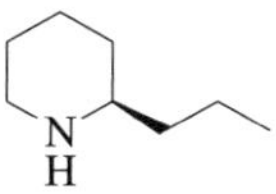

(*R*)-2-正丙基哌啶 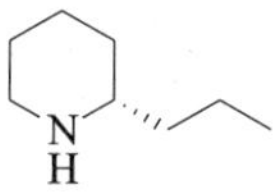　　(*S*)-2-正丙基哌啶

毒芹碱的致死剂量在 60～120mg 之间，它能对运动神经末端和脊椎产生影响。中毒后

会产生身体虚弱、呼吸困难以及晕厥等症状，最终可能因为呼吸停止而丧命，并有可能导致失明。

11.5.3 色氨酸与相思豆毒素

相思豆毒素是一种从毒豆科植物相思豆（mimosa hostilis）中提取的植物生物碱。这种毒素主要存在于相思豆的根皮和内皮中。相思豆毒素可以对中枢神经系统产生显著的影响，可引起视幻觉、听幻觉、情感变化和意识改变等效应。由于其强烈的精神活性效应和潜在的危险性，相思豆毒素也被滥用为迷幻剂。相思豆毒素的使用也存在一定的健康风险，潜在的副作用包括焦虑、恶心、呕吐、心血管问题等。

在相思豆中，存在一种名为 *N*，*N*-二甲基色胺（*N*，*N*-dimethyltryptamine，简称 DMT）的精神活性成分，是相思豆毒素的主要成分。DMT 的化学结构中含有色氨酸的一种衍生物。色氨酸是人体无法直接合成但不可或缺的一种氨基酸，是蛋白质的组成部分之一。此外，色氨酸还参与了神经递质血清素的形成过程，并且能够用于调控情绪、管理睡眠和食欲。

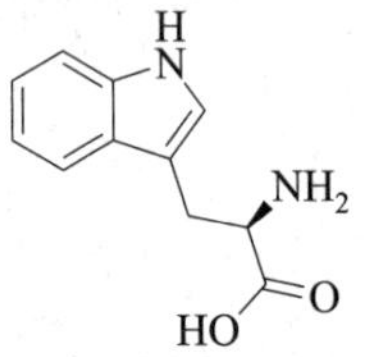

D-色氨酸 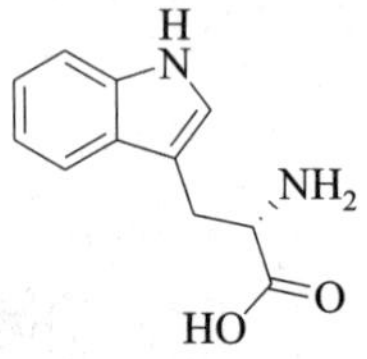　　L-色氨酸 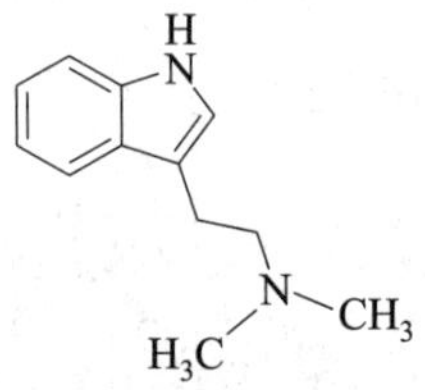　　*N*,*N*-二甲基色胺

色氨酸可以通过多巴胺的中间产物转化为 DMT。首先，色氨酸经过色氨酸羟化酶的催化反应生成 5-羟色氨酸（5-hydroxytryptophan，5-HTP）。然后，5-HTP 被一种特殊的酶（芳香酶，aromatic-L-amino-acid-decarboxylase）催化转化为 5-羟色胺（5-hydroxytryptamine，5-HT）。最后，5-HT 通过甲基化反应转化为 DMT。

因此，色氨酸在相思豆毒素的合成过程中扮演了重要的角色，通过一系列的酶催化反应，最终生成了 DMT。相思豆毒素由于其致幻特性而引起了人们的兴趣，但需要注意的是，相思豆毒素具有潜在的危险性和法律限制，在使用时应谨慎对待。

课外拓展

点击化学与生物正交

点击化学（click chemistry）是一种精确、高效且可控的化学反应方法，它可以在较为温和的条件下将分子组装在一起。这种方法在合成药物、材料等领域具有广泛的应用。点击化学可以用于合成化合物，从简单的模块开始，通过一系列简化的反应和合并得到更复杂的目标分子。点击化学反应条件温和且效率高，因此可以在生物系统中进行，从而在生物领域的研究中具有很大的潜力。

生物正交（bioorthogonal）是指在生物体内可以发生的，不干扰生物体正常代谢和功能的反应。生物正交反应通过设计特定的底物和催化剂，可以选择性地在生物体内进行化学反应，而不会干扰正常的生物过程。这为生物学研究提供了很大的便利性，并且可以用于生物标记、药物传递等应用。

点击化学是由 Sharpless 在 1998 年初步提出，并在其后逐步优化和完善的一个合成概念。其核心理念是：以分子功能为导向，通过小单元的简便拼接，快速可靠地完成各种各样分子的化学合成。

根据点击化学的理论，Sharpless 研究小组于 2002 年及 2014 年独立发现并确立了两种关键反应：一是由一价铜离子触发的叠氮化物与末端炔烃的环状结合过程(CuAAC)，二是六价硫氟元素互换反应（SuFEx)。其中，前者作为一种广泛应用且备受瞩目的合成策略，对材料化学、生物化学、医药科学、超分子化学等领域的进步起到了显著推动作用。

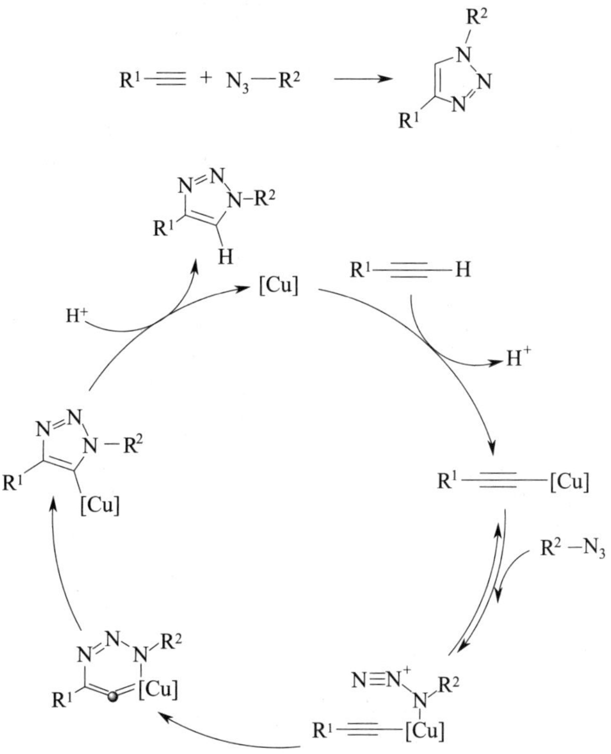

Bertozzi 团队通过应用 Staudinger 还原反应，成功研发出了一种名为 Staudinger 偶联反应的新型合成方法——叠氮-膦基酯反应，该技术已广泛应用于细胞表面化学改良领域。早期阶段的生物正交反应主要集中在偶联反应上，旨在利用其在生物体内复杂条件下的靶向特性来实现标记、追踪、富集或修改目标生物分子的目的。历经近二十年的进步与发展，已经发现了或创造了超过十种适用于活细胞内的生物正交反应，它们在活细胞图像观察、生物组学解析、病症检测及药品研制等方面都起到了关键的作用，展示出巨大的应用潜力和前景。

因在点击化学和生物正交化学研究方面的贡献，美国化学家卡罗琳·贝尔托西(Carolyn R. Bertozzi)、丹麦化学家摩顿·梅尔达尔（Morten Meldal）和美国化学家卡尔·巴里·夏普利斯（K. Barry Sharpless）荣获 2022 年诺贝尔化学奖。

习 题

1. 画出下列物质的结构简式，并指出它们是一级胺、二级胺、三级胺还是四级季铵盐。

（1）*N*,*N*-二甲基甲酰胺（DMF）　（2）丙胺　（3）四丁基溴化铵

（4）*N*-乙基苯胺　（5）*N*,*N*-二甲基苯胺　（6）六氢吡啶

2. 下列哪个物质的碱性最强？哪个物质的碱性最弱？如何判断？

（1）NH_3　（2）甲胺　（3）乙胺　（4）*N*-甲基苯胺

（5）苯胺　（6）对甲基苯胺

3. 完成下列反应式。

（1）NH_2 CH_2 $\xrightarrow[H_2O]{HNO_3}$

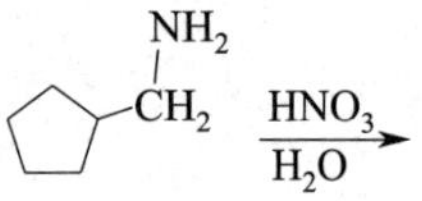

（2）HO H_2 C NH_2 $\xrightarrow{HNO_2}$

（3）H_3C O Cl $\xrightarrow{CH_2N_2}$ $\xrightarrow[H_2O]{Ag_2O}$

（4）H_3C N H_3C $\xrightarrow[AlCl_3]{H_3C\ \ O\ \ Cl}$

（5）N_3 $\xrightarrow{PPh_3,\ THF}$

（6）O NH O + Br $\xrightarrow[-H_2O]{KOH}$ $\xrightarrow{H_2NNH_2}$

（7）CH_3 H_3C H_2N NH_2 $\xrightarrow[HCl]{NaNO_2}$ $\xrightarrow{H_3PO_2}$

（8）O O HN O $\xrightarrow[\text{甲苯回流}]{POCl_3}$

（9）O N H OH O + O $\xrightarrow[\text{ii)}H_2O,\text{丙酮回流}]{\text{i)NaOAc } Ac_2O,\text{回流}}$

（10）O O NH_2 + O I $\xrightarrow[\text{ii)}CF_3CO_2H,\text{苯回流}]{\text{i)}MgSO_4,\ CH_2Cl_2,\text{室温}}$

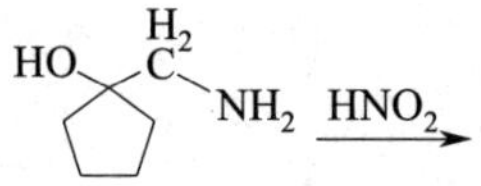

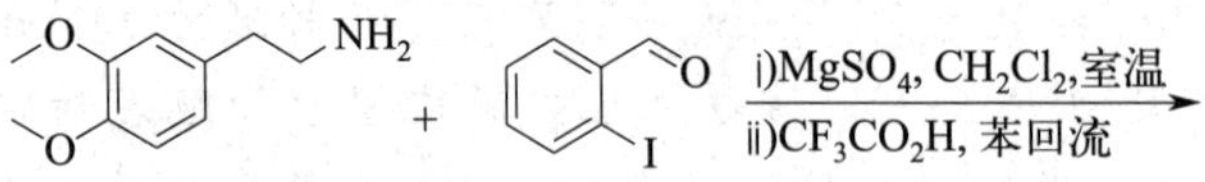

4. 画出下列反应合理的机理。

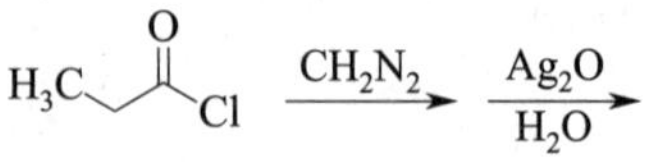

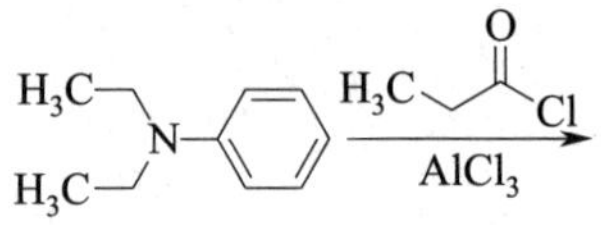

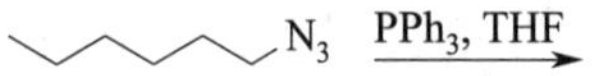

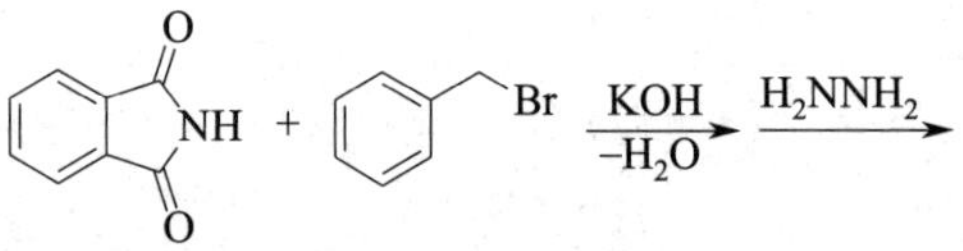

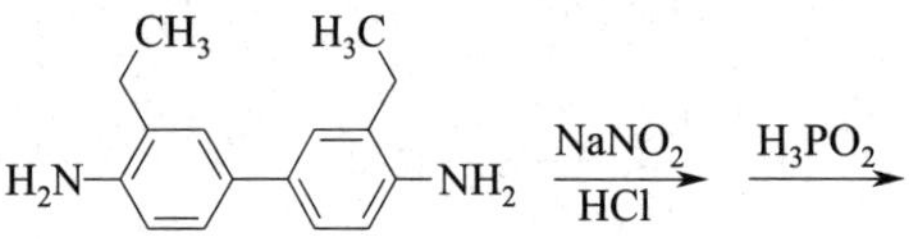

（1）O O O NH_2 $\xrightarrow[H_2O]{NaOCl\ \ NaOH}$ O O NH_2

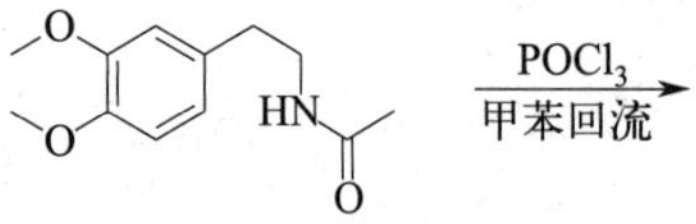

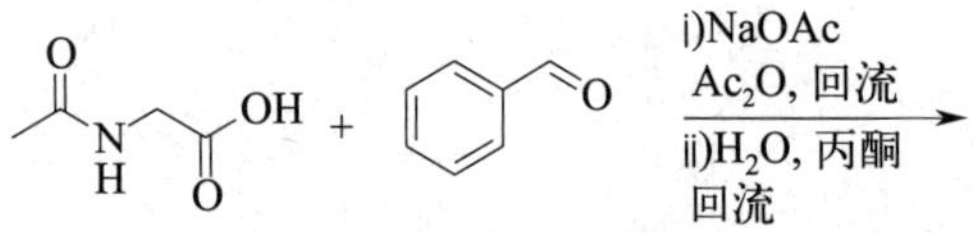

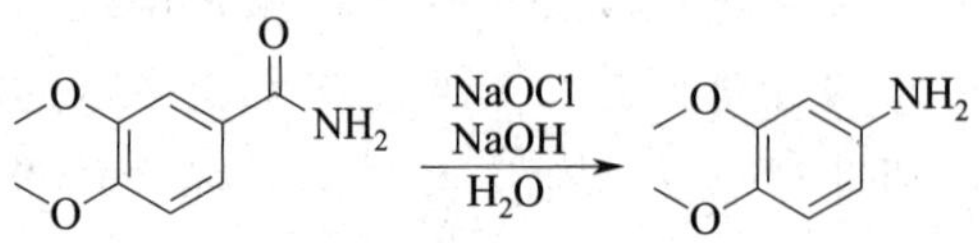

（2）H_3C O Cl $\xrightarrow[\text{ii) } Ag_2O,\ H_2O]{\text{i) } CH_2N_2}$ H_3C O OH

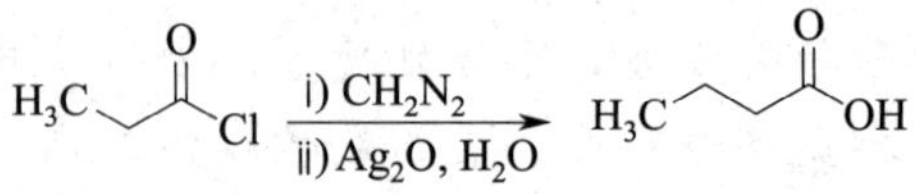

5. 以给出的初始物质为原料，完成下列合成。

（1）CH_3 ⟶ HOOC Br NH_2

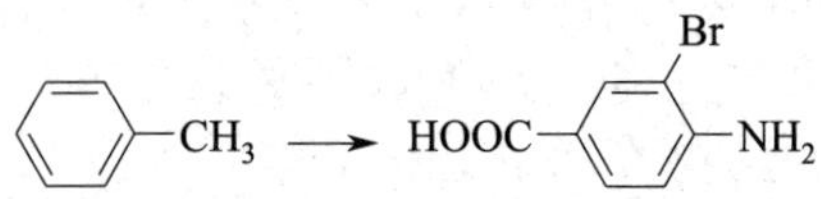

（2）NH_2 ⟶ COOH

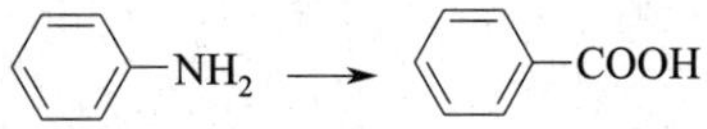

第12章 杂环化合物

思维导图

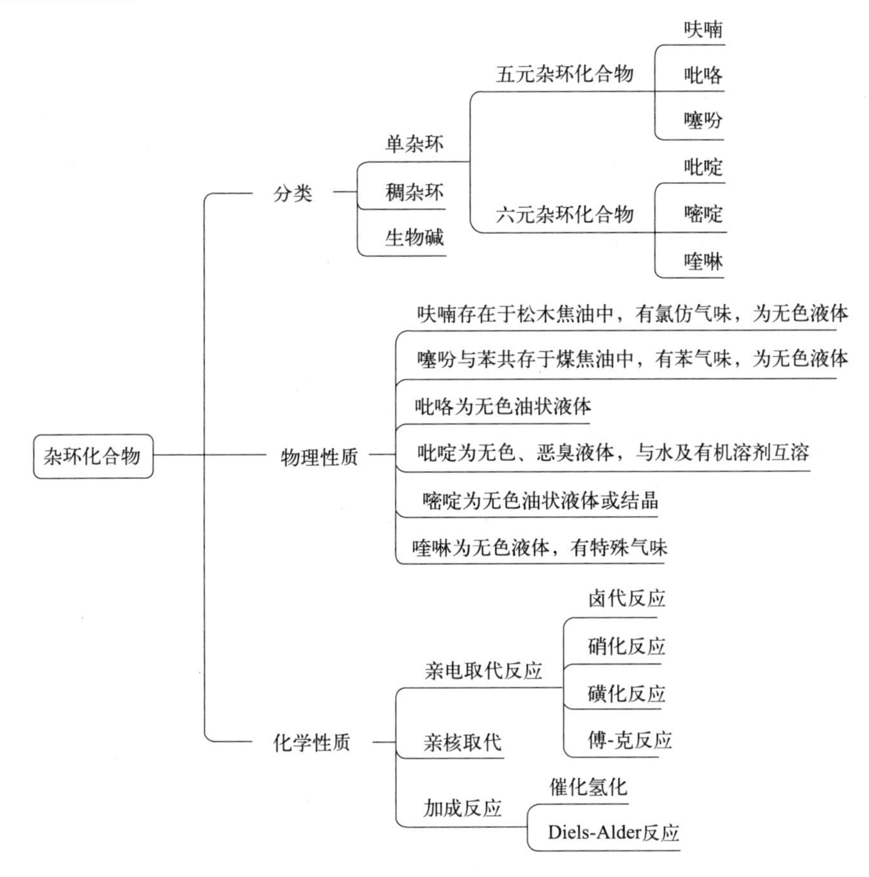

在环状化合物中，例如苯、环己醇和1,4-环戊二烯，这类环形结构主要由碳元素构建而成，被称为碳环化合物。然而，除上述化合物外，也有一些化合物其环是由非碳元素形成的，被称作杂环化合物。从更广泛的角度来看，许多环形有机化合物包含了非碳元素，但是由于它们的稳定性较差，易分解成开链形式，并表现出类似醚、酸酐、酯或酰胺等的特性。为了便于学习并理解这些知识，通常将它们分别放在相关的章节中进行讨论。

大量的天然产物的分子构型包含了杂环化合物，例如绿色植物中的维生素、胡萝卜素、叶绿素以及动物体、人体内的血红素等都含有吡咯环，还有生物碱，例如毒芹碱等都含有吡啶环，也有少量杂环化合物存在于石油、煤油中。另外，虽然大部分杂环化合物的结构十分复杂，但它们都具有极为重要的生理作用，例如嘌呤和嘧啶等物质是生物遗传物质的主要组成部分；还有日常生活中常备的药物如黄连素、维生素等。因此，杂环化合物对生命健康、科学研究有着极为重要的作用，我们日常生活也离不开杂环化合物。

12.1 杂环化合物的分类和命名

12.1.1 杂环化合物的分类

杂环化合物可以根据环的数量进行分类，分为单杂环化合物、稠杂环化合物；根据环结构的大小进行分类，分为三元、四元、五元、六元等杂环化合物；根据含有杂原子的数量进行分类，分为含有一个杂原子及含有两个或者多个杂原子的杂环化合物；根据所含的杂原子的种类进行分类，可以分为 N 杂环、O 杂环和 S 杂环化合物。

12.1.2 杂环化合物的命名

通常情况下，杂环化合物的命名国际上采用音译法，即可以按照英文名称的译音，选择与之相同读音的中文词语，并加上“口”字用来作为环状化合物的标志。举例：

常见的五元杂环化合物：

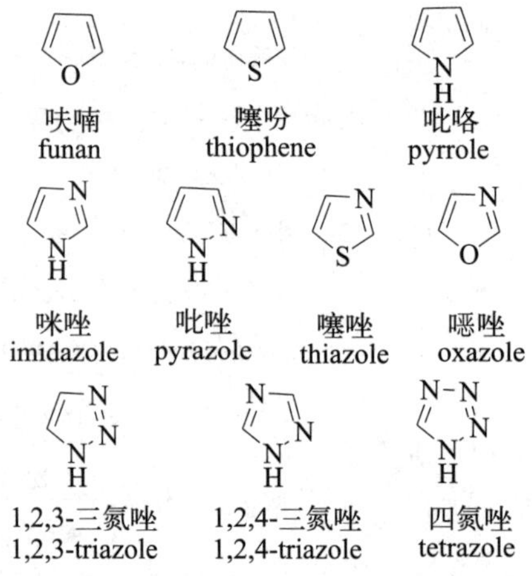

常见的六元杂环化合物：

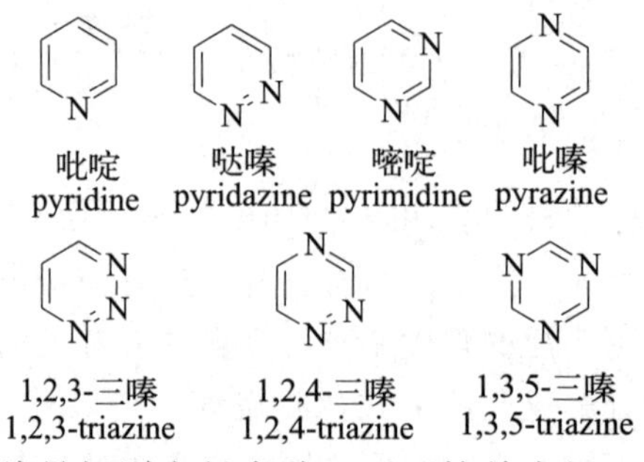

对于杂环化合物母核的编号规则有很多种，下面简单介绍几条比较常用的编号原则：

① 一般会以杂原子为起点，将其命名为 1 号，其他原子依次为 2、3……；或者将与杂原子相邻的碳原子命为 α，按顺序依次为 β、γ 等。

② 当环结构上含有两个或两个以上的杂原子时，应当使得杂原子的命名数字最小，当在环上存在不同的杂原子时，按照 O、S、N 的顺序进行编号。

③ 环结构上存在不同的取代基时，可以按照顺序规则以及最低系列原则进行编号。

④ 对于稠杂环化合物，其命名方法与稠环芳烃的命名相似，然而少部分的稠杂环有一套编号顺序。举例：

喹啉　　吲哚　　嘌呤　　2,6,8-三羟基嘌呤

12.2 杂环化合物的结构和芳香性

五元杂环化合物，包括呋喃、噻吩和吡咯等，由五个原子构成环，这些原子处于同一平面上，这些原子之间以 σ 键相连接，每个碳原子的 p 轨道上有一个电子存在；位于杂原子上的孤对电子同时也在 p 轨道上，而这五个 p 轨道与环所在的平面都垂直。这种五元杂环的六个 p 电子组成了具有芳香性的 $4n+2(n=1)$ π 电子离域体系，呋喃和吡咯的轨道结构如图 12-1 所示。呋喃与噻吩具有相似的轨道结构。

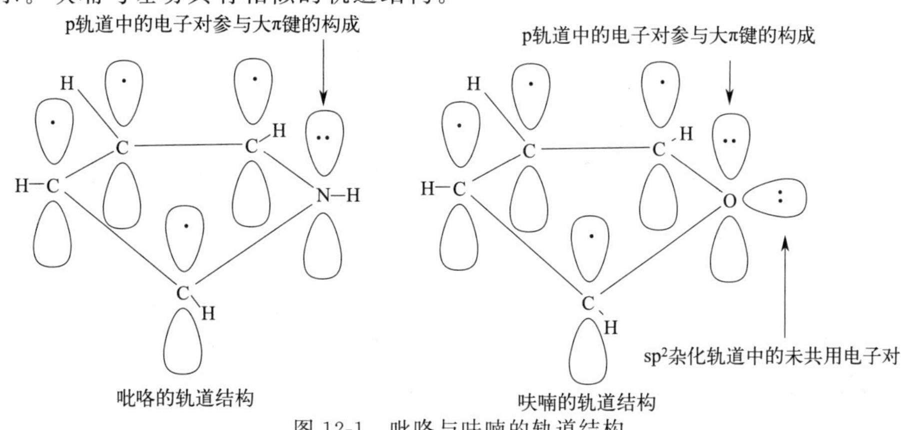

图 12-1　吡咯与呋喃的轨道结构

吡咯、呋喃以及噻吩的离域能，分别实验测得 $88kJ \cdot mol^{-1}$、$67kJ \cdot mol^{-1}$ 和 $117kJ \cdot mol^{-1}$，与苯的离域能（$149.4kJ \cdot mol^{-1}$）相比较低，然而与其他常见的电子受体相比，例如一些双联或三元饱和的不对称分子结构等，它们的离域强度却明显更高些。除此之外，它们容易进行亲电取代反应。各原子之间的键长都被一定程度地平均化（表 12-1），这些结果说明它们都具有芳香性。芳香性按苯、噻吩、吡咯、呋喃的顺序依次递减。

表 12-1　呋喃、噻吩、吡咯及环戊二烯的键长　　单位：nm

	物质	$X—C_2$①	$C_2—C_3$②	$C_3—C_4$③
X=O, S, NH, CH_2	呋喃	0.136(0.143)	0.136	0.143
	噻吩	0.171(0.182)	0.137	0.142
	吡咯	0.137(0.147)	0.138	0.142
	环戊二烯	0.150	0.134	0.146

① 括号内数据为单键的键长。

② C═C 键键长为 0.134nm。

③ C—C 键键长 0.154nm。

杂环化合物中的氢原子的核磁共振信号主要在低场区域显示，主要是受到离域电子环流的影响，这也被认为是具有芳香性的一种特征。同样地，受到杂原子吸电子诱导效应的影响，α-H 的 δ 值相对较高。

δ 6.24 δ 7.29 O　　δ 6.99 δ 7.18 S　　δ 6.22 δ 6.68 NH　　δ 6.43 δ 6.28 CH_2

吡啶是平面结构的六元杂环化合物。其中吡啶的环是由五个碳原子和一个氮原子都以 sp^3 杂化的方式形成 σ 键构成，在吡啶环上有 $4n+2(n-1)$ 个 p 电子构成了芳香 π 体系。在氮原子的 sp^2 杂化轨道中还存在一对未成键的孤对电子，是因为其与环平面垂直，不参与 π 体系的共轭作用，如图 12-2 所示。

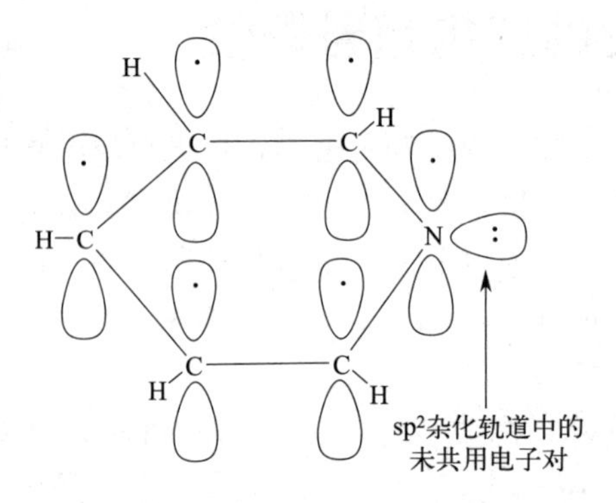

图 12-2　吡啶的轨道结构

通过测量其化学成分中的关键元素之间的距离可以发现，吡啶分子中 N—C_2 键键长为 0.134 nm，C_2—C_3 键长为 0.139nm，C_3—C_4 键长为 0.140 nm。吡啶的 C—C 键的键长和苯相似，C—N 键的键长相比于一般的 C—N 单键短，比一般的 C ═N 双键（0.128 nm）长。根据这些数据，吡啶环的键长有较大程度的平均化。吡啶的芳香性可由下列极限结构构成的共振杂化体来体现，包括两种相当于苯的 Kekulé 式和三种负电荷在氮原子上的偶极离子式的极限结构式。

大量的负电荷存在于吡啶的氮原子上，其偶极矩比六氢吡啶大，负端指向氮原子，该现象表明吡啶的电子云并不完全平均分布。在吡啶环上，共轭效应和诱导效应同时发生。根据吡啶的核磁共振波谱（NMR）可以得到以下结论：由于受到氮原子的诱导效应的影响，环上的质子的核磁共振信号向低场偏移，α-H 的 δ 值较大。

$\mu=7.4\times10^{-30}$C·m　　$\mu=3.9\times10^{-30}$C·m　　δ 7.55 δ 7.16 δ 8.52

12.3 五元杂环化合物

12.3.1 亲电取代反应

最常见的五元杂环化合物包括噻吩、呋喃、吡咯及其苯并杂环衍生物。根据物理性质和共振能，它们被认为具有不同程度的芳香性。这些杂环化合物中，6 个 π 电子分布在 5 个原子上，因此是多电子共轭 π 键，其化学性质与苯胺和苯酚相似，它们都很容易进行亲电取代反应，例如磺化、硝化、卤化等反应，并且需要比较温和的反应条件。

当呋喃和吡咯被浓硫酸磺化或经混酸硝化处理时，呋喃和吡咯更容易生成聚合物，因为在强酸环境下，具有较高电负性的氧原子和氮原子极有可能与质子酸形成盐类，破坏了芳香六隅体而表现出双烯特性，发生聚合反应。

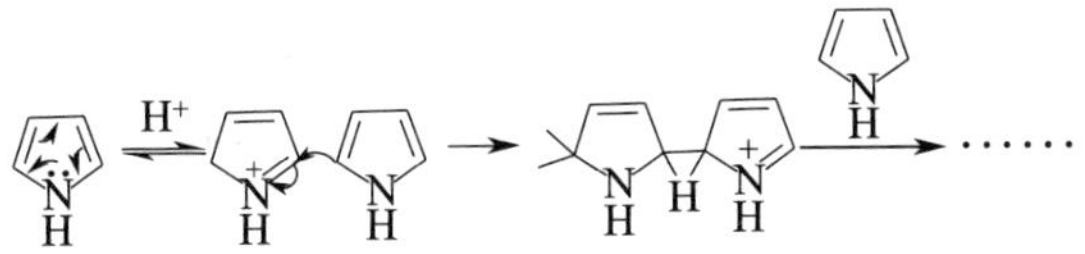

H^+ ……

在杂环上存在吸电子基团时，环比较稳定，不容易发生聚合反应。

（1）卤代

由于上述杂环化合物比较活泼，发生氯代、溴代反应，不需要加入催化剂，为了防止多取代物的产生，通常使用比较温和的条件。举例：采用溶剂稀释和低温处理：

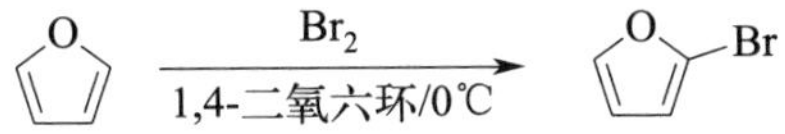

Br_2，1,4-二氧六环/0℃

α-溴代呋喃

Br_2，醋酸，室温

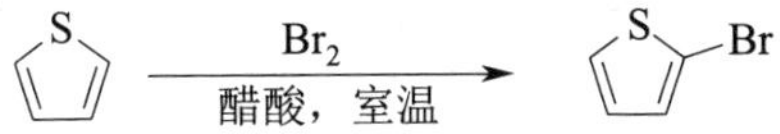

α-溴代噻吩

吡咯具有最高的活性，在大部分反应中会生成四取代物。

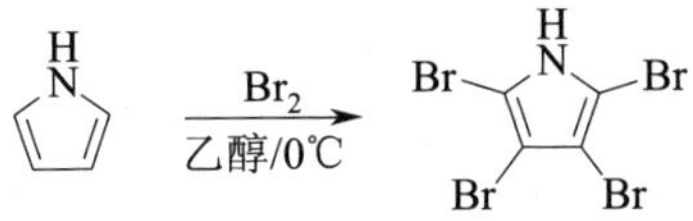

Br_2，乙醇/0℃

四溴吡咯

在催化剂作用下，不活泼的碘也可以直接取代：

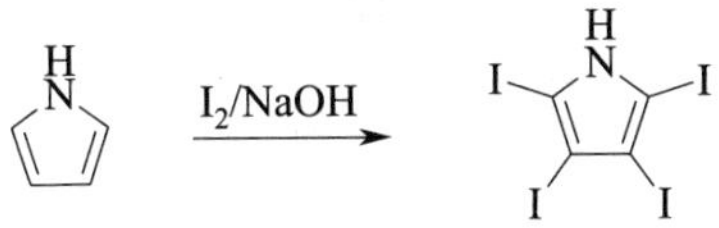

I_2/NaOH

四碘吡咯

I_2/HgO

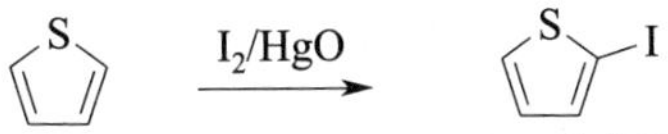

2-碘噻吩

（2）硝化

通常，为了防止氧化反应，硝酸乙酰酯（CH_3COONO_2）作为硝化反应试剂，当杂环上存在钝化基团时，可以直接发生硝化反应；同样地，噻吩也可以在较温和的条件下进行硝化反应。

$$H_3C\text{-}CO\text{-}O\text{-}CO\text{-}CH_3 \xrightarrow{HNO_3} H_3C\text{-}CO\text{-}ONO_2 + CH_3COOH$$

硝酸乙酰酯

$$\text{吡咯} + H_3C\text{-}CO\text{-}ONO_2 \xrightarrow[5℃]{\text{乙酸酐}} \text{2-硝基吡咯} + \text{3-硝基吡咯}$$

2-硝基吡咯　3-硝基吡咯

$$\text{噻吩} + H_3C\text{-}CO\text{-}ONO_2 \xrightarrow[5℃]{\text{乙酸酐}} \text{2-硝基噻吩} + \text{3-硝基噻吩}$$

2-硝基噻吩　3-硝基噻吩

（3）磺化

在进行磺化反应时，吡咯、呋喃不能直接用浓硫酸进行磺化，一般用吡啶与三氧化硫的复合物。

在室温条件下，通常用浓硫酸对噻吩直接进行磺化，利用此性质可以将苯中含有的少量噻吩除去。

$$C_5H_5N: + SO_3 \longrightarrow C_5H_5N^+ \cdot \bar{S}O_3$$

$$\text{吡咯} \xrightarrow[100℃]{C_5H_5N^+\cdot \bar{S}O_3} \text{吡咯-2-}\bar{S}O_3 \cdot C_5H_5\overset{+}{N}H \xrightarrow{HCl} \text{吡咯-2-}SO_3H + C_5H_5\overset{+}{N}H\ \bar{C}l$$

吡咯-2-磺酸吡啶盐　吡咯-2-磺酸　吡啶盐酸盐

$$\text{噻吩} + 95\%\ H_2SO_4 \xrightarrow{25℃} \text{噻吩-2-}SO_3H$$

2-磺酸噻吩

（4）傅-克酰基化反应

呋喃、噻吩、吡咯都可以发生傅-克酰基化反应。

$$\text{呋喃} \xrightarrow{(CH_3CO)_2O,\ BF_3} \text{2-}COCH_3\text{呋喃}$$

$$\text{吡咯} \xrightarrow[150\sim200℃]{(CH_3CO)_2O} \text{2-}COCH_3\text{吡咯}$$

$$\text{噻吩} \xrightarrow[SnCl_4]{(CH_3CO)_2O} \text{2-}COCH_3\text{噻吩}$$

根据上述化学反应可知，呋喃、吡咯、噻吩的亲电取代反应主要在 2 号位进行，这是因为亲电试剂进攻 2 号位时所形成的共振杂化体比较稳定，进攻 2 号位时正电荷在三个原子上发生离域，而进攻 3 号位时正电荷只能在两个原子上离域。

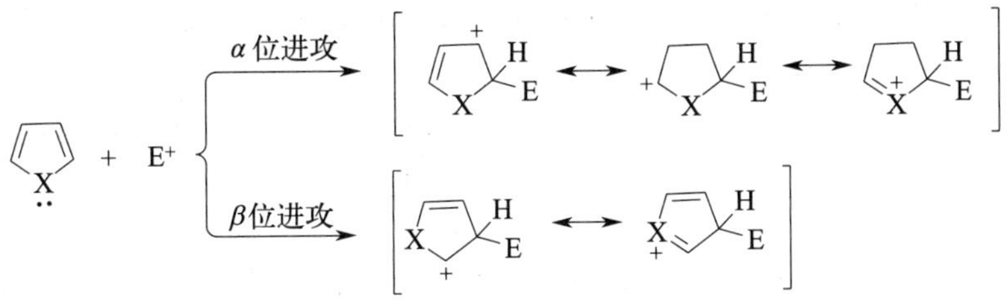

X + E^+

α 位进攻 → [H, E, X ⟷ H, E, X ⟷ H, E, X]

β 位进攻 → [H, E, X ⟷ H, E, X]

12.3.2 加成反应

类似于呋喃、噻吩、吡咯之类的物质都能够发生催化加氢的过程，从而失去其芳香性并形成相应的饱和杂环化合物。当添加了各种催化剂后，噻吩会根据所使用的催化剂而产生不同的产物。例如，在使用 MoS_2 作为催化剂的反应中，噻吩通过加氢过程转化为四氢噻吩；而在采用 Ni 作为催化剂的时候，环有可能被打开生成丁烷，所以噻吩是四碳原料的重要来源之一。

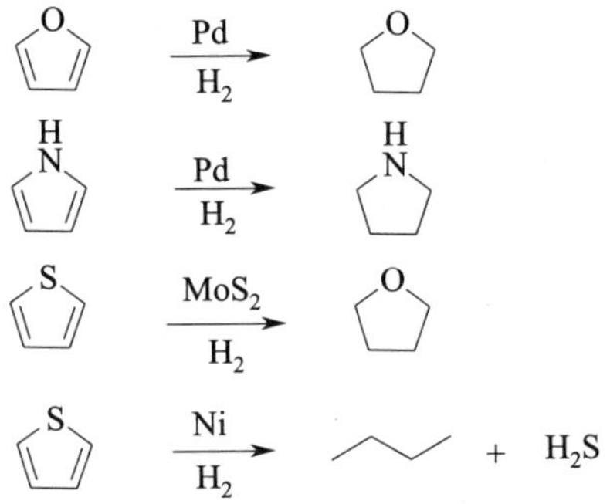

O —Pd, H_2→ O

N–H —Pd, H_2→ N–H

S —MoS_2, H_2→ O

S —Ni, H_2→ + H_2S

因为呋喃的芳香性相对较差，并且具有显著的共轭双烯的性质，所以它能够进行 Diels-Alder 反应。

如下过程即为呋喃与顺丁烯二酸酐或者苯炔发生的 Diels-Alder 反应。

O + O O O —20～30℃→ O O O O

O + —→ O

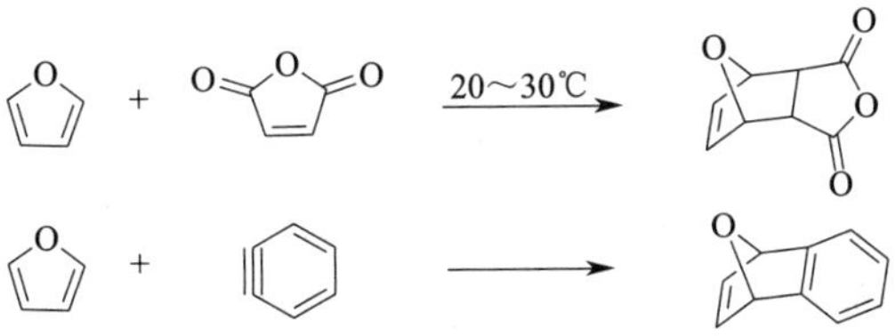

12.3.3 噻吩、呋喃、吡咯的合成

（1）呋喃的合成

在工业生产中，通常利用糠醛和水蒸气在气态下经由 $ZnO-Cr_2O_3-MnO_3$ 催化，将其升温至 400～415℃，从而使糠醛脱去羰基转化为呋喃，这种方法的产率可以高达 90%。另外，糠醛能够通过玉米芯与 5%的稀硫酸一起进行加热来制得。

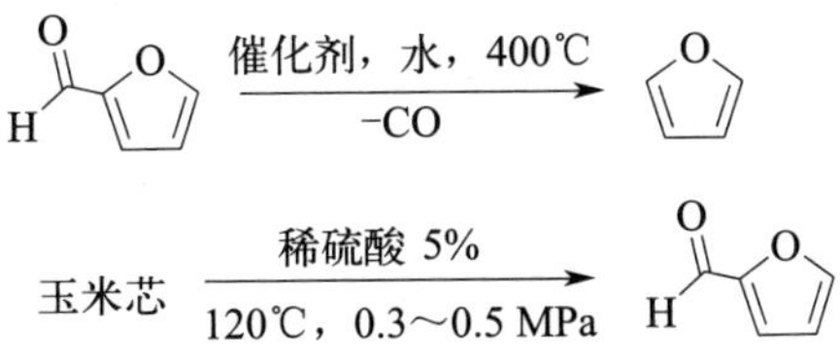

O H O —催化剂，水，400℃ / −CO→ O

玉米芯 —稀硫酸 5% / 120℃，0.3～0.5 MPa→ O H O

（2）噻吩的合成

噻吩通常通过分馏煤焦油来制备，煤焦油中含有少量噻吩，苯中大约含有0.5%的噻吩（沸点为84℃）。

在工业生产中，通过将丁烷、丁烯或丁二烯与硫黄一起经过高温加热反应，即可制得噻吩。

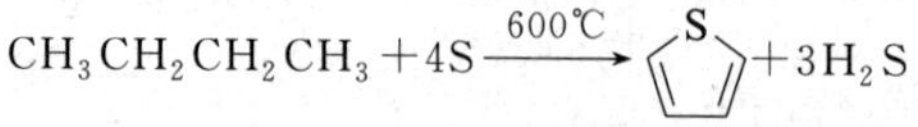

$$CH_3CH_2CH_2CH_3 + 4S \xrightarrow{600℃} \text{噻吩} + 3H_2S$$

（3）吡咯的合成

在工业生产中，在三氧化二铝的催化作用下，呋喃和氨在高温下可以制得吡咯。

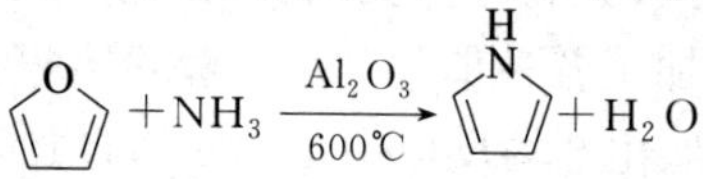

$$\text{呋喃} + NH_3 \xrightarrow[600℃]{Al_2O_3} \text{吡咯} + H_2O$$

12.3.4 重要衍生物

（1）糠醛

糠醛又称为呋喃甲醛，是呋喃主要的衍生物之一，无色液体，沸点为162℃。可以通过农业副产品如玉米芯、棉籽壳等来获取糠醛。在这些原材料中，存在戊醛糖，戊醛糖经过失水反应制得糠醛。

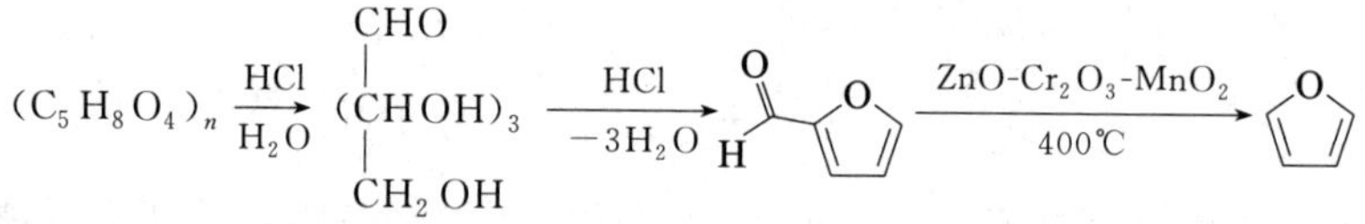

$$\underset{\text{戊聚糖}}{(C_5H_8O_4)_n} \xrightarrow[H_2O]{HCl} \underset{\text{戊醛糖}}{CHO-(CHOH)_3-CH_2OH} \xrightarrow[-3H_2O]{HCl} \text{糠醛} \xrightarrow[400℃]{ZnO\text{-}Cr_2O_3\text{-}MnO_2} \text{呋喃}$$

（2）叶绿素、维生素B_{12}

在自然界中，存在着大量的吡咯及其衍生物，如叶绿素和维生素B_{12}在植物、动物体内具有重要的生理作用。如图12-3所示，这四个吡咯环由α-碳与四个次甲基交替连接而构成十六元环共轭体系，其中大环结构分子被称为卟吩。

卟吩环在叶绿素（见图12-4）和维生素B_{12}中都广泛存在。卟吩环是平面结构，能够利用4个吡咯环的间隙与各种金属材料以共价键和配位键的形式进行配位。其中，Mg^{2+}主要是与叶绿素进行结合。

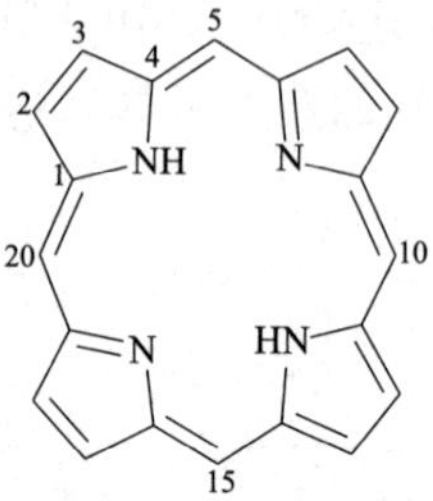

图12-3　卟吩的结构式

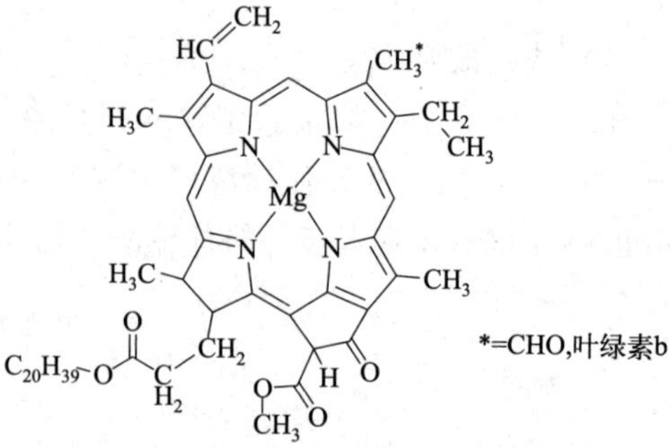

*=CHO，叶绿素b

图12-4　叶绿素a的结构式

（3）噻吩衍生物

在煤焦油和石油中，存在大量噻吩及其衍生物，而且这些物质大大地影响了石油产品的质量。噻吩是一种无色的液体，沸点为84℃，熔点为－38.2℃，不溶于水相，易溶于有机相。噻吩与靛红在浓硫酸存在的条件下，经过加热会发生靛吩咛反应，呈现出蓝色，由于这个反应过程十分灵敏，因此可以用来检测噻吩的存在。

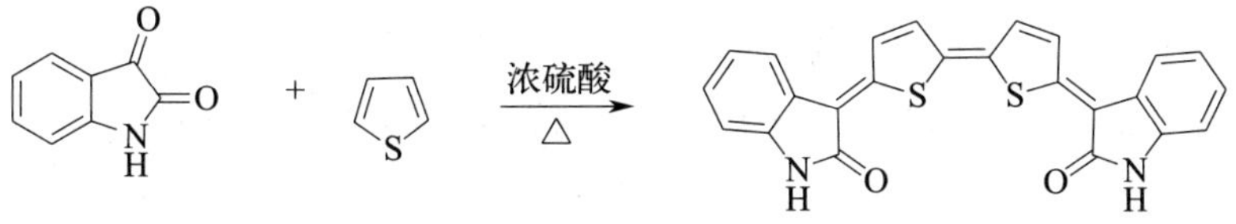

靛红 + 噻吩 —浓硫酸，△→ 靛吩咛

（4）吲哚

吲哚作为一种常见的化合物，主要存在于石油和煤焦油之中，熔点为52℃，沸点为253℃。从化学结构上来说，吲哚是由苯环和吡咯环稠合而成的，因此又叫作苯并吡咯。吲哚的合成方式较多，常用的有：由芳基肼和酮或者醛形成腙，然后经加热重排生成吲哚，这种方法叫作Fischer合成法。

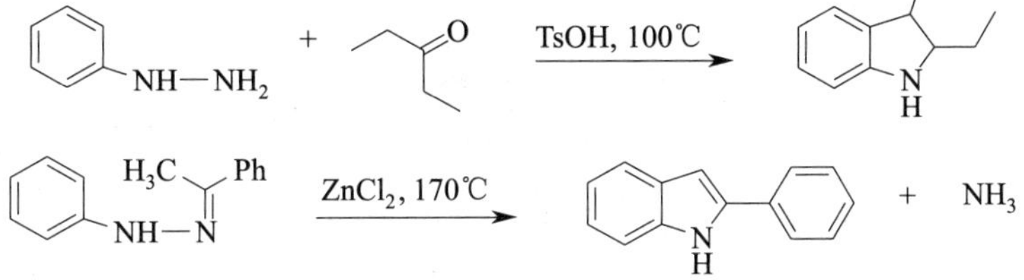

$$\text{PhNH—NH}_2 + \text{丁酮} \xrightarrow{\text{TsOH, 100℃}} \text{产物}$$

$$\text{PhNH—N=C(CH}_3\text{)Ph} \xrightarrow{\text{ZnCl}_2\text{, 170℃}} \text{2-苯基吲哚} + \text{NH}_3$$

12.4 六元杂环化合物

12.4.1 吡啶

六元杂环化合物中最重要的一种物质是吡啶，其沸点为115℃，熔点为－42℃，具有特殊的气味，常被作为一种有机碱来进行合成反应，可以溶于水、乙醇和乙醚等溶剂中。在自然界中，它的衍生物广泛存在，如页岩油、煤焦油等，此外许多生物碱中都含有吡啶环。例如：

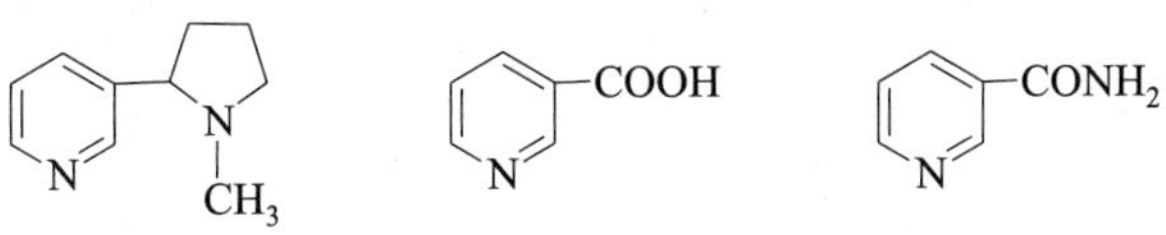

烟碱　　烟酸（COOH）　　烟酰胺（$CONH_2$）

1. 吡啶的结构

吡啶中的碳和氮元素都采用sp^2杂化方式，生成六条σ键，并各自拥有一个含有1个电子的p轨道，这些轨道互相重叠构成了一个共轭系统，因其π电子数量为6，满足了（$4n+2$）的规则，因而具备芳香特性。然而，氮上还存在一个sp^2杂化轨道，带有1对尚未成键的电子，这使得它易于与氢离子配位，从而使吡啶呈现出一定的碱性，其pK_b值可达8.75，比苯胺（$pK_b=9.40$）的碱性更强。

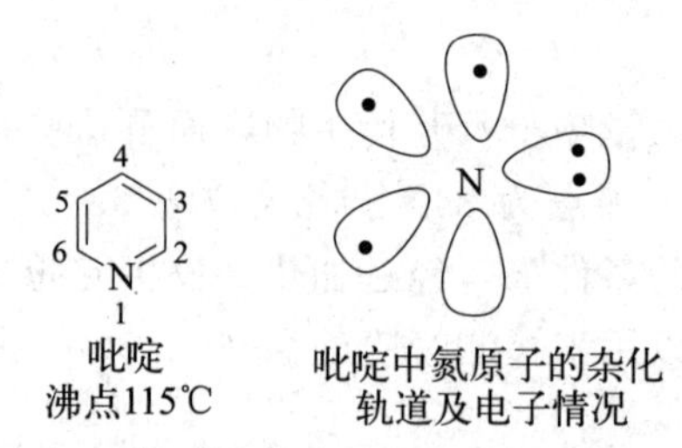

吡啶
沸点115℃

吡啶中氮原子的杂化
轨道及电子情况

由于吡啶环上有电负性相对于碳更大的氮原子，因此电子云会向氮原子发生部分偏移，所以吡啶是极性分子。由于环上碳原子周围的电子云密度减小，所以吡啶环的亲电取代活性低，因此亲核取代反应更容易发生。

2. 吡啶的化学性质

（1）亲电取代

尽管吡啶环上的化学键易于发生氯化、硫酸盐化和硝化等亲电取代反应，然而这些反应通常必须在强烈的环境下才能发生。通过实验证明，亲电基团对 β 位的进攻要比对 α 位的进攻更能产生稳定的中间体。因为进攻 α 位构成的共振杂化体的一种极限结构含有六个价电子的氮正离子，同具有六个价电子的碳正离子相比，由于氮原子的电负性较大，含六个价电子的氮正离子的极限结构是极不稳定的。

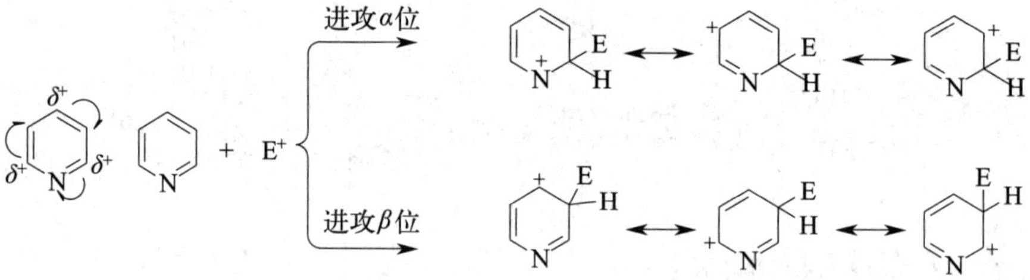

进攻α位

进攻β位

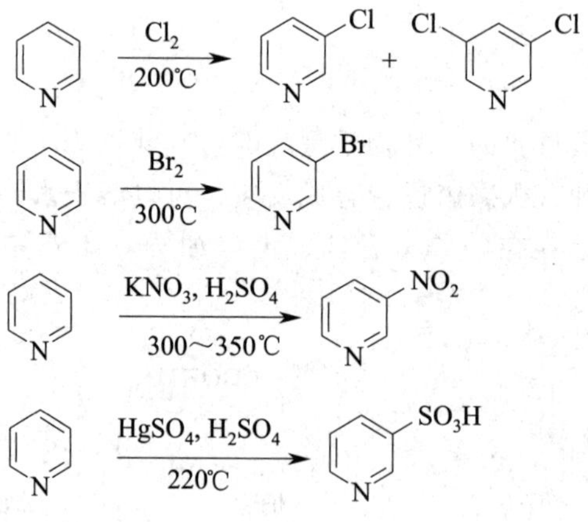

Cl_2, 200℃

Br_2, 300℃

KNO_3, H_2SO_4, 300～350℃

$HgSO_4$, H_2SO_4, 220℃

（2）亲核取代

吡啶较容易与强的亲核试剂发生亲核取代反应，生成以 α-取代物为主的产物。

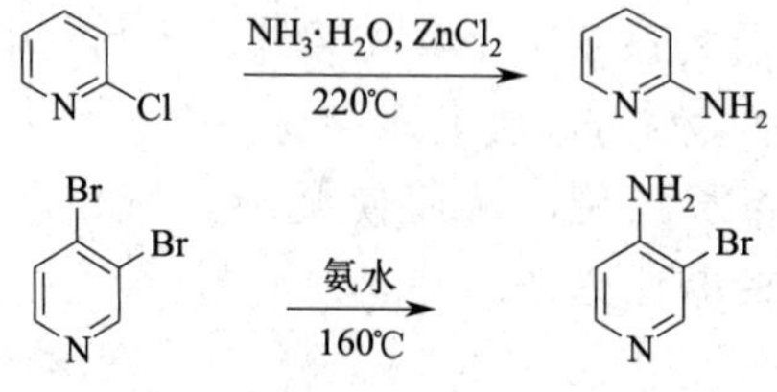

$NH_3 \cdot H_2O$, $ZnCl_2$, 220℃

氨水, 160℃

$\xrightarrow[MeOH/\triangle]{NaOMe}$

（3）氧化还原反应

吡啶环的电子云密度较低，其对氧化剂的稳定性通常优于苯环，而在还原剂方面，则比苯环更为活跃。可以利用双氧水或过氧酸使其发生氧化反应，形成吡啶-N-氧化物。此外，它能够在 γ 位上发生硝化，经过还原处理后形成 γ-硝基吡啶。

$\xrightarrow[\text{硫酸},\triangle]{H_2O_2,\text{发烟硝酸}}$ $\xrightarrow[\triangle]{PCl_3}$ $+ POCl_3$

通过催化氢化或者用 C_2H_5OH+Na 还原，可以制得六氢吡啶。

$+ 3H_2 \xrightarrow[CH_3COOH]{Pt}$

12.4.2 喹啉和异喹啉

喹啉是一种无色、有恶臭性气味的油状液体，放置较长时间后会逐渐变成黄色。喹啉与绝大多数的有机相可以混溶，在水相中溶解度很小，沸点为 238.05℃，熔点为 −15.6℃，是一种高沸点溶剂。喹啉的碱性比吡啶稍弱（喹啉 $pK_b=9.15$；异喹啉 $pK_b=8.86$）。喹啉和异喹啉都广泛存在于煤焦油中，部分天然药物中也含有该物质，例如金鸡纳碱、吗啡碱等。

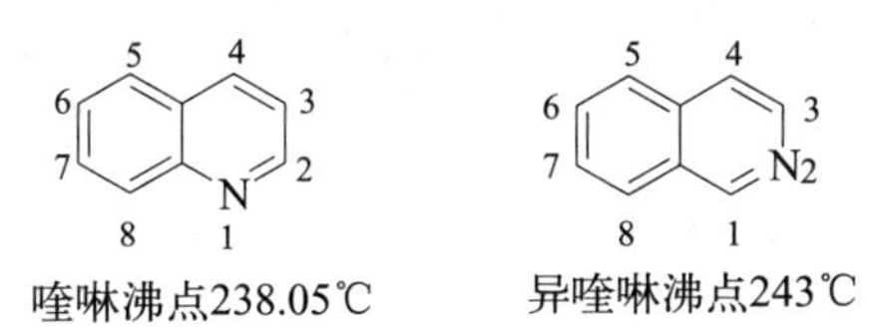

喹啉沸点238.05℃　　异喹啉沸点243℃

1. 喹啉和异喹啉的化学性质

（1）亲电取代

喹啉和异喹啉的亲电取代反应相较于吡啶来说更为简单，一般是通过亲电试剂对喹啉的5号位和8号位进行攻击。例如：

$\xrightarrow{HNO_3, H_2SO_4}$

5-硝基喹啉　　8-硝基喹啉

$\xrightarrow[0℃, 30min]{HNO_3, H_2SO_4}$

5-硝基异喹啉　　8-硝基异喹啉

（2）亲核取代

喹啉和异喹啉也可以发生亲核取代反应，取代位置分别为 2 号位、1 号位。例如：

喹啉 $\xrightarrow{NaNH_2,\ H_2O}$ 2-氨基喹啉（NH_2）

异喹啉 $\xrightarrow[150℃]{C_2H_5MgBr,\ H_2O}$ 1-乙基异喹啉（C_2H_5）

（3）氧化还原

喹啉在遇见强氧化剂时，生成吡啶二甲酸。而异喹啉用中性高锰酸钾溶液氧化生成亚胺，用碱性高锰酸钾氧化则苯环和吡啶环都能开环，得到两种羧酸。

异喹啉 $\xrightarrow[100℃]{KMnO_4,\ H_2O}$ 吡啶-3,4-二甲酸（HOOC, HOOC, N）

异喹啉 $\xrightarrow{中性KMnO_4}$ 邻苯二甲酰亚胺（O, NH, O）

异喹啉 $\xrightarrow{KMnO_4/OH^-}$ 邻苯二甲酸（COOH, COOH） + 吡啶-3,4-二甲酸（HOOC, HOOC, N）

喹啉也可以与氢气发生还原反应，生成1,2,3,4-四氢喹啉，异喹啉可以被还原成四氢异喹啉。

喹啉 $\xrightarrow[或H_2,\ 兰尼Ni]{H_2,\ Pd}$ 1,2,3,4-四氢喹啉（N-H）

异喹啉 $\xrightarrow[HOAc,室温]{H_2,\ Pt}$ 四氢异喹啉（NH）

2. 喹啉环的合成

斯柯洛夫（Skraup）合成法是常用的喹啉环制备方法，通过芳香伯胺、甘油和浓硫酸的共热缩合反应，然后经过氧化处理，即可制备出喹啉环。

甘油 $\xrightarrow[-H_2O]{H_2SO_4}$ $CH_2=CH-CHO$ $\xrightarrow{C_6H_5NH_2}$ （OHC, N-H） $\xrightarrow{H_2SO_4}$ （H, $\overset{+}{O}H$, N-H） $\longrightarrow$ （H, OH, $\overset{+}{N}$-H）

$\longrightarrow$ （$\overset{+}{O}H_2$, N-H） $\xrightarrow[-H^+]{-H_2O}$ （N-H） $\xrightarrow{C_6H_5NO_2}$ 喹啉（N）

3. 喹啉和异喹啉重要的衍生物

喹啉的衍生物在自然界中也广泛存在，如金鸡纳碱，又名奎宁，主要用作治疗疟疾的药品。结构式如下所示：

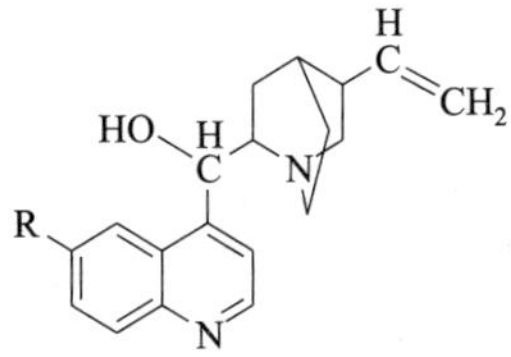

R=H 辛可宁碱
R=OCH_3 金鸡纳碱

基于奎宁药物的结构，近年来药物学家们已经研制出了许多能够抵抗疟疾的药品，例如氯喹和扑疟喹啉等。

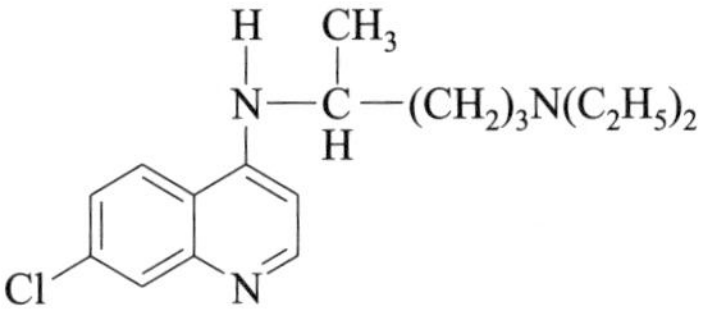

氯喹

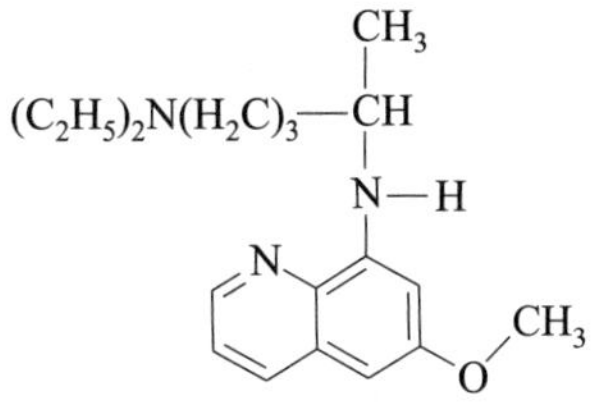

抗疟喹啉

黄连素和罂粟碱等是异喹啉的重要衍生物。

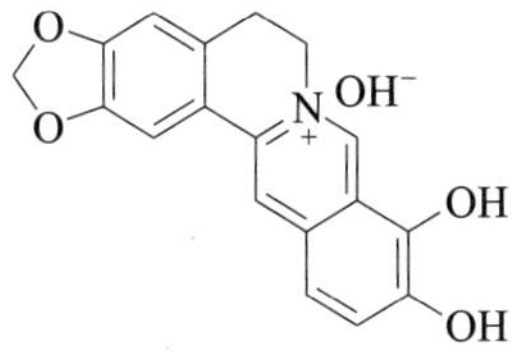

黄连素

12.4.3 嘧啶和嘌呤

1. 嘧啶

嘧啶是一种无色的晶体，熔点为 22℃，易溶于水，其物理性质与吡啶类似。由于受到氮原子的吸电子效应的影响，其碱性比吡啶弱，亲电取代反应难以进行，亲核取代反应更容易发生。这些反应主要发生在氮的邻、对位。

胞嘧啶、尿嘧啶和胸腺嘧啶是组成核酸的重要成分，维生素 B_2、安定和抗癌药物都含有嘧啶环。

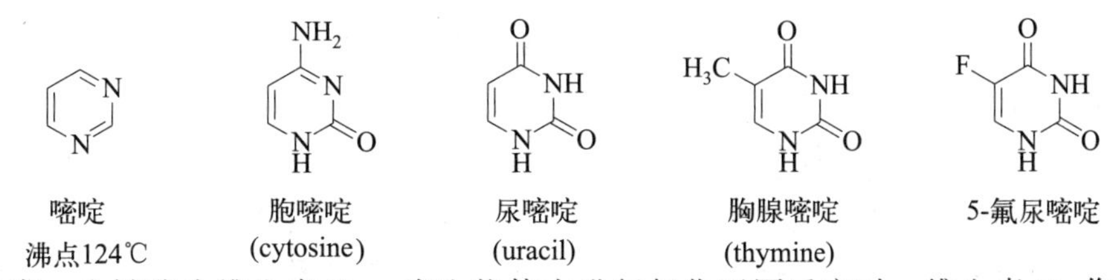

嘧啶 沸点124℃　胞嘧啶 (cytosine)　尿嘧啶 (uracil)　胸腺嘧啶 (thymine)　5-氟尿嘧啶

核黄素，也被称为维生素 B_2。当生物体内进行氧化还原反应时，维生素 B_2 作为传递氢和电子的辅助酶。如果身体缺乏维生素 B_2，可能会引起疾病，例如口腔炎、角膜炎等病症。此外，小米、黄豆、酵母以及树叶菜等食品都富含维生素 B_2。

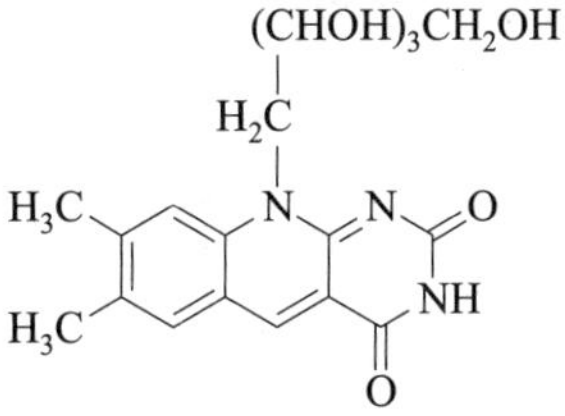

维生素B_2

2. 嘌呤

嘌呤作为一种透明的结晶物，其熔点为217℃。嘌呤是由一分子咪唑环及一分子的嘧啶环相互连接而成的复合结构。虽然嘌呤并不存于大自然的任何地方，但其相关的产物遍布了整个生态系统之中。这些含有大量氮元素或氮氢键的相关代谢产物都具有极高的生物化学活性和功能特性；尤其是其中的主要成分——腺嘌呤、鸟嘌呤等对构成生命的基因信息核苷酸有着关键性的作用。

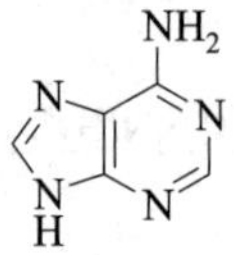

腺嘌呤
(adenine, A)

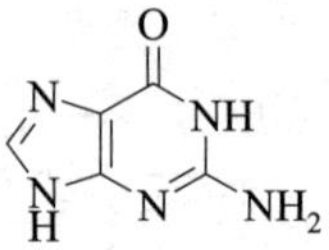

鸟嘌呤
(guanine, G)

此外，茶碱、咖啡碱、可可碱、尿酸等常见的自然化合物中也含有嘌呤环。

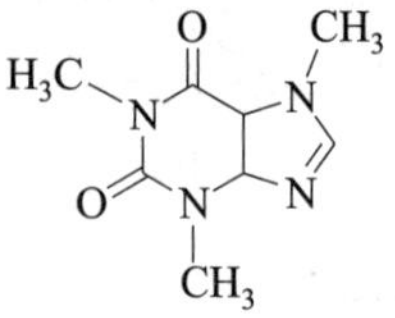

咖啡碱

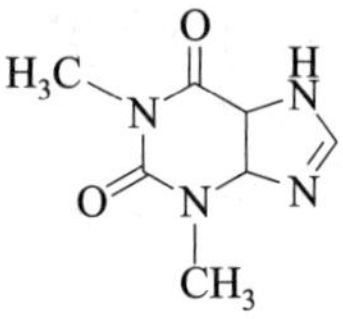

茶碱

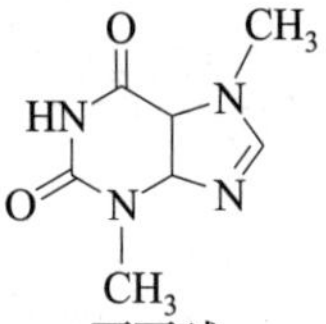

可可碱

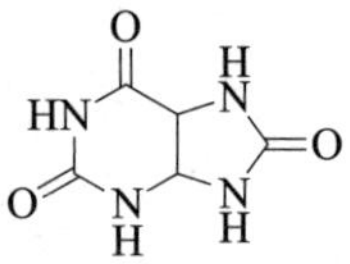

尿酸

课外拓展

生物碱

生物碱介绍

生物碱是一种普遍存在的天然化学物质，含有氮元素且呈碱性，其大量地出现在植物体内，对于人类及动植物具有重要的影响，并且也是中药的重要活性成分。我国是全球最先使用生物碱治疗疾病的国家之一。除了中药外，生物碱也同样存在于昆虫、海产生物和哺乳动物等多种生命之中。

19世纪初叶，生物碱已经被发现，对生物碱的研究和结构的测定受到了人们的广泛关注，为杂环化学、立体化学和合成新药物提供了大量的资料和研究方法。生物碱一般为结晶状或者粉末状的固体，不溶于水但溶于乙醇、乙醚和氯仿等大多数的有机溶剂。生物碱可以与无机酸或者有机酸形成相对较稳定、可溶于水的盐，且大部分都带有苦涩的味道，其主要成分中往往含有至少一组手性原子，从而使其物理性质呈现出显著的光学特征。生物碱的开发利用对于开发我国的自然资源和提高人民的健康水平起着十分重要的作用。

生物碱提取方法

(1) 有机溶剂提取法

生物碱大多存在于植物中，从植物中提取生物碱，常用的方法主要是有机溶剂提取法。其过程为：将富含生物碱的植物进行切片粉碎，然后与石灰乳或者碳酸钠溶液进行混合并搅拌均匀再研磨，使得生物碱可以游离出来，然后用乙醇、乙醚或者氯仿等有机溶剂进行浸渍，即为第一次提取；再向有机溶剂提取液中加入1%～2%的盐酸，使得提取出的生物碱形成盐后溶于水中。将水溶液浓缩后，再加入石灰乳或碳酸钠溶液，使生物碱游离出来，然后用有机溶剂进行第二次提取；再将所提取的富含生物碱的溶液浓缩、冷却、结晶，得到生物碱粗产品。最后再使用重结晶的方法，对粗产品进行一次分离提纯。

(2) 离子交换法

离子交换法：用0.5%～1%的硫酸或者醋酸浸渍植物碎渣，使得生物碱遇酸生成盐后溶于水中，再将水溶液经过阳离子交换树脂（磺酸基）进行分离提纯，生物碱阳离子与阳离子交换树脂的氢离子发生交换而结合到树脂上，结合在离子交换树脂上的生物碱用稀 NaOH 溶液进行洗脱，洗脱液用有机溶剂进行提取，然后经过浓缩、结晶，得到生物碱纯品。

离子交换过程：A 代表生物碱，P 代表阳离子交换树脂的高分子链部分。

$$A + H_2SO_4 \longrightarrow AH^+ HSO_4^-$$

$$P{-}SO_3^- H^+ + AH^+ HSO_4^- \xrightarrow{\text{离子交换}} P{-}SO_3^- AH^+ + H_2SO_4$$

$$P{-}SO_3^- AH^+ + NaOH \xrightarrow{\text{洗脱}} A{-}P{-}SO_3^- Na^+ + H_2O$$

生物碱分类

生物碱的构造极其复杂，种类繁多，绝大部分生物碱分子都包含杂环。因此，根据环系，可以将生物碱大致划分为以下几类：

吡啶类：如烟碱、蓖麻碱、石榴碱等。

嘌呤类：如咖啡碱、可可碱、茶碱等。

喹啉环类：如金鸡纳碱、喜树碱、吗啡碱等。

吲哚类：如番木鳖碱、长春碱和长春新碱等。

颠茄碱类：如颠茄碱、古柯碱等。

苯乙胺类：如麻黄碱、肾上腺素等。

习 题

1. 命名物质或写出物质的结构式。

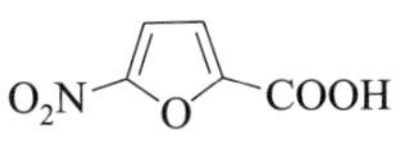

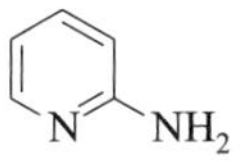

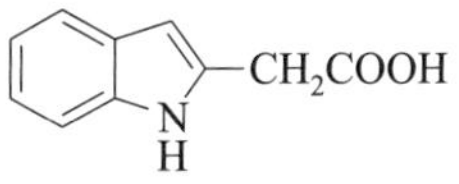

O_2N O COOH　　N NH_2　　CH_2COOH N H

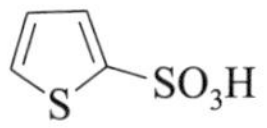

S SO_3H　　2-氯喹啉　　腺嘌呤

2. 完成下列反应式。

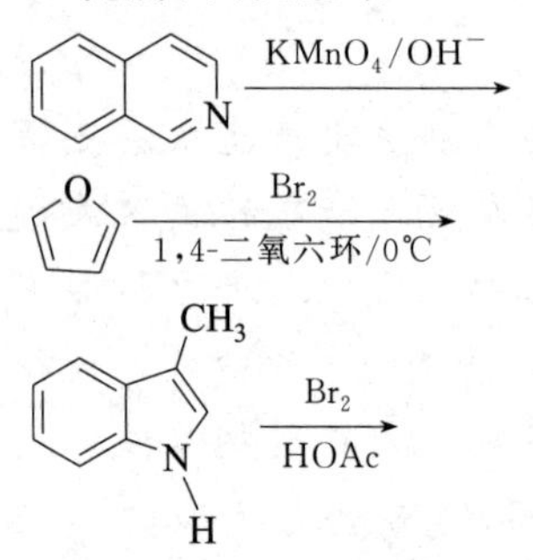

3. 选择题及填空题。

（1）吡啶硝化时，硝基主要引入（　　）。

A. α 位　　B. β 位　　C. γ 位　　D. 氮原子上

（2）喹啉经高锰酸钾氧化时产物为（　　）。

A. 2,3-吡啶二甲酸　B. 3,4-吡啶二甲酸　C. 1,2-苯二甲酸　D. 苯甲酸

（3）比较碱性大小____。

A. 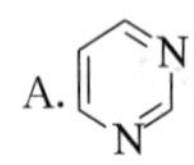

B. 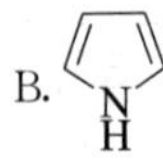

C. 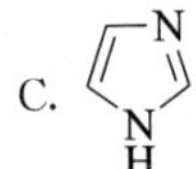

（4）比较芳香性（由大到小排列）____。

A. 
B. 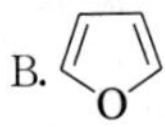

C. 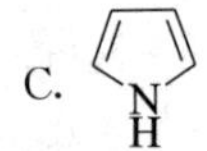

D. 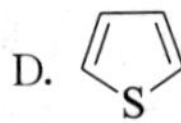

（5）对比以下化合物，硝化反应速率最快的是（　　），最慢的是（　　）。

A. 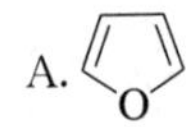

B.
C. 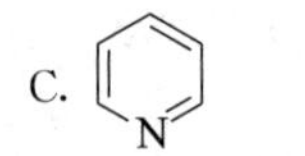

D. O　CH_3

4. 简答题。

（1）阐述吡啶和吡咯中 N 原子的杂化状态的差异。

（2）判断下面化合物是否具有芳香性。

N　CH_3
H_3C　N

（3）解释为什么六氢吡啶的碱性大于吡啶。

5. 鉴别题。

（1）吡啶与 α-甲基吡啶；呋喃与吡咯。

（2）NH_2、NH_2、$\overset{+}{N}H_3\overset{-}{Cl}$、$H_2N$　Br

第13章 糖和核酸

思维导图

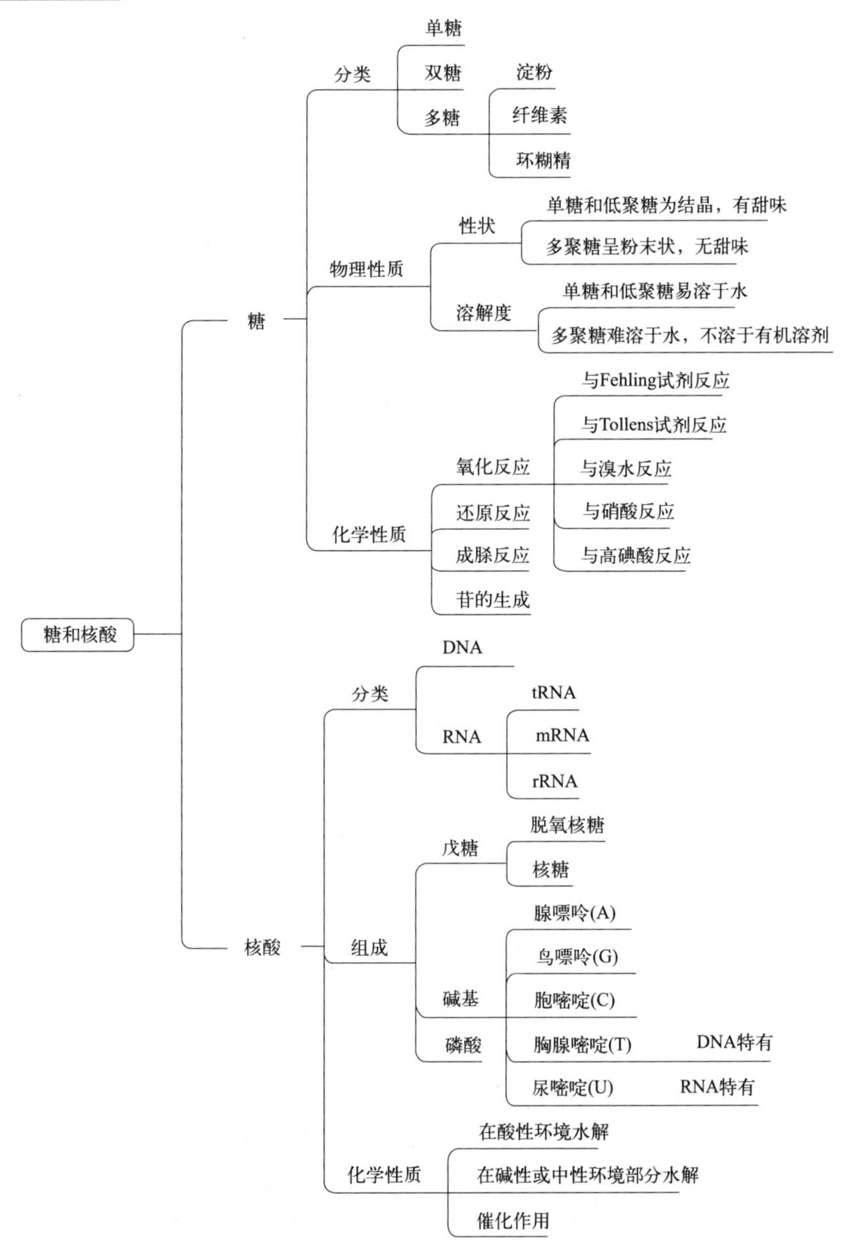

糖，也称碳水化合物，广泛存在于自然界，参与各式各样的生命活动。由于大部分糖类可用 $C_m(H_2O)_n$ 的通式表示，故称其为碳水化合物。但存在一些例外，如鼠李糖（$C_6H_{12}O_5$），虽然为糖类，但化学式并不满足大部分糖类的通式；乙酸（$C_2H_4O_2$），虽满足该通式，但却不是糖类。种种例子证明了糖类并不是简单地由对应数量的碳和水化合而成，而满足通式的 $C_m(H_2O)_n$ 也不一定属于糖类。但碳水化合物的名称已作为习惯叫法沿用至今，早已失去了本身的含义。经过当今的科学研究，糖类的结构为多羟基醛或多羟基酮，又可以是多个多羟基醛或多羟基酮经过脱水组合形成的复杂物质。

核酸，一种生命中必然存在的物质，在生命遗传中起到无可替代的作用。它主要分布在细胞核、细胞质和诸多细胞器中，承载了生命的遗传信息，其表达可以决定生物的各种形态特征，致使每个人、每种生命各不相同；有些核酸还具有作为酶进行催化的作用。一直以来，核酸都是生物化学领域的关键研究对象。

13.1 糖

13.1.1 糖的分类

根据是否能水解以及完全水解后生成的产物进行分类，糖分为单糖、二糖、寡糖和多糖。

单糖：不能水解成更小的多羟基醛或多羟基酮，如葡萄糖、果糖。

二糖：可水解，生成两分子的单糖，如麦芽糖。

寡糖：又名低聚糖，可水解，完全水解后生成 3～10 个单糖，如木寡糖、壳寡糖。

多糖：可水解成 10 个以上单糖分子的物质，很多都可水解为成百上千个单糖分子，如淀粉、纤维素等。

13.1.2 单糖

1. 单糖的分类、结构与命名

（1）单糖的分类

单糖按碳原子数目分为三碳糖、四碳糖、五碳糖和六碳糖，按羰基类型则分为醛糖和酮糖。

（2）单糖的开链结构

下面简述单糖结构的探究（以葡萄糖为例）。

首先，对其进行元素定量测试，葡萄糖的经验式为 CH_2O，分子量为 180，可以得出其组成为 $C_6H_{12}O_6$。

然后，对其进行还原，得到了正己烷，可以推断葡萄糖的结构为一条单直链。葡萄糖与羰基检测试剂可以作用生成相应物质，证明分子中含有一个羰基，也对应了组成中的一个不饱和度。

葡萄糖与乙酸酐作用生成了五乙酰基的衍生物，说明其中含有五个羟基，多个羟基连在同一个碳原子上不稳定，所以羟基分别连在羰基碳以外的五个碳原子上。

其余的结构只需推断羰基位置即可。醛被氧化后生成酸，碳链上碳原子的数目与原本相同，酮被氧化会造成碳链断裂。葡萄糖氧化后生成了六个碳的二酸，所以可以证明葡萄糖为五羟基的己醛。

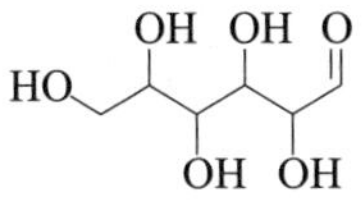

OH OH O
HO
OH OH

采用和葡萄糖结构探究相似的方法研究果糖可以发现，果糖是一种酮糖。

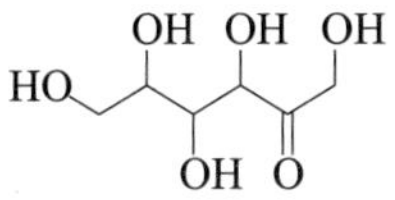

OH OH OH
HO
OH O

（3）单糖的构型

大多数的糖都是有手性的，如最简单的单糖甘油醛，它有一对对映异构体。

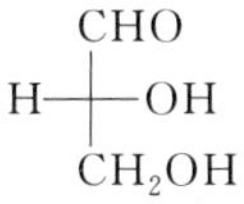

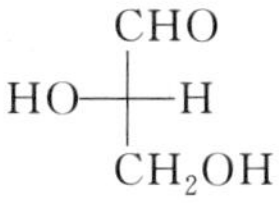

CHO
H—┼—OH
CH_2OH

CHO
HO—┼—H
CH_2OH

甘油醛的构型在人们得知单糖的绝对构型前起到关键作用，为了研究方便，人为规定：右旋的甘油醛的构型用 D 标记，左旋则用 L 标记。那么，右旋的甘油醛为 D-(＋)-甘油醛，其—OH 在费歇尔投影式的碳链右侧；左旋甘油醛为 L-(－)-甘油醛，其—OH 在费歇尔投影式的碳链左侧。其中，D/L 表示构型，＋/－表示旋光方向，构型与旋光度没有直接关系。

人们通过实验得知其绝对构型后，发现与规定的相对构型等同，于是相对构型也就等同于绝对构型。

天然糖类基本按 D 构型存在，且大多为醛糖，L 构型虽然很少存在，但可以通过合成获得，如 L-(－)-葡萄糖，它是常见的葡萄糖的对映异构体，与葡萄糖的比旋光度相等，方向相反。

图 13-1 是 D 系列醛糖的一个总结图。

2. 差向异构体与差向异构化

各种糖类结构都十分相似，仅仅是一个碳原子的差异，就是两个独立特殊的物质。如葡萄糖和甘露糖、古洛糖和艾杜糖，这两对都是第一个不对称碳原子互为手性，称为 C_2 差向异构体。

在弱碱性条件下，羰基相邻的碳原子会经过烯二醇式发生构型变化，醛糖与酮糖也会发生互相转化，这个过程称为差向异构化。

3. 构型的标记和表示方法

糖类构型主要用 D/L 法表示，虽然很少用到，但作为具有多个手性碳的化学物质，*R*/*S* 法也可以用来表示糖类的构型。比如，

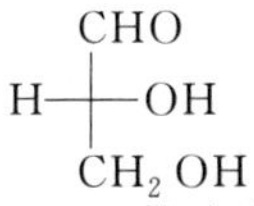

CHO
H—┼—OH
CH_2OH
D-(＋)-甘油醛
(*R*)-(＋)-甘油醛

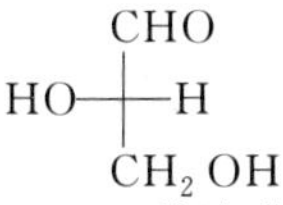

CHO
HO—┼—H
CH_2OH
L-(－)-甘油醛
(*S*)-(－)-甘油醛

CHO
H—┼—OH
HO—┼—H
H—┼—OH
H—┼—OH
CH_2OH

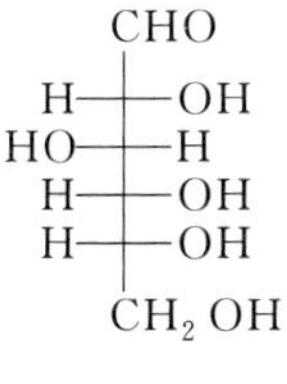

D-(＋)-葡萄糖
(2*R*,3*S*,4*R*,5*R*)-2,3,4,5,6-五羟基己醛

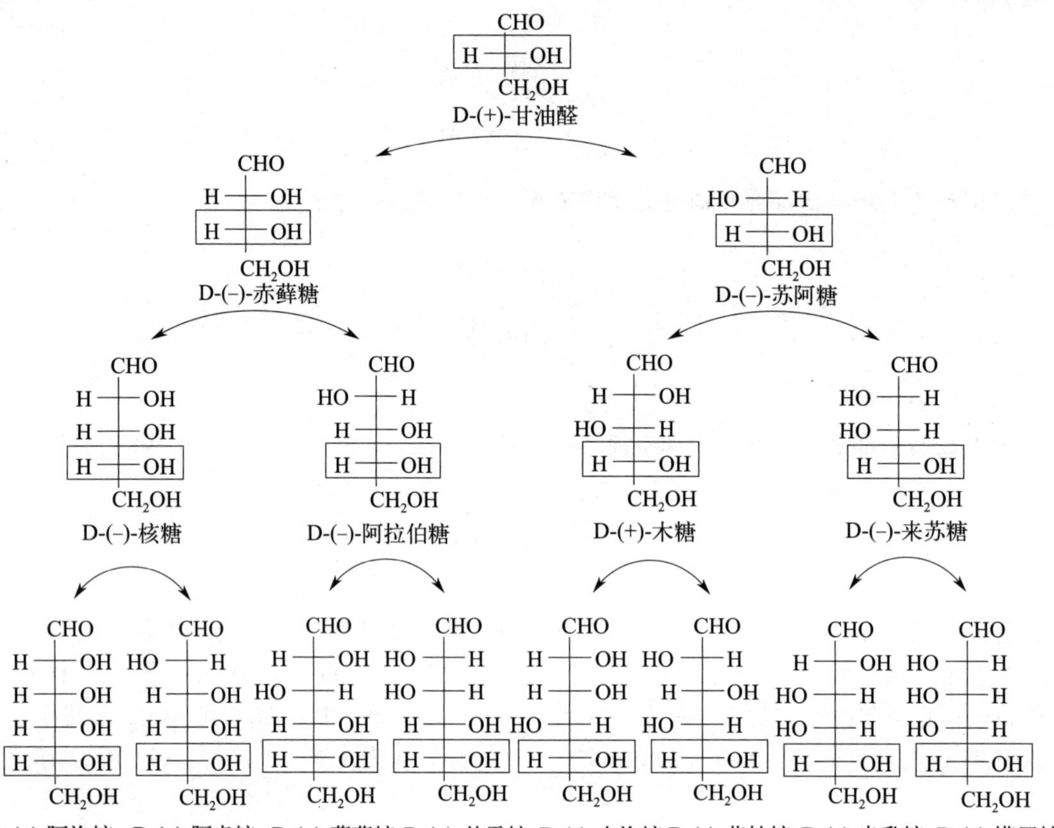

图 13-1　D 系列醛糖汇总

可以用费歇尔投影式来表示单糖的构型，为书写方便，将各种基团简化，长竖线表示碳链，短横线表示羟基，长横线表示羟甲基，三角形表示醛基，D-(＋)-葡萄糖的构型可写作以下格式：

费歇尔投影式不可以随意离开纸面翻转，否则会变成另一种物质，如上述的 D-(＋)-葡萄糖，翻转后的结构则变成了 L-(－)-葡萄糖。另外，羰基按规定要写在投影式的上端。

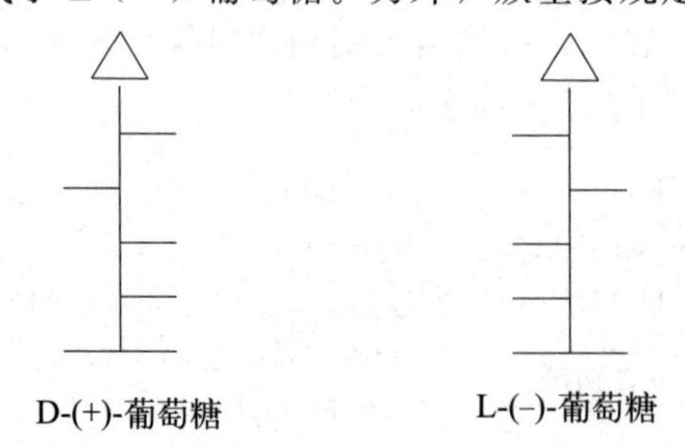

苏式与赤式也可以用来表示常见的含有不对称碳的化合物，参考其费歇尔投影式，若相同的基团在竖直碳链的同侧，就称为赤式，若在两侧则称为苏式。

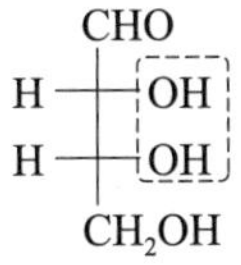

D-(−)-赤藓糖 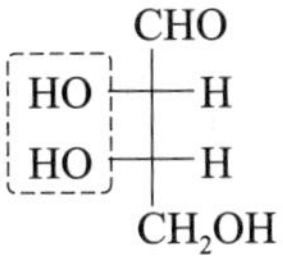　　L-(−)-赤藓糖 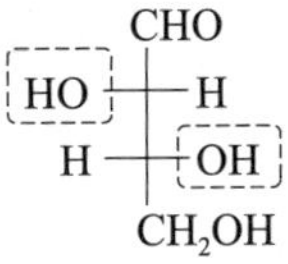　　D-(−)-苏阿糖 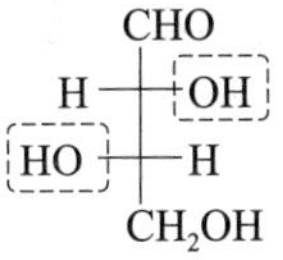　　L-(−)-苏阿糖

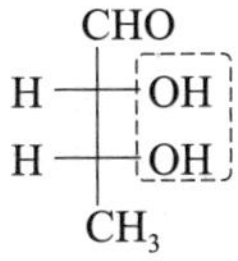

赤-2,3-二羟基丁醛 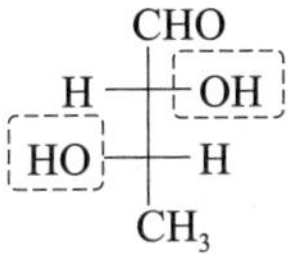　　苏-2,3-二羟基丁醛

4. 单糖的环状结构

单糖有一些现象无法用本身的链状结构来解释，于是人们开始猜测单糖可能具有环状结构（见图 13-2），这使很多现象得到了合适的解释。

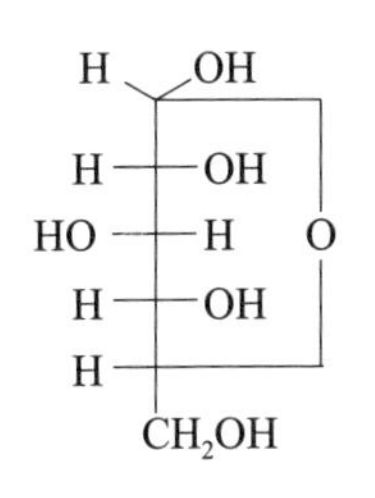

图 13-2　推测葡萄糖的环状结构

① 无法发生一些醛类反应。只能说明葡萄糖的存在形式主要是环状结构，链状存在较少，对一些与醛类反应的物质不太灵敏。而我们平时观察到的可以发生的醛反应是环状结构通过平衡转移成为链状醛式发生的。

② D-葡萄糖有变旋现象。葡萄糖在不同条件下结晶，可得到不同的晶体，如温度不同、溶剂不同，会得到不同熔点的晶体，若将其立即配成新溶液会发现比旋光度不同，但随着时间的推移最终会稳定在同一个固定的值，这种现象称为变旋光现象。用糖的开链结构无法解释这种现象。

变旋现象是由于糖的醛基受羟基进攻后形成环状半缩醛，原来醛基上的碳变成手性碳，此时形成的半缩醛具有两种构型，半缩醛碳上的羟基与构型决定的羟基在同侧为 α 型，在异侧则为 β 型，二者互为端基异向异构体。

单糖的环状构型可以解释该现象：

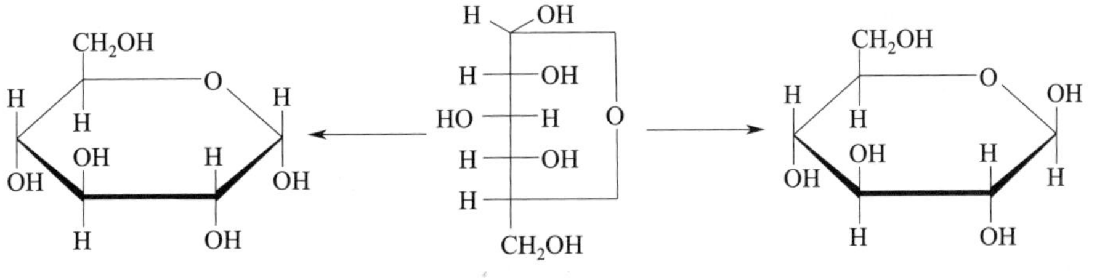

α-D-葡萄糖　　β-D-葡萄糖

其中的平面结构名为哈沃斯（Haworth）式，但其实葡萄糖是以椅式构象存在的，如 α-D-葡萄糖：

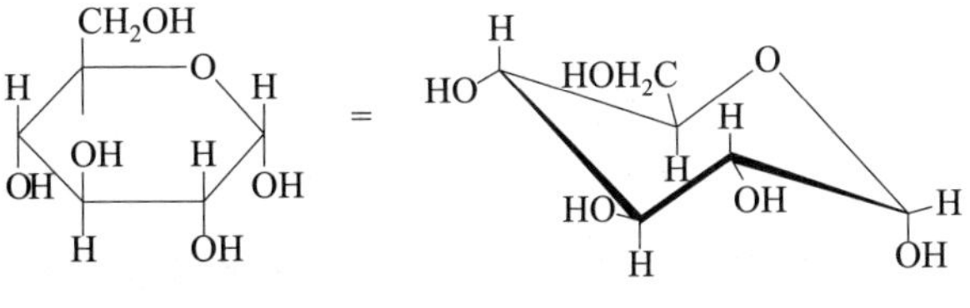

哈沃斯式写法如下（以 D-葡萄糖为例）：将葡萄糖碳链的投影式按图 13-3 中的方向放至水平，此时氢原子和羟基均排列在碳链上下方，然后将碳链向上翻折，C_5 开始进行逆时针旋转，调整至合适的进攻位置（该位置 C_5 上的羟基与 C_1 醛基处在共平面），进攻上方后 C_1 上新形成的羟基位于下方，进攻下方则新的羟基形成于上方，分别形成了 d 和 e 两个异构体。

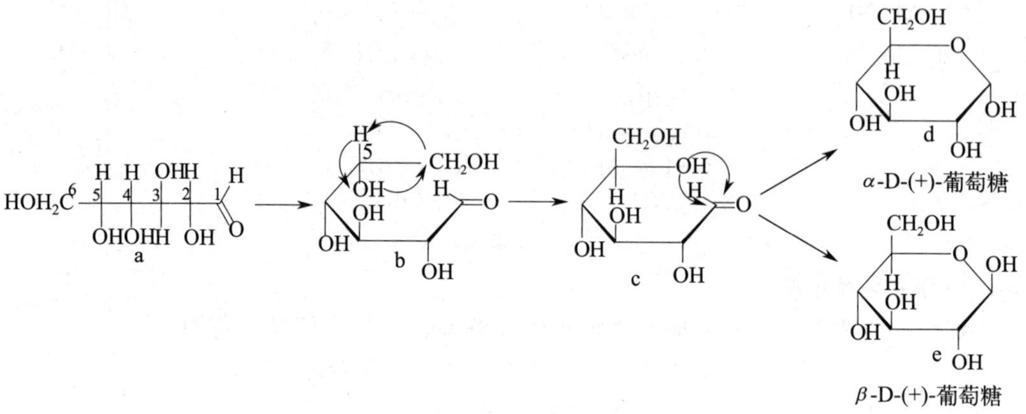

图 13-3　α,β-D-葡萄糖的哈沃斯投影式

③ 醛类可以与两分子醇形成缩醛，但糖只能与一分子醇形成缩醛，因为糖的醛基与分子内的一个羟基已经形成了半缩醛结构。

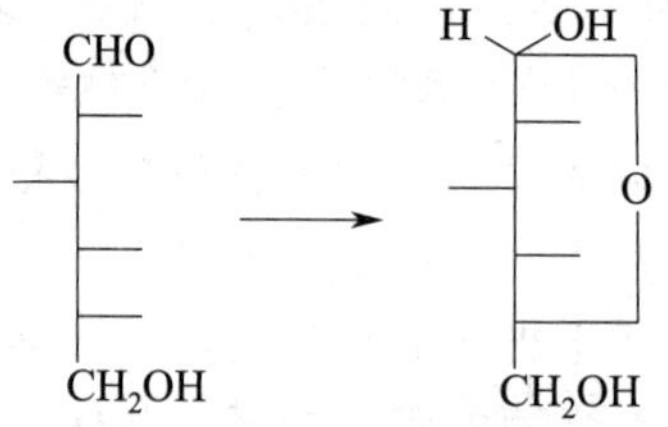

糖分子中的醛基与羟基作用形成环状半缩醛结构时，所得到的手性碳称为苷原子。

种种现象都印证了单糖的环状结构。

5. 单糖的化学反应

碳水化合物是一种多官能团的化合物，可以发生各官能团对应的化学反应。糖主要以环状半缩醛的形式存在，溶液中则保持开链与环状相平衡的存在形式。因此糖可以发生大多数醛、酮、醇可发生的反应。

(1) 氧化反应

单糖可以被多种氧化剂氧化，可以是强氧化剂，如硝酸；也可以是弱氧化剂，如溴水。

首先是被硝酸氧化，稀硝酸氧化作用较强，可以将醛糖氧化成糖二酸。

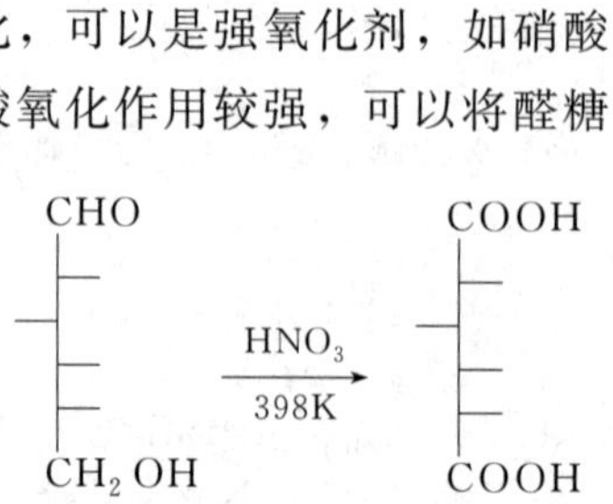

D-葡萄糖　$\xrightarrow[398K]{HNO_3}$　D-葡萄糖二酸

溴水氧化能力较弱，仅能使醛糖氧化成糖酸，无法氧化酮糖，这个现象可以用来区分醛

糖和酮糖。

$$\underset{\text{D-(+)-葡萄糖}}{CHO \cdots CH_2OH} \xrightarrow{Br_2,H_2O} \underset{\text{D-葡萄糖酸}}{COOH \cdots CH_2OH}$$

糖酸在该环境下会形成内酯，所以很难通过分离得到。

斐林（Fehling）试剂和托伦（Tollens）试剂是两种弱氧化剂，其中斐林试剂是我们所说的银氨溶液，托伦试剂则是新制的氢氧化铜。它们氧化性较弱，因此只能氧化醛糖，醛糖与斐林试剂反应可生成银镜，与托伦试剂反应可形成砖红色沉淀。这时糖分子被氧化形成糖酸。如D-葡萄糖与两种试剂的反应：

$$CHO \cdots CH_2OH \xrightarrow{Ag(NH_3)_2OH} COO^- \cdots CH_2OH + Ag\downarrow$$

$$CHO \cdots CH_2OH \xrightarrow[NaOH]{Cu(OH)_2} COO^- \cdots CH_2OH + Cu_2O\downarrow + H_2O$$

前面探究可以得出，有些酮糖在弱碱性条件下可以转化为醛糖，这些酮糖恰好可以被这两种试剂氧化，斐林试剂和托伦试剂都显弱碱性，本身就可以提供差向异构的条件，且由于糖分子上的α-H十分活跃，很容易发生差向异构的转化。因此无法像溴水一样鉴别醛糖与酮糖。

$$CH_2OH\text{-}C(=O)\text{-}R \rightleftharpoons CHOH{=}C(OH)\text{-}R \rightleftharpoons \begin{cases} CHO\text{-}C(HO)(H)\text{-}R \\ CHO\text{-}C(H)(OH)\text{-}R \end{cases}$$

无论直接还是间接，能被两种弱氧化剂氧化的糖称为还原糖，不能被氧化的糖称为非还原糖。

此外，高碘酸也可以将其氧化，作用对象是邻二醇和α-羟基酮，结果是断裂每个碳碳键。每断裂1mol碳碳键就会消耗掉1mol的高碘酸，可以用于测定糖的结构。

$$CHO\text{-}(H\text{-}C\text{-}OH)\text{-}(HO\text{-}C\text{-}H)\text{-}(H\text{-}C\text{-}OH)\text{-}(H\text{-}C\text{-}OH)\text{-}CH_2OH \xrightarrow{5H_5IO_6} 5HCOOH + HCHO$$

（2）还原反应

糖的羰基可以被催化加氢或被金属氢化物还原，生成糖醇。糖醇主要用作食品添加剂和糖代物。

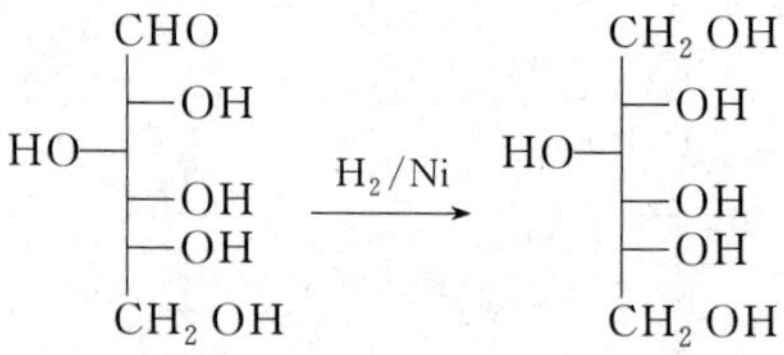

D-葡萄糖 $\xrightarrow{H_2/Ni}$ D-葡萄糖醇

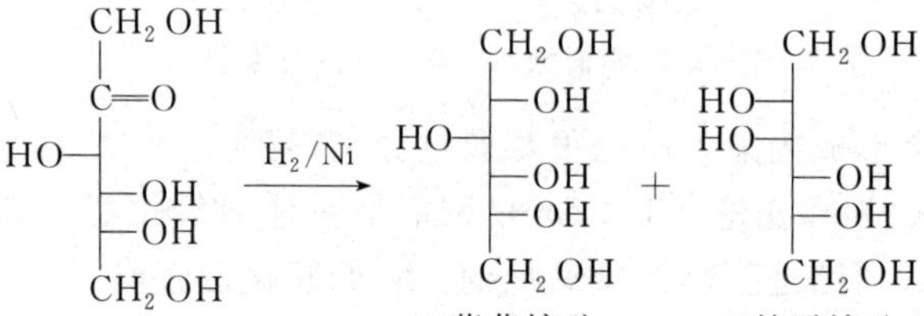

D-果糖 $\xrightarrow{H_2/Ni}$ D-葡萄糖醇 + D-甘露糖醇

（3）糖脎的合成

羰基与苯肼反应生成腙，α-羟基醛或 α-羟基酮的羟基会被苯肼氧化得到羰基，两个羰基分别反应，最后得到脎。

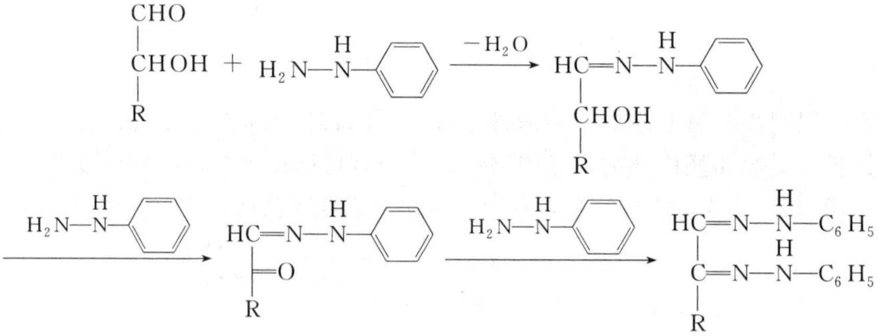

$$RCH(OH)CHO + H_2N{-}NH{-}C_6H_5 \xrightarrow{-H_2O} RCH(OH)CH{=}N{-}NH{-}C_6H_5$$

$$\xrightarrow{H_2N-NH-C_6H_5} RC(=O)CH{=}N{-}NH{-}C_6H_5 \xrightarrow{H_2N-NH-C_6H_5} RC(=N{-}NH{-}C_6H_5)CH{=}N{-}NH{-}C_6H_5$$

糖大多都属于这样的物质，因此可以得到糖脎。

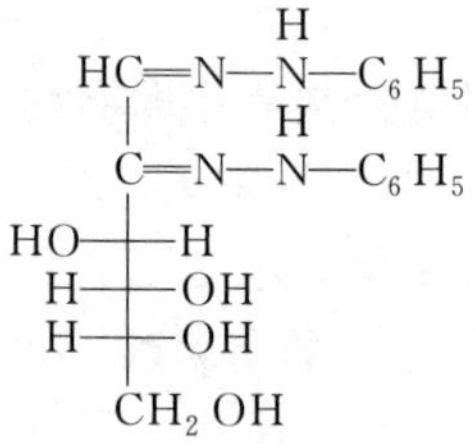

D-葡萄糖脎

生成的糖脎可以形成分子内氢键，使其生成稳定的六元环结构。由于该结构的限制，糖脎的其他碳原子无法再进行进一步的反应。且由于该反应只发生在 C1 与 C2 上，因此只有这两个碳异构的糖类发生反应后会得到相同的糖脎。

糖脎都是不溶于水的黄色晶体。

（4）糖苷

葡萄糖以一种环状半缩醛的形式存在，因此容易与一分子的醇类反应生成缩醛。环状糖的半缩醛羟基与另一分子中的羟基、氨基等反应脱水，会生成糖苷，也称配糖体。形成苷的物质也称配基，糖与配基之间的键称为苷键，半缩醛部分为 α 型的苷键为 α-苷键，为 β 型的则为 β-苷键。

糖苷分子中没有苷羟基，无法与开链结构互变，因此没有变旋光的现象。糖苷是一种缩醛，因此在碱性条件下稳定，在酸性条件下易水解成糖和配基。

6. 一些重要的单糖及衍生物

（1）D-核糖和 D-2-脱氧核糖

核糖和脱氧核糖两种戊糖是任何生命体中都至少存在一种的糖，对组成遗传物质起了重要作用。

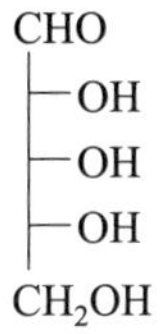

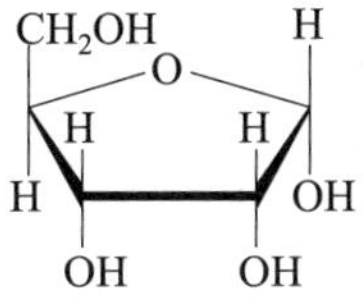

α-D-核糖 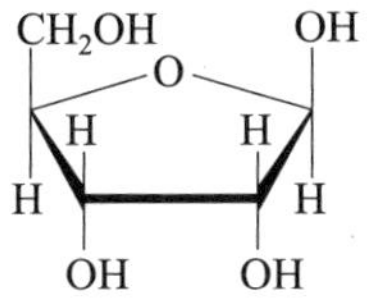　β-D-核糖　D-核糖

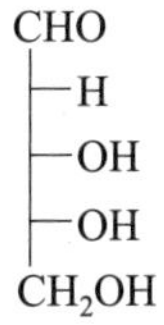

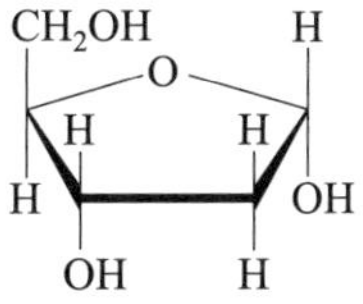

α-D-2-脱氧核糖 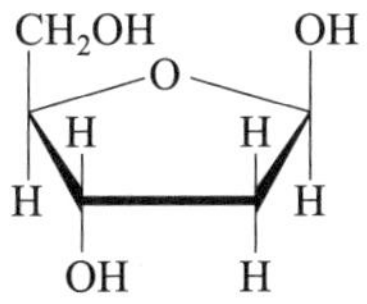　β-D-2-脱氧核糖　D-2-脱氧核糖

（2）葡萄糖和果糖

葡萄糖和果糖是两种重要的己糖。D-(＋)-葡萄糖是人体不可缺少的糖，也称右旋糖，存在于一些甜水果中，又可以构成淀粉、纤维素等多糖广泛存在于自然界中，在食品、纺织、医药等领域也发挥相当大的作用。D-(－)-果糖，也称左旋糖，游离存在于水果和蜂蜜中，甜度最高，组成蔗糖也可成为多聚果糖而广泛存在于自然界中。

在生物学中，葡萄糖和果糖都是人体能量来源的重要成分，虽然它们的结构略有不同，但它们的化学性质非常相似。两者都参与了糖的代谢过程和 ATP 的产生过程。

13.1.3 二糖

1. 二糖介绍

二糖是由一分子单糖的半缩醛羟基与另一分子单糖的羟基或半缩醛羟基脱水而成的，因此也属于一种糖苷，配基为另一糖分子。通过不同单糖的组合，可以得到多种重要的二糖。

按成糖方式不同，二糖可以分为还原性二糖和非还原性二糖。还原性二糖的配基仍保留一个半缩醛羟基，可以变成开链式结构，具有变旋光现象，能成糖脎，有还原性，如乳糖。若两个糖形成二糖时均提供半缩醛羟基，则不具有上述还原性二糖的特点，如蔗糖。

2. 重要的二糖

蔗糖是世界上分布最广的二糖，一般由甘蔗和甜菜产出，拥有极高的产量与需求量，甜味仅次于果糖，其分子结构如图 13-4 所示。蔗糖可以通过酸或碱催化水解得到一分子葡萄糖和一分子果糖，是一种典型的非还原性二糖，因此不能与苯肼反

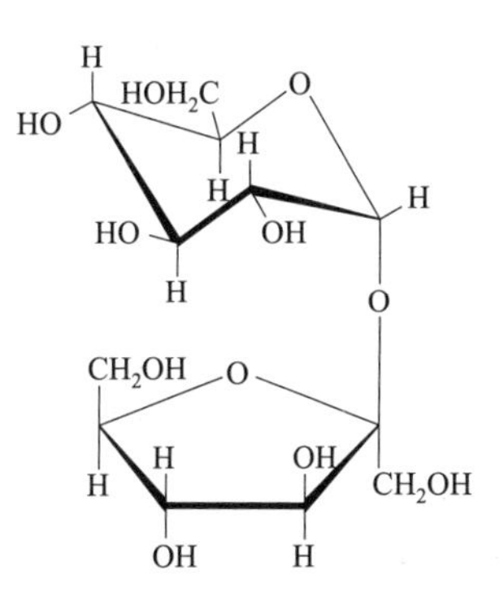

图 13-4　蔗糖的分子结构

应，也不容易被氧化。水解前后旋光方向发生转变，因此蔗糖的水解反应又称转化反应，产物则为转化糖，是葡萄糖和果糖的混合物，转化糖甜度比原本蔗糖高，比如蜂蜜。蔗糖中葡萄糖的C1是α型的，果糖是β型的。

麦芽糖是由淀粉在淀粉酶水解下产生的二糖，甜度小于蔗糖，易溶于水，有还原性，可成糖脎，有变旋现象，是一种典型的还原性二糖，两种麦芽糖结构如图13-5所示。麦芽糖中的半缩醛羟基可以是α型，也可以是β型。

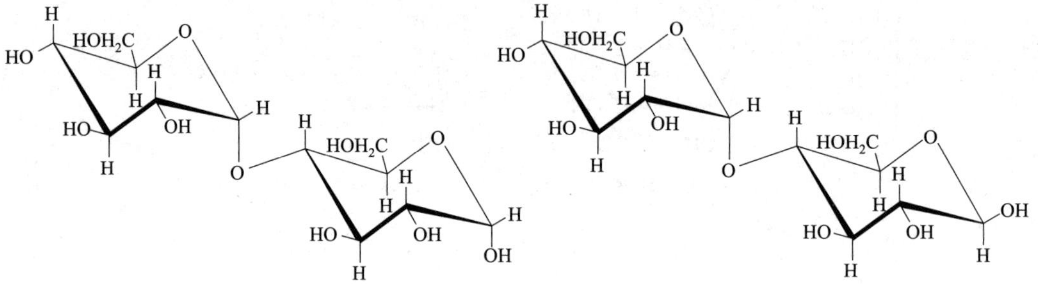

α-麦芽糖　　β-麦芽糖

图13-5　两种麦芽糖的结构

乳糖是人类和哺乳动物乳汁中特有的碳水化合物，是由葡萄糖和半乳糖组成的双糖，结合过程保留半缩醛羟基，因此有α和β两种构型（图13-6）。在婴幼儿生长发育过程中，乳糖不仅可以提供能量，还参与大脑的发育进程。

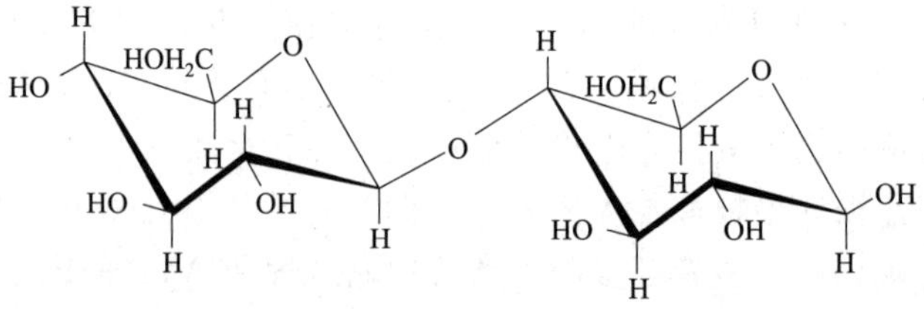

图13-6　乳糖的结构

纤维二糖是纤维素的结构单位，纤维素部分水解可以得到纤维二糖。纤维二糖也有α和β两种构型（图13-7）。溶液中以α-纤维二糖和β-纤维二糖形式存在，固态时纤维二糖只有β型。乳糖水解需要一种叫半乳糖苷酶的物质催化。

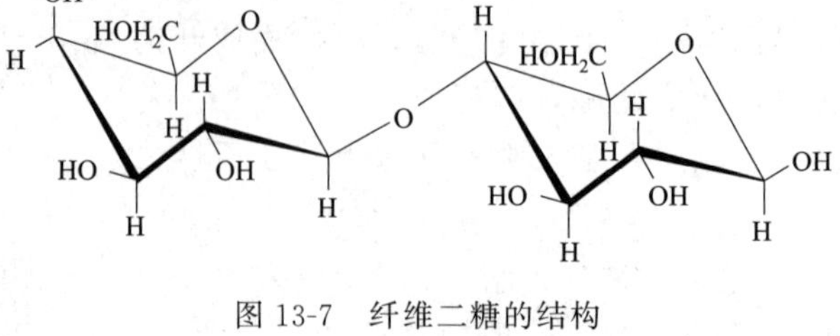

图13-7　纤维二糖的结构

13.1.4　多糖

多糖广泛存在于自然界中，是由数目巨大的单糖通过糖苷键互相连接所形成的高聚物，其很多物理性质与单糖和二糖截然不同，而在化学性质方面，虽然多糖依旧存在苷羟基，但由于其占比极低，因此不具备还原糖的性质。自然界分布最广的多糖是纤维素和淀粉，它们与人类生活息息相关，二者都是由 D-葡萄糖组成的高聚体，称为均聚糖，而有些天然多糖水解后可以得到戊糖、己糖以及一些糖类衍生物，称为杂多糖。

1. 淀粉

淀粉是高分子碳水化合物，是由葡萄糖分子聚合而成的。其基本构成单位为 α-D-吡喃葡萄糖，分子式为（$C_6H_{10}O_5$）$_n$。淀粉有直链淀粉（10%～30%）和支链淀粉（70%～90%）两类。在自然界中，淀粉是植物存储能量的主要物质，人类主要通过淀粉来摄入碳水化合物，为自身生命活动提供所需的能量。谷物中富含各类淀粉，具有十分高的食用价值。

（1）直链淀粉

直链淀粉在马铃薯、玉米等作物中含量较高，能溶于水且不成糊，是 D-葡萄糖以 α-1，4′-苷键聚合而成的链状化合物，因此称为直链淀粉。其部分结构如图 13-8 所示。

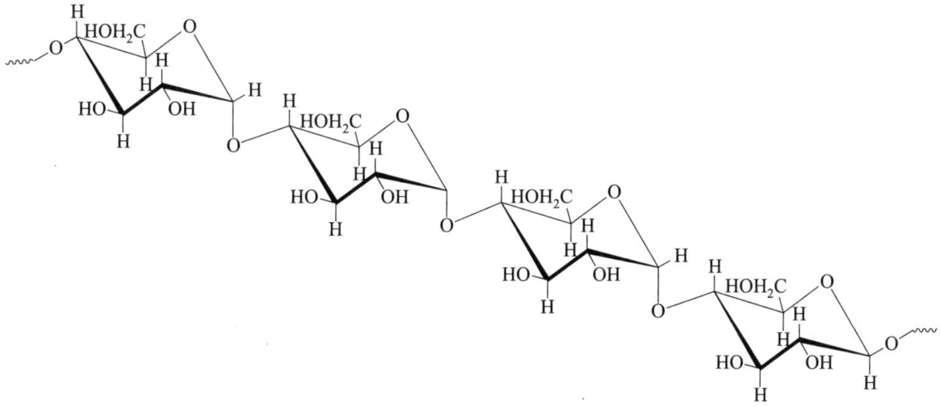

图 13-8　直链淀粉的结构

直链淀粉中含有丰富的羟基，可以形成很多的分子内氢键，氢键的力使其卷曲成螺旋状，每圈螺旋都大概有 6 个葡萄糖单元。直链淀粉遇碘变蓝，也与螺旋式的结构有关。柱状螺旋使得碘分子十分容易进入并且被吸附，通过范德华力形成一种络合物，呈深蓝色。该原理不仅可以检测淀粉，还可以用淀粉-碘化物间接地去检测氧化剂，被检测的氧化物将碘离子氧化成碘单质，与直链淀粉形成络合物显色，其优点是响应明显且迅速。

（2）支链淀粉

支链淀粉是在以 α-1，4′-苷键聚合而成的分子基础上，再以 α-1，6′-苷键连接短链，基本每 20～30 个葡萄糖分子会出现一个这样的支化点（图 13-9），分子量会比直链淀粉更大。

在不同的条件下，相同作物或不同作物都会产生直链淀粉和支链淀粉比例不同的淀粉，这是导致不同淀粉黏度等物理性质不同的主要原因。

有一种物质叫糖原，组成与结构和淀粉很相近，又叫作动物淀粉，但支链较多，因此一般呈球形，最早在动物肝脏中提取出来，又叫肝糖。

2. 纤维素

纤维素是自然界中分布最广的天然高分子有机物。植物的主要成分就是纤维素，比如木材、棉花等。

纤维素是一种由 D-葡萄糖，以 β-1，4′-苷键聚合成的直链高分子（图 13-10）。

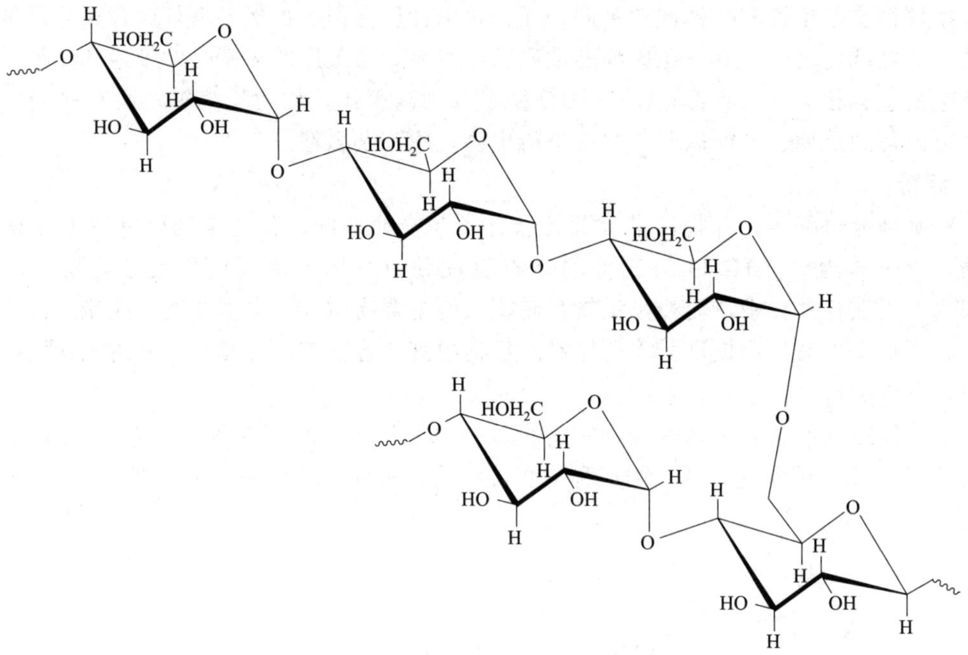

图 13-9　支链淀粉的结构

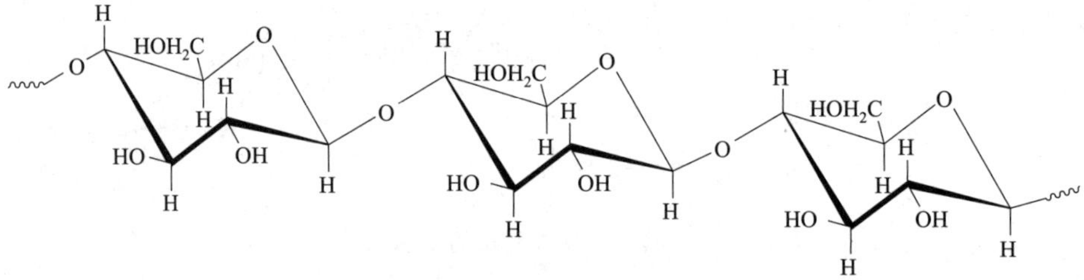

图 13-10　纤维素的组成结构

纤维素可以凭借众多的氢键结合成纤维素束，纤维素束绞在一起形成绳束结构，定向排布成我们常见的纤维素，这样的绳束结构使纤维素强度和弹性都很高。

纤维素分子中的β-1,4′-苷键，人类消化道内没有水解该化学键的酶，因此人类不能消化纤维素，而食草动物肠道内的微生物可以分泌纤维素酶，因此食草动物可以消化纤维素。但不代表纤维素对人体没有用处，纤维素可以促进人体肠道蠕动，增加新陈代谢，缓解便秘，其好处也是无法用简简单单的能量来衡量的。

13.2 核酸

13.2.1 核酸的结构与组成

在酸的作用下，核酸可以完全水解成戊糖、杂环碱和磷酸；偏向中性或者合适的酶催化可以进行部分水解得到核苷酸，核苷酸可以进一步水解成核苷和磷酸，核苷又可以水解成戊糖和杂环碱。核苷酸部分水解过程如下：

核酸分为两种，组成二者的戊糖不同，碱基不完全相同。戊糖分为两种，脱氧核糖与核糖，核糖参与构成的核酸为核糖核酸（ribonucleic acid，RNA），脱氧核糖参与构成的核酸为脱氧核糖核酸（deoxyribonucleic acid，DNA）。核酸水解后得到的杂环碱分为嘌呤衍生物和嘧啶衍生物，嘌呤衍生物有鸟嘌呤和腺嘌呤，嘧啶衍生物有胞嘧啶、尿嘧啶和胸腺嘧啶，其中尿嘧啶为核糖核酸特有的碱基，胸腺嘧啶为脱氧核糖核酸特有的碱基。

腺嘌呤　　鸟嘌呤　　尿嘧啶　　胞嘧啶　　胸腺嘧啶

核糖或脱氧核糖分子的 1 号位羟基与嘧啶环 1 位或嘌呤环 9 位氮原子上的氢结合脱水，生成以 C—N 键形式结合成的核苷。一些常见的核苷见图 13-11。

核苷酸的 3 号和 5 号位羟基与磷酸酯化形成核苷酸，核苷酸可进一步结合形成多核苷酸，也就是核酸。一个核苷酸戊糖上的 5 号位磷酸与另一个核苷酸 3 号位羟基通过磷酸二酯键结合。结合方式如图 13-12 所示。

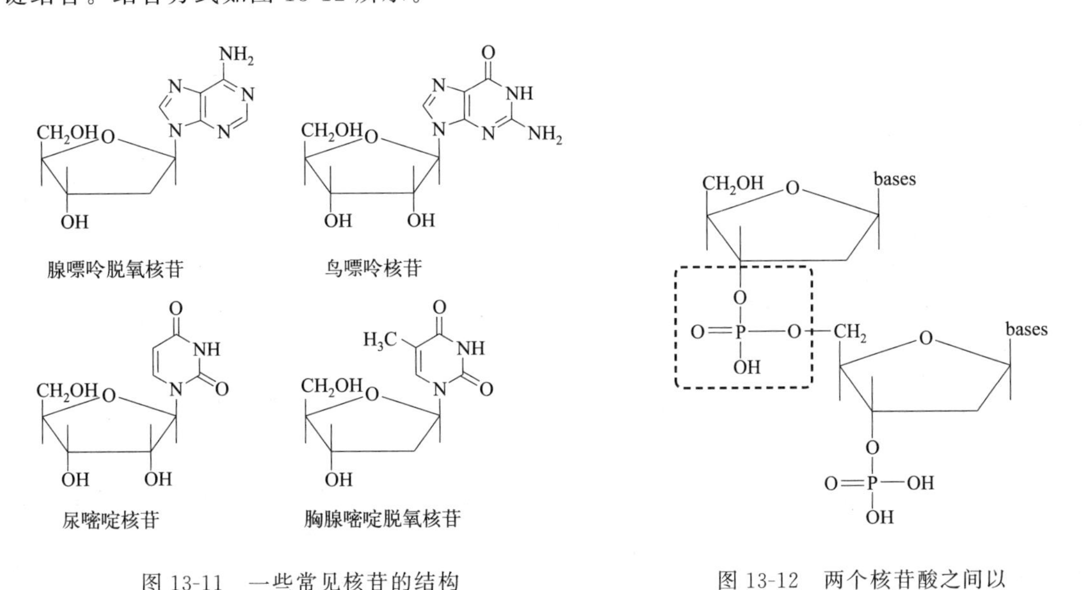

图 13-11　一些常见核苷的结构

图 13-12　两个核苷酸之间以磷酸二酯键方式连接

不同核苷酸在核酸链上的排列顺序为核酸的一级结构，其空间结构为二级结构。其空间结构十分值得探讨，1953 年，沃森和克里克结合前人的研究与实验进行探索，提出了 DNA 双螺旋结构。双螺旋结构理论认为：DNA 由两条反向平行的长链构成；磷酸和脱氧核糖构成骨架排列在外侧，碱基排列在内侧；两条链的碱基键能通过氢键形成碱基对，碱基对之间遵循碱基互补配对规律。

DNA 双螺旋结构中每个螺旋有 10 个碱基对，直径约 2nm，核苷酸夹角为 36°，双螺旋表面有两条深浅宽度不一的螺旋槽，较宽的一条称为大沟，较小的一条称为小沟。

RNA 分为三种，转运 RNA（tRNA）、信使 RNA（mRNA）和核糖体 RNA（rRNA）。核糖核酸分子一般为单链螺旋结构，有些会含有双链螺旋结构。

13.2.2 核酸的性质与作用

核酸是遗传信息的携带者，通过序列上的差异来决定生物体的特征。DNA 是遗传信息的主要携带者，而 RNA 在转录和翻译过程中参与基因表达。

DNA 由两条互补的单链通过氢键相互结合而成。这种双链结构使得 DNA 具有较高的稳定性和信息存储容量。DNA 分子能够通过复制过程产生几乎完全相同的副本，这是生物继承和繁殖的基础。

在细胞中，DNA 通过转录形成 RNA，而 RNA 通过翻译产生蛋白质。这个过程被称为中心法则，是生物体内遗传信息的表达方式。核酸的单个链上的核苷酸可以按照不同的顺序排列，形成无限多种可能的序列。这种序列多样性决定了生物体的遗传多样性和种群的遗传变异。

核酸分子可以参与多种生物化学反应。例如，DNA 可以通过核酸酶酶解反应进行修复、剪切和重组等过程，而 RNA 则可以参与多种代谢和调控反应。某些核酸分子具有酶活性，被称为核酸酶。这些酶能够催化和调控细胞内的化学反应，如逆转录酶和 RNA 聚合酶等。

这些性质使得核酸在细胞的生命活动中扮演着至关重要的角色，包括遗传信息传递、蛋白质合成、基因调控、细胞信号传导等。

同时，通过研究核酸的性质和功能，我们可以深入了解生命的本质和生物学过程的基本原理。

课外拓展

纤维素人工转化成淀粉

木材中的主要成分纤维素是地球上含量最丰富的有机化合物之一，并且是可再生能源的一种理想来源。如今，生物工程师指出，它还能够解决人类的温饱问题。

中国科学院天津工业生物技术研究所体外合成生物学中心研究团队和中国农业科学院生物技术研究所研究团队合作，基于合成生物学研究开发了一种玉米秸秆高效合成人造淀粉和微生物蛋白的新技术。利用体外多酶分子体系和酿酒酵母进行一锅法生物转化，将预处理玉米秸秆中的纤维素进行酶水解合成人造淀粉，同时在有氧条件下发酵生产微生物蛋白。从可用的和丰富的农业残留物中高效地合成人工淀粉和微生物蛋白，作为新的饲料和食物来源。

利用体外无辅酶合成酶途径和面包酵母进行一锅法生物转化，可在好氧条件下将稀硫酸预处理的玉米秸秆同时转化为人工淀粉和微生物蛋白。首次利用成本低的商业化纤维素酶实现了高效纤维素水解，并将多酶分子体系生产成本降低到接近最低理论生产成本，且酶的发酵生产规模可达50吨。

诺贝尔奖——有效抗COVID-19的mRNA疫苗

北京时间2023年10月2日，“2023年诺贝尔生理学或医学奖”获奖名单揭晓。瑞典斯德哥尔摩卡罗林斯卡学院（Karolinska Institute）的诺贝尔大会宣布，将该奖项授予美国科学家卡塔林·卡里科（Katalin Karikó）和德鲁·魏斯曼（Drew Weissman），因为他们发现了核苷酸基修饰，从而开发出有效的抗COVID-19 mRNA疫苗。他们共享了1100万瑞典克朗奖金（约合732万元人民币），相比2022年增加100万瑞典克朗。

两位科学家发现通过对mRNA碱基的修饰，可大大降低免疫系统对mRNA的识别，提高RNA的稳定性，使其成药性提高。通过他们的突破性发现从根本上改变了我们对mRNA与免疫系统相互作用的理解。在现代人类健康面临威胁的情况下，他们为疫苗的前所未有的开发速度做出了贡献。

习 题

1. 标注出D系列六碳醛糖中手性碳的*R*/*S*构型。
2. 写出D-(+)-阿卓糖和D-(−)-艾杜糖的哈沃斯投影式（呋喃型）。
3. 尝试列举出几种还原性糖和非还原性糖。
4. 醛糖一定是还原性糖吗？酮糖一定是非还原性糖吗？
5. 写出下列物质分别被溴水、稀硝酸和高碘酸氧化后所得到的物质，并说明被氧化后是否具有旋光性。

（1）D-甘露糖

（2）D-古洛糖

（3）L-葡萄糖

6. 写出D-阿洛糖与下列物质反应后的产物。

（1）饱和$NaHSO_3$溶液

（2）氢氰酸

（3）苯肼

（4）溴水

（5）氧化银和碘甲烷

（6）吡啶，0℃，乙酸酐

7. 简述DNA和RNA在结构组成上的主要区别。
8. 画出腺嘌呤脱氧核糖核苷酸、鸟嘌呤核糖核苷酸、胸腺嘧啶核苷、胞嘧啶核糖核苷酸的结构。

第14章 氨基酸和蛋白质

思维导图

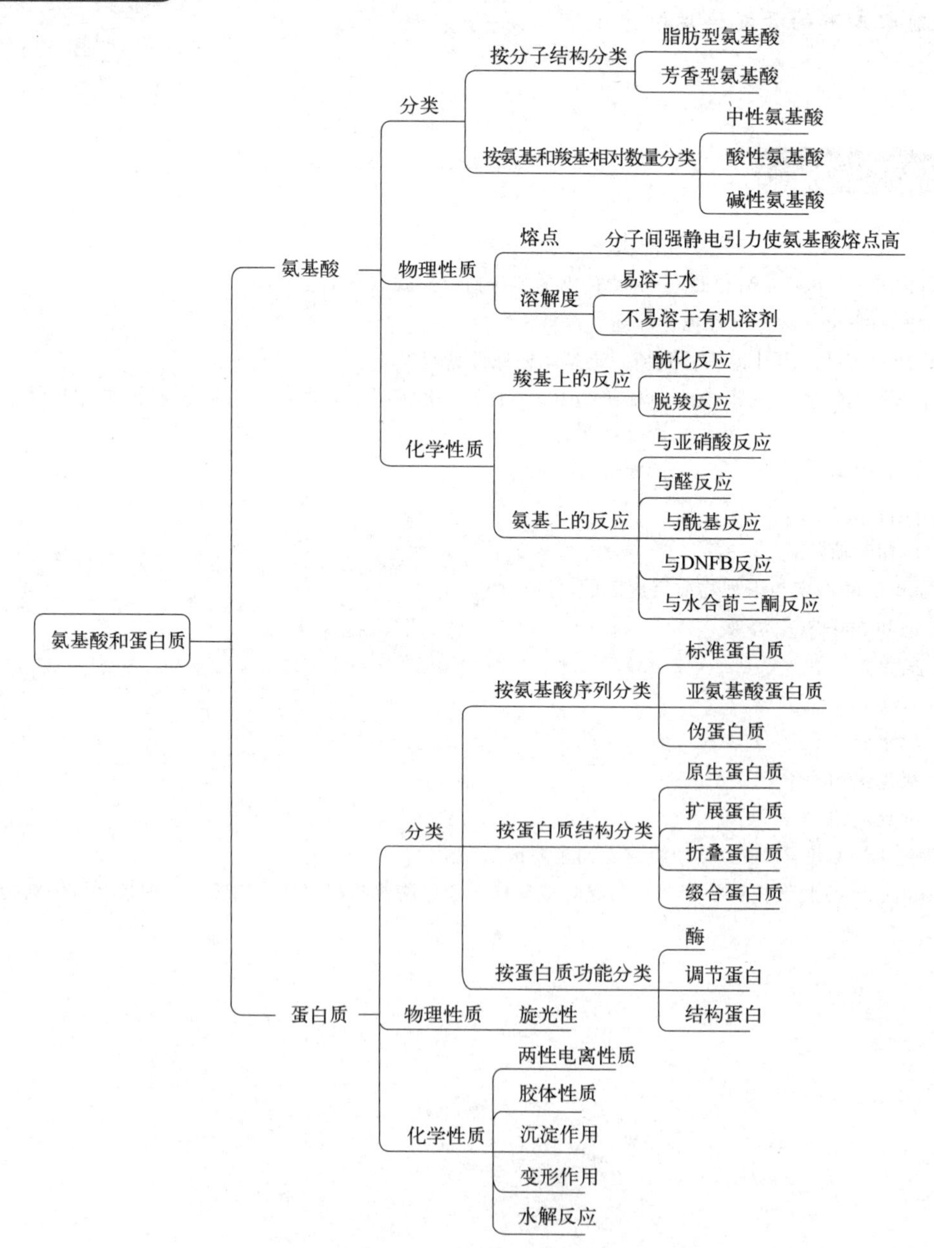

氨基酸、蛋白质是生命体的重要组成物质。氨基酸作为蛋白质的基石，是生命的基本单位。蛋白质在生物体内的每一个细胞以及其构成要素中都起着作用。所有的生物事件都源于各种蛋白质的直接和间接作用，不同蛋白质在生物体中起不同的生理作用，例如皮肤、骨骼等用于组织保护和支撑；血红蛋白用于氧气的运输等。

14.1 氨基酸

14.1.1 氨基酸的结构

羧酸碳链上的氢原子被氨基取代后的化合物被称为氨基酸（amino acid），氨基酸是构成蛋白质的基本单元，其结构由三个主要部分组成：氨基（$—NH_2$）、羧基（—COOH）和一个特定的侧链（R 基团）。在自然界中已发现数百种氨基酸，根据氨基连在碳链上的位置进行命名，与羧基直接相连的碳被称为 α 碳，氨基与 α 碳相连的氨基酸被称为 α-氨基酸。根据氨基所连接碳的不同位置，氨基酸可分为 α-氨基酸、β-氨基酸、γ-氨基酸等。天然蛋白质水解得到的都是 α-氨基酸，且仅有二十几种。

14.1.2 氨基酸的分类

氨基酸可按分子结构特点分为脂肪型氨基酸和芳香族氨基酸。氨基酸还可按分子中氨基和羧基的相对数量分为中性氨基酸、酸性氨基酸和碱性氨基酸三大类。氨基酸中的氨基数和羧基数相等的称为中性氨基酸，氨基数大于羧基数的称为碱性氨基酸，包括赖氨酸、精氨酸、组氨酸等 3 种；氨基数小于羧基数的称为酸性氨基酸，侧链 R 基团含有羧基，包括谷氨酸和天门冬氨酸在内共有 2 种。另外，还有两种特殊氨基酸，蛋氨酸（甲硫氨酸）——侧链 R 基团为硫甲基，是含硫氨基酸的一种；脯氨酸——侧链 R 基团是一种亚氨基酸，呈环状结构。

14.1.3 氨基酸的命名

氨基酸的命名方法有多种，但最常用的是基于侧链的命名法，即把氨基作为取代基，羧酸作为母体。例如，氨基乙酸（glycine）的侧链是乙酸基（$—CH_3COOH$），而天门冬氨酸（aspartic acid）的侧链是天门冬酰基（$—CH_2CONH_2$）。当涉及蛋白质序列时，氨基酸通常使用三个字母的缩写表示，如丝氨酸（serine，S）、丙氨酸（alanine，A）和谷氨酸（glutamic acid，E）等。除甘氨酸外，α-氨基酸中的 α-碳原子都具有旋光性，以甘油醛为标准进行比较，通常用 D/L 标记法标记 α-氨基酸中的不对称碳，常见氨基酸的构型均为 L 型。常见的氨基酸如表 14-1 所示。

表 14-1　α-氨基酸的名称及结构

分类	俗名	缩写符号	中文代号	系统命名	结构式
中性酸	甘氨酸	Gly(glycine)	甘	氨基乙酸	$H_2N—CH_2—COOH$
	丙氨酸	Ala(alanine)	丙	2-氨基丙酸	$H_3C—CH(NH_2)—COOH$
	丝氨酸	Ser(serine)	丝	2-氨基-3-羟基丙酸	$HO—H_2C—CH(NH_2)—COOH$

续表

分类	俗名	缩写符号	中文代号	系统命名	结构式
中性酸	半胱氨酸	Cys(cysteine)	半胱	2-氨基-3-巯基丙酸	$HS-H_2C-CH(NH_2)-COOH$
	胱氨酸	Cys-Cys (cystine)	胱	双-3-硫代-2-氨基丙酸	$S-H_2C-CH(NH_2)-COOH$ / $S-H_2C-CH(NH_2)-COOH$ (S—S)
	苏氨酸①	Thr(threonine)	苏	2-氨基-3-羟基丁酸	$H_3C-HC(OH)-CH(NH_2)-COOH$
	蛋氨酸①	Met(methionie)	蛋	2-氨基-4-甲硫基丁酸	$H_3C-S-H_2C-CH(NH_2)-COOH$
	缬氨酸①	Val(valine)	缬	3-甲基-2-氨基丁酸	$H_3C-HC(CH_3)-CH(NH_2)-COOH$
	亮氨酸①	Leu(leucine)	亮	4-甲基-2-氨基戊酸	$H_3C-HC(CH_3)-H_2C-CH(NH_2)-COOH$
	异亮氨酸①	Ile(isoleucine)	异亮	3-甲基-2-氨基戊酸	$H_3C-H_2C-HC(CH_3)-CH(NH_2)-COOH$
中性氨基酸	苯丙氨酸①	Phe (phenylalanine)	苯丙	3-苯基-2-氨基丙酸	$C_6H_5-H_2C-CH(NH_2)-COOH$
	酪氨酸	Tyr(tyrosine)	酪	2-氨基-3-(对羟苯基)丙酸	$HO-C_6H_4-H_2C-CH(NH_2)-COOH$
	脯氨酸	Pro(proline)	脯	吡咯烷-2-甲酸	(N–H ring)—COOH
	羟脯氨酸	Hyp (hydroxypro-line)	羟脯	4-羟基吡咯烷-2-甲酸	HO—(N–H ring)—COOH
	色氨酸①	Try (tryptophan)	色	2-氨基-3-(β-吲哚)丙酸	(indole, N–H)—$CH_2CH(NH_2)COOH$
酸性氨基酸	天冬氨酸	Asp (aspartic acid)	天冬	2-氨基丁二酸	$HOOC-H_2C-CH(NH_2)-COOH$
	谷氨酸	Glu (glutamic acid)	谷	2-氨基戊二酸	$HOOCH_2CH_2C-CH(NH_2)-COOH$
碱性氨基酸	精氨酸	Arg (arginine)	精	2-氨基-5-胍基戊酸	$H_2N-C(=NH)-NH-(CH_2)_3-CH(NH_2)-COOH$
	赖氨酸①	Lys (lysine)	赖	2,6-二氨基己酸	$H_2N-H_2C-(CH_2)_3-CH(NH_2)-COOH$
	组氨酸	His (histidine)	组	2-氨基-3-(5′-咪唑)丙酸	(imidazole, N, N–H)—$CH_2CH(NH_2)COOH$

① 为必需氨基酸。

14.1.4 氨基酸的等电点

由于氨基酸中同时存在羧基和氨基基团，因此在氨基酸分子内部可以形成内盐结构，从而表现为易溶于水不易溶于有机溶剂。同时，分子间强静电引力提高了氨基酸的熔点，一般高于 200℃。

$$\underset{\displaystyle NH_2}{\overset{}{R—\underset{|}{C}HCOOH}} \rightleftharpoons \underset{\displaystyle {}^{+}NH_3}{R—\underset{|}{C}HCOO^-}$$

内盐分子既含有带正电荷的基团，又含有带负电荷的基团，也被称为两性离子或偶极离子。两性离子既可与 H^+ 作用，也可与 OH^- 作用，在溶液中形成一个平衡。

$$\underset{\text{Ⅰ}}{\underset{{}^{+}NH_3}{R—\underset{|}{C}HCOOH}} \underset{H^+}{\overset{OH^-}{\rightleftharpoons}} \underset{\text{Ⅱ}}{\underset{{}^{+}NH_3}{R—\underset{|}{C}HCOO^-}} \underset{H^+}{\overset{OH^-}{\rightleftharpoons}} \underset{\text{Ⅲ}}{\underset{NH_2}{R—\underset{|}{C}HCOO^-}}$$

氨基酸的等电点是指氨基酸在水中带有正电荷和负电荷的数量相等时的 pH 值，此时氨基酸净电荷为零，因此在水溶液中不带电，也不会发生电泳迁移。在等电点时，氨基酸的羧基和氨基中的质子化程度相同，因此它们带有相同的电荷，此时氨基酸主要以偶极离子Ⅱ的形式存在且溶解度最小。带有电荷的分子会互相吸引并形成氢键，从而增加分子间的相互作用力。氨基酸的等电点可以通过计算得到，计算公式为：$pI=pK_{a1}+\lg([Asp]/[Ala])$（以天冬氨酸和丙氨酸为例）。其中，$pK_{a1}$ 是氨基酸的第一个酸解离常数的负对数，[Asp] 和 [Ala] 分别是天门冬氨酸和丙氨酸的浓度。

在生物体内，蛋白质的等电点通常在 4～9 之间，因此它们在生理 pH 值下带有正电荷。这使得蛋白质可以在电场中进行电泳迁移，从而在细胞内进行定位和运输。$pH<pI$ 时，氨基主要以阳离子（Ⅰ）的形式存在并向阴极移动；$pH>pI$ 时羧基主要以阴离子（Ⅲ）的形式存在并向阳极移动。所以通过调节 pH，可以使不同氨基酸先后沉淀，从而达到分离的目的。

14.1.5 氨基酸的化学性质

因为氨基酸分子中同时含有氨基和羧基，所以根据不同官能团的特点，可以发生如下反应。

1. 羧基上的反应

（1）酰化反应

氨基酸上的羧基可以与 PX_3、PX_5 或 $SOCl_2$ 等反应生成酰卤化合物，其中与 $PhCH_2OH$ 的反应可用于保护羧基。

$$\underset{NH_2}{R—\underset{|}{C}H—COOH} + PCl_5 \longrightarrow \underset{NH_2}{R—\underset{|}{C}H—COCl}$$

$$\underset{NH_2}{R—\underset{|}{C}H—COOH} + PhCH_2OH \longrightarrow \underset{NH_2}{R—\underset{|}{C}H—COOCH_2Ph}$$

（2）脱羧反应

在高沸点溶剂中缓慢加热或回流，氨基酸可发生脱羧反应，生成胺类。如：赖氨酸脱羧，生成CO_2。

$$H_2N-CH_2(CH_2)_3-\underset{\displaystyle NH_2}{CH}-COOH \xrightarrow{\triangle} H_2N-(CH_2)_5-NH_2+CO_2\uparrow$$

α-氨基酸在脱羧酶的作用下，也可发生脱羧反应。蛋白质腐败、发臭的主要原因——脱羧反应。

2. 氨基上的反应

（1）与亚硝酸反应

α-氨基酸与亚硝酸反应可定量放出氮气，生成α-羟基酸和水。此法可根据释放N_2的体积测定氨基酸的含氮量，称为范斯莱克（Van Slyke）氨基测定法。

$$R-\underset{\displaystyle NH_2}{CH}-COOH + HNO_2 \longrightarrow R-\underset{\displaystyle OH}{CH}-COOH + H_2O + N_2\uparrow$$

（2）与醛发生反应

氨基酸分子中的氨基可以和醛发生反应生成缩醛胺。例如氨基酸的氨基可以和甲醛反应生成*N*-亚甲基氨基酸。

$$R-\underset{\displaystyle NH_2}{CH}-COOH + H-\overset{\displaystyle O}{\overset{\|}{C}}-H \longrightarrow R-\underset{\displaystyle N=CH_2}{CH}-COOH + H_2O$$

氨基酸可在某些酶的作用下与醛、酮发生反应生成席夫碱（Schiff base）。

$$R-\underset{\displaystyle NH_2}{CH}-COOH + R'CHO \xrightarrow{\text{酶}} \underset{\text{席夫碱}}{R'HC=N-\underset{\displaystyle R}{CH}-COOH}$$

（3）与酰基发生反应

氨基酸分子中的氨基可以与酰氯发生反应生成酰胺，可用于氨基酸N端的保护。

$$R-\underset{\displaystyle NH_2}{CH}-COOH + C_6H_5-COCl \longrightarrow C_6H_5-CONH-\underset{\displaystyle R}{CH}-COOH$$

（4）与2,4-二硝基氟苯（DNFB）进行反应

氨基酸与2,4-二硝基氟苯发生亲核取代反应生成*N*-(2,4-二硝基苯基)氨基酸，简称*N*-DNP-氨基酸。

$$2,4\text{-}(O_2N)_2C_6H_3-F + R-\underset{\displaystyle NH_2}{CH}-COOH \xrightarrow{\text{弱碱}} 2,4\text{-}(O_2N)_2C_6H_3-NH-\underset{\displaystyle R}{CH}-COOH + HF$$

生成的产物显黄色，可用于氨基酸的比色分析。这一反应常用于测定多肽的结构，称为桑格（Sanger）法。

（5）与水合茚三酮反应

脯氨酸和羟脯氨酸与茚三酮反应产生黄色物质，而其他α-氨基酸反应完均为紫色，因此可特异性地进行氨基酸的检测。

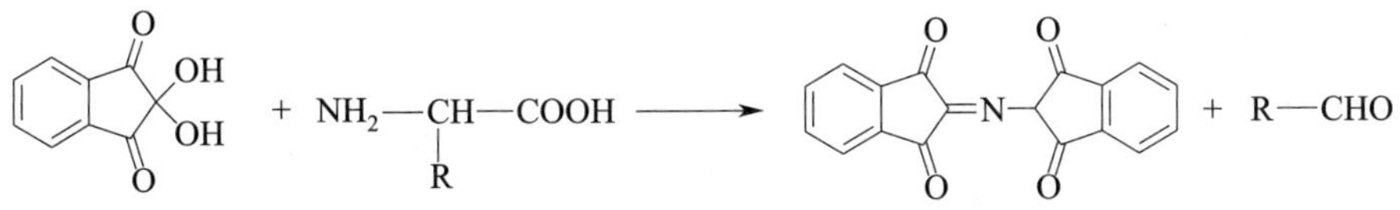

O OH OH O $+ NH_2—\underset{R}{CH}—COOH \longrightarrow$ O O =N— O O $+ R—CHO$

紫色

14.2 蛋白质

蛋白质是一种由氨基酸组成的生物大分子，是生物体中功能最为多样的重要分子之一。蛋白质的氨基酸序列由 DNA 中的基因编码，经过转录和翻译过程生成。蛋白质具有复杂的三维结构，可以发挥许多重要的生物学功能，如催化化学反应、调节生物过程、提供结构支持、进行物质运输和信息传递等。根据功能和结构的差异，蛋白质可以分为许多不同的类别，包括酶、激素、抗体和结构蛋白等。

组成蛋白质分子的元素主要有碳、氢、氧、氮、硫，某些蛋白质内部还存在一些微量元素，如铁、镁、锌等（见表 14-2）。但是不论何种蛋白质，它的主要元素质量组成变化都不大，含氮量基本保持在 16%左右，每克氮相当于 6.25g 蛋白质，以此为依据，可以通过检测生物样品体内的含氮量来计算其蛋白质含量。

$$w_{粗蛋白质}=6.25\times w_{氮}$$

表 14-2 各元素的含量

元素	C	H	O	N	S	P	Fe
含量(质量分数)/%	50～55	6.0～7.0	19～24	15～17	0～0.4	0～0.8	0～0.4

14.2.1 蛋白质的分类

蛋白质是生命体内最为重要的分子之一，其在细胞中扮演着多种角色，包括结构支持、酶催化、运输、信号传导等。根据蛋白质的结构和功能，蛋白质可以被分为多个类别。

① 根据氨基酸序列的不同，蛋白质可以被分为三类：标准蛋白质、亚氨基酸蛋白质和伪蛋白质。标准蛋白质包含所有 20 种常见的氨基酸，而亚氨基酸蛋白质包含一些非常罕见的氨基酸，例如硒代半胱氨酸和吡咯赖氨酸。伪蛋白质则包含一些非天然的氨基酸，例如荧光氨基酸和生物素化氨基酸。

② 根据蛋白质的结构，蛋白质可以被分为四类：原生蛋白质、扩展蛋白质、折叠蛋白质和缀合蛋白质。原生蛋白质是蛋白质家族中最简单的一类，其结构相对简单，通常只有一个多肽链。扩展蛋白质包含多个多肽链，这些链之间通过次级结构相互连接。折叠蛋白质具有复杂的三维结构，通常由多个多肽链组成。缀合蛋白质则是由多个蛋白质亚基组成的大型分子。

③ 根据蛋白质的功能，蛋白质可以被分为三类：酶、调节蛋白和结构蛋白。酶是催化化学反应的蛋白质，其功能特异，每种酶只能催化一种反应。调节蛋白则是控制细胞内信号传导和基因表达的蛋白质，其功能通常通过结合 DNA 或 RNA 来实现。结构蛋白则是构成细胞骨架和细胞外基质的蛋白质，其功能是提供细胞结构和支撑。

14.2.2 蛋白质的结构

蛋白质是生命体系中最为重要的分子之一，其结构决定了其功能。蛋白质结构的研究一直是生物化学和分子生物学的重要领域。

蛋白质的氨基酸序列决定了它的结构。氨基酸经脱水缩合反应，形成肽键，连接在一起形成多肽链。由在空间中折叠成特定三维结构的一个或多个多肽链组成蛋白质分子。蛋白质分子的结构分为一级结构、二级结构、三级结构和四级结构四个层次，其中蛋白质结构具有较强的稳定性。一级结构是指蛋白质分子中氨基酸的线性排列方式。二级结构是指氨基酸在蛋白质分子中的局部序列重复，生成氢键的途径。三级结构是指所有氨基酸残基在蛋白质分子中的相对空间位置。四级结构是指蛋白质分子之间的相互作用，由多条多肽链构成。

1. 蛋白质分子的一级结构

蛋白质分子的一级结构是指多肽链，由肽键按一定顺序连接许多 α-氨基酸。对不同的蛋白质而言，肽链的数目也不一样。蛋白质分子一级结构是蛋白质结构和性质的基础，其中任何一种氨基酸的改变都会使蛋白质的立体构象和生理功能发生很大的变化，使有机体发生异常，甚至死亡，这就是蛋白质分子的一级结构。X 射线衍射测定结果表明，6 个原子（C—CO—NH—C）在肽链中与酰胺键有关，处于同一平面上。在酰胺键中，碳氮键的自由旋转受到限制，肽链有以顺式和反式两种构型存在的可能，但在蛋白质中，实际上是以反式构型存在的，这是因为共轭体系的存在，使得酰胺键中的一般的单键变短，具有一定的双键特征。这与远距离、低能量、稳定的两个较大的 α-碳原子相吻合。

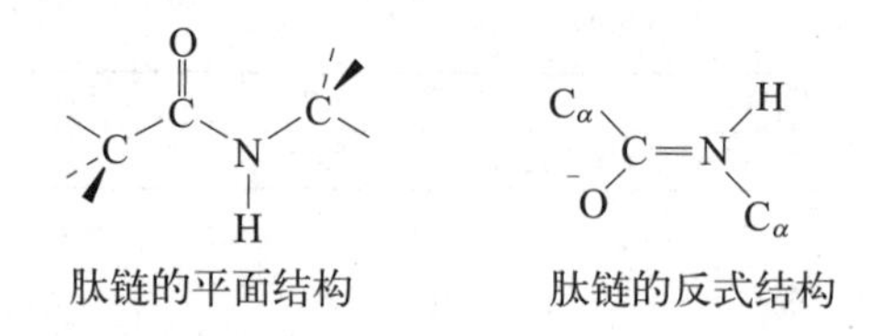

肽链的平面结构　　肽链的反式结构

2. 蛋白质分子的二级结构

蛋白质分子的二级结构是指多肽链在氢键的作用下产生的空间折叠和环绕。多肽链在空间中一般存在两种不同的结构，称为 α-螺旋和 β-折叠。α-螺旋体构象的特征是：肽链以螺旋的方式围绕着中心轴上升，约 18 个氨基酸分子围绕成长度为 27Å 的 5 圈，即平均 3.6 个氨基酸组成一个螺旋圈，相邻的两个螺旋圈之间的距离为 5.4Å，将多肽链上所有羰基的氧原子与下一层螺旋圈中所有亚氨基的氢原子以氢键结合在一起，如图 14-1(a) 所示，平行的氢键使其构象的稳定性得以维持。β-折叠体构象的特点是：肽链通过分子内氢键的作用力，使两条肽链的不同链段相互平行排列，如图 14-1(b) 所示，通过相邻的片段氢键作用，使肽链和化学键得到充分的伸展，形成一个平面。蛋白质分子链中一般都同时存在上述的两种二级结构，且经常多次重复并无规则卷曲，如图 14-1(c) 所示。

3. 蛋白质分子的三级结构

蛋白质分子的三级结构是在其二级结构的基础上形成的，是由肽链进一步扭曲、折叠而形成的复杂空间结构。与二级结构相比，三级结构依靠的是分子间作用力，如静电引力、氢键和范德华力或者形成二硫键（—S—S—）等，形成更为致密的结构。图 14-2 表示的是肌红蛋白的三级结构。

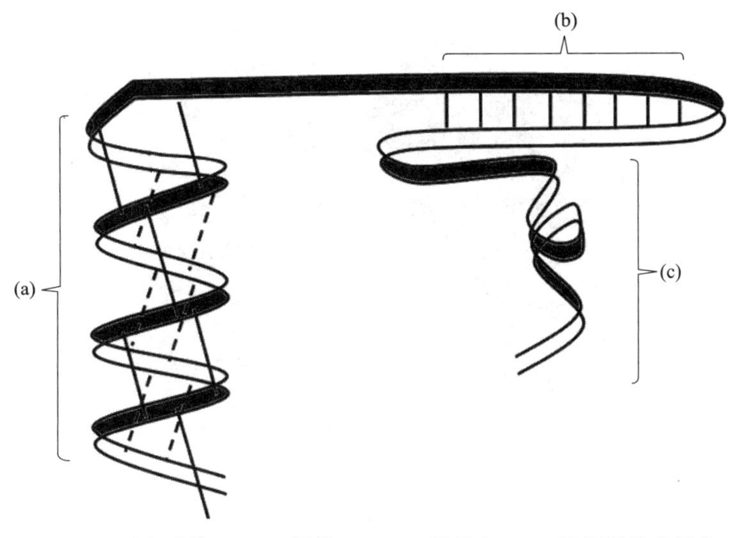

图 14-1　蛋白质的（a）α-螺旋、（b）β-折叠和（c）无规则卷曲结构

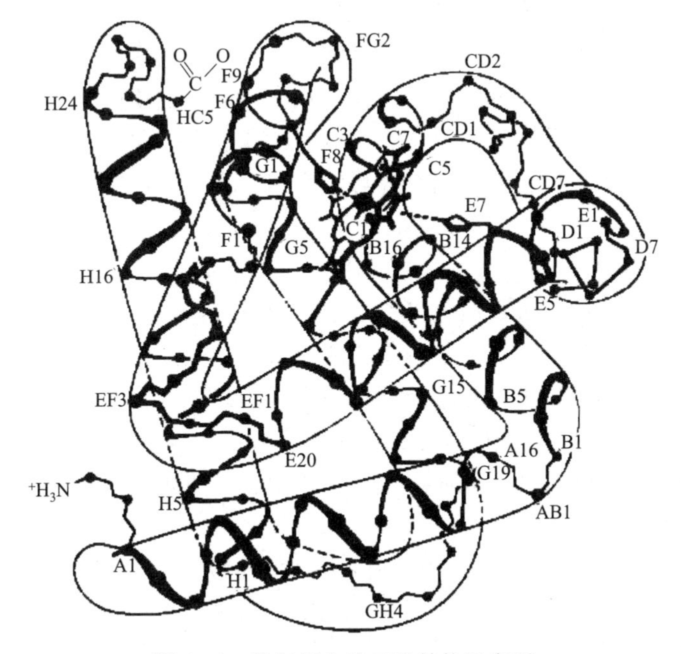

图 14-2　肌红蛋白的三级结构示意图

4. 蛋白质分子的四级结构

在一些蛋白质分子中，整个分子不止含有一个多肽链，都具有各自的一、二、三级结构，这些肽链可以被认为是一个亚单位或者亚基。由相同的或不同的亚基互相缔合而形成的更复杂的结构称为蛋白质分子的四级结构（图 14-3）。亚基间的缔合是借助于非共价键。从构象上看，亚基的分布非常对称且排列紧密，这样可以保持稳定的空间结构。

14.2.3　蛋白质的性质

1. 蛋白质的旋光性和光吸收

蛋白质的旋光性和光吸收与其结构和功能密切相关。蛋白质是由氨基酸组成的长链分

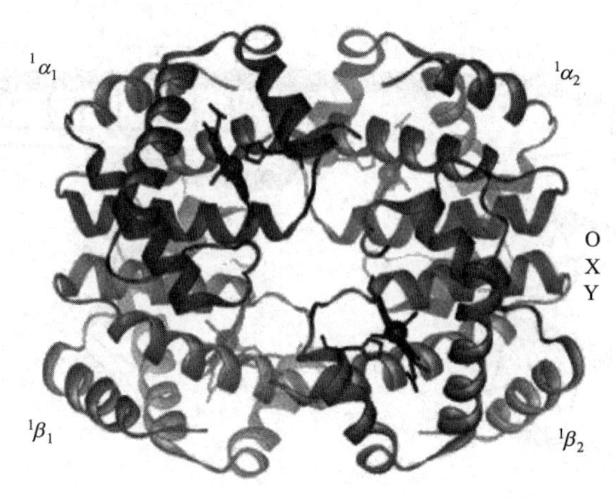

图 14-3　蛋白质分子的四级结构示意图

子，其旋光性取决于氨基酸的类型和序列。除甘氨酸外，其他氨基酸都具有手性，即它们在空间中存在不同的构型。这些手性氨基酸在蛋白质中的排列方式可以影响蛋白质的旋光性。光吸收是指蛋白质分子吸收光能并转化为化学能的过程。蛋白质中的色氨酸、酪氨酸和苯丙氨酸等芳香族氨基酸可以吸收紫外线和可见光，从而影响蛋白质的光吸收特性。蛋白质的旋光性和光吸收特性可以用于蛋白质的分离、鉴定和功能研究。例如，利用旋光色散技术可以分离具有不同旋光性的蛋白质，而利用紫外可见光谱技术可以研究蛋白质的光吸收特性，从而揭示其结构和功能。

2. 蛋白质的胶体性质

蛋白质的胶体性质指的是蛋白质分子在溶液中形成胶体溶液的现象。胶体溶液是由两种或两种以上的物质组成的混合物，其中一种物质呈胶态分散在另一种物质中。蛋白质水溶液属于亲水胶体，其能够形成稳定的亲水胶体主要是因为以下两方面原因：

① 形成保护性水化膜：由于蛋白质表面具有许多亲水性基团，例如羟基、氨基、羧基等，由于其亲水特性，会在蛋白质表面形成一层水化膜，对蛋白质粒子起到保护作用，有益于其形成稳定亲水胶体。

② 离子带同性电荷：蛋白质多肽链上有许多游离的羟基、羧基等可电离的基团，蛋白质分子表面一般会因为同性电荷的相互排斥而有同性电荷存在，在一定的酸碱度（pH 值）条件下，蛋白质不易聚沉。蛋白质分子的直径在 1～100nm 之间，属于胶体分散相质点的范围，所以在溶液中可以形成胶体溶液，而且蛋白质水溶液具有布朗运动，吸附作用强，不能穿过半透膜等性质。因此，蛋白质水溶液的作用很大。蛋白质的胶体性质在实际应用中有很多重要的作用，例如在医学上利用高度分散的胶体来检验或治疗疾病，在农业中利用土壤的胶体性质来保持土壤的肥力等。

3. 蛋白质的两性反应和等电点

蛋白质的两性反应指的是蛋白质分子中既含有氨基（碱性）又含有羧基（酸性），所以在不同的环境中可以表现出不同的电离状态，这种性质称为两性反应。由于蛋白质的两性性质，所以一般生物体中蛋白质能起到一定的缓冲作用，避免代谢产生的酸碱物引起大的 pH 值变化。例如哺乳动物血液 pH 值是通过血红蛋白的缓冲能力来调节的。不同体液 pH 值下，蛋白分子可以以阳离子的形式、两性离子的形式或者阴离子的形式存在，这对维持生物体内酸碱度相对平衡起到至关重要的作用。

等电点（pI）是蛋白质分子中正电荷和负电荷数量相等时的 pH 值，常见蛋白质的等电点见表 14-3。在这个 pH 值下，蛋白质分子净电荷为零，不带电，溶解度最小。通过改变溶液的 pH 值，可以改变蛋白质的电离状态，从而实现蛋白质的分离和纯化。

表 14-3　几种蛋白质的等电点

蛋白质	pI	蛋白质	pI	蛋白质	pI
胃蛋白酶	2.5	麻仁球蛋白	5.5	马肌红蛋白	7.0
酪蛋白	4.6	玉米醇溶蛋白	6.2	麦麸蛋白	7.1
鸡卵清蛋白	4.9	麦胶蛋白	6.5	核糖核酸酶	9.4
胰岛素多肽	5.3	血红蛋白	6.7	细胞色素 c	10.8

在不同的 pH 值下，由于蛋白质游离的氨基和羧基存在，蛋白质以不同的形式存在。

$$Pr\begin{matrix}\diagup NH_2\\ \diagdown COO^-\end{matrix}\ \underset{OH^-}{\overset{H^+}{\rightleftharpoons}}\ Pr\begin{matrix}\diagup NH_3^+\\ \diagdown COO^-\end{matrix}\ \underset{OH^-}{\overset{H^+}{\rightleftharpoons}}\ Pr\begin{matrix}\diagup NH_3^+\\ \diagdown COOH\end{matrix}$$

负离子	偶极离子	正离子
pH>pI	pH=pI	pH<pI
总电荷：−	总电荷：0	总电荷：+

Pr 是以—COOH 表示酸性基团，以—NH_2 表示碱性基团的蛋白质分子。蛋白质分子中有大量的基团可以被解离，如羧基和氨基在两端游离，其他基团可以被解离。因为含有的可解离基团不同，所以不同蛋白质的等电点存在差异。从表 14-3 可以看出，大部分蛋白质的等电点在 7 以下，而动植物组织液的 pH 值在 7～7.4 的范围内，因此蛋白质在体内多以负离子形式存在。

4. 蛋白质的沉淀作用

蛋白质形成的稳定的亲水胶体在一些条件下是容易被破坏的。例如破坏蛋白质的水化膜或者除去外层电荷，会破坏蛋白质的稳定胶体结构而使其沉淀。从溶液中析出蛋白质的现象称为沉淀蛋白质（图 14-4）。常用的蛋白质沉淀方法有盐析、等电点沉淀、使用与某些酸（如三氯醋酸）沉淀的生物碱试剂等。蛋白质的沉淀可分为可逆沉淀和不可逆沉淀。

① 可逆沉淀指沉淀下来的蛋白质分子构象基本没有变化，在去除沉淀因素的情况下，蛋白质沉淀重新溶解，并且蛋白质仍具有原有的生物活性。可逆沉淀的机制主要涉及蛋白质的构象变化。在变性过程中，蛋白质的空间结构被破坏，导致疏水基团暴露，这些疏水基团之间的相互作用使蛋白质聚集并形成沉淀。在复性过程中，蛋白质的空间结构恢复，疏水基团被隐藏，从而溶解回到溶液中。

盐析：将无机盐溶解在溶液中后，从溶液中析出蛋白质，这种作用称为盐析（salysis）。盐析保证了分子的溶解平衡，稳定存在，因为蛋白质是亲水的大分子，在水溶液中有双电层结构。在蛋白质溶液中，中性盐一方面与蛋白质争夺水分子，破坏蛋白质胶粒表面的水膜，但它是一种强电解质，具有很大的溶解性；另一方面，蛋白质颗粒上的电荷被大量中和，于是蛋白质颗粒堆积在水中，沉淀下来，析出。这是一个可逆的过程，盐析出的蛋白质可以再溶于水，对它的性质没有任何影响。所有的蛋白质都可以沉淀在浓盐溶液中，但不同的蛋白质在盐析时所需的浓度是不一样的，可以利用这一性质对蛋白质进行分离。常用的中性盐有硫酸铵、氯化钠、硫酸钠等。得到的蛋白质一般不会失活，在一定的条件下可以再次溶解，所以在分离、浓缩、贮藏、纯化蛋白质的工作中，这种沉淀蛋白质的方法使用非常广泛。有

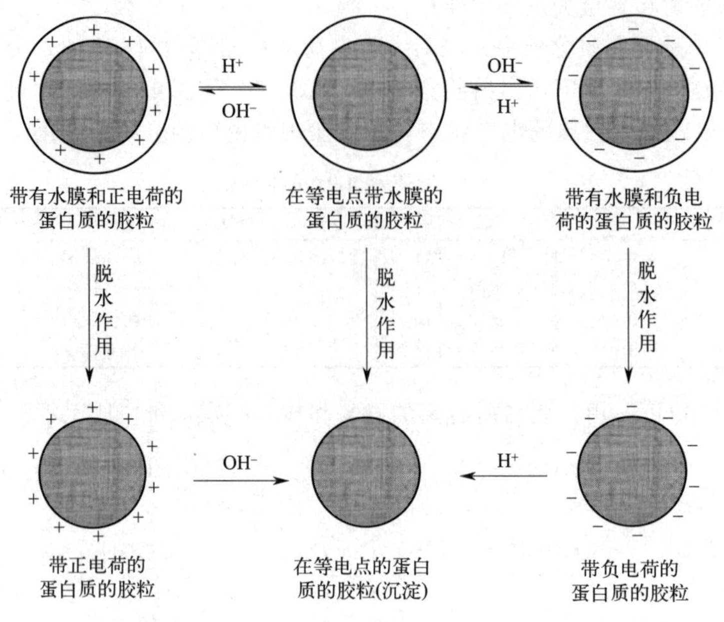

图 14-4　蛋白质胶体溶液沉淀和可逆沉淀示意图

机溶剂沉淀法：有机溶剂对水的亲和力比蛋白质更强，故可将蛋白质胶粒的水膜脱去而发生可逆沉淀。这种沉淀物在短时间内是可逆的，而在较长时间内则是不可逆的。

② 不可逆沉淀是指沉淀下来的蛋白质分子内部变化很大，失去了原来的生物活性，沉淀不能再溶解，即使沉淀消除。

不可逆沉淀方法有物理因素、水溶性有机溶剂沉淀法、生物碱试剂、重金属盐、酸性或碱性染料、苯酚和甲醛。物理因素：蛋白质胶体溶液受到紫外线、X 射线照射或加热等都会发生不可逆沉淀。水溶性有机溶剂沉淀法：在蛋白质溶液中加入乙醇、丙酮等水溶性有机溶剂，由于水溶性有机溶剂对水的亲和力大于蛋白质，破坏了蛋白质颗粒外层的水化膜，使其沉淀析出。生物碱试剂：将苦味酸、单宁酸等生物碱试剂加入蛋白质胶体中，可使蛋白质产生不可逆的沉淀物。重金属盐：将 Cu^{2+} 、Hg^{2+} 、Pb^{2+} 等金属离子加入蛋白质胶体中，也可造成蛋白质的不可逆沉淀。酸性或碱性染料：染料与蛋白质结合可以产生难以溶解的盐类沉淀，如酸性染料阳离子、碱性染料阳离子。

5. 蛋白质的变性作用

蛋白质变性是指蛋白质的空间结构发生改变，导致其失去生物活性的过程。变性因素包括热、酸、碱、有机溶剂、紫外线、机械作用等。变性后的蛋白质无法执行其正常的生物学功能的现象称为蛋白质的变性作用。蛋白质的变性作用也分为两种：可逆变性和不可逆变性。如果变性不超过一定限度，蛋白质结构变化不大，在一定条件下蛋白质的结构和功能还能够自行恢复，这种变性称为可逆变性。可逆变性一般限制在三、四级结构发生变化。变性的最初阶段是可逆的，一旦外界条件变化超过一定限度，蛋白质的二级结构甚至化学键发生变化，蛋白质的性质及其功能将不能恢复，这种变性称为不可逆变性。

蛋白质变性后就失去了原有的生物活性，这是变性蛋白质的主要特征。例如酶变性后失去催化活性；荷尔蒙变性后丧失身体调整能力；血色素变性后丧失氧输送能力等等。多肽链在蛋白质变性后变得松散，造成黏稠度增加。侧链疏水基外露导致溶解度降低而易于沉淀，渗透压和扩散速率降低，不易结晶等。而且，变性蛋白质容易被蛋白酶水解，原本难以监测到的一些基团变得容易被检测到。

6. 蛋白质的水解反应

蛋白质中的肽键和普通的酰胺键一样，可在酸性或碱性条件下水解断裂，产生 α-氨基酸。蛋白质的水解一般经历蛋白质、蛋白䏡、蛋白胨、多肽和 α-氨基酸这几个阶段。

但是酸碱条件会破坏许多氨基酸。例如，酸性条件会破坏色氨酸，碱性条件会破坏苏氨酸、半胱氨酸、丝氨酸和精氨酸。在生物体内一般利用酶在温和的条件下水解蛋白质。蛋白质水解反应对于研究蛋白质的结构和蛋白质在生物体内的代谢等方面均有重大意义。

7. 蛋白质的颜色变化

蛋白质与多肽上的酰胺键或者不同氨基酸残基可与各种试剂反应产生颜色变化，这些颜色反应常用于蛋白质鉴定或者定量分析（表 14-4）。

表 14-4　蛋白质的颜色反应

反应名称	试剂	颜色变化	反应基团	适用范围
黄蛋白反应	浓硝酸，加热，稀 NaOH	黄色至橙黄色	苯基	含苯基结构的多肽及蛋白质
茚三酮反应	水合茚三酮试剂	变为蓝紫色	游离氨基	多肽，蛋白质
双缩脲反应	NaOH 及少量稀 $CuSO_4$	紫色或粉红色	两个以上的肽键	所有蛋白质
乙醛酸反应	乙醛酸试剂，浓硫酸	紫色环	吲哚基	含吲哚基的多肽及蛋白质
米隆反应	米隆试剂，加热	白色至肉红色	酚基	含酚基的多肽及蛋白质

课外拓展

天然蛋白质具有有组织的分层结构和量身定制的功能，这是合成方法无法实现的。蛋白质自组装可以从相对简单的构件中制造出复杂的超分子结构，淀粉样蛋白和固有无序蛋白自然采用了这种策略。自然界中的生物可通过其具有定制特性的分层结构进行复杂的生理活动，以应对和适应复杂自然环境的变化。例如，珍珠质的分层结构与其出色的强度和刚度有关，其中有序的坚硬陶瓷晶体充当“砖块”，由柔软的黏合聚合物“灰泥”矿化。海洋生物（如贻贝和藤壶）可通过分泌黏合蛋白紧紧黏附在海水基质表面并形成黏合斑块，这些斑块富含不同的残基，如 3,4-二羟基-L-苯丙氨酸（DOPA）、酪氨酸、苯丙氨酸、阳离子和阴离子基团。与传统的有机大分子相比，天然蛋白质大分子具有非凡的生物相容性、可降解性和基因修饰性，因此适合作为构建蛋白质启发功能材料的构件。

近年来，人们对天然蛋白质组装的形成机制以及通过自组装策略将蛋白质设计和构建成有组织的纳米结构，从而提供具有多功能特性的先进材料产生了浓厚的研究兴趣。例如，对海洋生物水下黏合剂系统的研究表明，水下黏合剂系统是通过内在无序蛋白质的分子间或分子内相互作用驱动蛋白质液-液相分离而形成凝聚态的，从而开发出人工水下黏合剂、涂层材料、水凝胶和其他贻贝启发材料。在这些易于控制的分子相互作用的驱动下，一系列贻贝足蛋白或其模拟物（如聚多巴胺、PDA）产生了黏附力。此外，由于淀粉样纤维具有独特的结构特征，在自然生物体内发现的淀粉样纤维结构启发了人们将淀粉样纤维作为有序自组装纳米材料的模板或构件，并将其应用于生物医学、纳米技术和生物材料领域。也就是说，淀粉样蛋白可以自组装成分子间β片状富集结构，与纤维轴线正交，赋予淀粉样纤维显著的稳定性、粗糙度、高表面体积比和纳米力学性能。因此，这种基于淀粉样纤维的生物黏附系统可以成为贻贝足蛋白的重要替代黏附途径。一个众所周知的事实是，基于淀粉样蛋白的细菌生物膜可以改善细菌的附着和传播。最近，人们开发了一种蛋白质相变系统，用于制造具有放大商业潜力的大规模功能纳米薄膜，凸显了淀粉样蛋白质基材料在工程应用方面的进步。尽管贻贝足蛋白或淀粉样蛋白是一种很有前景的构建模块，可通过生物或化学策略轻松实现功能化，从而制备出具有先进生物功能的定义明确的蛋白质纳米结构，但在自组装策略、功能化通用性和工程应用方面仍存在挑战。现有的自组装纳米材料主要集中在单一成分的自组装蛋白质上，如贻贝足蛋白或淀粉样蛋白。然而，将两种不同的自组装构建模块（如贻贝足蛋白和淀粉样蛋白）结合起来，生成同时具有其原有高级特性（如黏附性和纤维状结构）的混合自组装材料的研究较少。最近，研究者合理地构建了一种新的融合蛋白(Sup35SpyCatcher)，用SpyCatcher代替已定义的功能蛋白，并与SpyTag蛋白特异性结合，这样就可以修饰淀粉样纤维。为了进一步设计这种淀粉样纤维，研究人员加入了黏性贻贝足蛋白模拟肽（Mfp3Sp），形成了三重融合蛋白Mfp3Sp-Sup35SpyCatcher。Mfp3Sp和Sup35-SAC可显示各自的特性，而且互不干扰。因此，三重融合蛋白可自组装成具有黏附能力的淀粉样纤维基水凝胶平台，从而使其具有广泛的底物通用性。

习 题

1. 区分极性氨基酸和非极性氨基酸是根据（ ）。

A. 所含的羧基和氨基的极性　　B. 所含氨基和羧基的数目

C. 所含的R基团为极性或非极性　　D. 脂肪族氨基酸为极性氨基酸

2. 下列哪一种氨基酸不属于人体必需氨基酸（ ）。

A. 亮氨酸　　B. 异亮氨酸　　C. 苯丙氨酸　　D. 精氨酸

3. 芳香族必需氨基酸包括（ ）。

A. 蛋氨酸　　B. 异亮氨酸　　C. 苯丙氨酸　　D. 精氨酸

4. 下列说法不正确的是（ ）。

A. 组成天然物质的氨基酸几乎都是α-氨基酸

B. 利用盐析可以提纯和分离蛋白质

C. DNA是生命体遗传信息的载体，蛋白质合成的模板

D. RNA主要存在于细胞核中，它用于控制蛋白质的合成。

5. 当含有下列结构片段的蛋白质水解时，产生的氨基酸的种类是（ ）。

$$—NH—CH(CH_2C_6H_5)—CO—NH—CH[CH(OH)CH_3]—CO—NH—CH(CH_2OH)—CO—$$

$$—NH—CH(CH_2C_6H_5)—CO—NH—CH[CH(OH)CH_3]—CO—$$

A. 2种　　B. 3种　　C. 4种　　D. 5种

6. 皮肤遇茚三酮试剂变成________色，是因为皮肤中含有______。

7. 一个带负电荷的氨基酸可牢固地结合到阴离子交换树脂上，因此需要一种比原来缓冲液 pH 值______和离子强度______的缓冲液，才能将此氨基酸洗脱下来。

8. 写出下列物质反应后的产物。

(1) $CH_3CH(NH_2)CH_2COOH \xrightarrow{\triangle}$

(2) $NH_2CH_2CH_2CH(NH_2)COOH + HCHO \longrightarrow$

(3) $NH_2CH(CH_3)COOH + O_2N-C_6H_3(NO_2)-F \longrightarrow$（2,4-二硝基氟苯）

9. 如何鉴别脯氨酸和赖氨酸?

10. 指出下面 pH 值条件下，各蛋白质在电场中向哪个方向移动，即正极、负极或保持在原点。

(1) 胃蛋白酶（pI 1.0)，在 pH 5.0。

(2) 血清蛋白（pI 4.9)，在 pH 6.0。

(3) α-脂蛋白（pI 5.8)，在 pH 5.0 和 pH 9.0。

参考答案

第2章

1. (1) 2-甲基己烷 (2) 2,2-二甲基戊烷 (3) 2,3-二甲基丁烷 (4) 环丁基戊烷(戊基环丁烷) (5) 二环[3.2.1]辛烷 (6) 5-甲基螺[3.4]辛烷

2.

(1) $H_3C-C(CH_3)_2-CH_3$ 2,2-二甲基丙烷

(2) $H_3C-CH(CH_3)-CH_2CH_3$ 2-甲基丁烷

(3) $CH_3CH_2CH_2CH_2CH_3$ 戊烷

3. (4) > (3) > (2) > (1)

4.

(1) $H_3C-CH(CH_3)-CH_3 \xrightarrow[h\nu]{Br_2} H_3C-CH(CH_3)-CH_2Br + H_3C-CBr(CH_3)-CH_3$

(2) $CH_3CH_2CH_3 \xrightarrow[h\nu]{Cl_2} CH_3CH_2CH_2Cl + CH_3CHClCH_3$

5.

链的引发 $Cl-Cl \xrightarrow{h\nu/\triangle} 2Cl\cdot$

链的增长 $Cl\cdot + H-CH_3 \longrightarrow \cdot CH_3 + HCl$

$\cdot CH_3 + Cl-Cl \longrightarrow CH_3Cl + Cl\cdot$

$ClH_2C-H + Cl\cdot \longrightarrow HCl + \cdot CH_2Cl$

$Cl-Cl + \cdot CH_2Cl \longrightarrow CH_2Cl_2 + Cl\cdot$

第3章

1.

(1) ICl　　(2) CH_3COOH

(3) Cl_2/高温　　(4) NBS/过氧化物

(5) HBrO　　(6) H_2O/H^+

2.

(1) 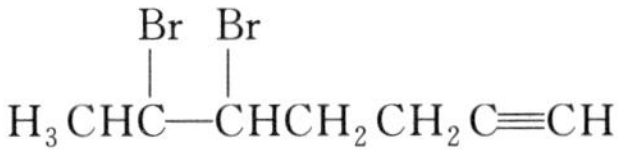 $H_3CHC(Br)—CH(Br)CH_2CH_2C\equiv CH$

(2)  $CH_2=CHCOOCH(Br)—CH_2Br$

(3) $CH_3CH_2CH_2CH_3$

(4) 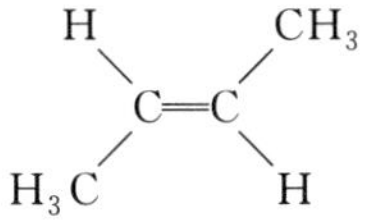 $(H)(H_3C)C=C(CH_3)(H)$

(5) 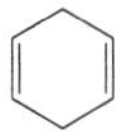 环己烯

(6) 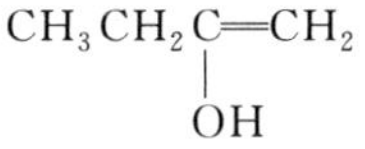 $CH_3CH_2C(OH)=CH_2$

3.

(1) $CH_3CH_2CH_2CH_2C\equiv CH$　　$(CH_3)_3CC\equiv CH$

$(CH_3)_2CHCH_2C\equiv CH$　　$CH_3CH_2CH(CH_3)C\equiv CH$

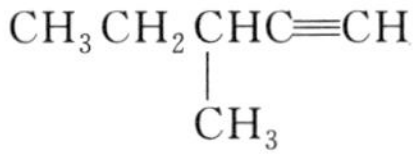

(2) $(CH_3)_3CC\equiv CH \xrightarrow[CCl_4]{Br_2} (CH_3)_3CCBr_2—CHBr_2$

$(CH_3)_3CC\equiv CH \xrightarrow[H^+]{KMnO_4} (CH_3)_3CCOOH + HCOOH$

$HCOOH \longrightarrow H_2 + CO_2$

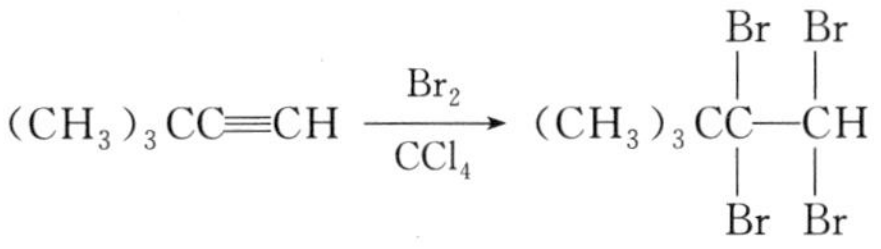

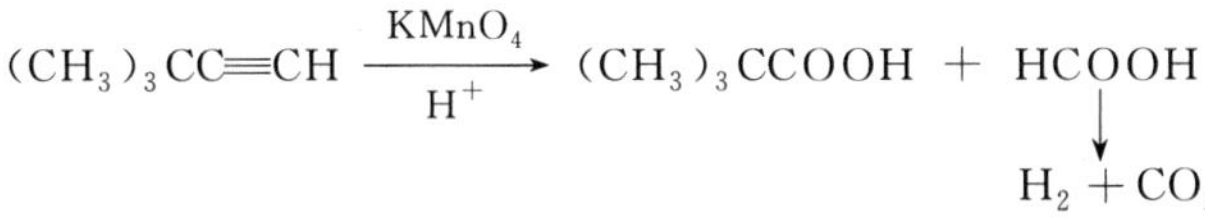

$(CH_3)_3CC\equiv CH \xrightarrow{Ag(NH_3)_2^+} (CH_3)_3CC\equiv CAg + NH_4^+ + NH_3$

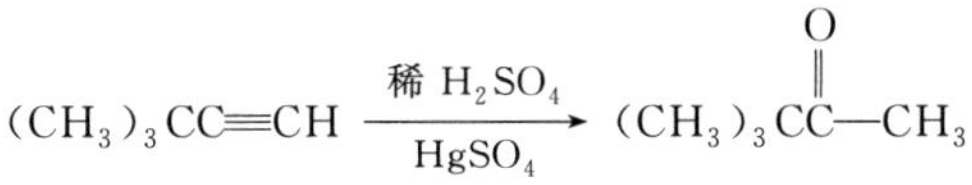

$(CH_3)_3CC\equiv CH \xrightarrow[HgSO_4]{稀\ H_2SO_4} (CH_3)_3CC(=O)—CH_3$

4.

$CH_3OH + Br_2 \longrightarrow CH_3\overset{-+}{O}Br + HBr$

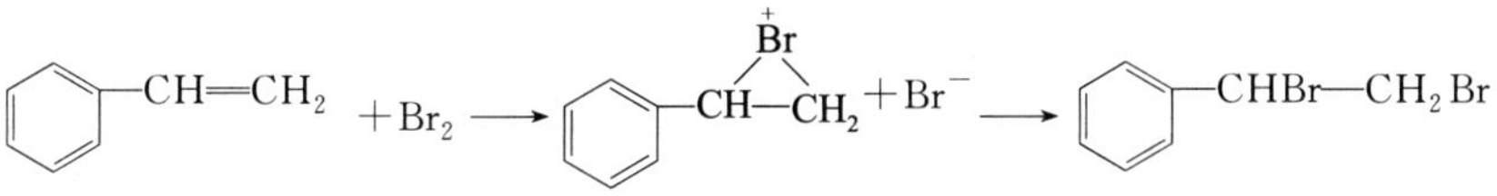

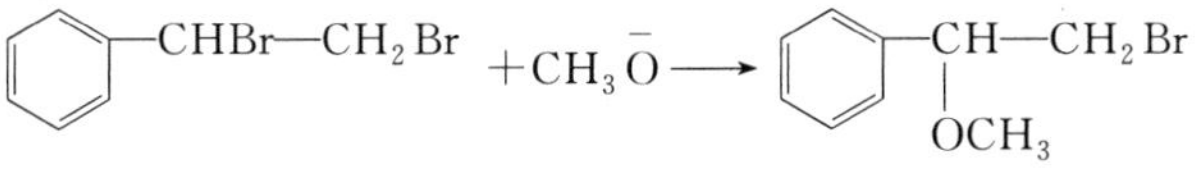

$C_6H_5—CH=CH_2 + Br_2 \longrightarrow C_6H_5—\overset{\overset{+}{Br}}{CH—CH_2} + Br^- \longrightarrow C_6H_5—CHBr—CH_2Br$

$C_6H_5—CHBr—CH_2Br + CH_3\bar{O} \longrightarrow C_6H_5—CH(OCH_3)—CH_2Br$

5.

(1) $H_2C=CH-\underset{\displaystyle Br}{\underset{|}{CH}}-CH_3$　　$H_2C=CH-CH_2-\underset{\displaystyle Br}{\underset{|}{CH_2}}$　　$H_2C=\underset{\displaystyle Br}{\underset{|}{C}}-CH_2-CH_3$

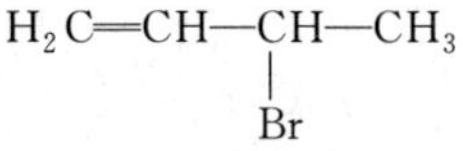

A 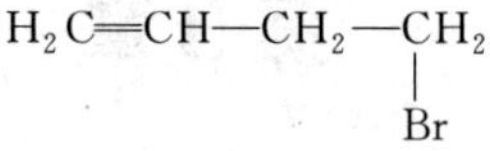　　B 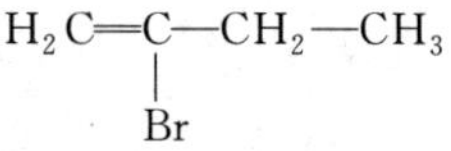　　C

在 S_N2 反应中过渡态的稳定性为 A>B>C，在 S_N1 反应中中间体碳正离子的稳定性也为 A>B>C，而速控步的过渡态的结构与碳正离子结构近似，所以速控步过渡态的稳定性也为 A>B>C。过渡态能量低，活化能就小，反应速率就快，所以反应速率的排序如上所示。

(2) 1-溴-1-乙基环己烷（环己基C上连 Br 和 CH_2-CH_3）　　环己基$-\underset{\displaystyle Br}{\underset{|}{CH}}-CH_3$　　环己基$-CH_2-\underset{\displaystyle Br}{\underset{|}{CH_2}}$

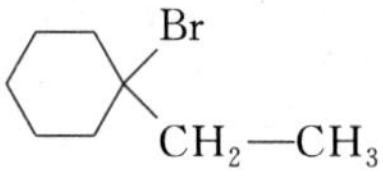

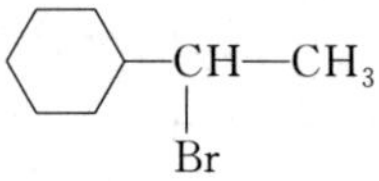

1′　　2′ 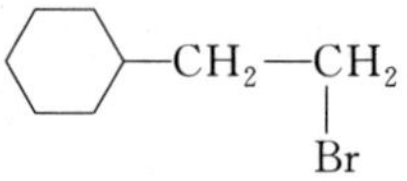　　3′

在 S_N2 反应中，中心碳原子的空间位阻越大，反应速率越慢，所以 S_N2 的反应速率为：3′>2′>1′。

在 S_N1 反应中，碳正离子越稳定，越易形成，所以 S_N1 的反应速率为：1′>2′>3′。

第 4 章

1.

(1) 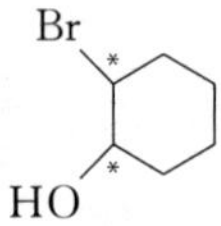 2-溴环己醇（Br、HO 所连两个碳均标 *）　(2) $CH_3\overset{*}{C}HBrCOOH$　(3) 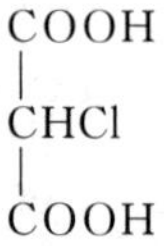 $HOOC-CHCl-COOH$ 无　(4) 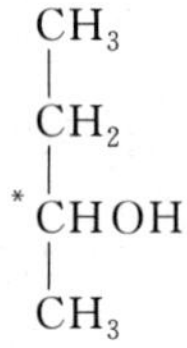 $CH_3-CH_2-\overset{*}{C}HOH-CH_3$

(5) 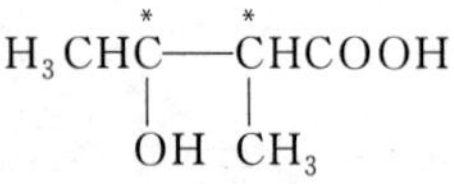 $H_3CH\overset{*}{C}(OH)-\overset{*}{C}H(CH_3)COOH$　(6) 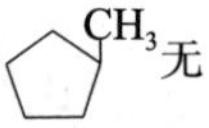 甲基环戊烷（CH_3）无

2. (1)、(2)、(4)、(6)、(7)、(8) 有手性，(3)、(5) 没有手性。

3.

(1) 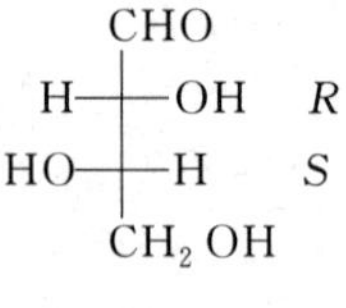 Fischer 投影式：上 CHO；H—C—OH；HO—C—H；下 CH_2OH　　*R*、*S*

(2) 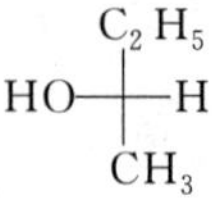 Fischer 投影式：上 C_2H_5，左 HO，右 H，下 CH_3　　*S*

(3) 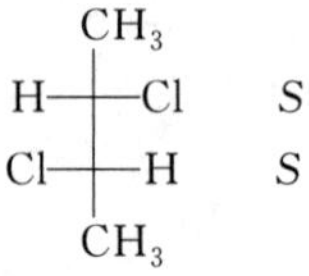 Fischer 投影式：上 CH_3；H—C—Cl；Cl—C—H；下 CH_3　　*S*、*S*

(4) 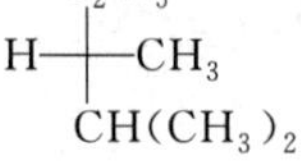 Fischer 投影式：上 C_2H_5，左 H，右 CH_3，下 $CH(CH_3)_2$　　*S*

(5) 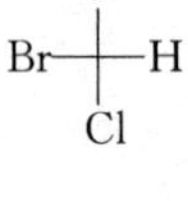 Fischer 投影式：上 F，左 Br，右 H，下 Cl　　*R*

(6) 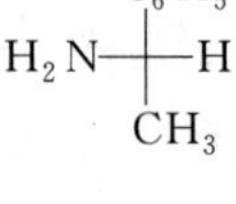 Fischer 投影式：上 C_6H_5，左 H_2N，右 H，下 CH_3　　*S*

4. (1) (R)-2-甲基戊醛

(2) ($3S$,$4S$)-2,2,3,4,5-五甲基己烷

(3) (S)-2-氯丁酸

(4) ($2S$,$3R$)-2,3-二溴丁醛

5. (Ⅰ)与(Ⅱ)、(Ⅲ)与(Ⅴ)、(Ⅳ)与(Ⅵ)、(Ⅶ)与(Ⅷ) 是相同的；(Ⅲ)或(Ⅴ)与(Ⅳ)和(Ⅵ)是对映体；(Ⅰ)或(Ⅱ)，(Ⅶ)或(Ⅷ)是内消旋体。

第 5 章

1.

(1) 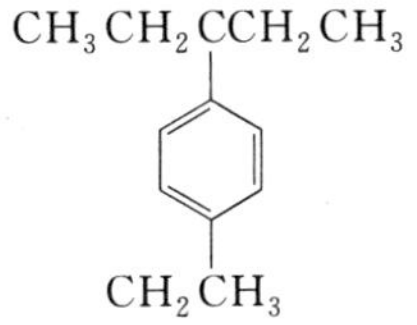　(2) 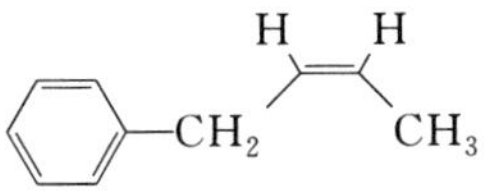　(3)

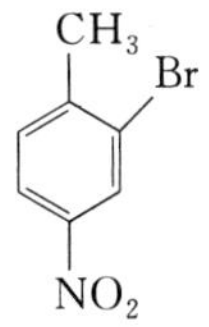

(4) 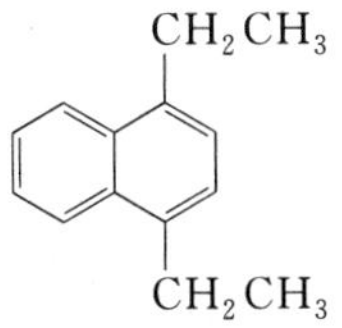　(5) 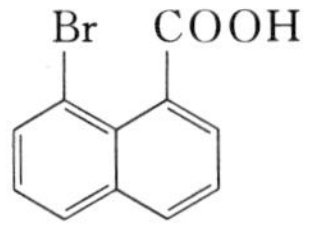　(6)

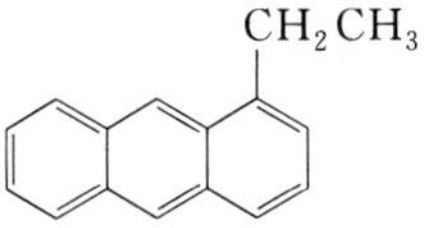

2. (1) 环戊基苯　(2) 苯乙炔　(3) 苄溴　(4) 1-氟-3,5-二溴苯　(5) 对乙基苯酚　(6) α-氯萘

3. (1)

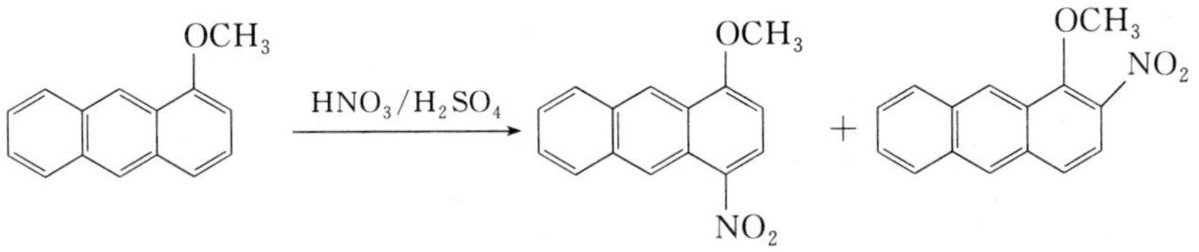

HNO_3/H_2SO_4

(2)

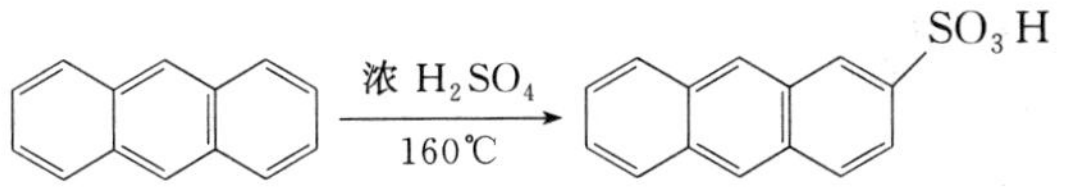

浓 H_2SO_4，160℃

(3)

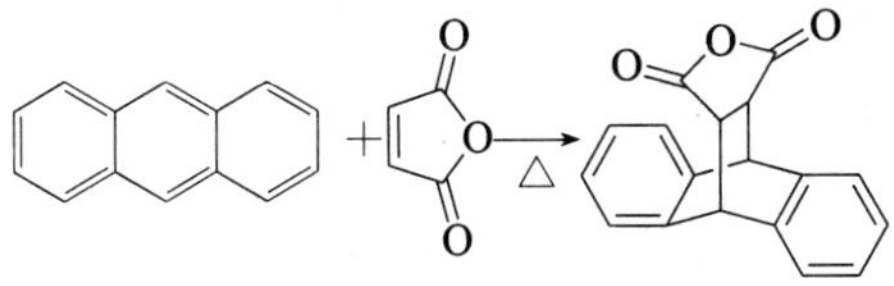

△

(4)

Li,NH_3(l)，CH_3CH_2OH

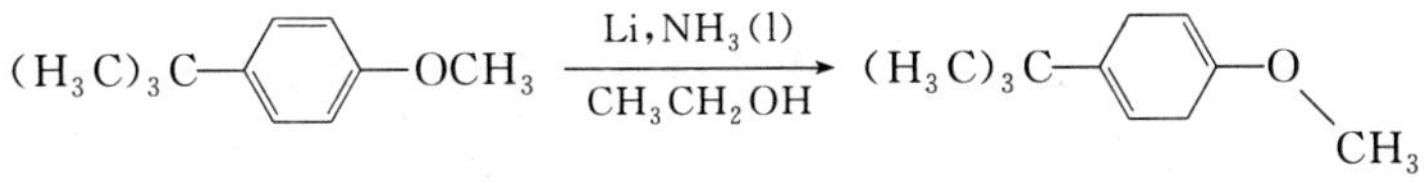

(5)

cat. HF

0℃

(6)

Cl

1. 1eq $AlCl_3$

(7)

CH_3 $\xrightarrow[H_2SO_4]{HNO_3}$ CH_3 NO_2 $\xrightarrow[FeBr_3]{Br_2}$ CH_3 NO_2 Br $\xrightarrow[h\nu]{Cl_2}$ CH_2Cl NO_2 Br

(8)

CH_3 $\xrightarrow{浓\ H_2SO_4}$ CH_3 SO_3H $\xrightarrow[FeBr_3]{2Br_2}$ Br CH_3 Br SO_3H $\xrightarrow[\triangle]{稀\ H_2SO_4}$ Br CH_3 Br

(9)

$\xrightarrow[AlCl_3]{CH_3CH_2Br}$ C_2H_5 $\xrightarrow[\triangle]{浓\ H_2SO_4}$ C_2H_5 SO_3H $\xrightarrow[FeBr_3]{Br_2}$ C_2H_5 Br SO_3H

4. 引入的硝基会降低苯环的 π 电子云密度，这就降低了苯环的亲核能力，降低了与硝基正离子的反应能力，因此苯多元硝化难度越来越大。

5. 萘分子中的 α 位的电子密度比 β 位的高，所以一般的亲电取代反应都发生在 α 位；磺化反应是可逆反应，在较低温度时会产生 α 位取代产物，而 α 位上的磺酸基与另一个苯环上的 α-H 的排斥作用大，表现出热稳定性比 β 取代差，所以高温时则生成 β-萘磺酸。

第 6 章

1. (1) 红外辐射一般指的是处于可见光区和微波区的电磁波。波数为 4000～400 cm^{-1} 之间的部分对于有机化学来说是最有实际用途的。当试样分子在这个波数范围内被红外光照射时，会引起分子发生振动能级以及转动能级的跃迁，所测得的吸收光谱称为红外吸收光谱，也就是我们所说的红外光谱。

(2) 紫外吸收光谱的形成是由分子内部价电子的迁移引起的。当这些价电子受到紫外光的照射时，它们会从低能级向高能级跃迁，导致相应波长的光被电子吸收，因此称为紫外吸收光谱。

(3) 当化合物处于高真空条件下时会被气化，接着通过离子源电离成离子，然而分子离子并不稳定，导致某些化合键进一步断裂，生成具有不同质量的带有正电荷的碎片离子。这些离子在电场和磁场的双重作用下，按照质荷比 m/z（离子质量与所带电荷之比）的大小依次被仪器记录下来得到的谱图为质谱图。

（4）在键轴方向上，原子进行伸缩，这种只有键长发生改变而键角未受到影响的振动称为伸缩振动。

（5）在外界磁场（B_0）的作用下，各种原子核所感受到的影响是不一样的，这主要归因于原子核周围的电子在与外部磁场相垂直的平面上进行绕核转动时，形成了一个能抵挡外部磁场的感生磁场。这种对外部磁场的屏蔽作用称为电子屏蔽效应。

（6）分子离子的质量与所带的电荷数比，用 m/z 或 m/e 来表示。

（7）n-σ^* 跃迁：指未成对的 n 电子向 σ^* 轨道跃迁。

（8）生色团：指分子内部能够产生紫外吸收的关键官能团，该官能团本身就具有紫外吸收能力，并且 λ 值受到相连基团的影响。

助色团：是指分子中不会产生紫外吸收的基团，当它与生色团结合时，会使生色团发生红移，并且使其吸收强度增大。

2.（1）可能会存在 $\sigma \rightarrow \sigma^*$、$\sigma \rightarrow \pi^*$、$\pi \rightarrow \pi^*$、$\pi \rightarrow \sigma^*$、$n \rightarrow \pi^*$ 跃迁。

（2）分子顺式异构体容易生成分子内氢键，红外吸收带会发生蓝移，因此 3572 cm^{-1} 处是顺式 1,2-环戊醇的吸收带。

（3）

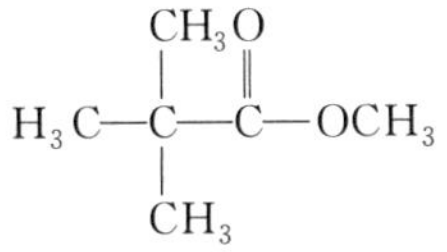

CH_3 O

H_3C—C—C—OCH_3

CH_3

在 1740cm^{-1} 处的峰代表了羰基的吸收峰，而在 1250cm^{-1} 和 1060cm^{-1} 处出现的吸收峰则证实了酯羰基的存在。然而，在 2950cm^{-1} 处无红外吸收峰，说明该位置上不含有饱和氢。

（4）水、环己烷、甲醇、乙腈、正己烷、乙醇。这些溶剂在近紫外区吸收很小，基本不会产生干扰。

（5）根据 $\lambda = hc/\Delta E$ 公式可以看出，能量越高，吸收波长越短，所以能量高的吸收峰在谱图的左边。

3. 通过质谱和元素含量的分析，我们确定了该化合物的分子式是 $C_9H_{11}Cl$。经计算，该化合物的不饱和度为 4，因此我们可以推断出它含有苯环，另外，由于紫外吸收最大波长为 258 nm，所以可以推测出分子中含有共轭体系。通过对氢谱进行分析，δ7.2～7.3 是 5 个苯上的氢，证明是单取代的苯。δ2.0～3.5 区域内的氢为脂肪氢。通过分析碳谱数据，我们得知该化合物包含了 9 个碳，然而实际的谱图中仅展示出了 6 个峰值，这说明在这个分子结构中存在对称因素。δ122～140 区域代表的是苯环上的碳，而 δ25～45 区域显示出了饱和碳的存在，并且裂分为三重峰，表明该分子存在三个 CH_2。因此，该分子的结构为 Cl 。

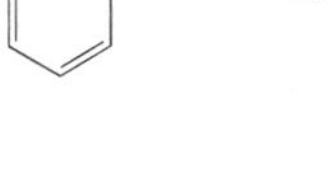

第 7 章

1.（1）1-氯丙烷　（2）3-氯-1-溴丁烷　（3）四氟乙烯　（4）3-甲基-4-溴-1-己烯

（5）4-溴-2-戊烯　（6）3-氯环己烯

2.（1）  F F Cl Cl　（2） 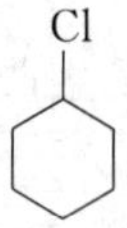 Cl　（3） 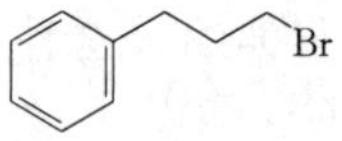 Br　（4）  Br

（5）  Cl　（6） 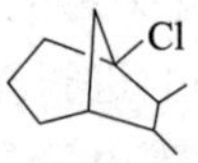 Cl

3.（1）　$CH_3CH_2CH{=}CH_2$　（2）$CH_3\underset{}{\overset{OH}{C}}H—CH_2Cl$　（3） 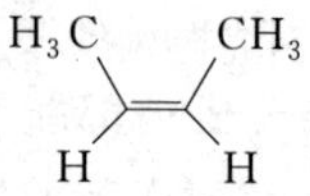　H_3C CH_3 H H，CH_3 Br—H H—Br CH_3、

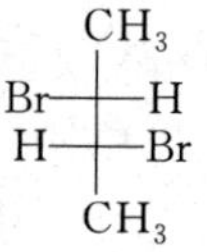

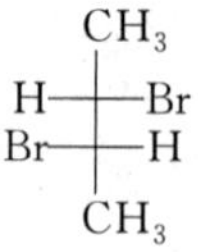

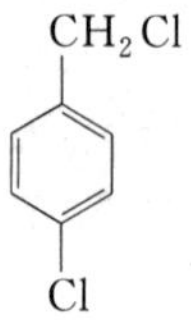

CH_3 H—Br Br—H CH_3　（4） 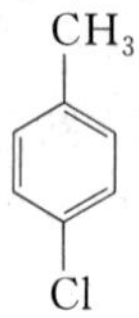 CH_3 Cl，CH_2Cl Cl　（5）N_2O—⟨⟩—$CH_2\overset{O}{C}$—⟨⟩

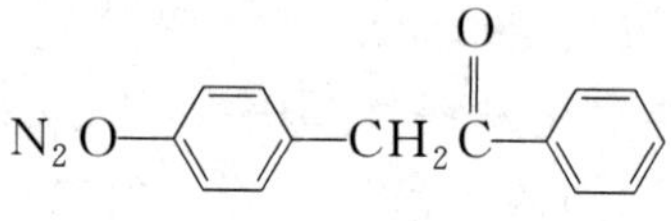

（6） 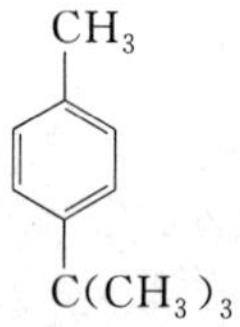 CH_3 $C(CH_3)_3$，COOH $C(CH_3)_3$

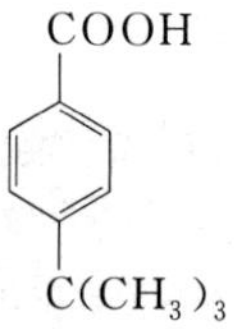

4.(1)第一个反应更快，因为三级卤代烃比一级卤代烃更易生成稳定的碳正离子。

(2)第一个反应更快，因为—SH 比—OH 的亲核性强。

(3)第二个反应较快，Br^- 的离去倾向大于 Cl^-。

(4)第二个反应较快，因为按 S_N2 历程进行，β-C 上支链增加，不利于 NaCN 进攻。

5.(1)用硝酸银的乙醇溶液来进行鉴别。烯丙型 RX 最活泼，加入试剂后会立刻有沉淀生成。

(2)加入硝酸银醇溶液后，需要加热才有 AgX 沉淀生成的是 1-氯丁烷，立刻有 AgX 沉淀生成的是三级氯丁烷。

（3）己烷、环己烯 $\xrightarrow[\triangle]{AgNO_3/醇}$ 无现象、无现象 $\xrightarrow{Br_2/CCl_4}$ 不褪色、褪色

（4）苄基溴、间氯甲苯 $\xrightarrow{Br_2/CCl_4}$ 不褪色、不褪色 $\xrightarrow[\triangle]{AgNO_3/醇}$ AgBr 沉淀、不反应

（5）—Cl、—CH_2Cl $\xrightarrow{AgNO_3/醇}$ 放置片刻 AgCl 沉淀、加热出现 AgCl 沉淀

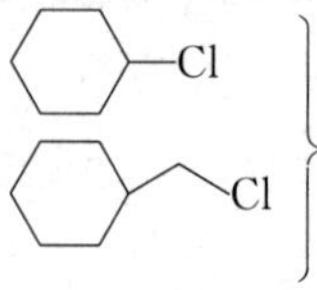

6.

(1)C　(2)D　(3)A　(4)D　(5)A>D>B>C　(6)B>A>C>D

第 8 章

1. 按照活跃程度排序，1-丁醇的活性是最好的，其次是 2-丁醇，然后是 2-甲基-2-丙醇。按照碱性强弱排序，2-甲基-2-丙醇钠的碱性是最强的，其次是 2-丁醇钠，最后是 1-丁醇钠。

2. 用卢卡斯试剂鉴别 $CH_2{=}CHCH_2OH$ 室温下迅速浑浊；$CH_3CH_2CH_2OH$ 加热后浑浊；$CH_3CH_2CH_2Cl$ 不反应。用卢卡斯试剂鉴别 $(CH_3)_3COH$ 室温下迅速浑浊，$CH_3CH_2CH(OH)CH_3$ 室温下片刻后浑浊；$CH_3CH_2CH_2CH_2OH$ 加热后浑浊。

3.

(1) $CH_3CH_2C(OH)(CH_3)_2 \xrightarrow[\triangle]{Al_2O_3} CH_3CH{=}C(CH_3)_2$

(2) 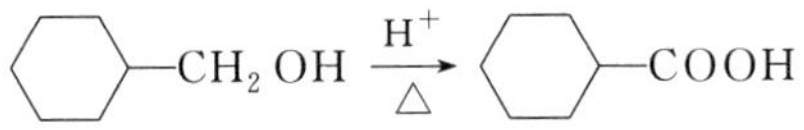

(3) 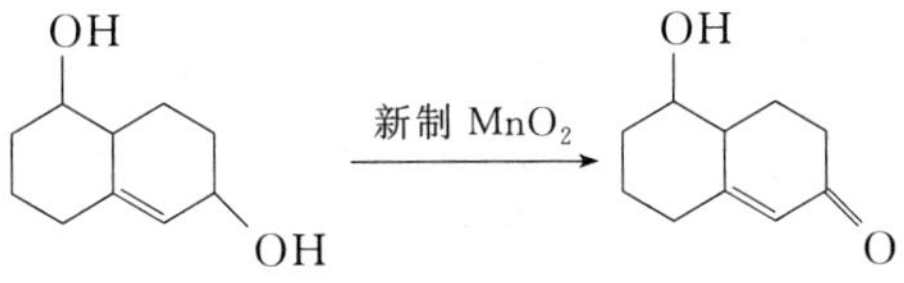

(4) 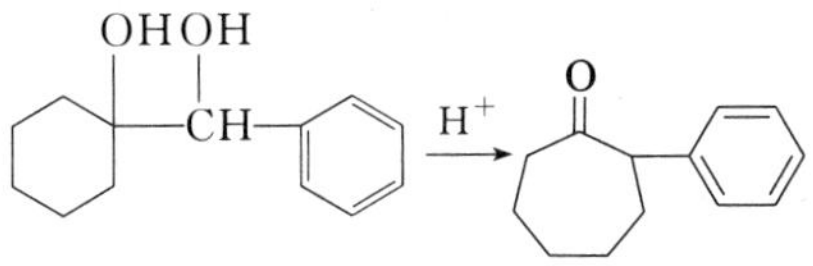

(5) 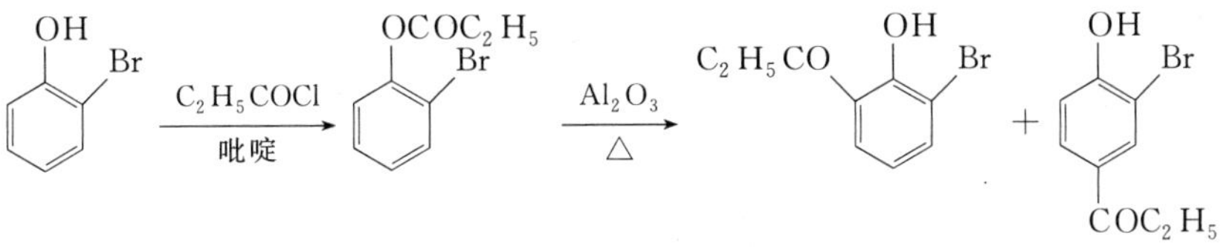

(6) 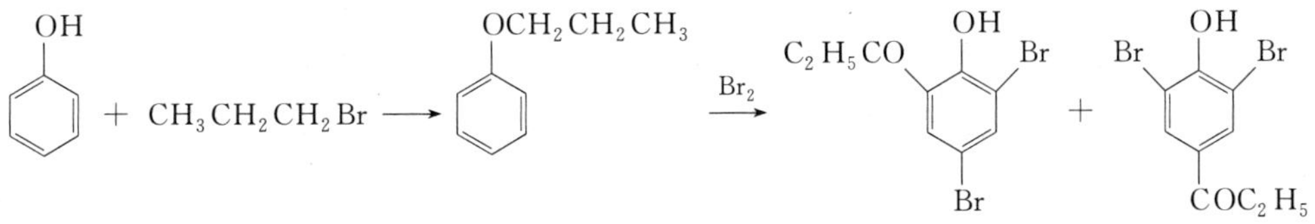

(7) 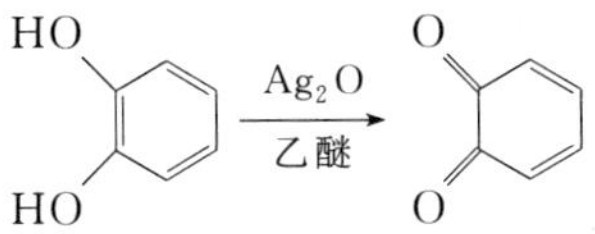

(8) 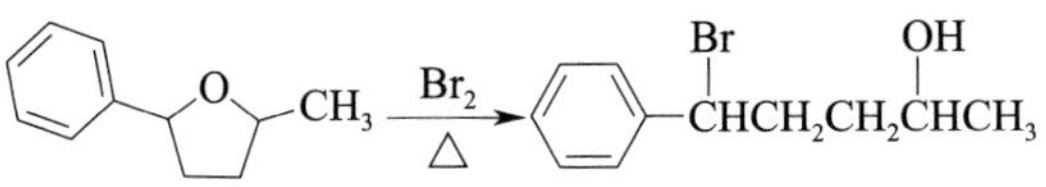

稀 $KMnO_4$ 溶液

OHOH

(9)

$PhCO_3H$

CH_2Cl_2

OH^-

H_2O

O

H OH

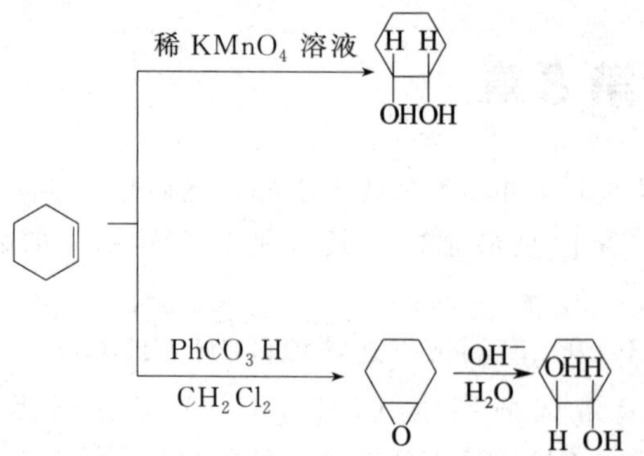

4. 定义不同：醇是一个羟基取代了链烷基的有机化合物，而酚是一个羟基取代了芳香烃环的有机化合物。分子结构不同：醇和酚的分子结构有所不同。醇分子中有一个羟基取代了链烷基，而酚分子中有一个羟基取代了芳香烃环。物理性质不同：醇和酚的物理性质也有所不同。醇是无色、透明的液体，具有可溶于水的性质。而酚则是无色或淡黄色的液体，通常不溶于水。化学性质不同：由于分子结构和物理性质不同，醇和酚的化学性质也有所不同。醇是比较稳定的分子，可以被氧化或还原，但不会发生芳香性亲电取代反应。而酚则会发生芳香性亲电取代反应，通常会被氧化成醛或酮。综上所述，醇是一个羟基取代了链烷基的有机化合物，是透明的液体，而酚则是一个羟基取代了芳香烃环的有机化合物，通常不溶于水。在化学性质方面，醇和酚的反应也有所不同，这些差异需要在实验室中加以区分。区分方法：溴水试验、氯化铁试验、酸碱性、高碘酸试验和溶解性。

5. 因为乙醚分子中的氧原子不能形成分子间氢键，而正丁醇可以形成分子间氢键，受氢键影响，乙醚的沸点比正丁醇的沸点要低得多。

6. 碘甲烷＋乙醇；碘甲烷＋3-戊醇；碘甲烷＋2-甲基-1-己醇。

7. 分子内氢键：(2)、(4)、(6)；分子间氢键：(1)、(2)、(3)、(4)、(5)、(6)。

8. 先用 $FeCl_3$，发生显色反应的是苯酚；其次能溶于浓盐酸中不分层的是苯甲醚；最后用卢卡斯试剂，出现浑浊或分层的为环己醇，无现象的为环己烷。

第 9 章

1. (1) 3,3-二甲基丁醛　(2) 乙基苯基酮　(3) 2,3-二甲基-1,4-苯醌　(4) 2-乙基-3-丁烯醛　(5) 对羟基苯甲醛　(6) 邻二环己酮　(7) 丙酮缩二甲醇

2.

(1) 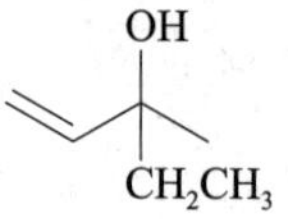 OH

CH_2CH_3

(2) OH

CH_2CH_3

(3) N—N H

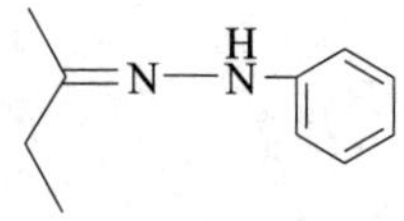

(4) 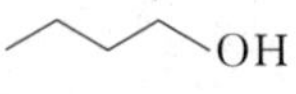 OH

(5) 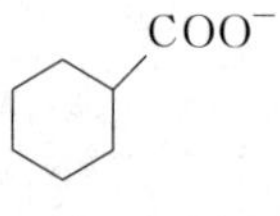 COO^-　＋Ag↓

(6) 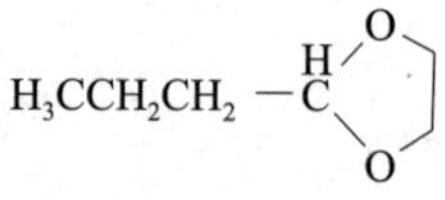 $H_3CCH_2CH_2$—C H O O

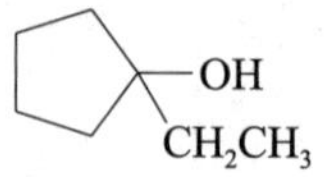

(7) $CH_3CH_2CH_2\overset{OH}{\underset{H}{C}}-\overset{H}{\underset{CH_2CH_3}{C}}-CHO$　　(8) 环己基—$\overset{H}{C}$=N—OH

3.(1)与饱和亚硫酸氢钠产生沉淀的为环己酮，另外两个与溴的四氯化碳溶液反应生成沉淀的是环己烯。

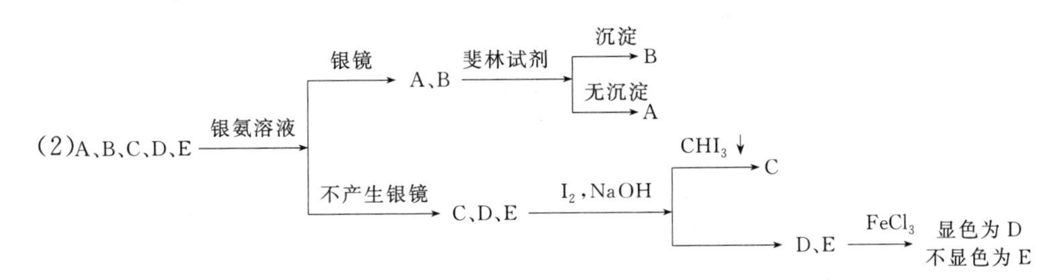

4.

(1) $CH_3CH=CHCHO$ $\xrightarrow[HCl]{HOCH_2CH_2OH}$ $\xrightarrow{H_2/Ni}$ $\xrightarrow{H_3O^+}$ $CH_3CH_2CH_2CHO$

(2) 苯 $\xrightarrow[AlCl_3]{CH_3CH_2COCl}$ $\xrightarrow{Zn\text{-}Hg/HCl}$ 丙苯

5.

(1) $OHC\overset{H_2}{C}CH_2CH_2\overset{O}{\overset{\|}{C}}H$ $\xrightarrow{OH^-}$ $OHC\overset{-}{\overset{H}{C}}CH_2CH_2\overset{O}{\overset{\|}{C}}H$ $\longrightarrow$ (CHO, OH, CH_3 取代环戊烷) $\xrightarrow{H_3O^+}$ (CHO, CH_3 取代环戊烯)

(2) 4,4-二甲基环己二烯酮 $\xrightarrow{H^+}$ $\overset{+}{O}H$ $\longrightarrow$ OH $\longrightarrow$ OH $\xrightarrow{迁移}$ OH $\xrightarrow{-H^+}$ OH（3,4-二甲基苯酚）

6. 具有甲基酮结构的，或是具有可以被次卤酸盐氧化为该结构的化合物即可。

苯乙酮（O）　　CH_3CHO　　5-羟基-2-戊酮（O，OH）　　3-甲基-2-丁醇（OH）

7.

A（OH）　B（O）　C

8.

A OCH_3 OCH_3 CH_3 或 OCH_3 OCH_3 CH_3 B O CH_3 或 O CH_3

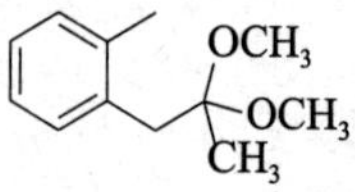

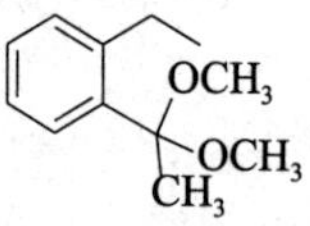

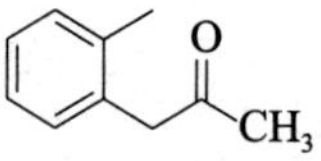

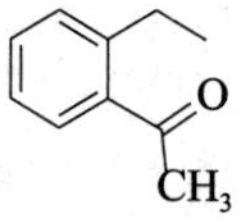

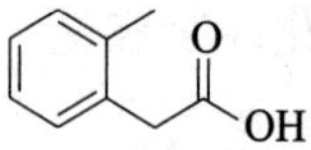

C O OH 或 O OH D 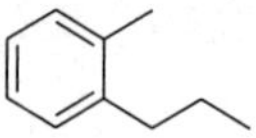 或

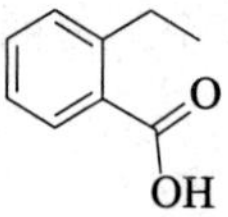

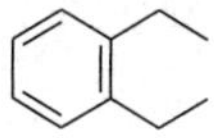

第10章

1.

（1）C_6H_5COONa （2）C_6H_5COONa

（3）$(C_6H_5COO)_2Ca$ （4）C_6H_5COCl

（5）C_6H_5COCl （6）COOH Br

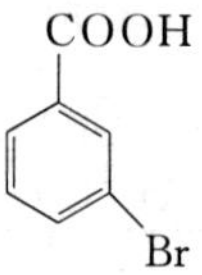

2.（1）甲酸能够与银氨溶液发生银镜反应，乙酸能够与碳酸氢钠反应产生二氧化碳，而乙酸乙酯与二者都不能反应。

（2）丙酸与草酸进行加热都能产生二氧化碳，而丙二酸则不能产生二氧化碳，并且丙酸能够与银氨溶液发生反应产生银镜。

3.

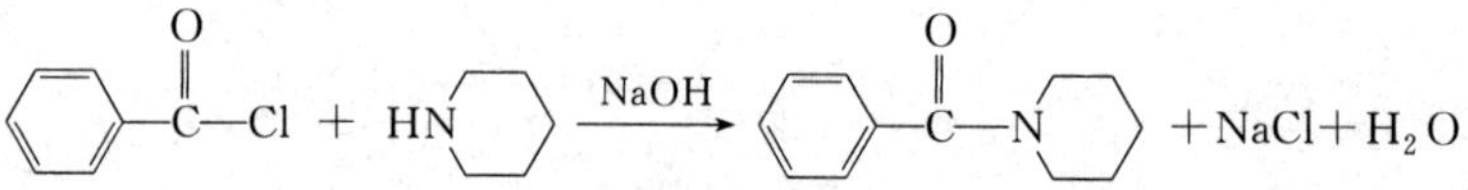

O‖C—Cl + HN $\xrightarrow{NaOH}$ O‖C—N + NaCl + H_2O

4.

$HC—COOCH_2CH_3$ ‖ $HC—COOCH_2CH_3$ 或 $HC—COOCH_2CH_3$ ‖ $H_3CH_2COOC—CH$

5.

A: O O O

B: $COOC_2H_5$ COOH

C: COOH $COOC_2H_5$

D: $COOC_2H_5$ $COOC_2H_5$

6. $CH_3CH_2CH(Br)—C(=O)—OCH(CH_3)_2$

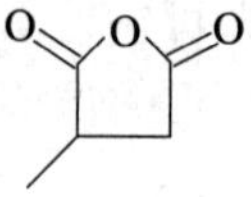

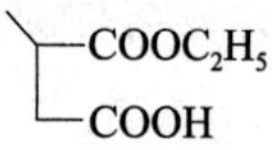

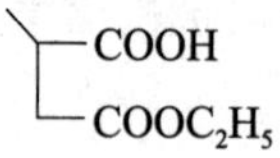

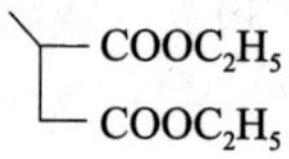

7.

A: $COOC_2H_5$ C_6H_5 O

B: H_3C COONa C_6H_5 O

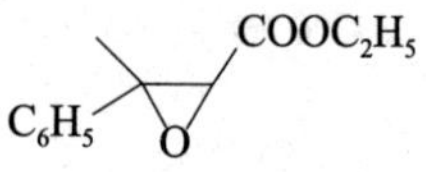

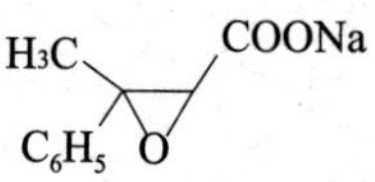

C: C_6H_5CHCHO | CH_3

第 11 章

1.

（1）

三级胺

（2）

一级胺

（3）

四级季铵盐

（4）

二级胺

（5）

三级胺

（6）

二级胺

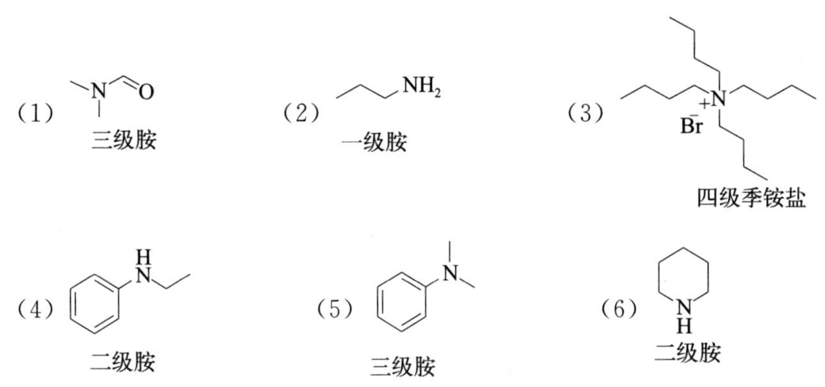

2. 碱性大小顺序：（1）＞（2）＞（3）＞（6）＞（5）＞（4）。

氨的碱性要大于有机胺类。脂肪胺随着取代烷烃的增加，分子量增大，碱性会逐渐减弱，但如果分子中含有多个胺，碱性会有所变化，脂肪胺的碱性大于芳香胺。芳香胺的碱性和芳环上取代基的吸电子诱导效应和给电子共轭效应有关，起到给电子作用的取代基会增加苯胺的碱性。当苯胺的氮原子被取代时，碱性会减弱。胺的碱性大小是电子效应和溶剂化效应共同作用的结果。

3.

（1）

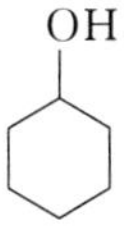

（2）

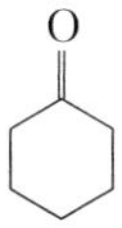

（3）

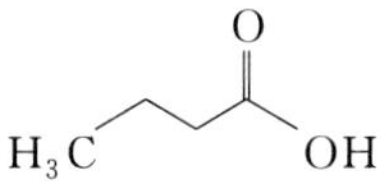

（4）

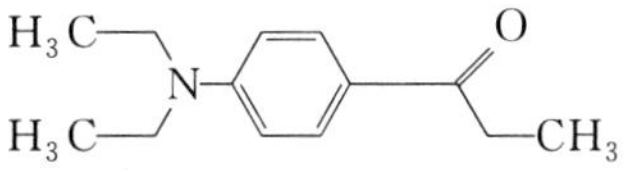

（5）

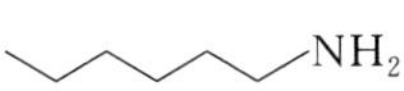

（6）

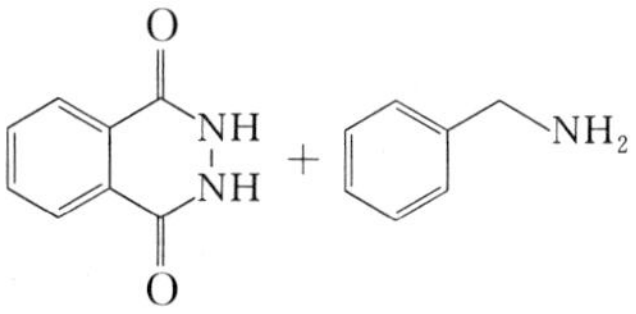

（7）

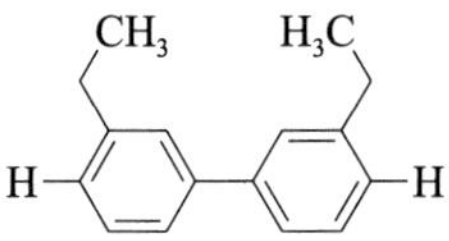

（8）

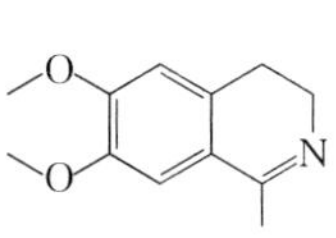

（9）

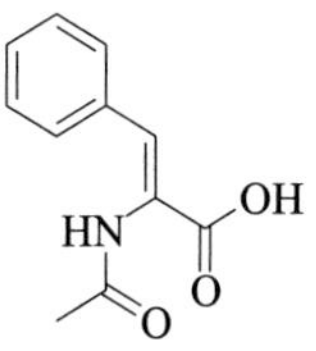

（10）

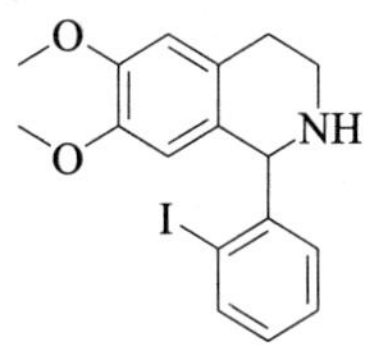

4.

(1)

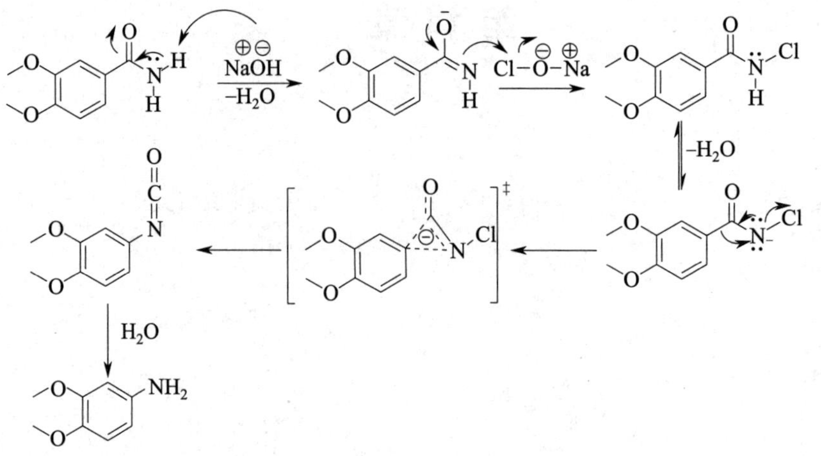

$$\ce{3,4-(CH3O)2C6H3CONH2 ->[NaOH][-H2O] 3,4-(CH3O)2C6H3C(O^-)=NH ->[Cl-O^-Na^+] 3,4-(CH3O)2C6H3CONHCl <=>[-H2O] 3,4-(CH3O)2C6H3CON^-Cl}$$

$$\ce{-> [3,4-(CH3O)2C6H3\cdots C(=O)\cdots N-Cl]^{\ddagger} -> 3,4-(CH3O)2C6H3N=C=O ->[H2O] 3,4-(CH3O)2C6H3NH2}$$

(2)

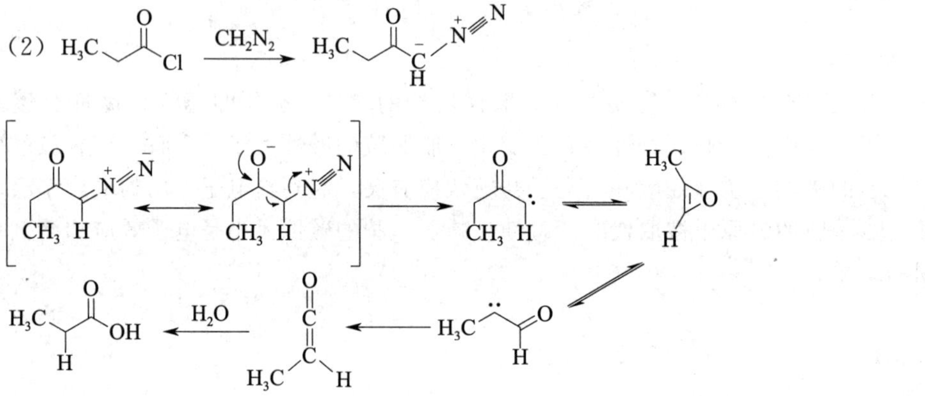

$$\ce{H3CCH2COCl ->[CH2N2] H3CCH2COCH^-N^+#N}$$

$$\ce{[CH3CH2COCH=N^+=N^- <-> CH3CH2C(O^-)=CHN^+#N] -> CH3CH2COCH: <=> H3C-\text{oxirene}-H <=> H3CC(:)CHO -> H3CCH=C=O ->[H2O] H3CCH2COOH}$$

5.

(1)

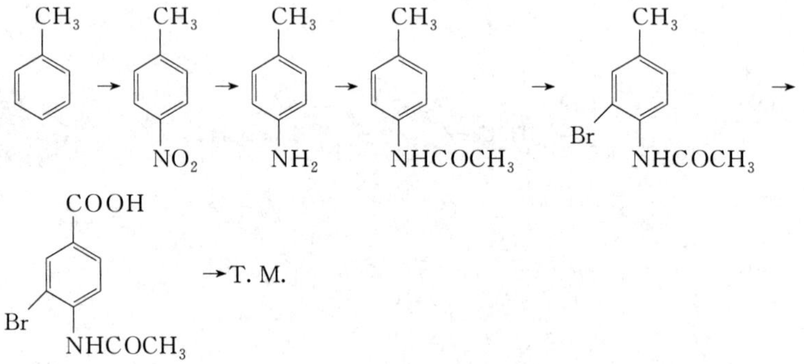

$$\ce{C6H5CH3 -> p-CH3C6H4NO2 -> p-CH3C6H4NH2 -> p-CH3C6H4NHCOCH3 -> 2-Br-4-CH3C6H3NHCOCH3 -> 3-Br-4-(NHCOCH3)C6H3COOH -> T. M.}$$

(2)

$$\ce{C6H5NH2 ->[HNO2, HCl][0\sim5^\circ C] C6H5N2Cl ->[CuCN, KCN][\triangle] C6H5CN ->[H2O/H^+] T. M.}$$

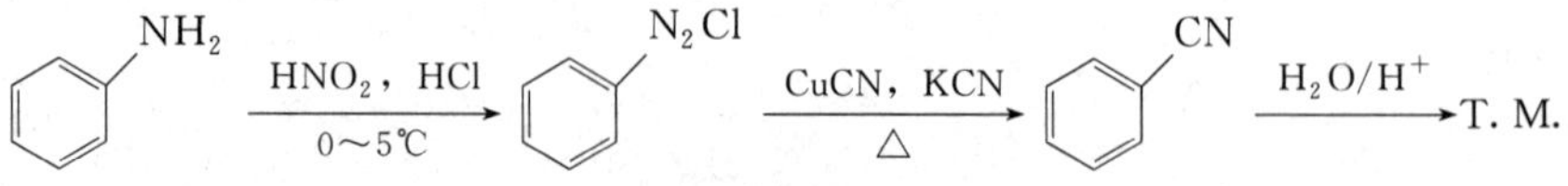

第12章

1. 5-硝基-2-呋喃甲酸　　2-氨基吡啶　　2-吲哚乙酸

2-噻吩磺酸

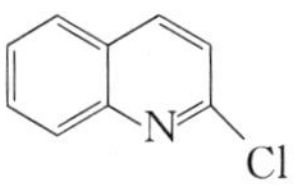

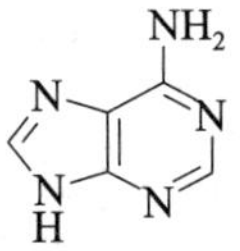

2.

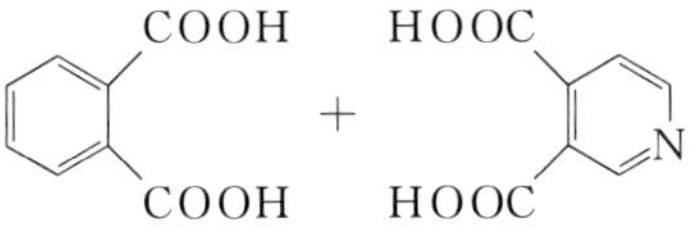

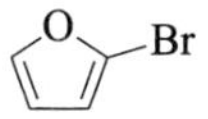

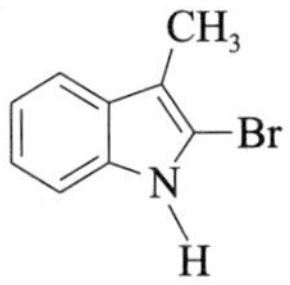

3. （1）B　（2）A　（3）A>C>B　（4）A>D>C>B　（5）A C

4. （1）吡啶氮上的孤对电子处于 sp^2 杂化轨道，而吡咯氮上的孤对电子处于 p 轨道。

（2）具有芳香性。

（3）吡啶上的氮原子的孤对电子处于 sp^2 杂化轨道，而六氢吡啶氮原子上的孤对电子处于 sp^3 杂化轨道。s 成分越多轨道越接近球形，电子越靠近原子核，所以吡啶的氮较六氢吡啶难结合质子。

5. （1）①α-甲基吡啶，能够使 $KMnO_4$ 溶液变色，通过使用 $KMnO_4$ 溶液进行鉴定。②呋喃遇盐酸浸湿的松木片呈绿色，吡咯遇盐酸浸湿的松木片呈红色。

（2）分别取少量样品，与硝酸银溶液反应，有白色沉淀的是 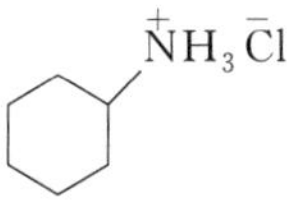 ，再分别取其他 3 种样品和亚硝酸溶液反应，出现绿色晶体的是 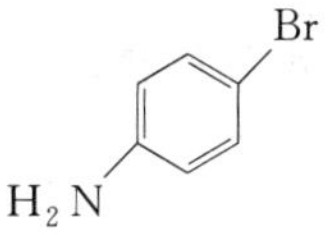 ，放出气体的是 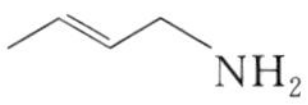 和 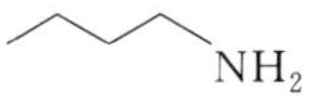 。分别取 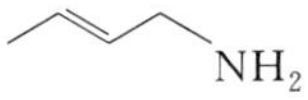 、 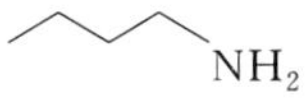 样品少量，与溴的四氯化碳溶液反应，溴的四氯化碳溶液立即褪色的是 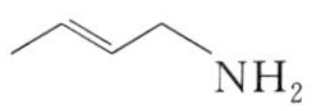 ，不褪色的是 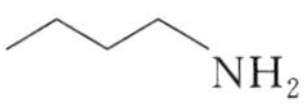 。

第 13 章

1.

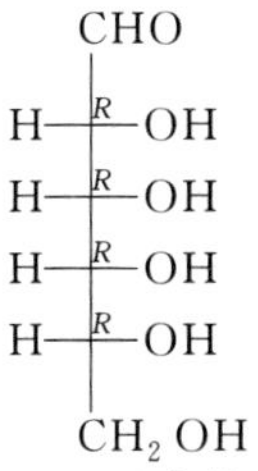

D-(+)-阿洛糖 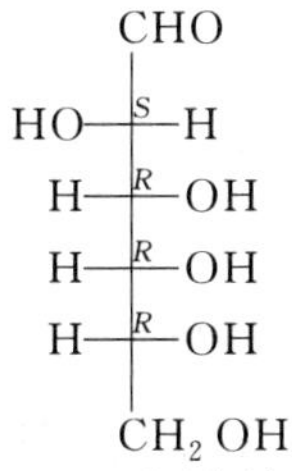　D-(+)-阿卓糖 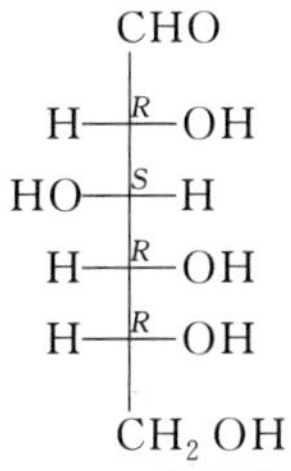　D-(+)-葡萄糖 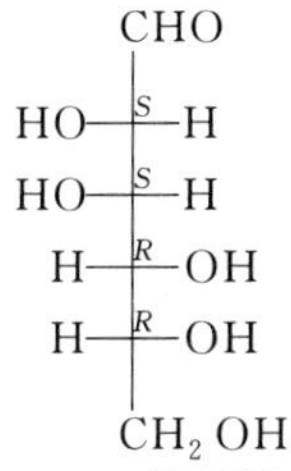　D-(+)-甘露糖

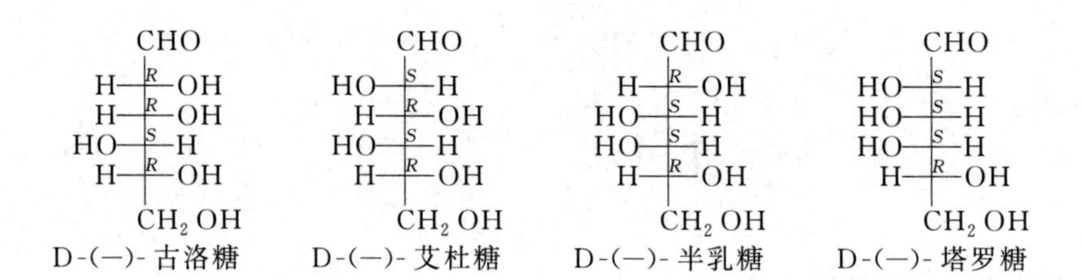

2.

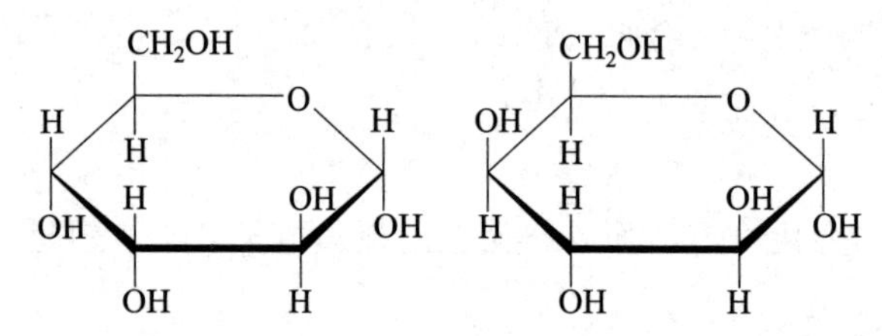

3. 还原性糖：葡萄糖、半乳糖、乳糖、果糖、麦芽糖等。

非还原性糖：蔗糖、淀粉、纤维素等。

4. 无论是醛糖还是酮糖，均可以被托伦试剂和斐林试剂氧化，因此都属于还原性糖。

5.

D-甘露糖被溴水和稀硝酸氧化后分别生成

COOH
HO—H
HO—H
H—OH
H—OH
CH_2OH

、

COOH
HO—H
HO—H
H—OH
H—OH
COOH

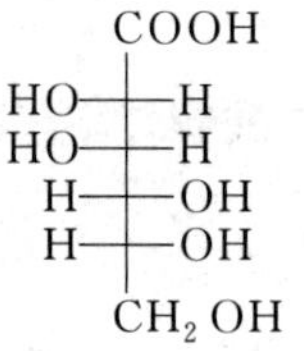

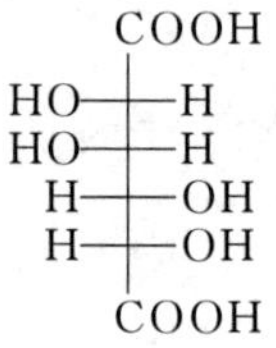

，其中D-甘露糖二酸不再具有旋光性。

D-古洛糖被溴水和稀硝酸氧化后分别生成

COOH
H—OH
H—OH
HO—H
H—OH
CH_2OH

、

COOH
H—OH
H—OH
HO—H
H—OH
COOH

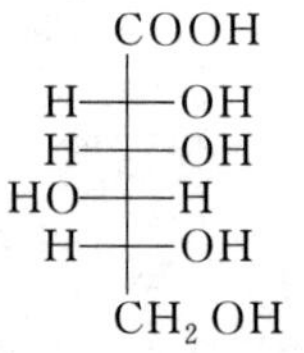

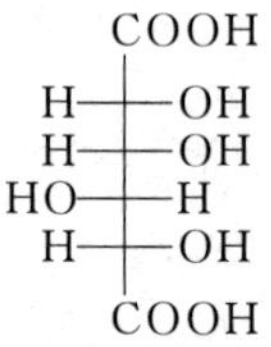

，二者均具有旋光性。

L-葡萄糖被溴水和稀硝酸氧化后分别生成

COOH
HO—H
H—OH
HO—H
HO—H
CH_2OH

、

COOH
HO—H
H—OH
HO—H
HO—H
COOH

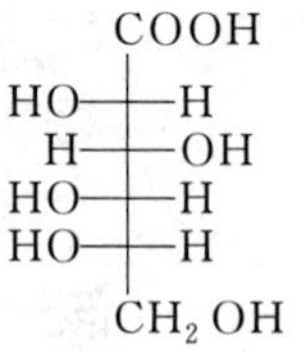

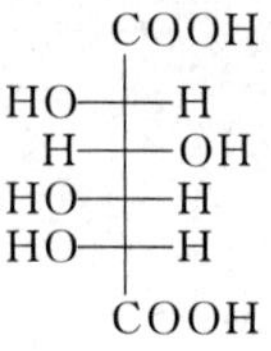

，二者均具有旋光性。

高碘酸氧化均生成5HCOOH＋HCHO，无旋光性。

6.

(1)

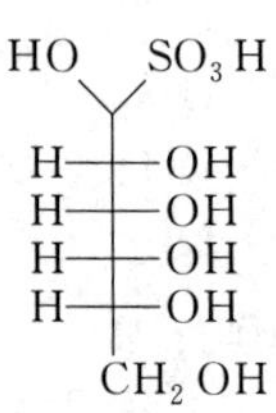

HO　SO_3H
H—OH
H—OH
H—OH
H—OH
CH_2OH

(2)

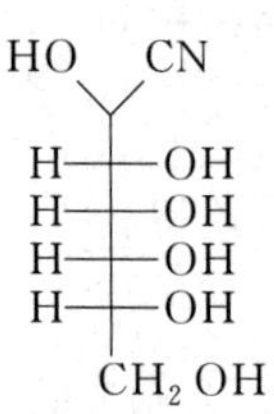

HO　CN
H—OH
H—OH
H—OH
H—OH
CH_2OH

(3)

HC=N—NH—C_6H_5
C=N—NH—C_6H_5
H—OH
H—OH
H—OH
CH_2OH

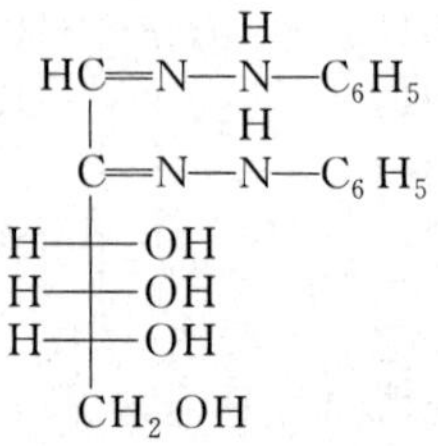

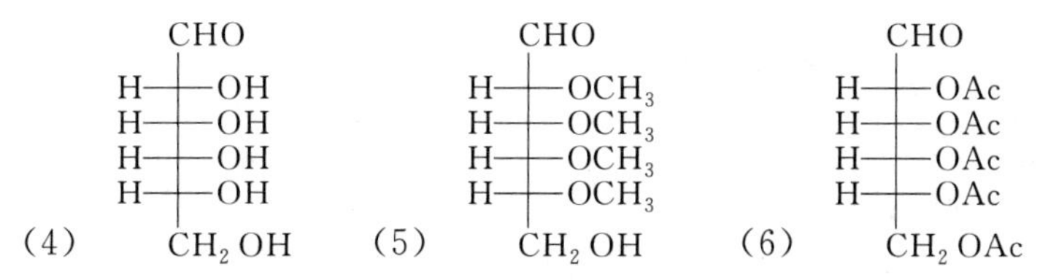

7. DNA 的五碳糖为脱氧核糖，序列由 A、T、C、G 四种碱基组成。而 RNA 的五碳糖为核糖，碱基不含有胸腺嘧啶(T)，而是含有尿嘧啶(U)。DNA 空间结构一般为双链，RNA 一般为单链。

8.

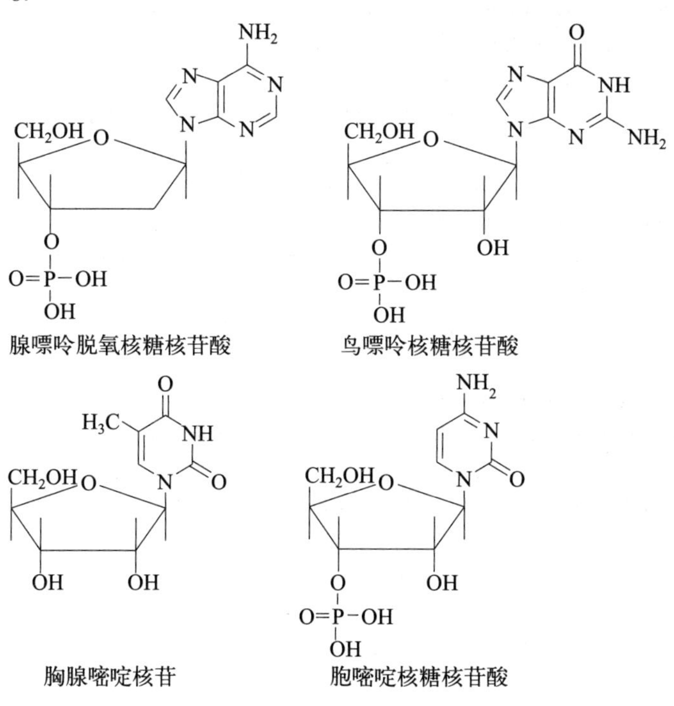

腺嘌呤脱氧核糖核苷酸　　鸟嘌呤核糖核苷酸

胸腺嘧啶核苷　　胞嘧啶核糖核苷酸

第 14 章

1. ～5. CDCDB

6. 蓝紫色　　蛋白质

7. 小　　高

8.

(1) $CH_3CH(NH_2)CH_2CH_3$　(2) $NH_2CH_2CH_2CH(N{=}CH_2)COOH$　(3) 2,4-$(O_2N)_2C_6H_3$—$NHCH(CH_3)COOH$

9. 答：与水合茚三酮反应。

10. 答：(1) 胃蛋白酶 p*I* 1.0＜环境 pH 5.0，带负电荷，向正极移动；(2) 血清蛋白 p*I* 4.9＜环境 pH 6.0，带负电荷，向正极移动；(3) *α*-脂蛋白 p*I* 5.8＞环境 pH 5.0，带正电荷，向负极移动；*α*-脂蛋白 p*I* 5.8＜环境 pH 9.0，带负电荷，向正极移动。

参考文献

[1] Axel ullrichjohn, Shinejohn, Chirgwin, et al. Rat insulin genes: Construction of plasmids containing the coding sequences [J]. Science, 1977, 196 (4296), 1313-1319.

[2] De-Chang Li, Qian Zhang, Wen-Quan Wang. Filter fabrication by constructing metal-organic frameworks membrane on waste maize straw for efficient phosphate removal from wastewater [J]. Chemical Engineering Journal, 2022, 443: 136461.

[3] Del Rio J C, Rencoret J, Gutierrez A, et al. Lignin monomers from beyond the canonical monolignol biosynthetic pathway: Another brick in the wall [J]. ACS Sustainable Chemistry & Engineering, 2020, 8 (13), 4997-5012.

[4] Jones L, Ennos A R, Turner S R. Cloning and characterization of irregular xylem4 (irx4): a severely lignin-deficient mutant of Arabidopsis [J]. Plant Journal, 2001, 26 (2), 205-216.

[5] Michael B Smith, Jerry March. March' s Advanced Organic Chemistry [M] . 2009.

[6] Robert M Silverstein, Francis X Webster, David J Kiemle. 有机化合物的波谱解析 [M]. 药明康德新药开发有限公司分析部，译．上海：华东理工大学出版社，2007.

[7] Thim, Hansen, M T, et al. Secretion and processing of insulin precursors in yeast [J]. Proceedings of the National Academy of Sciences of the United States of America. 1986, 83 (18), 6766-6770.

[8] Wan K, Tian B, Zhai Y, et al. Structural materials with afterglow room temperature phosphorescence activated by lignin oxidation [J]. Nat. Commun, 2002, 13: 5508.

[9] 北京林业大学．有机化学 [M]. 4 版．北京：中国林业出版社，1985.

[10] 曾昭琼，李景宁．有机化学 [M]. 4 版．北京：高等教育出版社，2004.

[11] 陈冰玉，邸明伟．木质素解聚研究新进展 [J]. 高分子材料科学与工程，2019，35 (006)：157-164.

[12] 陈勇，余彩莉，邵金涛，等．松香基 IPDI 型聚氨酯的制备及性能研究 [J]. 化工新型材料，2020，48 (2)：75-79.

[13] 谌业勤，陈金平，于天君，等．多糖基质诱导有机小分子室温磷光研究 [J]. 化学学报，2023，81 (05)：450-455.

[14] 董克虞，陈家梅，邓小莹．农作物对镉的吸收累积规律 [J]. 环境科学，1981，03：6-11.

[15] 范望喜，张爱东，秦中立，等．有机化学 [M]. 3 版．武汉：华东师范大学出版社，2015.

[16] 方建芳，葛宇迪，吴伟青．木质纤维素碳化气化的甲烷产物分析 [J]. 西北工业大学学报，2010，28 (6)：986-990.

[17] 冯宗铭．使细菌生产胰岛素正在接近现实 [J]. 自然杂志，1978，05，335.

[18] 傅建熙．有机化学 [M]. 2 版．北京：高等教育出版社，2005.

[19] 高鸿宾．有机化学 [M]. 4 版．北京：高等教育出版社，2005.

[20] 高占先，姜文凤，于丽梅．有机化学简明教程 [M]. 北京：高等教育出版社，2011.

[21] 洪盈．有机化学 [M]. 2 版．北京：人民卫生出版社，1998.

[22] 姜翠玉，夏道宏．有机化学 [M]. 北京：化学工业出版社，2011.

[23] 李景宁．有机化学 [M]. 北京：高等教育出版社，2011.

[24] 李楠，廖蓉苏，李斌．有机化学 [M]. 北京：中国农业大学出版社，2010.

[25] 李艳梅，赵圣印，王兰英，等．有机化学 [M]. 2 版．北京：科学出版社，2014.

[26] 鲁崇贤，杜洪光．有机化学 [M]. 2 版．北京：科学出版社，2009.

[27] 马朝红，董宪武．有机化学 [M]. 北京：化学工业出版社，2009.

[28] 孟令芝，龚淑玲，何永炳，等．有机波谱分析 [M]. 4 版．武汉：武汉大学出版社，2016.

[29] 南京大学化学系有机化学教研室．有机化学 [M]. 北京：高等教育出版社，1987.

[30] 倪沛洲．有机化学 [M]. 5 版．北京：人民卫生出版社，2003.

[31] 裴伟伟．基础有机化学习题解析 [M]. 北京：高等教育出版社，2015.

[32] 钱旭红，焦家俊，蔡良珍，等．有机化学 [M]. 3 版．北京：化学工业出版社，2014.

[33] 任苗苗，吕慧生，张敏华．木质素资源的研究进展 [J]. 高分子通报，2012，(08)：44-49.

[34] 任天瑞，李永红．松香化学及其应用 [M]. 北京：化学工业出版社，2006：18-51.

［35］ 天津大学有机化学教研室．有机化学［M］．北京：人民教育出版社，1978.
［36］ 汪小兰．有机化学［M］．4版．北京：高等教育出版社，2005.
［37］ 汪猷，徐杰诚，张伟君，等．自合成的A链与天然B链合成结晶牛胰岛素［J］．科学通报，1965，12：1111-1114.
［38］ 王豪，宋亚坤，刘军辉，等．有机掺杂长余辉发光材料的研究进展［J］．精细化工，2023，40（09）：1884-1894＋2051.
［39］ 王积涛，王永梅，张宝申，等．有机化学［M］．3版．天津：南开大学出版社，2009.
［40］ 王镜岩，朱圣庚，徐长法．生物化学［M］．北京：高等教育出版社，2007.
［41］ 王彦广，吕萍，傅春玲，等．有机化学［M］．3版．北京：化学工业出版社，2015.
［42］ 吴范宏．有机化学学习与考研指津［M］．2版．上海：华东理工大学出版社，2010.
［43］ 吴毓林，麻生明，戴立信，等．现代有机合成化学进展［M］．北京：北京工业出版社，2005.
［44］ 伍越寰，等．有机化学（修订版）［M］．2版．合肥：中国科学技术大学出版社，2002.
［45］ 邢存章，赵超．有机化学［M］．北京：科学出版社，2007.
［46］ 邢其毅，裴伟伟，徐瑞秋，等．基础有机化学［M］．3版．北京：高等教育出版社，2005.
［47］ 姚映钦．有机化学［M］．3版．武汉：武汉理工大学出版社，2011.
［48］ 尹冬冬．有机化学［M］．北京：高等教育出版社，2003.
［49］ 于丽．有机化学［M］．2版．大连：大连理工大学出版社，2015.
［50］ 于丽颖，李红霞，陈宏博，等．有机化学［M］．2版．大连：大连理工大学出版社，2015.
［51］ 张发庆．有机化学［M］．2版．北京：化学工业出版社，2008.
［52］ 张金桐．有机化学［M］．北京：高等教育出版社，2004.
［53］ 章烨．有机化学［M］．北京：科学出版社，2007.
［54］ 赵建庄，田孟魁．有机化学［M］．北京：高等教育出版社，2003.
［55］ 赵温涛，郑艳，王光伟，等．有机化学［M］．6版．北京：高等教育出版社，2019.
［56］ 周磊，潘科明．松香类树脂胶黏剂最新专利进展研究［J］．广东化工，2016，43（07）：109＋115.